EXAMPRESS® Linux技術者認定試験学習書

LPI-Japan 認定教材

LinuC（リナック）レベル1 スピードマスター問題集

Version 10.0対応

101試験，102試験 対応

有限会社ナレッジデザイン 山本道子・大竹龍史 著

本書内容に関するお問い合わせについて

このたびは翔泳社の書籍をお買い上げいただき、誠にありがとうございます。弊社では、読者の皆様からのお問い合わせに適切に対応させていただくため、以下のガイドラインへのご協力をお願い致しております。下記項目をお読みいただき、手順に従ってお問い合わせください。

●ご質問される前に

弊社Webサイトの「正誤表」をご参照ください。これまでに判明した正誤や追加情報を掲載しています。

正誤表　https://www.shoeisha.co.jp/book/errata/

●ご質問方法

弊社Webサイトの「刊行物Q&A」をご利用ください。

刊行物Q&A　https://www.shoeisha.co.jp/book/qa/

インターネットをご利用でない場合は、FAXまたは郵便にて、下記"翔泳社 愛読者サービスセンター"までお問い合わせください。

電話でのご質問は、お受けしておりません。

●回答について

回答は、ご質問いただいた手段によってご返事申し上げます。ご質問の内容によっては、回答に数日ないしはそれ以上の期間を要する場合があります。

●ご質問に際してのご注意

本書の対象を越えるもの、記述個所を特定されないもの、また読者固有の環境に起因するご質問等にはお答えできませんので、予めご了承ください。

●郵便物送付先およびFAX番号

送付先住所　〒160-0006　東京都新宿区舟町5

FAX番号　03-5362-3818

宛先　（株）翔泳社 愛読者サービスセンター

※ 著者および出版社は、本書の使用によるLinuC（Linux技術者認定試験）の合格を保証するものではありません。

※ 本書の出版にあたっては正確な記述に努めましたが、著者および出版社のいずれも、本書の内容に対してなんらかの保証をするものではなく、内容やサンプルに基づくいかなる運用結果に関してもいっさいの責任を負いません。

※ 本書に記載されたURL等は予告なく変更される場合があります。

※ 本書に掲載されている画面イメージなどは、特定の設定に基づいた環境にて再現される一例です。

はじめに

LinuCは、NPO団体LPI-Japanが実施している、Linux技術者に求められる技術力を証明する認定資格です。

LinuCレベル1 Version 10.0は、仮想環境を含むLinuxシステムの基本操作とシステム管理が行える技術者を認定する試験であり、主に以下の知識と技術を持つことを目的としています。

- 仮想マシンとコンテナを含むLinuxサーバの構築と運用・管理ができる
- クラウドのセキュリティを理解し、安全に運用できる
- オープンソースの文化を理解し、業務に活用できる

本書はLinuCレベル1試験対策用書籍です。Linuxの初学者を対象にしており、基本的には各章ごとに項目が独立していますが、関連のある項目は詳細がどこに記載されているかを明示しているので、途中で知らないことが出てきても、再度読み直すことで理解が深まると思います。

本試験は、コンピュータベースドテスト(CBT)で実施されます。したがって試験範囲となる用語やコマンドなどは、ある程度暗記しておく必要はあります。しかし、闇雲に暗記するのではなく、ご自身で操作しながら確認できるよう、本書では一連の手順および解説が記載されています。ぜひ、ご自身の環境で実行・確認等しながら読みすすめていただければと思います。

また、本書では問題ごとに重要度を掲載しているので、参考にしてください。受験日の直前対策として、星3個の問題、および模擬試験問題は繰り返し確認することをおすすめいたします。なお、章問題の中には、類似問題の対策ポイントを「これも重要!」として掲載しているので、読み落とさないようにしてください。

近年、CentOSやUbuntuなど多くのディストリビューションが利用されていますが、基本的な管理コマンドでも、ディストリビューションによって異なることがあります。また、各ディストリビューションのバージョンの違いから、推奨されるコマンドが異なることもあります。本書では、紙面で説明可能な箇所は、実行例を掲載しつつこういった違いについても解説しています。

本書を通じて、試験合格だけでなくLinuxのスキルを高める手助けになることを願っております。

最後に本書の出版にあたり、株式会社 翔泳社の野口 亜由子様をはじめ編集の皆様にこの場をお借りして御礼申し上げます。

2020年7月
山本 道子
大竹 龍史

LinuCの概要

LinuCとは、LPI-Japanが実施している、クラウド時代の即戦力であることを証明するLinux技術者認定資格です。今のLinux技術者に求められるスキルは「クラウド」「オープンソースのリテラシー」「システムアーキテクチャの知見」であり、LinuCは、まさにこの3つを含みLinux技術者だけでなく、全てのIT技術者に求められる技術力を証明することができる認定資格です。

LinuCには3段階のレベルがあり、順次ステップアップしていく認定構成になっています。上位レベルに認定されるためには、下位レベルの認定が必須です。

表1　LinuC認定試験のレベル（2020年7月現在）

LinuCレベル1 LinuC-1　Version 10.0 （101、102試験）	物理／仮想Linuxサーバーの構築と運用	仮想環境を含むLinuxシステムの基本操作とシステム管理が行える技術者として認定されます。
LinuCレベル2 LinuC-2　Version 10.0 （201、202試験）	仮想マシン・コンテナを含むLinuxシステム、ネットワークの設定・構築	仮想環境を含むLinuxのシステム設計、ネットワーク構築において、アーキテクチャに基づいた設計、導入、保守、問題解決ができるエンジニアとして設定されます。
LinuC レベル3 LinuC-3	各分野の最高レベルの技術力を持つ専門家	Mixed Environment（300試験） Linux、Windows、Unixが混在するシステムの設計、構築、運用・保守ができるエキスパートエンジニアであることを証明できます。 Security（303試験） セキュリティレベルの高いコンピュータシステムの設計、構築、運用・保守ができるエキスパートエンジニアであることを証明できます。 Virtualization & High Availability（304試験） クラウドコンピューティングシステム（クラウド）の設計、構築、運用・保守ができるエキスパートエンジニアであることを証明できます。

レベル 1 の概要と出題範囲

LinuCレベル1に認定されるためには101試験、102試験に合格する必要があります。レベル1の最新バージョンは2020年4月にリリースされたVersion10.0です。

表2　101試験、102試験の概要

出題数	それぞれ約60問
制限時間	それぞれ90分 ※試験後の簡単なアンケートに5分の時間を要するので、試験問題を解く時間は実質85分
日時・会場	日時・会場を全国各地から自由に選択して受験可能
認定要件	「101試験」と「102試験」の2試験に合格するとレベル1に認定される。受験する順番はどちらからでも可 ※認定されるためには2試験（101試験と102試験）を5年以内に合格する必要がある

出題範囲のそれぞれの項目には、重要度として重み付けがなされています。重要度は、それぞれのトピックスの相対的な重要性を示しています。重要度が高いトピックスほど、試験において多くの問題が出題されます。

表3　101の試験範囲と重要度

主題1.01：Linuxのインストールと仮想マシン・コンテナの利用		重要度
1.01.1	Linuxのインストール、起動、接続、切断と停止	4
1.01.2	仮想マシン・コンテナの概念と利用	4
1.01.3	ブートプロセスとsystemd	4
1.01.4	プロセスの生成、監視、終了	3
1.01.5	デスクトップ環境の利用	1
主題1.02：ファイル・ディレクトリの操作と管理		重要度
1.02.1	ファイルの所有者とパーミッション	3
1.02.2	基本的なファイル管理の実行	3
1.02.3	ハードリンクとシンボリックリンク	2
1.02.4	ファイルの配置と検索	2
主題1.03：GNUとUnixのコマンド		重要度
1.03.1	コマンドラインの操作	4
1.03.2	フィルタを使ったテキストストリームの処理	3
1.03.3	ストリーム、パイプ、リダイレクトの使用	4
1.03.4	正規表現を使用したテキストファイルの検索	2
1.03.5	エディタを使った基本的なファイル編集の実行	2

主題1.04：リポジトリとパッケージ管理		重要度
1.04.1	aptコマンドによるパッケージ管理	3
1.04.2	Debianパッケージ管理	1
1.04.3	yumコマンドによるパッケージ管理	3
1.04.4	RPMパッケージ管理	1
主題1.05：ハードウェア、ディスク、パーティション、ファイルシステム		**重要度**
1.05.1	ハードウェアの基礎知識と設定	3
1.05.2	ハードディスクのレイアウトとパーティション	4
1.05.3	ファイルシステムの作成と管理、マウント	4

表4　102の試験範囲と重要度

主題1.06：シェルおよびスクリプト		重要度
1.06.1	シェル環境のカスタマイズ	4
1.06.2	シェルスクリプト	6
主題1.07：ネットワークの基礎		**重要度**
1.07.1	インターネットプロトコルの基礎	4
1.07.2	基本的なネットワーク構成	4
1.07.3	基本的なネットワークの問題解決	4
1.07.4	クライアント側のDNS設定	2
主題1.08：システム管理		**重要度**
1.08.1	アカウント管理	5
1.08.2	ジョブスケジューリング	4
1.08.3	ローカライゼーションと国際化	3
主題1.09：重要なシステムサービス		**重要度**
1.09.1	システム時刻の管理	2
1.09.2	システムのログ	5
1.09.3	メール配送エージェント(MTA)の基本	2
主題1.10：セキュリティ		**重要度**
1.10.1	セキュリティ管理業務の実施	3
1.10.2	ホストのセキュリティ設定	3
1.10.3	暗号化によるデータの保護	3
1.10.4	クラウドセキュリティの基礎	3
主題1.11：オープンソースの文化		**重要度**
1.11.1	オープンソースの概念とライセンス	2
1.11.2	オープンソースのコミュニティとエコシステム	1

受験の申し込みから結果の確認まで

受験の申し込み

LinuCを受験するには、EDUCO-IDを取得の上、受験チケット(バウチャー)を購入し、試験予約をします。予約は、web予約と電話予約の2つの方法があります。詳細は下記をご確認ください。

なお、LinuCはピアソンVUE(試験配信会社)で配信されています。全国各地のテストセンターで、日時を自由に選択して受験することができます。

- **LPI-J：受験申込の手順**
  https://linuc.org/exam/

- **ピアソン VUE：試験の予約**
  https://www.pearsonvue.co.jp/Clients/LinuC.aspx

電話で申し込む場合は、 ピアソンVUEコールセンター(0120-355-583または0120-355-173)へ電話します。オペレータの指示に従って受験申し込みを行ってください。

受験

受験当日、テストセンターでの受付から試験終了までの流れを、ピアソンVUEのサイトから動画で確認することができます。受験前に確認しておくようにしましょう。

受験当日のテストセンターでの流れ
https://www.pearsonvue.co.jp/test-taker/Security.aspx

試験の終了と合否

試験が終了すると、すぐに得点と合否が表示されます。試験に合格して認定が取得できたら、後日LPI-Japanより認定証と認定カードが届きます。なお、認定の有効期限はありませんが、再認定ポリシーとして5年間という有意性の期限があります。

再受験(リテイク)ポリシー

1回目の受験で不合格の場合に、LinuCの同一科目を受験する際、2回目の受験については、受験日の翌日から起算して7日目以降(土日含む)より可能となります。

本書に掲載されている内容は2020年7月現在のものです。受験の際には、最新の情報を確認するようにしましょう。

- **試験の詳しい内容についてのお問い合わせ**
  LinuC：LPI-Japan
  https://linuc.org/　E-mail：info@lpi.or.jp

- **受験の申込についてのお問い合わせ**
  ピアソン VUE
  https://www.pearsonvue.co.jp/
  TEL：0120-355-173（受付時間：祝祭日を除く月〜金曜日　9:00 〜 18:00）

本書の使い方

本書は、本番試験に近い形の練習問題形式で構成されています。各章はLinuxの基本操作を順序だてて説明していますので、Linux初学者は、101試験の第1章からじっくりと読み進めてください。

また、各問題の試験における重要度を星の数で表示しています。Linux経験者や試験傾向をすばやく把握されたい方、また試験の直前対策には、星3個の問題および模擬試験問題を重点的に確認することをおすすめします。なお、章問題の中には、類似問題の対策ポイントを「これも重要!」として掲載しているので、読み落とさないようにしてください。

また、本書では試験対策のみならず、実現場で役立つ情報も本文および参考で記載していますので、ご一読ください。

※ 解説中にある参照箇所は、特に断りがない場合、同一部内を指します。たとえば、第1部の問題1-26の解説内にある「問題1-30を参照してください。」は、第1部の問題1-30を参照しています。

検証環境

本書内では、主にCentOS 7、「第1部 101試験」の第4章のDebian系パッケージ管理はUbuntu 18を使用して検証しています。

現在、上記以外にも多くのディストリビューションがリリースされていますが、同様の使い方ができるはずです。できれば学習の際に複数のディストリビューションで検証することをおすすめします。

本書記載内容に関する制約について

本書は、Linux技術者認定資格LinuCのLinuC-1(レベル1)に対応した学習書です。LinuCは特定非営利活動法人エルピーアイジャパン(LPI-Japan)(以下、主催者)が運営する資格制度に基づく試験であり、下記のような特徴があります。

① 出題範囲および出題傾向は主催者によって予告なく変更される場合がある。
② 試験問題は原則、非公開である。

本書の内容は、その作成に携わった著者をはじめとするすべての関係者の協力(実際の受験を通じた各種情報収集 / 分析など)により、可能な限り実際の試験内容に則すよう努めていますが、上記①・②の制約上、その内容が試験の出題範囲および試験の出題傾向を常時正確に反映していることを保証するものではありませんので、あらかじめご了承ください。

目次

1章 Linuxのインストールと仮想マシン・コンテナの利用

本章のポイント

▶Linuxのインストール、起動、接続、切断と停止

物理マシンや仮想マシンにインストールしたLinuxにログイン、ログアウトするコマンドを確認します。

重要キーワード

ファイル：~/.ssh/authorized_keys、~/.ssh/known_hosts、~/.ssh/id_rsa、id_rsa.pub
コマンド：ssh、logout、exit

▶仮想マシン・コンテナの概念と利用

仮想マシン、コンテナのそれぞれの特徴と違いを理解し、仮想マシン、コンテナの起動、停止を行うコマンドを確認します。

重要キーワード

コマンド：virsh、docker

▶ブートプロセスとsystemd

システムにおけるsystemdのブートターゲットを理解します。また、シングルユーザモードへの変更と、システムのシャットダウンまたはリブート、デフォルトのsystemdのブートターゲットの管理について確認します。

重要キーワード

コマンド：systemd、systemctl、shutdown、halt、reboot、poweroff

▶プロセスの生成、監視、終了

あるプログラムが実行中か調べたり、プロセス番号を調べる方法などを確認します。シェルから起動したプロセスであるジョブの管理方法を確認します。シグナルとは何か、また、入力を受け付けなくなったプロセスを明示的に終了させる方法などを確認します。

重要キーワード

コマンド：ps、pstree、top、jobs、nohup、bg、fg、uptime、tmux、screen、pgrep、kill、killall、pkill
その他：&、バックグラウンドジョブ、フォアグラウンドジョブ、シグナル

▶デスクトップ環境の利用

X Window Systemの基本的な構成要素を理解します。

重要キーワード

コマンド：xauth
その他：Xサーバ、Xクライアント、X Window System、環境変数DISPLAY

問題 1-1

重要度 ★★☆

公開鍵暗号と公開鍵認証についての説明で正しいものはどれですか？　3つ選択してください。

A. 公開鍵暗号で使われる秘密鍵と公開鍵は1対多の対応である
B. 公開鍵暗号で使われる公開鍵は秘密鍵から算出される
C. 公開鍵暗号では公開鍵で暗号化し、秘密鍵で復号する
D. 公開鍵暗号では秘密鍵で暗号化し、公開鍵で復号する
E. 公開鍵認証では公開鍵で認証データを作成し、秘密鍵で検証する
F. 公開鍵認証では秘密鍵で認証データを作成し、公開鍵で検証する

共通鍵暗号は秘密鍵暗号方式、あるいは対称型暗号方式とも呼ばれ、暗号化と復号に同一のキーを用いる方式です。

公開鍵暗号は非対称型暗号方式とも呼ばれ、暗号化と復号の鍵が異なる方式です。秘密鍵を乱数で生成し、公開鍵は秘密鍵から、大きな2つの素数の積や離散対数により算出されます。秘密鍵と公開鍵は1対1対応です。秘密鍵から公開鍵が計算されますが、その逆の演算である公開鍵から秘密鍵の計算は実質不可能です。その特性を利用したものが公開鍵暗号です。

データ送信側は受信側から事前に取得してある公開鍵でデータを暗号化して受信側に送り、受信側では自分の秘密鍵でデータを復号します。

公開鍵認証では、被認証側が自分の秘密鍵で認証データを作成して認証側に送り、認証側では被認証側の公開鍵で認証データを検証します。

図：公開鍵暗号と公開鍵認証の概要

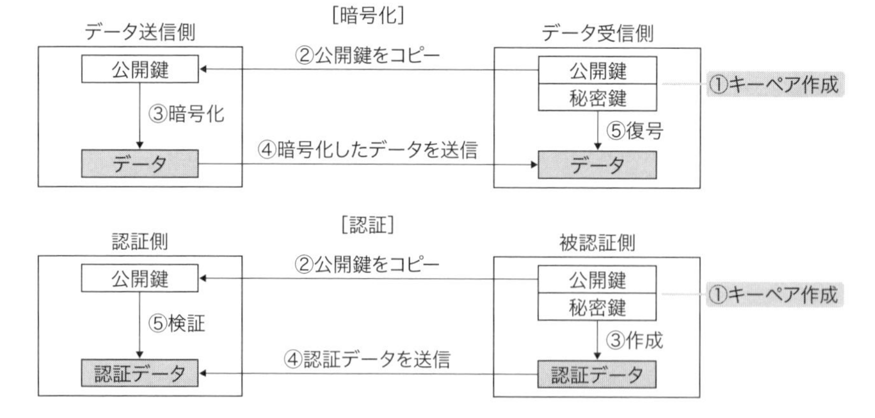

解答 B、C、F

問題 1-2

重要度 ★★★

sshコマンドでリモートホストhostにユーザ名userでログインするコマンドはどれですか？　1つ選択してください。

A. ssh user:host
B. ssh -u user -h host
C. ssh user/host
D. ssh user@host

解説　sshコマンドはリモートホストにログインしたり、リモートホスト上でコマンドを実行します。

sshはパスワードを含むすべての通信を公開鍵暗号により暗号化します。

sshはSSH（Secure Shell）のフリーな実装であるOpenSSHのクライアントコマンドであり、サーバはsshdです。OpenSSHはOpenBSDプロジェクトによって開発されています。

実行例

```
$ ssh remotehost                ①sshコマンドによりremotehostにログインする
$ ssh remotehost hostname       ②sshコマンドによりremotehost上で
                                  hostnameコマンドを実行する
```

図：実行例の概要

①sshコマンドによりremotehostにログインする　②sshコマンドによりremotehost上でhostnameコマンドを実行する

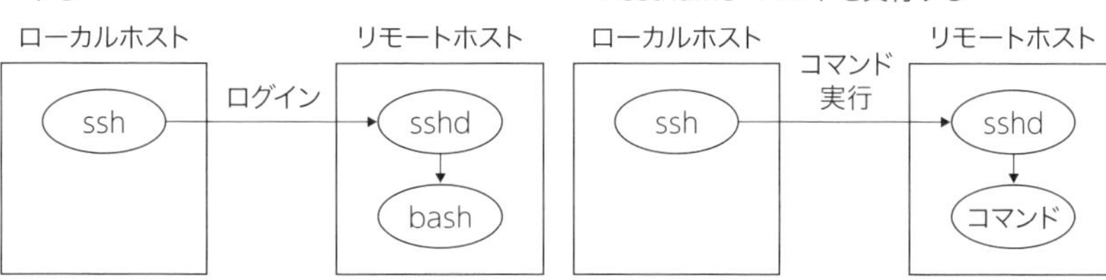

リモートホストへsshによるログインを行う実行例を確認します。

図：実行例の各ホスト名

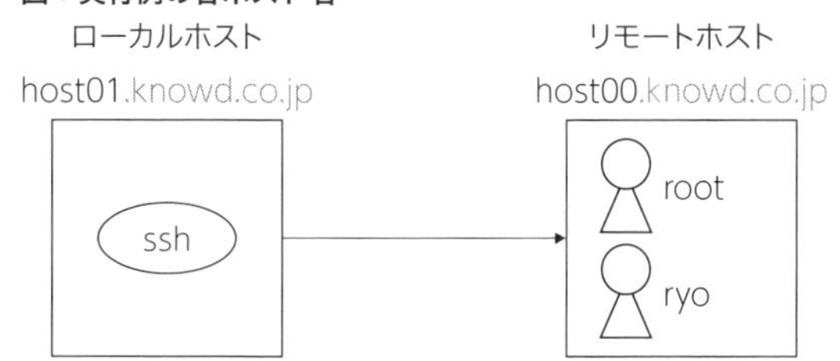

・ローカルホスト：sshコマンドを実行するホスト。ホスト名は「host01.knowd.co.jp」である
・リモートホスト：リモートログイン先のホスト。ホスト名は「host00.knowd.co.jp」である。なお、rootの他、一般ユーザとしてryoが登録されている

実行例

```
[root@host01 ~]# hostname;whoami ——①
host01.knowd.co.jp
root
[root@host01 ~]# ssh host00.knowd.co.jp ——②
root@host00.knowd.co.jp's password: ——③
Last login: Mon May  4 14:50:49 2020 from host01.knowd.co.jp
[root@host00 ~]# hostname;whoami ——④
host00.knowd.co.jp
root
[root@host00 ~]# exit ——⑤
ログアウト
Connection to host00.knowd.co.jp closed.
[root@host01 ~]# ssh ryo@host00.knowd.co.jp ——⑥
ryo@host00.knowd.co.jp's password:
Last login: Mon May  4 14:45:28 2020 from host01.knowd.co.jp
[ryo@host00 ~]$ hostname;whoami ——⑦
host00.knowd.co.jp
ryo
[ryo@host00 ~]$ exit ——⑧
ログアウト
Connection to host00.knowd.co.jp closed.
[root@host01 ~]# ssh -l ryo host00.knowd.co.jp ——⑨
ryo@host00.knowd.co.jp's password:
Last login: Mon May  4 14:52:28 2020 from host01.knowd.co.jp
[ryo@host00 ~]$ hostname;whoami
host00.knowd.co.jp
ryo
```

①hostnameコマンドとwhoamiコマンドを「;（セミコロン）」を付与して、連続して実行。実行結果を見ると、現在のホストはhost01.knowd.co.jp（ローカルホスト）であり、ユーザはrootであることがわかる
②sshコマンドを使用して、host00.knowd.co.jp（リモートホスト）にログインを試みる。ユーザを指定していないため、現在のユーザ（root）名が使用される
③host00.knowd.co.jp（リモートホスト）上のrootのパスワードを入力する
④ログインが成功したので、hostnameコマンドとwhoamiコマンドを実行し、現在のホストはhost00.knowd.co.jp（ローカルホスト）であり、ユーザはrootであることを確認する
⑤ssh接続をログアウトするには、exitコマンドを実行する
⑥再度sshコマンドを使用して、ログインを試みる。ここでは、ユーザ名を指定（ユーザ名@リモートホスト名）している

⑦ログインが成功したので、hostnameコマンドとwhoamiコマンドで確認する
⑧ssh接続をログアウトするには、exitコマンドを実行する
⑨再度sshコマンドを使用して、ログインを試みる。ここでは、ユーザ名の指定に-lオプションを使用している

上記の実行例のとおり、ユーザ名を指定する場合は、「ユーザ名@リモートホスト名」(実行例⑥)や、-lオプション(実行例⑨)を使用します。また、ssh接続をログアウトするには、exitコマンド(実行例⑤)を実行します。また[Ctrl]キーと[d]キーを同時に押すことでログアウトすることができます。

また、LinuxにおけるOpenSSHの暗号化とユーザ認証の設定は次のようになっています。

暗号化の設定

Linuxをインストールするとインストール後の最初のブート時にssh-keygenコマンドの実行によってホスト用の秘密鍵と公開鍵のキーペアが生成されます。sshのデフォルトの設定ではこのキーペアが使用されるので、ユーザは特に設定を行わなくともsshを利用することができます。

図：OpenSSHのホスト用の鍵

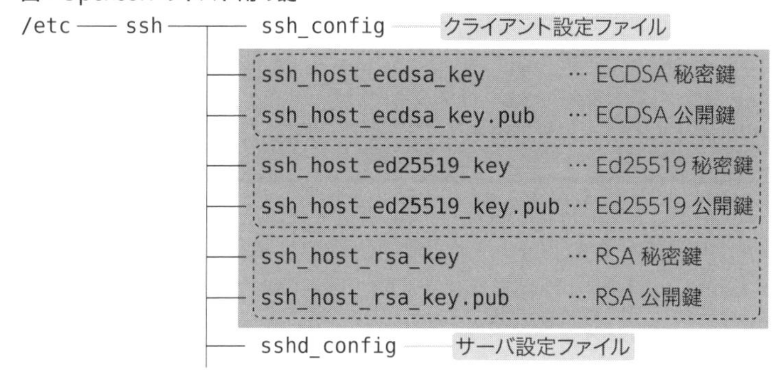

鍵の種類にはrsa、dsa、ecdsa、ed25519があります。従来のrsaキーとdsaキーに加えて、OpenSSH 5.7からecdsaキーが、OpenSSH 6.5からed25519キーがインストールされます。

ユーザ認証の設定

OpenSSHの主な認証方式には次のものがあります。

・公開鍵認証
・パスワード認証

クライアントがリクエストする優先順位に従い、サーバ側で提供される認証方式が順番に試みられて、どれか1つの認証が成功した時点でログインできます。クライアントのデフォルトの優先順位は、「公開鍵認証→パスワード認証」です。公開鍵認証では、クライアント(被認証側)の公開鍵をサーバ(認証側)にコピー

するなどの設定が必要です。したがって、インストール時のデフォルトの設定ではパスワード認証のみが使用できます。

参考 OpenSSHでは、ユーザ認証方式として、ホストベース認証もあります。101試験の範囲外となるため、説明は割愛します。

これも重要！

ssh接続のログアウトは、exitコマンドを実行する他、[Ctrl] キーと [d] キーを同時に押すことでも可能です。

解答 D

問題 1-3

重要度 ★★★

sshのknown_hostsファイルには何が格納されていますか？　1つ選択してください。

A. サーバのホスト名、IPアドレス、公開鍵
B. クライアントのホスト名、IPアドレス、公開鍵
C. サーバに登録されたユーザ名とパスワード
D. クライアントに登録されたユーザ名とパスワード

解説 sshクライアントの~/.ssh/known_hostsファイルにはsshサーバのホスト名、IPアドレス、公開鍵が格納されます。認証は次のようにして行われます。

図：SSHでの認証の流れ

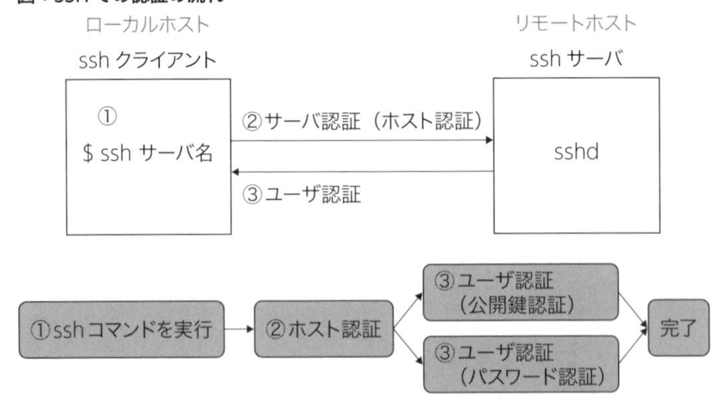

sshコマンドで初めてサーバに接続するとき、サーバから送られてきた公開鍵のフィンガープリント（fingerprint：指紋）の値が表示され、それを認めるかどう

かの確認のメッセージが以下のように表示されます。公開鍵のフィンガープリントは公開鍵の値をハッシュ関数で計算したものです。データ長が公開鍵より小さいのでこのようにユーザの目視による確認のような場合に利用されます。

実行例

```
$ ssh ryo@host00.knowd.co.jp ―― ①
The authenticity of host 'host00.knowd.co.jp (172.16.255.254)'
can't be established.
ECDSA key fingerprint is SHA256:eTRwtRC1voxk5ilgU0Gg88x7PvK+HI9Lln
fuLzfpz/w. ―― ②
ECDSA key fingerprint is MD5:b6:9d:00:3f:4d:d5:5c:96:9f:e9:02:86:f
f:12:7d:f4. ―― ③
Are you sure you want to continue connecting (yes/no)? yes ―― ④
ryo@host00.knowd.co.jp's password: ―― ⑤
```

①host00.knowd.co.jpにユーザryoでリモートログイン
②SHA256でのハッシュ値
③MD5でのハッシュ値
④サーバを正当と認める場合は「yes」と入力
⑤ログインパスワードを入力

yesと答えると、サーバが正当であると認めたことになり、サーバのホスト名、IPアドレス、公開鍵がknown_hostsファイルに格納されます。DNSにより名前解決された場合はホスト名とIPアドレスと公開鍵、それ以外はホスト名かIPアドレスのどちらかと公開鍵が格納されます。

一度known_hostsにサーバの情報が書き込まれると、それ以降は格納されている公開鍵により自動的にサーバを認証し、上記の確認メッセージは表示されることなくサーバに接続します。

known_hostsファイルは、デフォルトでは、クライアントのホームディレクトリの.sshディレクトリ以下に保存されます。

これも重要！

.sshディレクトリ名は記述できるようにしておきましょう。

解答 A

1-4

重要度 ★★★

ユーザ yuko がホスト examhost 上で ecdsa 鍵を作成しました。作成した鍵は examhost から examserver にログインするときに使用します。examserver に examhost の鍵を登録するファイルはどれですか？　1 つ選択してください。

A. sshd_config　　B. authorized_keys
C. id_ecdsa.pub　　D. id_ecdsa

解説　問題 1-1、1-2 の解説にありますが、公開鍵によるユーザ認証を行うにはクライアントが作成した秘密鍵と公開鍵のキーペアのうち公開鍵をサーバ側にコピーしておかなくてはなりません。サーバ側で公開鍵を格納するファイルはデフォルトでは authorized_keys ファイルです。ファイル名はサーバの設定ファイル sshd_config の AuthorizedKeysFile ディレクティブで指定できます。

次の例は、デフォルトの設定です。

sshd_config の抜粋

```
AuthorizedKeysFile      .ssh/authorized_keys
```

以下は、ユーザ yuko が examhost 上で作成した公開鍵を ssh サーバである examserver に登録する例です。

実行例

```
$ scp .ssh/id_ecdsa.pub examserver:/home/yuko ── ①ローカルで作成した公開鍵を examserverの/home/yuko 以下にコピーする
yuko@examserver's password:
id_ecdsa.pub                                    100%  611     0.6KB/s   00:00
$ ssh examserver ── ②examserverにsshでログインする
yuko@examserver's password:
Last login: Mon May  4 14:40:28 2020 from 172.16.0.1
$ ls id_ecdsa.pub
id_ecdsa.pub
$ mkdir .ssh ── ③.sshディレクトリがない場合は作成する
$ chmod 700 .ssh ── ④.sshディレクトリのパーミッションを正しく設定する
$ cat id_ecdsa.pub >> .ssh/authorized_keys ── ⑤公開鍵を追加登録する
$ chmod 644 .ssh/authorized_keys ── ⑥初めてauthorized_keysを作成したときは パーミッションを正しく設定する
```

公開鍵を上記のようにサーバの autorized_keys に登録した後、次の実行例では、examhost から examserver へ ssh でログインしています。

なお、②から③は、ssh コマンド実行時のユーザ認証の説明です。

実行例

```
$ ssh examserver ―― ①sshでログイン
Enter passphrase for key '/home/yuko/.ssh/id_ecdsa': ―― ②秘密鍵を暗号化したときのパスフレーズを入力
Last login: Mon May  4 14:52:28 2020 from 172.16.0.1
$ ―― ③ログインが成功し、コマンドプロンプトが表示される
```

① クライアント上のユーザがsshコマンドを実行する
② ユーザはパスフレーズを入力して暗号化された秘密鍵(~/.ssh/id_ecdsa)を復号する(秘密鍵がパスフレーズで暗号化されていた場合。パスフレーズを付けずに秘密鍵を生成した場合は暗号化されていないのでパスフレーズの入力は必要なし)
②' sshコマンドはユーザ名、公開鍵(~/.ssh/id_ecdsa.pub)を含むデータに秘密鍵での署名を付けてサーバに送る
②" サーバは送られてきた公開鍵がサーバに登録(~/.ssh/authorized_keys)されているものかを調べる
③ 登録された公開鍵であれば、その公開鍵で署名が正しいものかどうかを検証し、正しければ正当なユーザとしてログインを許可する

解答 B

問題 1-5

重要度 ★★★

sshでの正しい説明はどれですか? 2つ選択してください。

A. sshクライアントは、known_hostsに格納された公開鍵でホスト認証を行う
B. sshクライアントは、known_hostsに格納された秘密鍵でホスト認証を行う
C. sshサーバは、authorized_keysに格納された公開鍵でユーザ認証を行う
D. sshサーバは、authorized_keysに格納された秘密鍵でユーザ認証を行う

解説 問題1-3の解説にあるとおり、sshクライアントの~/.ssh/known_hostsファイルにはsshサーバのホスト名、IPアドレス、公開鍵が格納されます。これにより、ホスト認証が行われます。また、問題1-4の解説にあるとおり、公開鍵でユーザ認証を行う場合は、クライアントが作成した秘密鍵と公開鍵のキーペアのうち公開鍵をサーバ側にコピーしておかなくてはなりません。サーバ側で公開鍵を格納するファイルはデフォルトではauthorized_keysファイルです。したがって、選択肢A、Cが正しいです。

A、C

問題 1-6

重要度 ★★★

仮想マシン（VM）とコンテナの違いを説明している内容で誤りなものはどれですか？　1つ選択してください。

A. コンテナは、仮想環境をエミュレートするため、起動 / 停止が遅い
B. コンテナを用いた仮想化ではホストのリソースとの隔離や利用制限を行う
C. KVM はエミュレートにより、物理的なハードウェアあるいは仮想化されたハードウェア上に仮想環境を構築するため、ホストの OS とゲスト OS は同一の OS でなくてもよい
D. コンテナはホスト OS のカーネルを共有するが、独自のストレージ領域、独自のネットワークアドレスを持つ

□□□

解説　仮想化（Virtualization）とは、ハードウェア、サーバ、ストレージ、ネットワークなどのコンピュータシステムを構成するリソースを元の構成から独立させて、分割あるいは統合する形で仮想的に構成する技術です。問題文の VM とコンテナとは以下のとおりです。

- 仮想マシン（VM）：ハイパーバイザーによる仮想化で稼働する仮想環境
- コンテナ：ホストのカーネルを共有し、隔離された独自の区画を持つ仮想化方式

ハイパーバイザーによる仮想化

ハイパーバイザーは、その上で仮想マシンを稼働させるソフトウェアです。典型的なハイパーバイザーのタイプには以下の 2 種類があります。

表：ハイパーバイザーのタイプ

タイプ	説明
ベアメタル型	ハイパーバイザーが直接ハードウェア上で動作し、すべての OS はそのハイパーバイザー上で動作する方式。Xen はこの方式
ホスト型	ハードウェア上で OS（ホスト OS）が動作し、その上でハイパーバイザーが動作する方式。VMwarePlayer や VirtualBox はこの方式

図：ハイパーバイザーのタイプ概要図

ベアメタル型

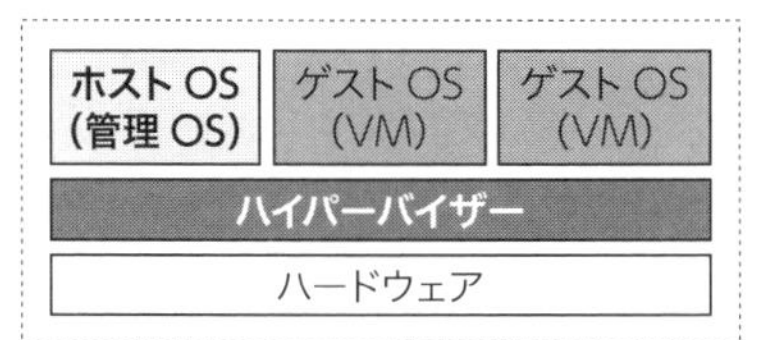

ホスト型

ゲスト OS (VM)　ゲスト OS (VM)　ゲスト OS (VM)
ハイパーバイザー
ホスト OS
ハードウェア

ホスト OS：物理環境にインストールされた OS
ゲスト OS：仮想環境上に用意された仮想マシンにインストールされた OS

上記の図にあるとおり、ハイパーバイザーでは、物理マシン上に複数台の VM（仮想マシン）を作成します。各 VM には、個別に異なる OS をインストールすることが可能であり、その OS 上で、DB や Web といったサーバソフトウェアをインストールして利用できます。

ハイパーバイザーによる仮想化の特徴は以下のとおりです。

- ハイパーバイザーによる仮想化で稼働する仮想環境を VM（仮想マシン）と呼ぶ
- ハイパーバイザーで稼働するゲスト OS は、各 VM ごとに異なる OS を利用することが可能
- ハイパーバイザーで稼働するゲスト OS は、ホスト OS のリソース（CPU やメモリなど）を共有する

Linux カーネルベースの仮想化環境として KVM と Xen があります。KVM はホスト OS にハイパーバイザーの機能が組み込まれており、ゲスト OS はホスト OS 上のエミュレータで動作するので、ベアメタル型とホスト型の中間的な方式です。

ある装置やソフトウェアを模倣した動作を行うことを「エミュレーション」（emulation）と呼びます。例えば、PC ハードウェアを模倣する（エミュレーション）ことにより、仮想的に OS を稼働させることができます。エミュレーションを行う装置やソフトウェアを「エミュレータ」（emulator）と呼びます。

コンテナ型仮想化

コンテナ型仮想化ではホスト OS と同じカーネルを共有し、OS 内で隔離されたコンテナと呼ばれる区画に独自のアドレス空間、ルートディレクトリからなる独自のストレージ領域、独自のネットワークアドレスを持ちます。コンテナ内のプロセスはホスト OS のプロセスとして動作します。ホスト型あるいはハイパーバイザー型による仮想マシンに比べて、サイズが小さく、カーネルの起動／停止や余分なサービスの起動／停止がなく、起動／停止が速いのが特徴です。

図：コンテナの概要図

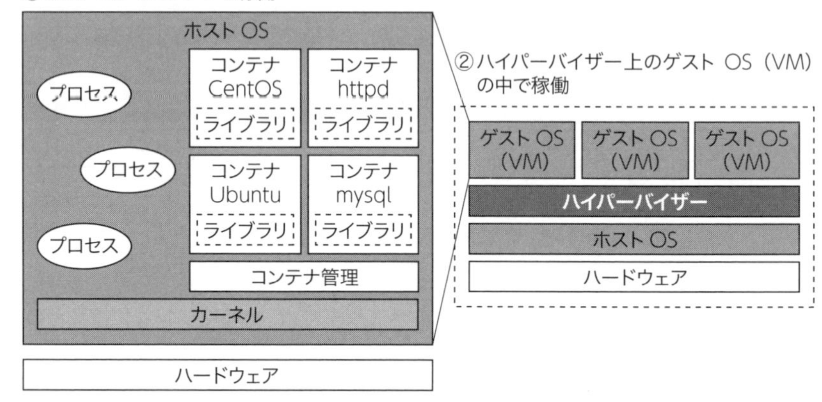

上記の図の①は、Linux をホスト OS としてコンテナが稼働している例です。この図の例のように、ホスト OS が Linux の場合、コンテナはホスト OS と異なる Linux ディストリビューションの利用が可能です。コンテナが持つライブラリにより違いを吸収するからです。
ただし、コンテナを Microsoft Windows にするといったような、ホスト OS とは異なる OS をコンテナとして利用することはできません。また、このライブラリにより、コンテナでは、httpd や mysql のようなアプリケーションのみ稼働させることも可能です。また、②の例のように、ハイパーバイザー（ホスト型）上にある VM に、①で構築した環境を適用することも可能です。

コンテナによる仮想化の特徴は以下のとおりです。

- ホスト OS のカーネルを共有し、完全に隔離されたアプリケーション実行環境を構築する
- VM（仮想マシン）に比べ、起動 / 停止が速い
- コンテナ内のプロセスはホスト OS のプロセスとして動作する（ただし、ホスト OS の PID（プロセス ID）とコンテナ内で与えられる PID は異なる。コンテナ内で最初に生成されるプロセスには PID=1 が与えられる）
- VM と異なり、コンテナにホスト OS と異なる OS をインストールすることはできない（ただし、ホスト OS の Linux カーネルを共有することで、ホスト OS とは異なる Linux ディストリビューションをコンテナにインストールすることはできる）

選択肢 A にある、仮想環境をエミュレートを行うのは、コンテナではなくハイパーバイザーによる仮想化のため、誤りです。選択肢 B、選択肢 D のコンテナ型仮想化では、ホスト OS と同じカーネルを共有しますが、プロセスやデバイスといったリソースについて制御が可能で、各コンテナごとに独自に管理されるため、正しいです。選択肢 C は、選択肢の説明どおりであり、正しいです。

これも重要！

ハイパーバイザーおよび、コンテナの各特徴を押さえておきましょう。

解答 A

問題 1-7

重要度★★★

稼働しているゲストOSの一覧を表示するコマンドはどれですか？　1つ選択してください。

A. virsh list
B. virsh list -a
C. virsh list --all
D. virsh list --active

解説　virsh（/usr/bin/virsh）は、libvirt-clientパッケージに含まれているKVMの管理コマンドです。KVMでは、ゲストOSのことをドメインと呼び、virshコマンドはコマンドラインでドメインを管理するコマンドです。

構文 **virsh [オプション] サブコマンド 引数**

「-c」オプションにより、接続するハイパーバイザーのURIを指定できます（表1）。また、サブコマンドを利用して、ドメインの表示、起動、停止、設定の変更等を行います（表2）。

表1：URIの指定例

主なURI	説明
qemu:///system	ローカルのハイパーバイザー「qemu」に接続 例）# virsh -c qemu:///system
qemu+ssh://ホスト名/system	ホスト名で指定したリモートホストのハイパーバイザー「qemu」にsshを介して接続 例1）# virsh -c qemu+ssh://ホスト名/system 例2）$ virsh -c qemu+ssh://root@ホスト名/system

表2：virshコマンドの主なサブコマンド

サブコマンド	説明
list	ドメインの一覧表示
start ドメイン	ドメインの起動
console ドメイン	ドメインへログイン
shutdown ドメイン	ドメインの停止
net-list	ネットワークの一覧表示

virshコマンドでは、listサブコマンドを指定することで、ドメインを一覧表示します。ゲストOSが停止している場合は何も表示されません。

実行例

```
# virsh list
 Id     名前                              状態
----------------------------------------------------
```

virsh コマンドをオプションなしで実行すると、対話形式で一覧を表示することができます。list サブコマンドに「--all」オプションを付けて実行すると、停止しているゲスト OS も表示されます。

実行例

```
# virsh
virsh にようこそ、仮想化対話式ターミナルです。
入力: 'help' コマンドのヘルプ
       'quit' 終了
virsh # list --all
 Id     名前                              状態
----------------------------------------------------
 -      c7-g1-kvm                         シャットオフ
 -      c7-g2-kvm                         シャットオフ
```

virsh コマンドでドメインの起動と停止を行う場合は、以下のように実行します。

実行例

```
# virsh start c7-g1-kvm ――ドメインの起動
ドメイン c7-g1-kvm が起動されました
# virsh list --all
 Id     名前                              状態
----------------------------------------------------
 1       c7-g1-kvm                        実行中
 -       c7-g2-kvm                        シャットオフ
# virsh shutdown c7-g1-kvm ――ドメインの停止
```

問題文では、稼働しているゲスト OS の一覧を表示する旨の指示があるため、選択肢 A が正しいです。

参考 KVMではハードウェアのエミュレーションはQEMU（キューエミュ）が行い、QEMUは「/dev/kvm」を介してハードウェアによる仮想化支援機能を利用します。
KVMを使用するためには、libvirt関連のパッケージ、virt関連のパッケージの他、KVM固有のqemu-kvmパッケージのインストールが必要です。
また、KVMは、カーネル2.6.20からLinux標準カーネルに組み込まれています。CentOS 7のカーネルは、KVM対応でコンフィグレーションされています。

実行例

```
# cat /etc/redhat-release
CentOS Linux release 7.8.2003 (Core)
# ls /boot/config*
/boot/config-3.10.0-1127.el7.x86_64
# grep CONFIG_KVM /boot/config-3.10.0-1127.el7.x86_64
.....（途中省略）.....
CONFIG_KVM=m          カーネルモジュールkvm.koを生成
CONFIG_KVM_INTEL=m    カーネルモジュールkvm-intel.koを生成
CONFIG_KVM_AMD=m      カーネルモジュールkvm-amd.koを生成
CONFIG_KVM_MMU_AUDIT=y
# CONFIG_KVM_DEVICE_ASSIGNMENT is not set
```

これも重要！

表2で掲載したvirshコマンドの主なサブコマンドは押さえておきましょう。

解答 A

問題 1-8

重要度 ★★★

ゲストOSのコンソールに接続するコマンドはどれですか？　1つ選択してください。

A. virsh login ドメイン
B. virsh start ドメイン
C. virsh console ドメイン
D. virsh link ドメイン

解説　KVMの管理コマンドであるvirshを使用してゲストOSのコンソールに接続する場合は、consoleサブコマンドを使用します。

解答 C

問題 1-9

重要度 ★★★

ゲストOSを停止するコマンドはどれですか？　1つ選択してください。

A. virsh poweroff ドメイン
B. virsh shutdown ドメイン
C. virsh stop ドメイン
D. virsh off ドメイン

解説 KVMの管理コマンドであるvirshを使用してゲストOS（ドメイン）を停止する場合は、shutdownサブコマンドを使用します。

これも重要！

問題17の表2に掲載がありますが、ドメインの起動は「start」を使用することも押さえておきましょう。

解答 B

問題 1-10

重要度 ★★★

「docker run -it centos」を実行した際の説明として正しいものはどれですか？1つ選択してください。

A. dockerイメージからcentosを起動する
B. dockerイメージからcentosを再起動する
C. dockerイメージからcentosを生成する
D. dockerイメージからcentosを更新する

解説 Dockerはホストのカーネルを共有するコンテナ型仮想化の仕組みを使って、コンテナ内のアプリケーションやOSを配備するオープンソースソフトウェアです。Dockerイメージ、軽量なランタイムライブラリ、パッケージングツール、Docker Hubから構成されます。

Dockerは以下のような特徴を持ちます。

- ホストOSのカーネルを共有
- Dockerイメージはディスク容量が小さく軽量
- カーネルの起動/停止と余分なサービスの起動/停止がなく、起動/停止が速い
- Dockerfileの記述により、独自のDockerイメージを生成できる
- Docker Hubにアカウントを登録することで、ユーザ独自のDockerイメージを管理できる
- 作成したDockerイメージはそのままで、原則的にホストOSがどのLinuxディストリビューションでも動作する
- コンテナ用オーケストレーションソフトウェアKubernetesにより、Dockerイメージを複数（1つ以上）のノードに配備し、管理できる

Dockerイメージとは、作成するコンテナに必要なファイルがまとまったものであり、CentOS用イメージや、Apache httpd用イメージが提供されています。

それらを使用して、コンテナを作成します。

また、Dockerイメージとコンテナはdocker（/usr/bin/docker）コマンドおよび、サブコマンドで操作、管理します。

構文 **docker [オプション] サブコマンド [引数]**

表：主なDockerコマンド

Dockerコマンド	説明
docker pull	イメージをDocker Hubからダウンロード
docker images	イメージの一覧を表示
docker run	イメージからコンテナを生成しコマンドを実行
docker exec	実行中のコンテナ内で、新しいプロセスを実行
docker ps	コンテナの一覧表示
docker stop	コンテナの停止
docker start	コンテナの開始
docker rm	1個または複数のコンテナを削除

以下の実行例は、docker pullコマンドを使用して、CentOSとApache httpdの各最新版のDockerイメージをダウンロードしています。

その後、docker imagesコマンドを使用して、取得したDockerイメージの一覧を表示しています。

実行例

```
# docker pull centos ――― CentOSのイメージをダウンロード
Using default tag: latest
Trying to pull repository docker.io/library/centos ...
.....（途中省略）.....
Status: Downloaded newer image for docker.io/centos:latest
#
# docker pull httpd ――― Apache httpdのイメージをダウンロード
Using default tag: latest
Trying to pull repository docker.io/library/httpd ...
.....（途中省略）.....
Status: Downloaded newer image for docker.io/httpd:latest
#
# docker images ――― イメージの一覧を表示
REPOSITORY          TAG         IMAGE ID        CREATED         SIZE
docker.io/httpd     latest      b2c2ab6dcf2e    12 days ago     166 MB
docker.io/centos    latest      470671670cac    3 months ago    237 MB
```

以下の実行例は、イメージからrunコマンドでコンテナを生成、起動します。この例のように「docker run」コマンドで実行するコマンドを引数に指定しなかった場合は、コンテナイメージ内のconfigurationの中のCMDで指定されたコマンドが最初に生成されるプロセス（PID=1）になります（この例の場合は/bin/bash)。「docker inspect イメージID」で設定値を確認できます。オプション「-it」(--interactive=true --tty=true）を指定すると擬似端末を割り当て、標準入力からの入力によって対話的にコンテナ内のコマンドを操作できます。

実行例

```
[root@localhost ~]# docker run -it 470671670cac  ―― コンテナを生成、起動
[root@4956a2c735ca /]#
[root@4956a2c735ca /]# cat /etc/centos-release
CentOS Linux release 8.1.1911 (Core)  ―― CentOS 8.1であることを確認
[root@4956a2c735ca /]# uname -r  ―― カーネルバージョンの確認
3.10.0-1127.el7.x86_64
[root@4956a2c735ca /]# exit  ―― コンテナから切断され、コンテナも停止する
exit
[root@localhost ~]#
```

プロンプトのホスト名がlocalhostから4956a2c735caになっていることを確認

上記の実行例では、Docker イメージから作成された CentOS のコンテナは、version8.1 となっており、カーネルバージョンは 3.10.0-1127.el7.x86_64 であることがわかります。前述のとおり、Docker では、ホスト OS のカーネルを共有しています。確認のため、以下はホスト OS の実行例です。ホスト OS とコンテナのカーネルバージョンが同じであることを確認してください。

実行例

```
[root@localhost ~]# cat /etc/centos-release
CentOS Linux release 7.8.2003 (Core)  ―― CentOS 7.8であることを確認
[root@localhost ~]# uname -r  ―― カーネルバージョンの確認
3.10.0-1127.el7.x86_64
[root@localhost ~]# docker ps  ―― コンテナ一覧を表示
CONTAINER ID        IMAGE               COMMAND             CREATED
STATUS              PORTS               NAMES
[root@localhost ~]# docker ps -a  ―― 停止しているコンテナも含めて一覧表示
CONTAINER ID        IMAGE               COMMAND             CREATED
STATUS              PORTS               NAMES
4956a2c735ca        470671670cac        "/bin/bash"         5 minutes ago
Exited (0) 3 minutes ago                hardcore_galileo
```

また、docker ps コマンドは稼働しているコンテナ一覧を表示します。本書の実行例では、コンテナから切断する際に「exit」を使用しました。コンテナが最初に生成したプロセス（この例では bash）を exit するとコンテナは停止します。bash を exit せずにコンテナから切断するには［Ctrl］＋［p］［Ctrl］＋［q］を入力します。再接続するには「docker attach コンテナ ID」を実行します。したがって、現在、稼働しているコンテナはありません。オプション「-a」を指定すると（「docker ps -a」を実行）停止しているコンテナも含めて一覧表示します。

Dockerを使用するには、Dockerパッケージをインストールし、CentOSの場合は以下のようにdockerdデーモンの起動が必要です。

systemctl start docker; systemctl enable docker

Ubuntuの場合はDockerをインストールすると自動的に起動します。

これも重要！
表に掲載した主なDockerコマンドは押さえておきましょう。

解答 C

問題 1-11

重要度 ★★★

以下のコマンドラインを実行し、コンテナにログインしたいと考えています。下線に入るdockerのサブコマンドを記述してください。

docker ______ -it コンテナ名 /bin/bash

解説 稼働中コンテナへ接続するには、execサブコマンドを使用します。以下の実行例は、稼働中のコンテナで生成された最初のプロセスであるbash（PID=1）とは別に新たにbashを起動してログインしています。

実行例

```
[root@localhost ~]# docker ps          ← 稼働中コンテナの一覧表示
CONTAINER ID   IMAGE        COMMAND     <途中省略>   NAMES
8d480cf59015   470671670cac "/bin/bash" <途中省略>   jovial_agnesi   ← コンテナ名「jovial_agnesi」
[root@localhost ~]#
[root@localhost ~]# docker exec jovial_agnesi ps aux   ← 「jovial_agnesi」へログインし、「ps aux」を実行
USER       PID %CPU %MEM    VSZ   RSS TTY      STAT START   TIME COMMAND
root         1  0.0  0.1  12012  2052 ?        Ss+  05:28   0:00 /bin/bash
root        14  0.0  0.0  43948  1696 ?        Rs   05:29   0:00 ps aux
[root@localhost ~]# docker exec -it jovial_agnesi /bin/bash   ← 「jovial_agnesi」へログインし、bashを起動
[root@8d480cf59015 /]#   ← プロンプトのホスト名がlocalhostから8d480cf59015になっていることを確認
```

解答 exec

問題 1-12

重要度 

Docker コンテナが実現できないものは、どれですか？　2つ選択してください。

A. CPU のオーバーコミット
B. メモリのオーバーコミット
C. ホスト OS と異なる OS のインストール
D. CPU クォータ制限
E. ホスト上のデバイスにアクセスする権限設定

「docker run」を実行する際に、コンテナのパフォーマンス・パラメータも調整できます。主なオプションを掲載します。

表：パフォーマンス・パラメータの主なオプション

オプション	説明
-m, --memory	メモリの上限
--memory-reservation	メモリのソフト・リミット
--cpuset-cpus	実行する CPU の割り当て（0-3, 0,1）
--cpu-quota	CPU 使用率を制限
--privileged	ホスト上のすべてのデバイスに対して接続可能とする

以下は、オプションを使用した実行例です。

実行例

```
$ docker run -ti ubuntu:14.04 /bin/bash ―― ①
$ docker run -ti -m 500M --memory-reservation 200M ubuntu:14.04
/bin/bash ―― ②
$ docker run -ti --cpuset-cpus="1,3" ubuntu:14.04 /bin/bash ―― ③
```

①メモリを設定していません。これはコンテナ内のプロセスは必要な分だけメモリが使用できます。
②メモリの上限（-m）を 500M に制限し、メモリ予約を 200M に設定します。
③どの CPU でコンテナを実行するか（--cpuset-cpus）を指定できます。この実行例は、コンテナ内のプロセスを cpu1 と cpu3 で実行します。

選択肢 A、B のオーバーコミットとは、ホスト OS が持つ CPU やメモリのリソース量よりも、多くのリソースをコンテナに対して仮想的に割り当てるという機能です。表のオプションにあるとおり、メモリに対する設定はありますが、CPU の個数指定のパラメータはありません。したがって、選択肢 A は実現できませんが、選択肢 B は可能です。選択肢 C は、Docker では、ホスト OS と異なる OS をコンテナにインストールすることはできません。例えば、ホスト OS は Linux でコンテナが Windows といったインストールはできません。ただし、ホスト OS の

Linux カーネルを共有することで、ホスト OS が CentOS、コンテナが Ubuntu というように異なったディストリビューションをインストールすることはできます。選択肢 D は、「--cpu-quota」オプションにより CPU の使用率を制限することが可能です。選択肢 E は、「--privileged」オプションにより実現可能です。

Dockerのドキュメントは以下URLを参照してください。
http://docs.docker.jp/

A、C

問題 1-13

コンテナを用いた仮想化に関連するソフトウェアとして適切なものはどれですか？ 2つ選択してください。

A. KVM　　**B.** Kubernetes
C. Xen　　**D.** Docker

Kubernetes は、コンテナ用オーケストレーションソフトウェアの 1 つで、Google 社が開発しオープンソース化しました。オーケストラの指揮者のように複数のコンテナを調整しながら管理します。Kubernetes が提供する主な機能は以下のとおりです。

- リソースに応じたコンテナの配置
- 複数のコンテナの連携
- オートスケーリング
- 負荷分散
- ログ収集
- 障害監視と自己修復

2015 年、Docker 社を始めとするコンテナ関連企業は、コンテナフォーマットとランタイム（実行環境）のオープンな業界標準を策定する目的で、Open Container Initiative (OCI) を設立しました。OCI は Linux Foundation プロジェクトの 1 つです。

OCI では現在、以下の 2 つの標準仕様を策定しており、Docker も Kubernetes もこの仕様に準拠しています。

- Runtime Specification (runtime-spec)：コンテナの起動方法／管理方法を規定
  参考 URL：https://github.com/opencontainers/runtime-spec/blob/master/spec.md

・Image Specification（image-spec）：コンテナイメージのフォーマットを規定
参考URL：https://github.com/opencontainers/image-spec/blob/master/spec.md

したがって、選択肢B、Dが正しいです。選択肢A、Cは問題1-6の解説にあるとおり、ハイパーバイザーによる仮想化です。

Kubernetesは様々なコンテナランタイムとのインタフェース規格として、Container Runtime Interface（CRI）を導入しました。コンテナランタイムには以下のようにhigh-levelとlow-levelの2種類があります。

・high-levelランタイム：CRIを介してKubernetesと接続し、low-levelランタイムを使用してコンテナを起動／管理するランタイム
実装例）containerd（dockerdと連携して動作する。Docker社が開発し、CNCF:Cloud Native Computing Foundationに寄贈）、CRI-O（CNCFが開発）
・low-levelランタイム：OCIのRuntime Specificationに準拠したランタイム。コンテナの生成／起動／停止／削除などを行う。
実装例）runc（OCIによるリファレンス実装）、Kata Containers（コンテナごとに軽量VMを実装し、高い隔離レベルを実現。OpenStack Foundationが開発）

図：dockerコマンドとコンテナランタイム（CentOS 7のdockerの例）

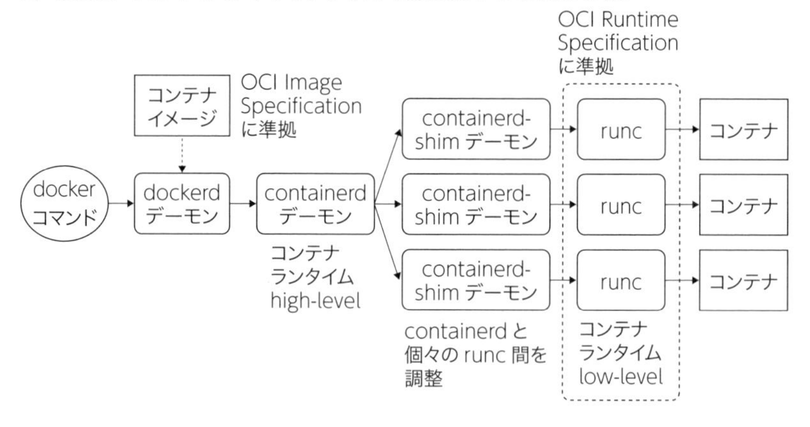

図：Kubernetesとコンテナランタイム（containerd）の例

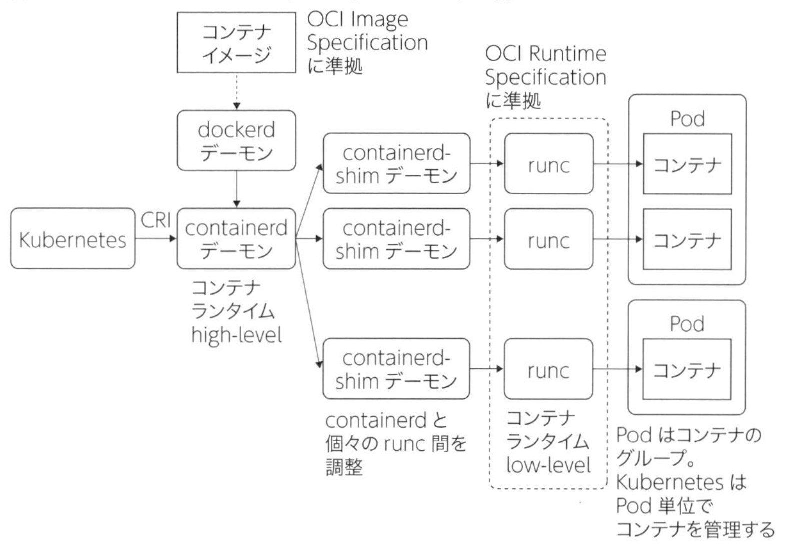

図：Kubernetesとコンテナランタイム（CRI-O）の例

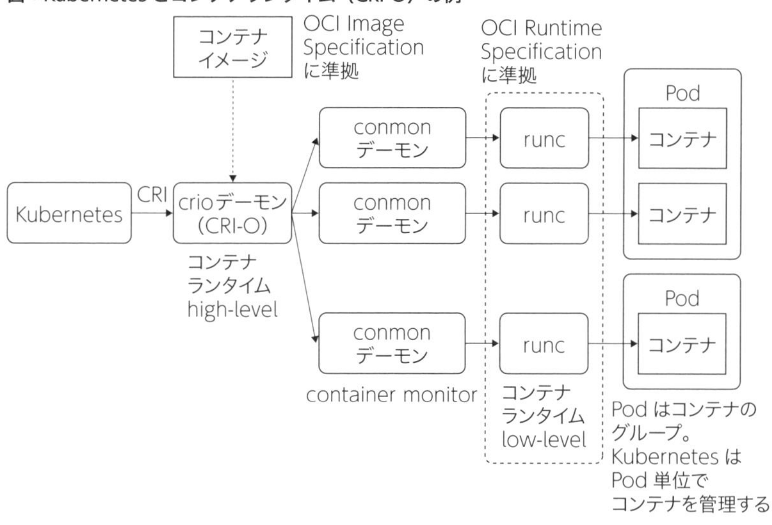

解答 B、D

問題 1-14

重要度 

システム起動時にsystemdが最初に実行するターゲットは何ですか？　下線部を記述してください。

＿＿＿＿＿＿.target

解説　最近の主要なディストリビューションでは、サービスの管理はSysV initに代わり、systemdが採用されています。systemdの中核となるデーモン/usr/lib/systemd/systemdは/sbin/initとリンクされた同じプログラムで、SysV initのinitと同じくカーネルから起動される最初のユーザプロセスであり、PID（プロセスID）には1が割り当てられます。

実行例

```
$ ps -e | head -2
  PID TTY          TIME CMD
    1 ?        00:00:04 systemd ——①
$ ls -l /sbin/init
lrwxrwxrwx. 1 root root 22  5月  4 12:29 /sbin/init -> ../lib/systemd/systemd ——②
$ ls -l /lib
lrwxrwxrwx. 1 root root 7  5月  4 12:25 /lib -> usr/lib ——③
$ ls -l /usr/lib/systemd/systemd
-rwxr-xr-x. 1 root root 1628608  4月  1 10:31 /usr/lib/systemd/systemd
```

①systemdのPIDは1
②initはsystemdへのシンボリックリンク
③/libは/usr/libへのシンボリックリンク

systemdは設定ファイルを参照して、以下のような起動シーケンスを開始し、グラフィカルターゲット（graphical.target）かマルチユーザターゲット（multi-user.target）までシステムを立ち上げます。どのターゲットまで立ち上げるかは、デフォルトターゲット（default.target）の設定で指定できます。

グラフィカルターゲット（graphical.target）の場合は、グラフィカルなログイン画面が表示され、デスクトップ環境にログインできます。マルチユーザターゲット（multi-user.target）の場合は、コマンドプロンプトが表示され、デスクトップ環境のないCUIの環境にログインできます。

ターゲット（target）は、どのようなサービスを提供するかなどのシステムの状態を定義します。systemdより以前にLinuxで広く採用されていたSysV initのランレベルに相当します。graphical.targetやmulti-user.targetの他にも、システムのメンテナンスのためのレスキューターゲット（rescue.target）など、いくつものターゲットがあります。

図：systemd の起動シーケンス

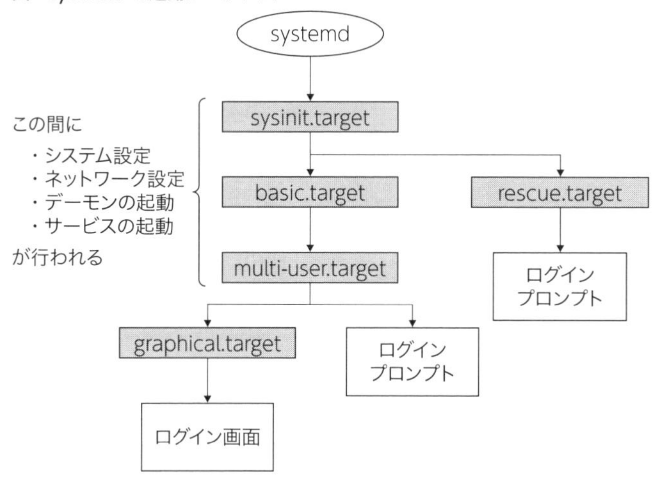

主なターゲットは以下のとおりです。

表：主なターゲット

ターゲット	説明	SysV ランレベル
default.target	システム起動時のデフォルトのターゲット。システムはこのターゲットまで立ち上がる。通常は multi-user.target あるいは graphical.target へのシンボリックリンク	-
sysinit.target	システム起動時の初期段階のセットアップを行うターゲット	-
rescue.target	障害発生時やメンテナンス時に管理者が利用するターゲット。管理者は root のパスワードを入力してログインし、メンテナンス作業を行う	1
multi-user.targe	テキストベースでのマルチユーザのセットアップを行うターゲット	3
graphical.target	グラフィカルログインをセットアップするターゲット	5

問題文に相当するターゲットは、sysinit.target です。

解答 sysinit

問題

1-15

重要度 

systemd の説明として誤っているものはどれですか？　1つ選択してください。

A. ユニットによりシステムを管理する
B. サービスを並列に起動することにより、起動が高速である
C. プロセスの管理には、cgroups を使用している
D. サービスの起動は、シェルスクリプトを使用している
E. systemd の PID は 1 である

systemd の特徴をまとめます。

- **依存関係の定義によるサービス起動の並列処理**
  systemd では、SysV init の逐次処理によるサービスの起動とは異なり、サービス間の依存関係の定義によりサービスを並列に起動し、システムの起動時間を短縮します。また、シェルスクリプトによるサービスの起動ではなく、systemd が設定ファイルの参照により起動することでシェルのオーバーヘッドをなくし、処理を高速化します。
- **Unix ソケットと D-bus を使用したプロセス間通信**
  systemd では依存関係によってサービスの起動と停止を行うため、状態取得、通知、起動、停止等のためのプロセス間の通信が必要です。これは Unix ソケットを介して D-bus（Desktop Bus）に接続して行います。
  D-bus は libdbus ライブラリと dbus-daemon によって提供されるメッセージバスであり、複数のプロセス間通信を並列に処理できます。D-bus は systemd による通信の他に、デスクトップアプリケーション間の通信でも使用されています。
- **cgroups によるプロセスの管理**
  systemd ではプロセス ID（PID）による管理ではなく、Linux カーネルの cgroups（control groups）機能を利用してプロセスを管理します。プロセスは生成時に親プロセスと同じ cgroup に所属し、特権プロセス以外はプロセス終了まで自身が所属する cgroup から離脱することはできません。
  systemd では cgroup に名前を付けて管理し、単一プロセスあるいは親プロセスとその子プロセスからなるサービスに対して、親プロセスの異常動作や強制終了等によって残された子プロセスの場合も、プロセス生成時の cgroup の管理により停止や再起動の管理を行うことができます。
- **ユニット単位での管理**
  systemd はユニット（unit）によってシステムを管理します。ユニットにはハードウェア、ストレージデバイスのマウント（mount）、サービス（service）、ターゲット（target）等、12 のタイプがあります。

ユニットの設定ファイルは、/usr/lib/systemd/system ディレクトリと /etc/systemd/system ディレクトリに置かれています。/usr/lib/systemd/system ディレクトリ下のファイルは RPM パッケージに含まれているもので、インストール時に設定されます。

上記の説明により、選択肢 A、B、C は systemd の説明です。また、問題 1-14 の解説にあるとおり、systemd の PID は 1 であるため、選択肢 E も正しい説明です。選択肢 D は、SysV init の説明です。

解答 D

問題 1-16

重要度 ★★★

systemd で、デフォルトのターゲットユニットとして multi-user.target を設定するコマンドラインとして適切なものはどれですか？　1 つ選択してください。

A. systemctl set -p multi-user.target
B. systemctl set-default multi-user.target
C. systemctl set-runlevel multi-user.target
D. systemctl isolate multi-user.target
E. systemctl get-default multi-user.target

解説　default.target がどのターゲットに設定されているかの表示、または default.target の設定の変更は、systemctl コマンドにより行います。

構文 **systemctl [オプション] サブコマンド [名前]**

以下は、systemctl のサブコマンド get-default によるデフォルトターゲットの表示と、set-default による変更の例です。

実行例

```
# systemctl get-default        デフォルトターゲットを表示
graphical.target
# systemctl set-default multi-user.target        デフォルトターゲットをmulti-userに変更
Removed symlink /etc/systemd/system/default.target.
Created symlink from /etc/systemd/system/default.target to /usr/
lib/systemd/system/multi-user.target.
# systemctl get-default        デフォルトターゲットを表示
multi-user.target
```

解答 B

問題 1-17

重要度 ★★★

システムを稼働状態のまま、multi-user.target にターゲットを変更したいと考えています。コマンドラインとして適切なものはどれですか？　１つ選択してください。

A. systemctl isolate multi-user　　B. systemctl multi-user.target
C. systemctl multi-user　　D. systemctl --target multi-user

解説　稼働状態でターゲットを変更するには、サブコマンド isolate を使用します。isolate コマンドは指定したターゲットおよびターゲットが依存するユニットをスタートし、新しいターゲットで enable に設定されていない他のすべてのユニットをストップします。なお、拡張子（.target）は省略可能です。したがって選択肢 A が正しいです。

実行例

```
# systemctl isolate multi-user
.....（以降省略）.....
```

これも重要！

isolateは記述できるようにしておきましょう。

解答 A

問題 1-18

重要度 ★★★

「systemctl poweroff」を実行したときの説明として正しいものはどれですか？　１つ選択してください。

A. システムを停止する
B. システムを再起動する
C. システムをレスキューモードに移行する
D. システムを停止して電源をオフにする

システムの再起動や停止などのターゲットの変更は、systemctlコマンドにより行います。引数にサブコマンドとターゲットを指定する方法と、サブコマンドのみを指定する方法があります。また、systemdより以前に採用されていた「SysV init」の互換コマンドinit、halt、poweroff、rebootも使用できます。

表：systemctlコマンドによる停止と再起動

操作	コマンド（ターゲットを指定）	コマンド（サブコマンドのみ）	SysV init互換コマンド
停止	systemctl isolate halt.target	systemctl halt	halt
電源オフ	systemctl isolate poweroff.target	systemctl poweroff	poweroff、init 0
再起動	systemctl isolate reboot.target	systemctl reboot	reboot、init 6

上記のsystemctlコマンドを実行すると、systemctlはD-Busを介してsystemdにメッセージ「halt」「poweroff」「reboot」を送信します。メッセージを受信したsystemdは並列に各ユニットの停止処理を行い、その中で依存関係にあるユニットについては起動時と逆の順に停止します。問題文では、「systemctl poweroff」とあるため、選択肢Dが正しいです。

また、shutdownコマンドで、マシンの電源オフを行うことができます。

構文 `shutdown [オプション] [停止時間] [wallメッセージ]`

「-r」オプションを指定すると、再起動させることができます。停止時間は「hh:mm」による24時間形式での「時：分」の指定、「+m」による現在時刻からの分単位での指定、「now」あるいは「+0」による即時停止の指定ができます。停止時間を指定しなかった場合のデフォルトは1分後となります。また、「-h」オプションを指定すると、コンピュータの電源を切ります。

なお、「-h」は「--poweroff」と同等であり、shutdownコマンドのデフォルトの挙動です。したがって、オプションを指定せずにshutdownコマンドを実行した際は、コンピュータの電源を切ります。

- 例① 10分後に停止：shutdown +10
- 例② 即時停止：shutdown +0 または shutdown now
- 例③ 1分後に停止：shutdown または shutdown +1

停止時間を指定した場合はsystemd-shutdowndデーモンが起動し、システム停止のスケジュールを行います。5分後以内のshutdownがスケジュールされると自動的に/run/nologinファイルが作成され、root以外のログインはできなくなります。

ログインしているユーザ全員に送るwallメッセージを指定することもできます。メッセージを指定しなかった場合は、デフォルトのメッセージが送られます。

これも重要！

出題率の高いshutdownの使い方を確認しておきしょう。

- shutdownコマンドでオプションを指定していない際は、-hオプションを付与した挙動となる
- 即時停止し、電源をOFFする：# shutdown now
- 10分後にシステム停止する：# shutdown +10

解答 D

問題 1-19

重要度 

システムの再起動を行うコマンドラインとして適切なものはどれですか？　3つ選択してください。

A. shutdown -r
B. shutdown -reboot
C. systemctl -r
D. systemctl reboot
E. reboot

解説　問題1-18の解説および表に記載しているとおり、選択肢A、D、Eでシステムの再起動が可能です。

解答 A、D、E

問題 1-20

重要度 

システムでアクティブなプロセスをすべて表示するコマンドラインとして、適切なものはどれですか？　3つ選択してください。

A. ps
B. ps ax
C. ps2ascii
D. ps -ef
E. pstree

解説　プロセスとは、実行中のプログラムのことです。システムでは、常に複数のプロセスが稼働しています。ユーザがコマンドを実行することによって、プロセスは生成され、プログラムの終了とともに消滅します。Linuxでは、選択肢で使用されているpsコマンドなどを使用して、プロセスの情報を得ることができます。

まず、プロセスの生成と消滅の流れを確認します。新しいプロセスは、親プロセスが自分のコピーである子プロセスの生成をカーネルにリクエストし、次に生成された子プロセスの中身が新しいプログラムコードに入れ替わる、という仕組みで生成されます。例えば、シェルから ls コマンドを実行した際のプロセス生成を見てみましょう。

実行例

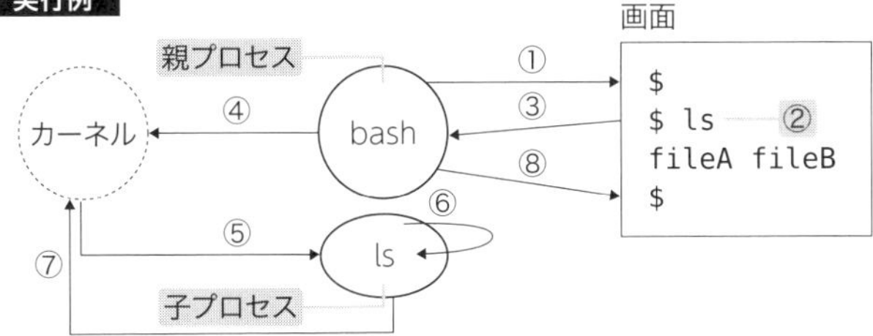

①シェル（この例では bash）は、ターミナルにコマンドプロンプトを表示する
②ユーザが ls コマンドを入力する
③シェルはコマンドを解析する
④シェルがカーネルに子プロセス生成の依頼をする
⑤カーネルは親プロセスをコピーして新しいプロセス（子プロセス）を生成する
⑥子プロセスは処理を実行する
⑦プログラムの実行が終了するとそのプロセスは消滅する
⑧待機状態であった親プロセスが子プロセスのリソースを解放し、コマンドプロンプトを表示する

実行中のプロセスを表示する主なコマンドは以下のとおりです。

表：プロセスを表示するコマンド

主なコマンド	説明
ps	プロセスの情報を表示する基本的なコマンド
pstree	プロセスの階層構造を表示する
top	プロセスの情報を周期的にリアルタイムに表示する

本問題では、選択肢 B、D、E が正解です。

ここでは ps コマンドについて詳しく見てみましょう。現在のシェルから起動したプロセスだけを表示するには、引数を指定せずに ps コマンドを実行します。

実行例

```
$ps
  PID TTY          TIME CMD
 4560 pts/0    00:00:00 bash
 4752 pts/0    00:00:00 ps
$ gnome-calculator &
$ps
  PID TTY          TIME CMD
 4560 pts/0    00:00:00 bash
 4760 pts/0    00:00:00 gnome-calculator
 4834 pts/0    00:00:00 ps
```

（bash・ps：現在の端末から同じユーザが起動したプロセス）
（gnome-calculator &：電卓を起動する）
（gnome-calculator：電卓プロセスが追加）

psコマンドで使用できるオプションにはいくつかの種類があります。

①UNIXオプション（例：ps -p PID）：
まとめることが可能で、前にはダッシュ「-」を指定する
②BSDオプション（例：ps p PID）：
まとめることが可能で、ダッシュ「-」を指定しない
③GNUロングオプション（例：ps --pid PID）：
前に2つのダッシュ「--」を指定する

出題率の高いUNIXおよびBSDオプションは以下のとおりです。

表：オプション

種類	主なオプション	説明
UNIX	-e	すべてのプロセスを表示する
	-f	詳細情報を表示する
	-l	長いフォーマットで詳細情報を表示する
	-o	ユーザ定義のフォーマットで表示する 例）$ ps -o pid,comm,nice,pri
BSD	a	すべてのプロセスを表示する
	u	詳細情報を表示する
	x	制御端末のないプロセス情報も表示する

また、psコマンドを実行した際に表示される主な項目は次のとおりです。

表：表示項目

主な項目	説明
PID	プロセスID
TTY	制御している端末
TIME	実行時間
CMD	コマンド（実行ファイル名）

PIDはプロセスを識別する番号です。同じプログラムを複数実行しても識別されるように、プロセスごとに異なるPIDが割り当てられます。

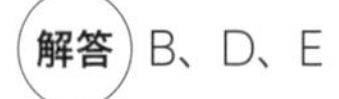

B、D、E

問題 1-21

重要度 ★★☆

CPUやメモリの使用率、利用量の高い順にプロセスを周期的に一覧表示するコマンドとして、適切なものはどれですか？ 1つ選択してください。

A. ps -l
B. top
C. nice
D. free

top コマンドは、前回の更新から現在までの間でCPU使用率（%CPU項目）の高い順に、周期的にプロセスの情報を表示するコマンドです。以下はtopコマンドの実行例です。

実行例

```
$ top
top - 12:57:31 up 16 min,  2 users,  load average: 0.14, 0.27, 0.28 ―①
Tasks: 207 total,   1 running, 206 sleeping,   0 stopped,   0 zombie ―②
%Cpu(s): 18.8 us,  6.2 sy,  0.0 ni, 75.0 id,  0.0 wa,  0.0 hi,  0.0 si,  0.0 st ―③
KiB Mem :  1882092 total,   122132 free,   650588 used,  1109372 buff/cache ―④
KiB Swap:  1048572 total,  1048572 free,        0 used.  1051872 avail Mem ―⑤

  PID USER      PR  NI    VIRT    RES    SHR S %CPU %MEM     TIME+ COMMAND ―⑥
 3474 root      20   0  333784  59796  27828 S  6.2  3.2   0:05.29 X
 3968 ryo       20   0 3005348 181972  71544 S  6.2  9.7   0:12.94 gnome-shell
 4953 ryo       20   0  162124   2176   1524 R  6.2  0.1   0:00.01 top
.....（以下省略）.....
```

①時刻についての表示
②プロセス数についての表示
③CPUの状態についての表示
④メモリの状態についての表示
⑤スワップ領域の使用状況についての表示
⑥各プロセスごとの表示

更新の周期はデフォルトで3秒ですが、-dオプションで変更できます。2秒間隔は「-d 2」、1.5秒間隔は「-d 1.5」と指定します。

表：オプション

主なオプション	説明
-d 秒数	更新の間隔を秒単位で指定
-n 数値	表示の回数を数値で指定

なお、選択肢Cのniceコマンドは、プロセスの優先度を変更することができます。選択肢Dのfreeコマンドは、システムの空きメモリと利用メモリの量を表示します。

解答 B

問題 1-22

重要度 ★★☆

オプション指定せずにプロセスをツリー構造で表示するコマンドを記述してください。

解説 pstreeコマンドは、プロセスの親子関係をツリー構造で表示するコマンドです。

実行例：CentOS 7.8の場合

```
$ pstree
systemd─┬─ModemManager───2*[{ModemManager}]
        ├─NetworkManager─┬─dhclient
        │                └─2*[{NetworkManager}]
.....（以下省略）.....
```

表：主なオプション

主なオプション	説明
-h	カレントのプロセスとその先祖プロセスを強調表示
-H PID	指定したプロセスとその先祖プロセスを強調表示
-p	プロセスIDを付けて表示

最初のユーザプロセスとして、systemdが起動していることがわかります。

解答 pstree

問題 1-23

重要度 ★★★

バックグラウンドで動作しているジョブをフォアグラウンドで動かすコマンドとして適切なものはどれですか？　1つ選択してください。

A. bg　　B. fg
C. renice　　D. top

解説 ジョブとは、コマンドライン1行で実行された処理単位のことです。ジョブはシェルごとに管理され、「ジョブID」が振られます。1行のコマンドラインで複数のコマンドが実行された場合でも、その処理全体を1つのジョブとして扱います。

図：ジョブの概要

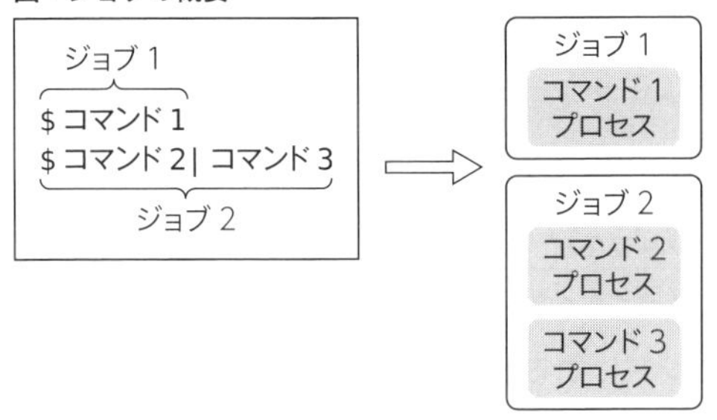

ジョブには「フォアグラウンドジョブ」と「バックグラウンドジョブ」の2種類があります。

表：ジョブの種類

ジョブ	説明
フォアグラウンドジョブ	キーボードと端末画面を占有して対話的な操作をするジョブ。そのジョブが終了するまで端末画面上には次のプロンプトが表示されない。シェルごとに1つのみ
バックグラウンドジョブ	キーボード入力を受け取ることができないジョブ。画面への出力は設定によっては抑制される。複数のジョブを同時に実行することが可能

次の例は、電卓（gnome-calculator）を実行している例です。例1のように、実行するとフォアグラウンドジョブとして実行され、例2のように「&」を付けて実行するとバックグラウンドジョブとして実行されます。

実行例

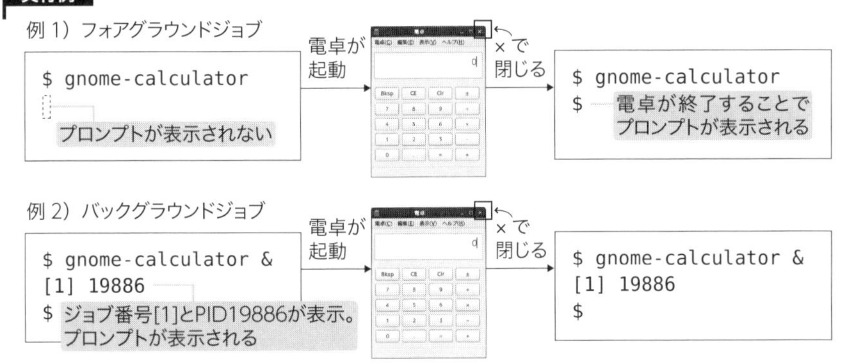

例2のようにバックグラウンドジョブとして実行すると、次のコマンドを受け付けるプロンプトが表示されるため、同じシェル内で複数のジョブを実行することができます。

ジョブを制御するコマンドは以下のとおりです。

表：ジョブを制御する主なコマンド

コマンド	説明
jobs	バックグラウンドジョブと一時停止中のジョブを表示
[Ctrl]+[z]	実行しているジョブを一時停止にする
bg % ジョブ ID	指定したジョブをバックグラウンドに移行
fg % ジョブ ID	指定したジョブをフォアグラウンドに移行

問題文では、フォアグラウンドにするという指示があるため、選択肢Bが正解です。以下の例は、jobsコマンドでバックグラウンドジョブと一時停止中のジョブを表示し、bgコマンド、fgコマンドでバックグラウンド、フォアグラウンドの切り替えを行っています。

実行例

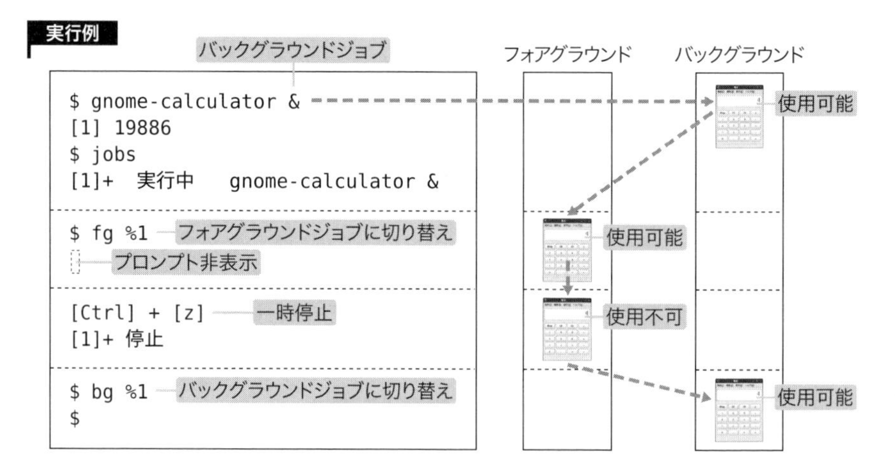

これも重要！

[Ctrl] + [z] によって一時停止されたジョブは、bgコマンド、fgコマンドにより再開が可能です。

解答 B

問題 1-24

重要度 ★★☆

以下のような実行例があります。

実行例

```
$ myapp
[1]+ 停止 myapp
$
```

ユーザからのコマンド入力を可能にしたままで、停止している myapp を再開させるコマンドラインとして適切なものはどれですか？ 1つ選択してください。

A. bg myapp
B. continue myapp
C. exec myapp
D. fg myapp
E. myapp &

一時停止中のジョブを再開させるには選択肢Aのbgコマンド、もしくは、選択肢Dのfgコマンドを使用します。しかし、問題文では「ユーザからのコマンド入力を可能」とあるため、選択肢Aが正解です。また、各コマンドの引数にはジョブIDを指定しますが、実行シェル内で、特定のプログラムを1つ起動している場合はジョブIDではなく名前でも可能です。ただし、同じシェル内で同じプログラムを複数起動している場合は、名前を指定するとエラーとなるため、ジョブIDを指定する必要があります。

実行例

例1）電卓を1つ起動し、一時停止している場合

```
$ jobs
[1]+  停止      gnome-calculator
$ bg gnome-calculator ―― 名前で指定OK
[1]+ gnome-calculator &
$
```

例2）電卓を2つ起動し、一時停止している場合:

```
$ jobs
[1]+  停止      gnome-calculator
[2]-  停止      gnome-calculator
$ bg gnome-calculator ―― 名前で指定NG
bash: bg: gnome-calculator: ambiguous job spec ―― エラーメッセージ
$ bg %1 ―― ジョブIDで指定
[1]- gnome-calculator &
$
```

 A

問題 1-25

重要度 ★★☆

ログアウトした後もコマンドが終了することなく、バックグラウンドで実行を続けさせるコマンドラインとして適切なものはどれですか？　1つ選択してください。

A. kill -SIGHUP コマンド名 &　　B. sighup コマンド名 &
C. nohup コマンド名 &　　D. kill -NOHUP コマンド名 &

ログアウトしてもプログラムを実行し続けるにはnohupコマンドを使用します。数日かかるような処理で、ログアウトしても処理を続けたい場合などに有効です。

構文 nohup コマンド [引数]

nohupコマンドの標準出力と標準エラー出力は、カレントディレクトリに「nohup.out」というファイル名でリダイレクトします。なお、書き込めない場合は、ホームディレクトリへ「nohup.out」というファイル名でリダイレクトします。

以下の例は、5秒ごとに日付時刻を書き込むmy.shスクリプトをnohupコマンドで実行しています。

実行例

```
$ nohup sh my.sh&
$ ps -ef | grep my.sh
yuko     24343 24199  0 14:18 pts/0    00:00:00 sh my.sh
yuko     24346 24199  1 14:18 pts/0    00:00:00 grep my.sh
```

同じプロセスID　　⇩ ログアウト+ログイン後に再度確認

```
$ ps -ef | grep my.sh
yuko     24343     1  0 14:18 ?        00:00:00 sh my.sh
yuko     24877 24860  0 14:24 pts/0    00:00:00 grep my.sh
$ tail -f  /home/yuko/nohup.out      ← nohup.outに標準出力
2020年  5月  6日 水曜日 13:30:30 JST
2020年  5月  6日 水曜日 13:30:35 JST
2020年  5月  6日 水曜日 13:30:40 JST
.....（以下省略）.....
```

また、システムが稼働し続けている期間を調べるために、uptimeコマンドが提供されています。現在の時刻、システムの稼働期間、現在ログインしているユーザ数等、過去1、5、15分のシステムの負荷平均を表示します。

実行例

```
$ uptime
 13:31:20 up 50 min,  2 users,  load average: 0.00, 0.01, 0.05
```

参考 bashでシェルオプションのhuponexitがオンに設定されていると、対話的なログインシェルが終了するときに、bashはSIGHUPをすべてのジョブに送り、ジョブは終了します。
huponexitをオンに設定し、かつ特定の時間のかかる処理を行うジョブをログアウトしても続けたいような場合、nohupコマンドの引数にそのジョブ(コマンド)を指定して実行します。nohupコマンドから実行されたジョブはSIGHUPを無視します。なお、bashではhuponexitはデフォルトでオフに設定されています。
huponexitの設定には、shoptコマンドを使用します。shoptコマンドを引数なしで実行すると、オプションの設定内容が一覧で表示されます。
　例) huponexitをオンに設定する: $ shopt -s huponexit
　　huponexitをオフに設定する: $ shopt -u huponexit

解答 C

問題 1-26

重要度 ★★★

「kill プロセスID」を実行したときにプロセスに送られるシグナルとして適切なものはどれですか？　1つ選択してください。

A. SIGINT(2)　　**B.** SIGHUP(1)
C. SIGTERM(15)　　**D.** SIGKILL(9)

解説 シグナルとは、割り込みによってプロセスに特定の動作をするように通知するための仕組みです。通常、プロセスは処理を終えると自動的に消滅しますが、プロセスに対してシグナルを送信することで外部からプロセスを終了させることができます。シグナルは、キーボードによる操作や「killコマンド」の実行などにより、実行中のプロセスに送信されます。

実行例

主なシグナルは以下のとおりです。

表：主なシグナル

シグナル番号	シグナル名	説明
1	SIGHUP	端末の切断によるプロセスの終了
2	SIGINT	割り込みによるプロセスの終了（[Ctrl]+[c] で使用）
9	SIGKILL	プロセスの強制終了
15	SIGTERM	プロセスの終了（デフォルト）
18	SIGCONT	一時停止したプロセスを再開する

SIGHUP と SIGINT は、デフォルトの挙動は上記のとおりですが、プログラム（デーモンなど）によって、特定の動作が定義されていることがあります。例えば、デーモンの多くは、SIGHUP が送られると、設定ファイルを再読み込みします。

上記の表にもあるとおり、kill コマンドを実行した際に特定のシグナルを指定していない場合は、デフォルトである SIGTERM（シグナル番号 15）が送信されるため、問題の正解は選択肢 C となります。

なお、kill コマンドに -l オプションを付けて実行するとシグナル名の一覧が表示されます。

実行例

```
$ kill -l
  1) SIGHUP      2) SIGINT     3) SIGQUIT    4) SIGILL      5) SIGTRAP
  6) SIGABRT     7) SIGBUS     8) SIGFPE     9) SIGKILL    10) SIGUSR1
  11) SIGSEGV   12) SIGUSR2   13) SIGPIPE   14) SIGALRM    15) SIGTERM
.....（以下省略）.....
```

また、各シグナルの詳細はオンラインマニュアルで確認できます。

実行例

```
$ man 7 signal
```

シグナルの送信には、kill コマンドの他、killall コマンドも使用可能です。
killall コマンドの詳細は問題 1-30 を参照してください。

構文 **kill [オプション] [シグナル名 | シグナル番号] プロセスID**
kill [オプション] [シグナル名 | シグナル番号] %ジョブID
killall [オプション] [シグナル名 | シグナル番号] プロセス名

以下の例は bc コマンドを実行後、bc のプロセス番号を調べてシグナルを送信し、明示的にプロセスを終了している例です。

実行例

例1)

端末画面A

```
$ bc ①
強制終了 ④
```

端末画面B

```
$ ps -eo pid,comm | grep bc ②
23249 bc
$ kill -SIGKILL 23249 ③
```

例2)

端末画面A

```
$ bc
Terminated
```

端末画面B

```
$ ps -eo pid,comm | grep bc
23270 bc
$ kill 23270
```

例1では、bcコマンドを実行(①)し、別の端末でpsコマンドを使用してPIDを調べます(②)。そして、killコマンドでSIGKILLシグナルを送信します(③)。すると、bcコマンドを実行した端末画面では、シグナルを受け取りbcプロセスが強制終了します(④)。例2では同様の手順でシグナルを送信しています。シグナル名あるいはシグナル番号を明示的に指定はしていませんが、デフォルトであるSIGTERM(シグナル番号15)が送信されるため、Terminated(終了)していることが確認できます。

これも重要!

シグナルのデフォルトは、SIGTERM(15)です。

解答 C

問題 1-27

重要度 ★★☆

「kill 1234」と同じ動きをするコマンドラインとして適切なものはどれですか?2つ選択してください。

A. kill -s SIGTERM 1234
B. kill -s SIGKILL 1234
C. kill -9 1234
D. kill -15 1234

解説 問題1-26の解説にもあるとおり、killコマンドで明示的にシグナルを指定しない場合は、SIGTERM(15)が送信されるため選択肢A、Dが正解です。-sオプションは、シグナルを送信するオプションで省略可能です。なお、「kill -TERM 1234」というように、SIG を省略して指定することも可能です。

解答 A、D

問題 1-28

重要度 ★★★

[Ctrl]+[c] で送信されるシグナル番号として適切なものはどれですか？ 1つ選択してください。

A. SIGHUP（1）
B. SIGINT（2）
C. SIGKILL（9）
D. SIGTERM（15）
E. SIGCONT（18）

解説 問題 1-26 の解説にもあるとおり [Ctrl]+[c] は、キーボード操作の割り込みによるプロセスの終了です。シグナルとしては、SIGINT（2）が送信されます。また、キーボード操作によるシグナルとして [Ctrl]+[z] が押された場合は、プロセスを一時停止する SIGTSTP（20）が送信されます。

解答 B

問題 1-29

重要度 ★★☆

あるプロセスの PID が 1023 のとき、このプロセスを終了させたいが、終了時にそのプロセスによるクリーンアップ（終了処理）を実行させる際のコマンドラインとして適切なものはどれですか？ 1つ選択してください。

A. kill -SIGHUP 1023
B. kill -9 1023
C. kill -15 1023 または kill -SIGTERM 1023
D. kill -SIGKILL 1023

解説 kill コマンドが使用するデフォルトのシグナルである SIGTERM（15）は、プログラムを終了する前に、アプリケーションごとに必要なクリーンアップ（終了処理）の処理を行ってから、自分自身でプロセスを終了します。クリーンアップでは、使っていたリソースの解放やロックファイルの削除などを行います。しかし、

SIGTERM(15)でプロセスが終了しないような、やむを得ない場合はSIGKILL(9)を使用して強制終了させます。プロセスにSIGKILL(9)が送られると、そのシグナルを受け取ることなく、カーネルによって強制的に終了します。したがって、クリーンアップは行われません。

解答 C

問題 1-30

重要度 ★★☆

SIGUSR1シグナルをapache2という名前のプロセスに送信させる際のコマンドラインとして下線部に入るコマンドを記述してください。

__________ -SIGUSR1 apache2

解説　プロセス名を指定してシグナルを送信する際には、killallコマンドを使用します。

構文 **killall [オプション] [シグナル名 | シグナル番号] プロセス名**

同じプログラムを複数実行してもプロセスごとに異なるPIDが割り当てられます。したがって、killallコマンドは同じ名前のプロセスが複数存在し、それらをまとめて終了したい場合に有効です。

問題文で使用しているSIGUSR1シグナルとは、システムが使用するシグナルではなく、ユーザが作成するアプリケーションで、その処理を独自の目的のために自由に定義して使用できるシグナルです。定義方法等は試験範囲外となるため割愛します。

また、killallコマンドと同様の処理を行うpkillコマンドや、プロセス名から現在実行中のプロセスを検索するpgrepコマンドも提供されています。

解答 killall

問題 1-31

重要度 ★★★

以下のような実行例があります。

実行例

```
$ ________ -l ssh
1161 sshd
2200 sshd
2524 sshd
```

-l オプションを付与することで、プロセス名を指定して、プロセス名をプロセスID と一緒に表示するコマンドは何ですか？　下線部を記述してください。

pgrep コマンドは、現在実行中のプロセスを調べて、ユーザ名、UID、GID などを基にプロセス ID を検索します。

構文 **pgrep [オプション] [パターン]**

-l オプションを付与することで、プロセス名をプロセス ID と一緒に表示します。

実行例

```
$ pgrep -l ssh
1161 sshd
2200 sshd
2524 sshd
```

解答 pgrep

問題 1-32

重要度 ★★☆

jobsコマンドを実行すると以下のように表示されました。

実行例

```
$ jobs
[1] Running prog &
[2] - Running search &
[3] + Running top &
```

上記のジョブのうち、topジョブを終了させるコマンドラインとして適切なものはどれですか？　1つ選択してください。

A. kill %3
B. kill top
C. kill -9 3
D. kill -9 top

解説 ジョブIDを指定してシグナルを送信することも可能です。ジョブIDを指定するには、「%」を使用します。

構文 **kill [オプション] [シグナル名 | シグナル番号] %ジョブID**

解答 A

問題 1-33

重要度 ★☆☆

tmuxコマンドの説明で誤っているものはどれですか？　1つ選択してください。

A. 画面分割や、単一の端末に複数画面の作成ができる
B. 複数のセッションを使用することができる
C. GUI端末の画面制御プログラムである
D. 作業途中の状態を保ったままセッションを切断できる

解説 tmuxは、1つの物理的な端末画面から多数の端末を作成、アクセス、および制御することができる文字型端末の画面制御プログラムです。日々の業務では、複数の作業を行うために端末画面を複数起動することも多いですが、tmuxを使えば、1つの画面の中で複数の画面を起動して作業できます。また、これは、sshによるリモートログイン時でも同様に利用可能です。

tmuxの利用には、tmuxパッケージをインストールしてください。以下は、

CentOS へのインストール例です。

実行例

```
# yum install tmux
.....（実行結果省略）.....
```

以下の実行例では、ssh クライアントとして TeraTerm を使用して CentOS にログインしています。この端末上で tmux を起動しています。tmux が起動すると、1 つのセッションが作成され、1 つのウインドウが用意されます。

表：tmux で使用される用語

用語	説明
セッション	tmux の管理下にある仮想端末の単一の集合
ウインドウ	セッション内で管理される仮想ウインドウ
デタッチ	セッションから切断
アタッチ	デタッチしたセッションに再接続

実行例

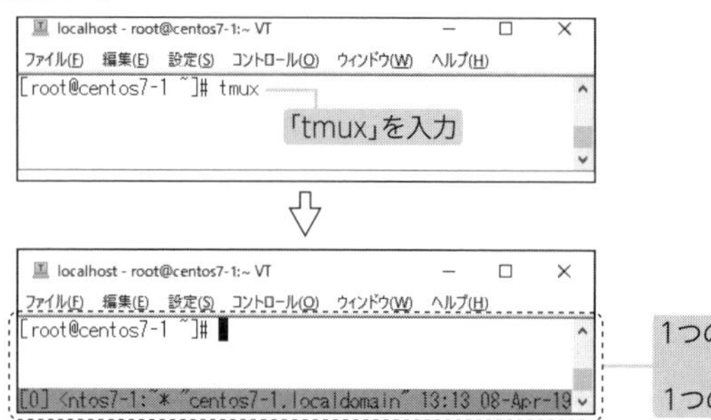

このウインドウ内で通常どおりコマンドラインで作業を行います。また、tmux に対して様々な指示をすることができます。その際、キーバインドを使用します。これは、プレフィックスキー（接頭辞キー）に続けて、コマンドキーを組み合わせて指示を出します。tmux のデフォルトのプレフィックスキーは、[Ctrl] + [b] です。

例として、この 1 つのセッション内に 2 つ目のウインドウを用意します。

1) プレフィックスキー [Ctrl] + [b] をタイプ後、[c] をタイプします。
2) 新しくウインドウが作成されたか確認するため、[Ctrl] + [b] をタイプ後、[w] をタイプします。「w」コマンドは、ウインドウの一覧を表示します。

実行例

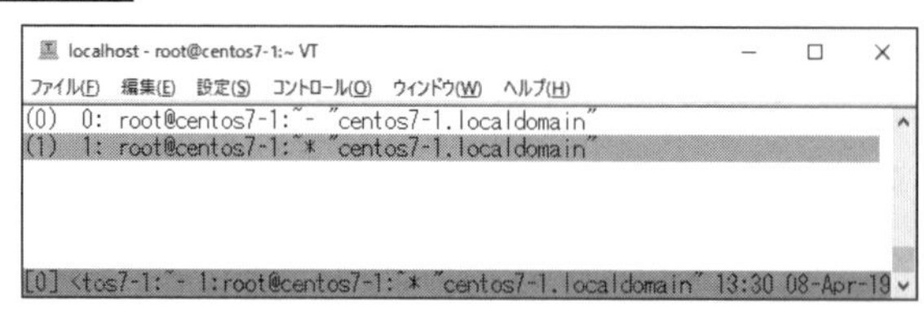

3) 切り替えたいウインドウにカーソルを合わせ、[Enter] を押すと画面が切り替わります。
4) また、1 つの画面に 2 つのウインドウを上下、左右に分割して表示することができます。この 1 つの区画をペインと呼びます。以下の例では、左右に分割するため [Ctrl] + [b] をタイプ後、[%] をタイプします。

実行例

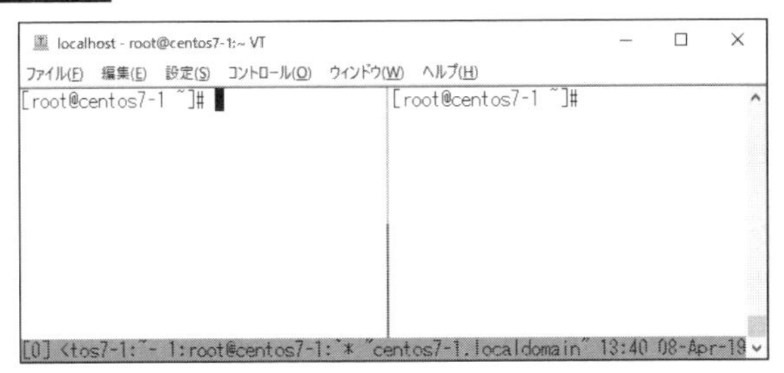

コマンド入力の制御を左右に入れ替える場合は、[Ctrl] + [b] をタイプ後、[o] をタイプします。
5) セッションの終了には、「tmux kill-session」を実行します。

tmux では、作業途中の状態で、セッションを終了させ（デタッチ）、また再接続する（アタッチ）ことができるため、再接続時に引き続き作業に取りかかれます。上記で紹介したコマンドキーの他、tmux では多くのコマンドが提供されています。「man tmux」でマニュアルを参照するか、tmux を起動後、[Ctrl] + [b] をタイプ後、[?] をタイプして閲覧可能です。

実行例

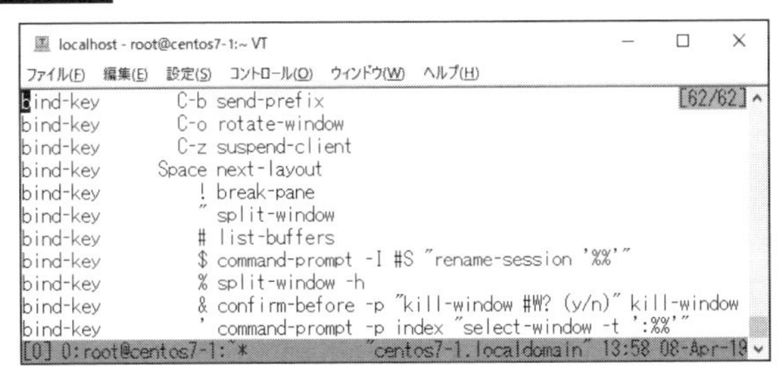

解答 C

重要度 ★★★

問題 1-34

screen コマンドの説明で正しいものはどれですか？　2 つ選択してください。

A. 1 画面のみを提供し、画面分割はできない
B. 文字型端末の画面を管理する
C. リモートサーバとの通信が切断されると作業履歴は初期化される
D. 1 画面で複数の仮想端末を作成できる

解説

screen は、文字型端末のスクリーンを管理するコマンドです。画面分割、ネットワーク接続が切断されたときの再接続、複数ユーザでの画面共有等の機能があり、文字型端末でサーバを管理する際に便利なコマンドです。

screen コマンドは「/usr/share/terminfo」以下の terminfo データベースを参照して、元端末（screen を起動する前の端末）の画面制御を行います。screen コマンドの起動後に提供されるスクリーンでは、VT100 端末のエミュレーションにより、VT100 端末と同等の動作が行われます。screen コマンドを使用するには、標準リポジトリから提供される screen パッケージをインストールします。

実行例

```
# yum install screen
.....（実行結果省略）.....
```

以下は、screen コマンドを実行後に画面を 2 つの領域に分割し、それぞれの領域でシェルを起動した例です。画面の操作は「Ctrl-a」（[Ctrl] と [a] キーを同時に押す）に続けて、コマンドに対応した 1 文字（[Ctrl] キーは不要）を入力することで行います。

図：screen コマンドの実行画面

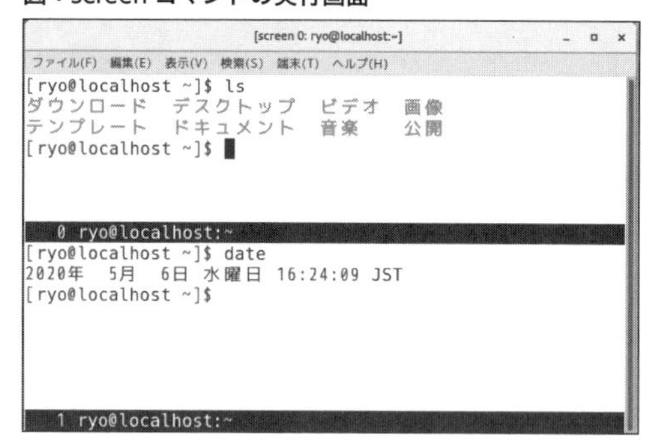

以下の操作により、上記の画面となります。

①screen コマンドを実行（画面内に screen0 が生成される）
②[Ctrl] + [a] に続けて「S」を入力：画面を上下 2 つの領域に分割
③screen0 で「ls」コマンドを実行
④[Ctrl] + [a] に続けて [Tab] を入力：入力フォーカスが下の領域である screen1 に移動
⑤[Ctrl] + [a] に続けて [c] を入力：シェルを生成
⑥screen1 で「date」コマンドを実行

また、ssh によるリモートログインで作業を行っている場合などでは、仮想端末での作業状態を保ったままログアウトできます。次にログインすると切断前のデータが復活し、切断時の状態から継続して作業ができます。

実行例

```
$ screen ①
.....（途中省略）.....
[detached from 7928.pts-2.localhost] ②
$
$ screen -ls ③
There is a screen on:
        7928.pts-2.localhost    (Detached)
1 Socket in /var/run/screen/S-root.
$ screen -r ④
```

①screen コマンドを実行
②仮想端末にいる状態で [Ctrl] + [A]、[Ctrl] + [D] を押す。これにより、状態を維持したまま仮想端末から抜ける
③「-ls」オプションにより仮想端末の一覧を表示する
④「-r」オプションにより、②の仮想端末に入る。なお、複数の端末が存在する場合は、「-r」の後に PID を指定する

screen は、CUI ベースの画面管理ソフトウェアであり、1 画面で複数の仮想端末を作成することができ、また画面を分割して使用可能です。また、作業している状態は保持されます。したがって選択肢 B、D が正しいです。

解答 B、D

問題
1-35

重要度 ★★★

ウインドウシステムのサーバとして /usr/bin/Xorg を持つシステムがあります。systemd の場合、graphical.target で立ち上げたとき、どのようになりますか？1 つ選択してください。

A. グラフィカルログイン画面が表示される
B. テキストログイン画面が表示される
C. ユーザの選択したウインドウマネージャが立ち上がる
D. root のパスワードの入力を要求される

解説　Linux のグラフィカル・ユーザ・インタフェース（GUI）は X Window System によって提供されます。X Window System は「X11」あるいは単に「X」とも呼ばれます。1984 年にマサチューセッツ工科大学が開発し、現在は X.Org Foundation が中心になって開発しています。

X はネットワーク型のウインドウシステムであり、X サーバと X クライアントから構成されます。X サーバと X クライアントは X プロトコルで通信するので、X サーバと X クライアントが異なったアーキテクチャを持つハードウェア / オペレーティングシステム上にあっても動作します。

図：X Window System の構成

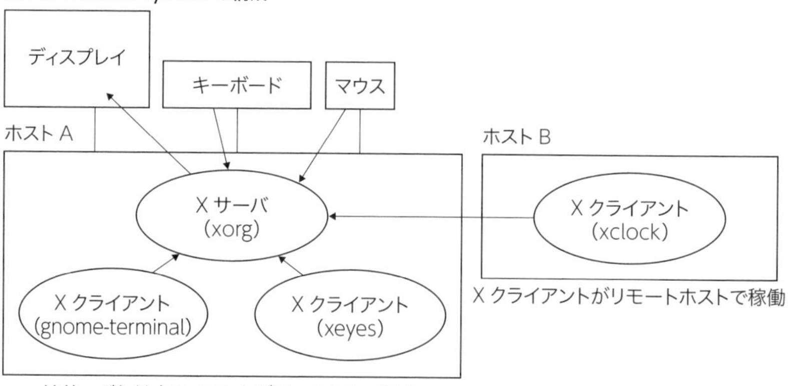

X サーバ：ディスプレイ、キーボード、マウスといった入出力デバイスを制御する。X クライアントからのリクエストを受けてディスプレイに表示を行い、キーボード / マウスの入力を X クライアントに送信する
X クライアント：ユーザが利用する、X サーバのサービスを受けるアプリケーション

systemd では graphical.target で立ち上げた場合にグラフィカルログイン画面が表示されます。

ディスプレイマネージャはXサーバである/usr/bin/Xorgを起動します。したがって、選択肢Aは正解です。

選択肢Bのように、テキストログイン画面が表示されるのはmulti-user.targetで立ち上げたときです。したがって、選択肢Bは誤りです。

ウインドウマネージャが立ち上がるのはユーザがログインした後です。したがって、選択肢Cは誤りです。

ディスプレイマネージャが表示するログイン画面でのセッションメニューでデスクトップ環境を選択してログインすると、デスクトップ環境が使用するウインドウマネージャが起動します。したがって、通常はログイン時にユーザがウインドウマネージャを選択することはできませんが、デスクトップ環境を使用しないi3-wmのようなウインドウマネージャをインストールした場合は、ログイン画面のセッションメニューにウインドウマネージャが登録されるので、デスクトップ環境の代わりにウインドウマネージャを選択してログインすることができます。

rootのパスワード入力が要求されるのは、rescue.targetで立ち上げた場合です。したがって、選択肢Dは誤りです。

解答 A

問題 1-36

重要度 ★★★

X Window Systemの説明で正しいものはどれですか？　2つ選択してください。

A. Xサーバと Xクライアントは、Xプロトコルで通信する
B. WebブラウザはXクライアントとなる
C. X Window Systemは、Xクライアントがリモートホストで稼働しているときのみ利用可能である
D. XサーバとXクライアントは同一ホストでなければならない

XサーバとXクライアントはXプロトコルで通信するので、XサーバとXクライアントが異なったアーキテクチャを持つハードウェア/オペレーティングシステム上にあっても動作します。したがって選択肢Aは正しいです。

Xクライアントは、ユーザアプリケーションです。つまり、端末や、Webブラウザなどが相当するため、選択肢Bは正しいです。

問題1-35の解説内にある図（X Window Systemの構成）にあるとおり、XサーバとXクライアントは同じホスト上でも、異なるホスト上で稼働していても問題ありません。したがって、選択肢C、Dは誤りです。

解答 A、B

問題 1-37 重要度 ★★★

アプリケーション xclock を 2 台目のモニタに表示する環境変数の設定はどれですか？　1 つ選択してください。

A. export DISPLAY=:0.0; xclock　B. export DISPLAY=:0.2; xclock
C. export DISPLAY=:0.1; xclock　D. export DISPLAY=:1.0; xclock

X のアプリケーションは環境変数 DISPLAY で指定されたディスプレイに表示されます。

DISPLAY の書式 サーバ名:ディスプレイ番号.スクリーン番号

表：DISPLAY 変数

変数の要素	説明
サーバ名	リクエストの送り先の X サーバを指定(省略すると localhost になる)
ディスプレイ番号	同じキーボードとマウスを共有するモニタの集合に対して付けられる番号（通常は 0）
スクリーン番号	モニタに付けられる番号（0 は 1 台目、1 は 2 台目のモニタを指定）

図：モニタ 2 台を接続する例

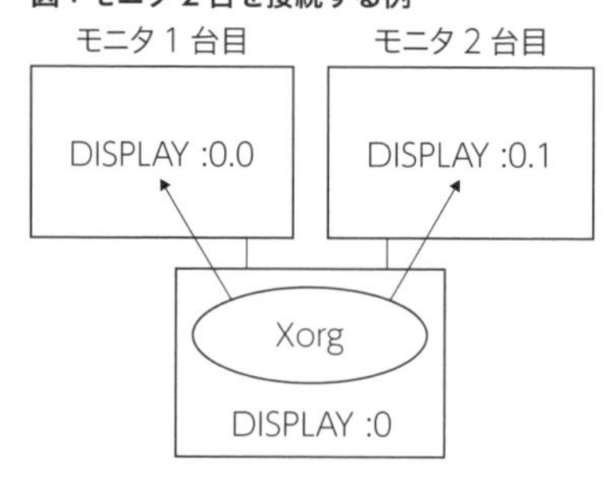

参考 Xorgが起動しているシステムでVNCサーバやXnestなどの仮想スクリーンを提供するXサーバを起動した場合は、それぞれに異なったディスプレイ番号を使用します。

これも重要！
変数名DISPLAYは、記述できるようにしておきましょう。

解答 C

問題 1-38

重要度 ★★☆

ネットワーク上のあるホストのアプリケーションを、多数のユーザがおのおの自分のデスクトップで利用することになりました。X クライアントからのリクエストを各デスクトップに表示するために有効な手順はどれですか？　3 つ選択してください。

A. 環境変数 DISPLAY を X サーバで設定する
B. 環境変数 DISPLAY を X クライアントで設定する
C. xhost コマンドを X サーバで実行する
D. xhost コマンドを X クライアントで実行する
E. xauth コマンドにより X サーバで COOKIE を設定する
F. xauth コマンドにより X クライアントで COOKIE を設定する

X クライアントアプリケーションを X サーバのデスクトップに表示する方法は以下のとおりです。

1) X サーバと同じホストでアプリケーションを実行する場合

以下のとおり、COOKIE（クッキー：認証用データ）の利用、あるいは xhost の実行のいずれかで表示されます。

・X サーバと X クライアント（ユーザ）で同じ COOKIE を使用する
ユーザがログインするとディスプレイマネージャ（例：gdm、lightdm、kdm など）が X サーバを起動します。このとき、ディスプレイマネージャが生成がする COOKIE がユーザを所有者として /run 以下のデータベースに保存されるとともに X サーバに渡されます。ユーザはアプリケーションの起動時にこの COOKIE を取得することで、サーバからアクセスを許可されます。これはデフォルトの設定です。
・xhost コマンドでユーザに X サーバへのアクセス許可を与える
ユーザに許可を与える xhost コマンドの構文は以下のとおりです。

構文 **xhost +SI:localuser:ユーザ名**

SI（Server Interpreted）はローカル接続の場合の指定です。CentOS 7 および Ubuntu18.04 では X サーバ起動時のスクリプトの中で以下のように xhost コマンドを実行し、デフォルトでログインユーザにアクセス許可を与えます。以下はユーザが user01 の例です。

実行例
```
xhost +SI:localuser:user01
```

環境変数DISPLAYの値は:0(CentOS 7の場合)、あるいは:1(Ubuntu18.04の場合)に設定されます。ローカル接続の場合はXサーバが/tmp以下に作成するUnixソケットを介して通信を行います。

2) 本問のようにリモートホスト上でアプリケーションを実行する場合

問題1-35で解説したように、X Window Systemはネットワーク型のウインドウシステムです。XクライアントはTCP/IP上でXプロトコルによりXサーバのサービスを受けることができます。Xサーバの標準のポート番号は6000/TCP(参考①参照)です。

リモートホスト上でアプリケーションを実行するためには、xhostコマンドをXサーバで実行するか、あるいはxauthコマンドによりXクライアントでCOOKIEを設定するかのいずれかを行います。どちらの場合も、環境変数DISPLAYで送り先のXサーバを指定します。xhostコマンドをXサーバで実行する場合は次のようになります。

図:linux2上で実行したxclockをlinux1のディスプレイに表示する例

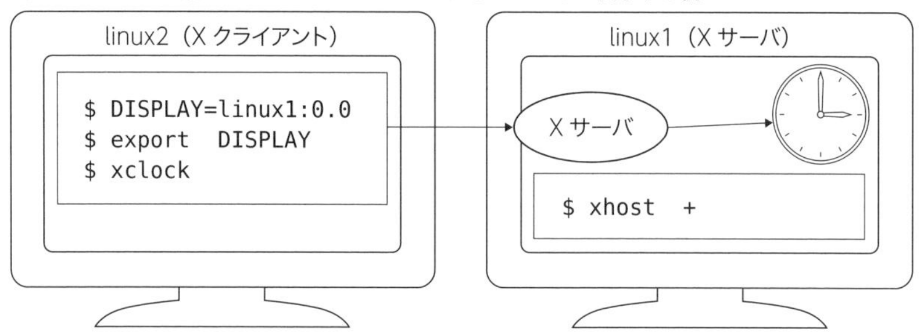

構文 **xhost [[+-]ホスト名のリスト]**

xhostコマンドを引数なしで実行すると、現在の状態が表示されます。

「xhost +ホスト名」を実行すると、指定したホストからのリクエストを許可します。IPアドレスでも指定できます。ホスト名を指定せず、単に+だけを付けるとすべてのホストからのリクエストを許可します。

「xhost -ホスト名」を実行すると、指定したホストからのリクエストを禁止します。IPアドレスでも指定できます。ホスト名を指定せず、単に-だけを付けるとすべてのホストからのリクエストを禁止します。

xhostコマンドの実行例

```
$ xhost +host01 -host02
host01 being added to access control list
host02 being removed from access control list
```

xhostコマンドは認証なしでXサーバへのアクセスを許可します。このためリモートのXクライアントからのアクセス許可をするxhostコマンドは非推奨です。

以下は、xauthコマンドによりXクライアントでCOOKIEを設定する例です。

① Xサーバ（linux1）にuser01でログインし、COOKIEを表示します。

実行例

```
$ xauth list
linux1/unix:0  MIT-MAGIC-COOKIE-1  7a5af79bd81c944f328319b9df17
5ddd
```

② Xクライアント（linux2）でXサーバと同じCOOKIEを設定し、DISPLAY変数を設定してxclock（参考②参照）を実行します。「linux1/unix:0」の「/unix」はUnixソケットの指定なので外します。

実行例

```
$ xauth add linux1:0  MIT-MAGIC-COOKIE-1  7a5af79bd81c944f32831
9b9df175ddd
$ xauth list ―― 確認
linux2/unix:0  MIT-MAGIC-COOKIE-1  0c722e2c0ad57c12a6ced0cb214e
17ed ―― linux2でデスクトップが稼働中の場合のCOOKIE
linux1:0  MIT-MAGIC-COOKIE-1  7a5af79bd81c944f328319b9df175ddd
$ export DISPLAY=linux1:0                     新たに追加したCOOKIE
$ xclock
```

以上の手順により、linux2で実行したxclockがlinux1のデスクトップに表示されます。この方法はCOOKIEにより認証を行うのでxhostコマンドを使う方法よりはセキュリティは高いですが、それでも使用する環境には注意が必要です。安全な方法としては、sshによるX11ポート転送（レベル1の試験範囲外）を利用することが推奨されます。以下の参考③を参照してください。

① xhostコマンドを使う方法もxauthを使う方法も、Xサーバの6000/TCPポートにアクセスします。
したがって、Xサーバが6000/TCPポートをListenするように設定することと、ファイアウォールを使用している場合は、6000/TCPポートをオープンしておく必要があります。

- **CentOS 7の場合**
  デフォルトのディスプレイマネージャgdmで利用する場合は、Xサーバは6000/TCPポートをListenするので特別な設定をする必要はありません。ただし、lightdmなど他のディスプレイマネージャの場合は設定変更が必要な場合があります。

- **Ubuntu 18.04の場合**
  デフォルトのディスプレイマネージャgdmで利用する場合は、Xサーバは6000/TCPポートをListenしません。以下のように/etc/gdm3/custom.confを編集し、ポートをListenするように設定します。

実行例

```
[security]
DisallowTCP=false ──── 追記
```

・**ファイアウォールを使用している場合**
firewalldを使用しているシステムでは、以下のようにして6000/TCPポートをオープンします。

実行例

```
# firewall-cmd --add-port 6000/tcp --permanent
# firewall-cmd --reload
```

② xclockコマンドは、Xorgがリリースしている以下のパッケージに含まれます。

CentOS 7：xorg-x11-apps
Ubuntu 18.04：x11-apps

③ X11ポート転送では、リモートのXクライアントホストのX11ポートをsshの通信路を利用してローカルのXサーバに転送することで、リモートで実行したXのアプリケーションをローカルホストの画面に表示、操作できます。sshによる暗号化と認証が行われるので、安全な通信ができます。
X11ポート転送を利用するにはsshサーバ側とsshクライアント側で以下の設定が必要です。

・sshサーバ側：/etc/ssh/sshd_configで「X11Forwarding yes」を設定する
・sshクライアント側：/etc/ssh/ssh_configで「ForwardX11 yes」を設定する
（またはsshコマンド実行時に-Xオプションを指定する）

X11 ポート転送を利用する場合は、X サーバ(sshクライアント)側でxhostコマンドによりアクセスを許可する必要はなく、Xクライアント(sshサーバ)側で新たにCOOKIEが設定されます。環境変数DISPLAYも自動的に設定されます。DISPLAYの値に設定されるディスプレイ番号10は6000番からのオフセット値で、転送されるローカルポート6010番(6000＋10)へのアクセスとなります。ディスプレイ番号は、使用中の番号を除き、新しく開始されるログインセッションごとに10、11、12、……とインクリメントされ、それに対応するローカルポート番号も6010、6011、6012、……と割り当てられます。COOKIEはsshdにより新たに生成されるとともに、~/.Xauthorityファイルに追加して格納されます(ファイルがない場合は作成されます)。

実行例

```
$ xauth -f ~/.Xauthority list ──── ~/.Xauthorityの内容を確認。以下のlinux2はXクライアント(sshサーバ)
linux2/unix:10  MIT-MAGIC-COOKIE-1  bf7aa4a2e9534969e0dc4754d
32a3a04
```

このCOOKIEはXサーバのものとは異なりますが、Xサーバへのアクセス時にXサーバのCOOKIEに置き換えられます。

図：X11ポート転送の概要

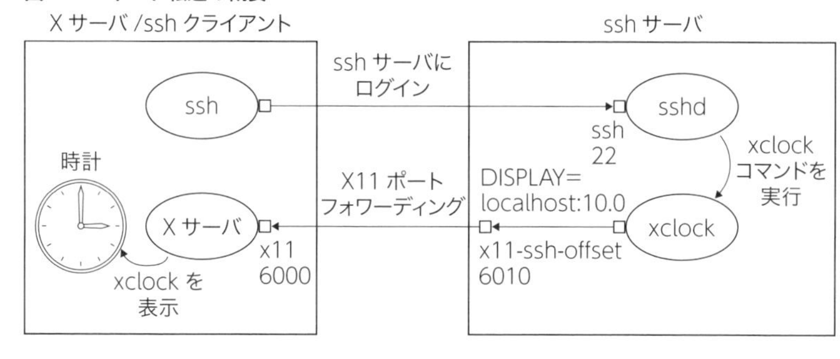

解答 B、C、F

第1部 101試験

2章 ファイル・ディレクトリの操作と管理

本章のポイント

▶基本的なファイル管理の実行

ファイルのコピーや削除といったファイル操作に関わるコマンドと、ファイルを圧縮する方法などを確認します。

重要キーワード

コマンド：cp、find、mkdir、mv、ls、rm、rmdir、touch、tar、dd、file、gzip、gunzip、bzip2、bunzip2

▶ファイルの所有者とパーミッション

Linuxのファイル、ディレクトリのアクセス制御を行います。適切なパーミッションや所有者権限について確認します。

重要キーワード

コマンド：id、groups、chmod、umask、chown、chgrp

その他：パーミッション、シンボリックモード、オクタルモード、SUID、SGID、スティッキービット

▶ハードリンクとシンボリックリンク

ファイルやディレクトリに2つ以上の名前を付けて同一のデータにアクセスできる仕組みであるリンクについて確認します。

重要キーワード

コマンド：ln

その他：ハードリンク、シンボリックリンク

▶ファイルの配置と検索

Linuxのファイルシステム階層を理解し、各ディレクトリの役割を確認します。また、ファイルシステム内に保存されたファイルやコマンドを検索する方法を確認します。

重要キーワード

ファイル：/etc/updatedb.conf

コマンド：find、locate、updatedb、which、whereis、type

その他：FHS

問題 **2-1**

重要度 ★★★

ls コマンドを実行した際に、i ノード番号を表示するオプションを記述してください。ハイフンの記述は不要です。

解説　ls コマンドは、ファイルやディレクトリの情報を一覧表示します。

構文
```
ls [オプション] [ディレクトリ名]...n
ls [オプション] [ファイル名]...n
```

ディレクトリを指定しない場合は、カレントディレクトリの内容が一覧で表示されます。また通常ファイルを指定した場合は、そのファイル自身の名前や情報を表示します。

表：オプション

オプション	説明
-F	ファイルタイプを表す記号の表示。 / はディレクトリ、* は実行可能ファイル、@ はシンボリックリンク
-a	隠しファイル（ファイル名がドット「.」で始まるファイル）の表示
-l	詳細な情報を含めて表示
-i	i ノード番号を表示する
-d	ディレクトリの内容ではなく、ディレクトリ自身の情報の表示

i ノードとはファイルシステムの構成要素の 1 つで、メタデータを格納します。ファイルシステム内で使用される「ファイル」は、ファイル名でデータにアクセスできるよう、「ファイル名」、「i ノード」、「データブロック」の 3 つから成り立っています。

表：ファイルの構成要素

構成要素	説明
ファイル名	ファイルに付けられている名前。ファイルにアクセスする際に使用される
i ノード	メタデータが格納される領域。i ノードは、ファイル 1 つにつき、1 個割り当てられる。i ノードには、メタデータとしてファイルの詳細情報や実データが格納されている番地（ポインタ）が格納されている
データブロック	実データが格納される領域

i ノードには、ファイルのタイプ、パーミッション、所有者など「ls -l」で表示されるほとんどの情報と、実体へのポインタが格納されています。

図：ファイルとｉノードの個数

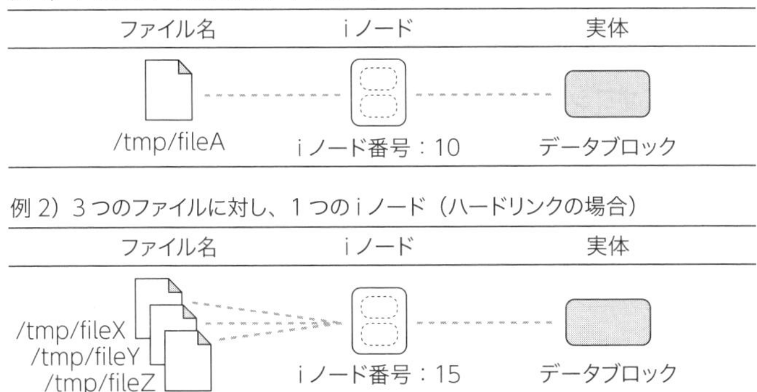

※ハードリンクについては、本章後半で説明します。

次の実行例は -i オプションを使用して、ｉノード番号を表示しています。実行結果の先頭にある「5660882」や「5660880」がｉノード番号です。

実行例

```
$ ls -li
合計 0
5660882 -rw-rw-r--. 1 ryo ryo 0  5月 11 15:44 fileA
5660880 -rw-rw-r--. 1 ryo ryo 0  5月 11 15:51 fileB
```

解答 ｉ

問題 2-2

重要度 ★★★

touch コマンドの説明として適切なものはどれですか？　3つ選択してください。

A. 引数で指定したファイルが存在しない場合は、空ファイルを新規に作成する
B. 引数で指定したファイルがすでに存在する場合は、エラーとなる
C. ディレクトリのタイムスタンプは変更できない
D. -d オプションを使用すると、ファイルのタイムスタンプを更新する
E. -a オプションを使用すると、最終アクセス時刻のみを変更する

解説　touch コマンドは、指定したファイルのアクセス時刻と修正時刻を現在の実行時刻に変更します。touch コマンド実行時に指定したファイルが存在しない場合は、空ファイル（サイズ 0）を新規に作成します。

構文 **touch [オプション] ファイル名...n**

表：オプション

オプション	説明
-a	アクセス日時のみ変更する
-r	指定した他ファイルのタイムスタンプを使用して更新する
-d	指定した日時に更新する

次の実行例は touch コマンドを使用した例です。

実行例

```
$ ls fileA ──①
ls: fileA にアクセスできません: そのようなファイルやディレクトリはありません
$ touch fileA ──②
$ ls -l fileA
-rw-rw-r--. 1 ryo ryo 0  5月 11 15:40 fileA ──③
$ touch -d "2020-05-05 13:00" fileA ──④
$ ls -l fileA
-rw-rw-r--. 1 ryo ryo 0  5月  5 13:00 fileA ──⑤
$ ls -lu fileA ──⑥
-rw-rw-r--. 1 ryo ryo 0  5月 11 15:44 fileA ──⑦
$ touch fileB ──⑧
$ ls -lu fileA fileB ──⑨
-rw-rw-r--. 1 ryo ryo 0  5月 11 15:44 fileA
-rw-rw-r--. 1 ryo ryo 0  5月 11 15:51 fileB
$ touch -a -r fileA fileB ──⑩
$ ls -lu fileA fileB ──⑪
-rw-rw-r--. 1 ryo ryo 0  5月 11 15:44 fileA
-rw-rw-r--. 1 ryo ryo 0  5月 11 15:44 fileB
```

①現在のディレクトリ以下に fileA がないことを確認
②touch コマンドを実行。fileA（空ファイル）を新規に作成
③fileA ファイルが作成されていることを確認
④-d オプションを指定して、タイムスタンプを「2020-05-05 13:00」に更新
⑤指定した日時に更新したことを確認
⑥ls -lu を実行し、fileA のアクセス日時を表示
⑦「5 月 11 日 15:44」であることを確認
⑧新規に fileB を作成
⑨ls -lu を実行し、fileA と fileB のアクセス日時を表示
⑩-a オプションにより、fileB のアクセス日時のみ変更する。また、-r オプションを使用し、指定した他ファイル（fileA）のタイムスタンプを使用して更新する
⑪ls -lu を実行し、fileA、fileB のアクセス日時を表示。同じ時間になっていることを確認

touch コマンドによるタイムスタンプの変更は、ディレクトリに対しても可能です。したがって、選択肢 A、D、E が正しいです。

解答 A、D、E

問題 2-3

重要度 ★★☆

ユーザ ryo は自分のホームディレクトリ下に main/sub を作成したいが、main は存在していません。main/sub を作るために下線部に入るオプションとして適切なものはどれですか？　1 つ選択してください。

mkdir ______ /home/ryo/main/sub

A. -p　　**B.** -P
C. -r　　**D.** -R

解説　mkdir コマンドはディレクトリを作成します。コマンドの引数に複数のディレクトリ名を指定すると、一度に複数のディレクトリを作成することができます。また、コマンドの引数に -p を指定すると、パス途中のディレクトリも作成することができます。

構文 `mkdir [オプション] ディレクトリ名...n`

表：オプション

主なオプション	説明
-m [アクセス権]	明示的にアクセス権を指定してディレクトリを作成する
-p	中間ディレクトリを同時に作成する

A

問題 2-4

重要度 ★★☆

/tmp/A ディレクトリの中にあるすべてのファイル・サブディレクトリをカレントディレクトリに移動させたい場合、適切なものはどれですか？　1つ選択してください。なお、「.」で始まるファイルは移動の対象から外すものとします。

A. cp -f /tmp/A .
B. cp -Rf /tmp/A/* .
C. mv -f /tmp/A/* .
D. mv /tmp/A/ .
E. mv -r /tmp/A/* .

解説　ファイルやディレクトリの移動には mv コマンドを使用します。mv コマンドの最後の引数に指定されたディレクトリに移動元のファイル（またはディレクトリ）が同じ名前で移動します。

構文
```
mv [オプション] 移動元ファイル名...n　ディレクトリ名
mv [オプション] 移動元ディレクトリ名...n　ディレクトリ名
```

表：オプション

主なオプション	説明
-i	移動先に同名ファイルが存在する場合、上書きするか確認する
-f	移動先に同名ファイルが存在しても、強制的に上書きする

問題文では、/tmp/A ディレクトリそのものではなく、A ディレクトリの中のファイルおよびサブディレクトリを移動する必要があるため、選択肢 C のように移動元ファイルの指定として、*（アスタリスク）を使用し A ディレクトリの中にあるすべてを移動する必要があります。-f オプションは移動先に同名ファイルが存在しても、強制的に上書きします。なお、選択肢 D では、A ディレクトリごとカレントディレクトリに移動します。mv コマンドには選択肢 E の -r オプションは存在しないため誤りです。

また mv コマンドの最後の引数に存在しない名前を指定した場合は、その名前に変更します。

構文
```
mv 現在のファイル名　変更後のファイル名
mv 現在のディレクトリ名　変更後のディレクトリ名
```

なお、この問題で使用した * は特殊記号と呼ばれるもので、任意のコマンドを実行する際にファイル名を指定するときなどに使用します。シェルで使用される特殊記号はいくつかのカテゴリがあります。

表：ワイルドカード —— ファイル名とパターンの照合

記号	説明
?	任意の 1 文字
*	0 文字以上の文字列
[...]	[ ] 内に含まれる任意の 1 文字
[! ...]	[ ] 内に含まれない任意の 1 文字

例	説明
file.?	file.o、file.a が一致
file.*	file.、file.o、file.a、file.log が一致
[abc]	a、b、c のいずれか。[a-c] と同じ
[!0-9]	0 から 9 以外の文字列
[0-9!]	0 から 9 までの数字とエクスクラメーション
[a-zA-Z0-9_-]	すべてのアルファベット、数字、アンダースコア、ダッシュ

表：チルダ —— ホームディレクトリの省略表現

記号	説明
~	ホームディレクトリ。実行ユーザの作業用ディレクトリを表す

コマンド	移動先の作業ディレクトリ
cd ~	/home/yuko
cd ~/dir_b/book	/home/yuko/dir_b/book
cd ~yuko	/home/yuko

表：ダラー —— 置換

記号	説明
$	変数の置換（変数を参照して値に置換）や、コマンドの置換（ヒストリを参照した置換）などを行う

コマンド	移動先の作業ディレクトリ
cd $HOME	/home/yuko

表：クォート —— 特定の文字列をリテラルとして使用

記号	説明
'	強いクォート
"	弱いクォート
`	コマンド置換

シングルクォートとダブルクォートの利用

```
$ echo '$HOME'  変数が展開されない
$HOME
$ echo "$HOME"  変数が展開される
/home/yuko
```

バッククォートの利用

```
$ echo "今日は`date`です"   ダブルクォートとバッククォート
今日は2020年  6月 20日 土曜日 15:24:18 JSTです
$ echo '今日は`date`です'   シングルクォートとバッククォート
今日は`date`です
```

メタキャラクタ：コマンドラインの制御や単語の区切りに使用される特殊文字

コマンドラインでは、以下のような特殊記号も使用されます。試験問題の出題率の高い記号については、以降の各問題で解説しているため、参照してください。

主なメタキャラクタ ( ) ; < > & |

参考 なお、本問の選択肢では「.」で始まるファイルは移動の対象としていません。「.」で始まるファイルも含める場合は「mv /tmp/A/* /tmp/A/.[!.]* . 」とします。[!.]は「..」を除外するための指定です。

解答 C

問題 2-5

重要度 ★☆☆

/usr/local/samples ディレクトリ内にあるすべてのファイル・サブディレクトリを /home/yuko/samples ディレクトリの下にコピーしたい場合、適切なものはどれですか？ 1つ選択してください。

A. cp -f /usr/local/samples/* /home/yuko/samples
B. mv -f /usr/local/samples/* /home/yuko/samples
C. mv -Rf /usr/local/samples/* /home/yuko/samples
D. cp -Rf /usr/local/samples/* /home/yuko/samples

解説 ファイルやディレクトリを複製する場合は cp コマンドを使用します。同じディレクトリ内や他のディレクトリに複製でき、他のディレクトリに複製する場合は同じ名前にすることもできます。また、cp コマンドではディレクトリのコピーを行う場合は、-R（もしくは -r）オプションが必要です。

構文 **cp ［オプション］ コピー元ファイル名　コピー先ファイル名**
cp ［オプション］ コピー元ファイル名...n　コピー先ディレクトリ名

表：オプション

主なオプション	説明
-i	コピー先に同名ファイルが存在する場合、上書きするか確認する
-f	コピー先に同名ファイルが存在しても、強制的に上書きする
-p	コピー元の所有者、タイムスタンプ、アクセス権などの情報を保持したままコピーする
-R（もしくは -r）	コピー元のディレクトリ階層をそのままコピーする

「.」で始まるファイルも含める場合は、問題 2-4 の解説内の参考を参照してください。

実行例

```
$ ls
file_a
$ cp file_a test    ← カレントディレクトリ内に、file_aファイルのコピーとして、testファイルを作成
$ ls
file_a  test
```

解答 D

問題 2-6

操作を誤って、\fileA という名前のファイルをホームディレクトリの下に作成してしまいました。このファイルを削除するコマンドとして適切なものはどれですか？　2つ選択してください。

A. rm ~/'\fileA'
B. rm "~/\fileA"
C. rm '~/\fileA'
D. rm ~/\\fileA
E. rm ~/\fileA

rm コマンドを使用するとファイルを削除できます。

構文 **rm [オプション] ファイル名...n**

表：オプション

主なオプション	説明
-i	ファイルを削除する前にユーザへ確認する
-f	ユーザへの確認なしに削除する
-R（もしくは -r）	指定されたディレクトリ内にファイル、ディレクトリが存在していてもすべて削除する

ホームディレクトリ以下を表すには「~/」とします。また、ファイル名に「\」が含まれています。「\」を文字として扱いたい場合は、「\」でエスケープします。

また、選択肢Aのように、シングルクォートで囲むことで、クォート中の文字は単に文字として認識されるため、'\fileA' のようにバックスラッシュを含めたファイル名のファイルを削除できます。したがって、選択肢A、Dが正しいです。

「.」で始まるファイルも含める場合は、問題2-4の解説内の参考を参照してください。

また、空のディレクトリを削除するコマンドとして、rmdirコマンドが利用できます。

実行例

dir_aディレクトリ内に、ファイルが存在する場合

```
$ rm dir_a                  引数を指定しないrmコマンドではディレクトリの削除はできない
rm: cannot remove 'dir_a' : ディレクトリです
$ rmdir dir_a           dir_aディレクトリ内に、ファイルが存在するためrmdirで削除できない
rmdir:failed to remove 'dir_a' : ディレクトリは空ではありません
$ rm -r dir_a          rmコマンドに-rオプションを使用することで削除可能
```

解答 A、D

問題 2-7

重要度 ★★★

圧縮されたtarファイルであるfile.tar.gzに格納されているファイル名の一覧を表示するために、適切なものはどれですか？　1つ選択してください。

A. tar cvf file.tar.gz
B. tar xvf file.tar.gz
C. tar ztf file.tar.gz
D. tar zxf file.tar.gz

解説 複数のファイルを1つにまとめたデータのことをアーカイブファイルと呼びます。tarコマンドはアーカイブファイルの管理に使用されます。

構文 **tar [オプション] ファイル名またはディレクトリ名...n**

tarコマンドはオプションによって指定したファイルをアーカイブしたり、アーカイブファイルからファイルの情報を表示したり、ファイルを取り出したりします。

図：tar コマンドの概要

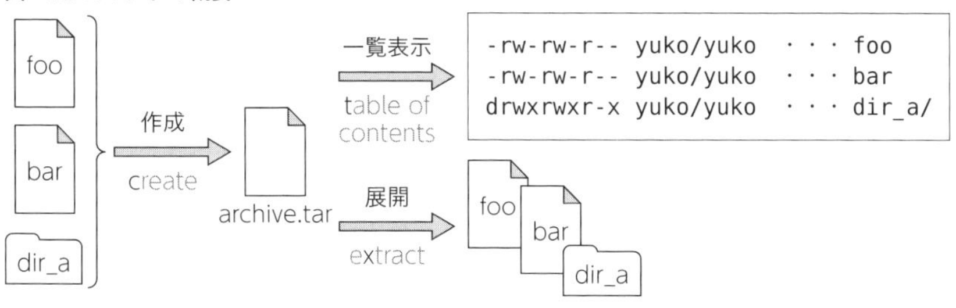

実行例

```
$ tar cf archive.tar foo bar dir_a
$ tar tvf archive.tar
-rw-rw-r-- yuko/yuko         0 2020-05-11 17:10 foo
-rw-rw-r-- yuko/yuko         0 2020-05-11 17:10 bar
drwxrwxr-x yuko/yuko         0 2020-05-11 17:10 dir_a/
$ tar xf archive.tar
```

- `$ tar cf archive.tar foo bar dir_a`：ファイル foo と bar、ディレクトリdir_a を含むarchive.tar を作成する
- `$ tar tvf archive.tar`：archive.tar 内のすべてのファイルの詳細を一覧表示する
- 一覧表示の出力：vオプションを付けるとファイル名の他にパーミッションや所有者など、属性情報も表示する
- `$ tar xf archive.tar`：archive.tar からすべてのファイルを展開する

2つ目のコマンド実行例では、tvf オプションを指定しています。t オプションでアーカイブファイル内が一覧表示されます。v オプションを付けるとファイル名の他にパーミッションや所有者など、属性情報も表示します。

表：オプション

主なオプション	説明
-c	アーカイブファイルを作成する
-t	アーカイブファイルの内容を表示する
-x	アーカイブファイルを展開する
-f	アーカイブファイル名を指定する
-v	詳細情報を表示する
-j	アーカイブに対して、bzip2 を使用する
-J	アーカイブに対して、xz を使用する
-z	アーカイブに対して、gzip を使用する

なお、問題文の選択肢のように、オプションを指定する際にハイフンを省略することができます。また問題文の選択肢では拡張子が .gz となっています。これは圧縮ファイルであることを示しています。

圧縮 / 解凍用のコマンドとして多くのコマンドが提供されています。ここでは、zip、compress、gzip、bzip2 について紹介します。一般的に「zip、compress < gzip < bzip2」の順で、右側のコマンドのほうが圧縮率は高くなります。

以下の表は、圧縮および解凍を行うコマンドラインの例です。なお、圧縮対象とするファイル名は、「TestData」とします。

表：圧縮 / 解凍を行うコマンド

形式	用途	拡張子・構文
zip	拡張子	「.zip」
	圧縮	zip TestData.zip TestData
	解凍	unzip TestData.zip
compress	拡張子	「.Z」
	圧縮	compress TestData ↑圧縮ファイル名は「TestData.Z」となる
	解凍	uncompress TestData.Z compress -d TestData.Z
gzip	拡張子	「.gz」
	圧縮	gzip TestData ↑圧縮ファイル名は「TestData.gz」となる
	解凍	gunzip TestData.gz gzip -d TestData.gz
bzip2	拡張子	「.bz2」
	圧縮	bzip2 TestData ↑圧縮ファイル名は「TestData.bz2」となる
	解凍	bunzip2 TestData.bz2 bzip2 -d TestData.bz2

またgzipやbzip2といった圧縮用のコマンドを使用する以外に、tarコマンド実行時に「z」や「j」といったオプションをあわせて使うことで、アーカイブと圧縮／解凍を同時に行うことができます。

・tar：アーカイブのみを行う
・gzip、他：圧縮（内容はそのままでデータ量の削減）のみ行う

以下の実行例は、TestArchiveディレクトリをtar.gzファイルに圧縮しています。

実行例

```
$ tar zcvf TestArchive.tar.gz TestArchive/ ──①
$ ls
TestArchive  TestArchive.tar.gz
$ rm TestArchive.tar.gz ──②
$ tar cvzf TestArchive.tar.gz TestArchive/ ──③
$ ls
TestArchive  TestArchive.tar.gz
```

①tarコマンドにgzip形式を圧縮する「z」オプションを明示的に付与
②いったん、TestArchive.tar.gzを削除
③アーカイブの作成（c）、詳細情報を表示（v）、gzipで圧縮（z）、アーカイブファイル名を指定（f）の各オプションを指定

以下の実行例は、TestArchive.tar.gzファイルを解凍しています。

実行例

```
$ tar zxvf TestArchive.tar.gz ──①
.....（実行結果省略）.....
$ tar xvf TestArchive.tar.gz ──②
.....（実行結果省略）.....
```

①tar コマンドに gzip 形式を解凍する「z」オプションを明示的に付与
②「z」オプションを指定してなくも OK

解答 C

問題 2-8

重要度 ★★☆

カレントディレクトリにある samples.tgz には、a.txt と b.txt ファイルが格納されています。「gunzip samples.tgz」と実行した際に、カレントディレクトリにあるファイルはどれですか？　1つ選択してください。

A. a.txt と b.txt
B. a.txt と b.txt と samples.tgz
C. samples.tgz
D. samples.tar

解説 問題文のファイルは「samples.tgz」となっているため、tar 形式でアーカイブされ、gzip で圧縮されていると考えられます。また、「gunzip samples.tgz」を実行すると記載されており、解凍はされますが、展開はされません。したがって、選択肢 D が正しいです。

実行例

```
$ ls ──カレントディレクトリにsamples.tgzが保存されている
samples.tgz
$ tar ztvf samples.tgz ──ztvfオプションでsamples.tgzファイルの中身を確認
-rw-rw-r-- yuko/yuko         0 2020-05-11 17:30 a.txt
-rw-rw-r-- yuko/yuko         0 2020-05-11 17:30 b.txt
$ tar tvf samples.tgz ──zオプションは省略可能
-rw-rw-r-- yuko/yuko         0 2020-05-11 17:30 a.txt
-rw-rw-r-- yuko/yuko         0 2020-05-11 17:30 b.txt
$ ls
samples.tgz
$ gunzip samples.tgz ──gunzipコマンドで解凍
$ ls
samples.tar ──アーカイブファイル（tarファイル）があることを確認
```

上記実行例にあるとおり、ファイルの拡張子からどの圧縮形式なのか判断できるため、z（gzip）、j（bzip2）、J（xz）は省略可能です。

解答 D

問題 2-9

重要度 

ダウンロードしたISOイメージをUSBデバイスに書き込むコマンドを記述してください。

■■■

解説　コピーの入力あるいは出力にデバイスを指定する場合は、ddコマンドを使用します。ディスクパーティション内のデータをそのまま別のパーティションにコピーしたり、コピー部分の指定をしたり、データ変換を行う機能もあります。

データのコピーを行う場合の構文

dd [if=入力ファイル名] [of=出力ファイル名] [bs=ブロックサイズ] [count=ブロック数]

表：構文の説明

オプション	説明
if= 入力ファイル名	入力ファイルの指定
of= 出力ファイル名	出力ファイルの指定
bs= ブロックサイズ	1回のread/writeで使用するブロックサイズの指定
conv= 変換オプション	変換オプションを指定 noerror：読み込みエラー後も継続する sync　：入力ブロックを入力バッファサイズになるまでNULLで埋める
count= ブロック数	入力するブロック数を指定

以下の実行例は、「if（Input File）=」で入力元（この例はimage.isoファイル）を指定し、「of（Output File）=」で出力先（この例では/dev/sdb）を指定しています。

実行例

```
# dd if=image.iso of=/dev/sdb
```

解答 dd

問題 2-10

重要度 ★☆☆

表示が1画面に入りきらない場合に、1画面ずつ表示するコマンドとして適切なものはどれですか？　1つ選択してください。

A. scroll　　B. ls
C. cat　　D. more

more コマンドは1画面に収まらないファイルを制御することができます。

構文 more ファイル

[Space] キーを押すと次ページが表示され、ファイルの最終ページまで閲覧すると同時に終了します。

構文 less ファイル名

1画面に収まらないファイルを表示するコマンドとして less コマンドがあります。オンラインマニュアルは、less コマンドを使用しているため操作方法はオンラインマニュアルと同じです。

構文 cat [オプション] [ファイル名]...n

cat コマンドは表示したいファイルのファイル名を引数に指定するとディスプレイに表示します。複数のファイルを指定すると、すべてのファイルが連続して表示されます。また -n オプションを使用すると出力結果に行番号が振られます。

また、cat コマンドは引数を指定しないと標準入力（キーボード）からデータを読み取ります。キーボードから1行入力すると、それを単にディスプレイに表示し、[Ctrl]+[d] が押されるまで繰り返します。

実行例

```
$ cat
hello linuc    キーボード(標準入力)から入力
hello linuc    ディスプレイ(標準出力)へ出力
linux    キーボード(標準入力)から入力
linux    ディスプレイ(標準出力)へ出力
[Ctrl]+[d]    入力を終了
$
```

標準入出力の詳細は、第3章で扱います。

構文 nl [オプション] ファイル名

nl コマンドはファイルの内容に行番号を付けて表示します。cat コマンドに -n オプションを使用すると行番号を付けて出力することができます。ただし、空行が含まれている場合にはnlコマンドと振る舞いが異なります。「cat -n」では、空行も含めてすべての行に行番号を付けますが、nlでは、空行を除いた行に行番号を付けます。

D

問題 2-11

重要度 ★★☆

ファイルのタイプを確認するコマンドとして適切なものはどれですか？　1つ選択してください。

A. type　　B. find
C. file　　D. ls

ファイルの種類を調べるにはfileコマンドを使用します。

構文 **file [オプション] ファイル名|ディレクトリ名**

表：オプション

主なオプション	説明
-i	MIMEタイプで表示する

実行例

```
$ file  fileX
fileX: ASCII text ―― 文字コード「ASCII」のテキストファイル
$ file  fileY
fileY: symbolic link to `fileX' ―― シンボリックリンクファイル
$ file  myDir/
myDir/: directory ―― ディレクトリ
$ file  my.png
my.png: PNG image data, 48 x 48, 8-bit/color RGBA, non-interlaced ―― イメージファイル
$ file  my.tar.gz
my.tar.gz : gzip compressed data, from Unix, last modified: Mon May
7 14:40:28 2020 ―― 圧縮ファイル
```

解答 C

問題 2-12

重要度 ★☆☆

一般ユーザであるtomが自分が所属しているすべてのグループ名のみを表示するコマンドラインとして適切なものはどれですか？　1つ選択してください。

A. id tom　　B. uname -a
C. groups tom　　D. groupnames tom

ユーザは、必ず1つ以上のグループに所属します。グループには、1次グループと2次グループの2種類があります。ユーザには、1次グループを1つ割り当てる必要があり、2次グループは任意です。

表：グループの種類

グループ	説明
1次グループ（必須）	ログイン直後の作業グループ。ファイルやディレクトリを新規作成した際に、それを所有するグループとして使用される
2次グループ（任意）	必要に応じて、1次グループ以外のグループを割り当てることができる。複数割り当て可能

自分の所属グループを表示するには、groupsコマンドを使用します。

構文 `groups [ユーザ名]`

次の実行例は、各ユーザのグループを表示している例です。

表：各ユーザの所属グループ

ユーザ名	1次グループ	2次グループ
yuko	yuko	engineer
ryo	ryo	engineer
mana	mana	designer
root	root	bin、daemon、sys、adm、disk、wheel

実行例

前提

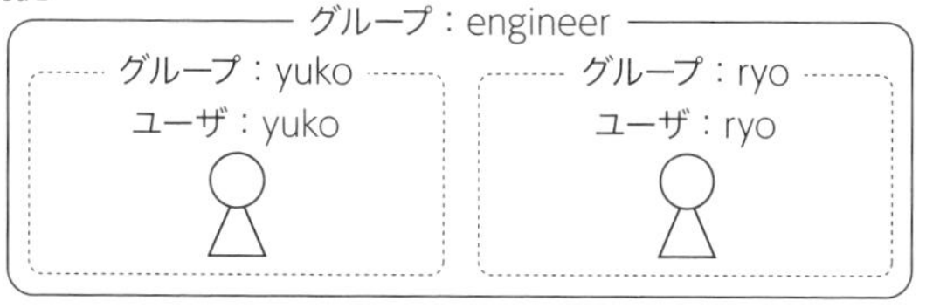

実行確認

yukoでログイン

```
$ groups
yuko engineer
```

ryoでログイン

```
$ groups
ryo engineer
```

manaでログイン

```
$ groups
mana designer
```

rootでログイン

```
# groups        ユーザ名を指定していないので、自身の所属するグループの表示
root bin daemon sys adm disk wheel
# groups yuko        yukoが所属するグループの表示
yuko : yuko engineer
```

なお、自分がどのユーザでログインしているのか、またどのグループに所属しているのかを調べるには id コマンドで確認できます。

構文 id [オプション] [ユーザ名]

解答 C

問題 2-13

重要度 ★★☆

あなたは現在、一般ユーザである yuko としてシステムにログインしています。しかし都合により、現在のシェルを終了することなく root の権限と環境でログインし直す必要があります。適切なものはどれですか？ 1つ選択してください。

A. change --login root
B. su root
C. su - root
D. su /root/.bashrc

□□□

解説 一時的に他のユーザの権限に切り替える場合に su コマンドを使用します。問題文では root としてログインするとあるため、「su - root」を実行することで root ユーザに切り替えることができます。なお、「su - 」の選択肢があった場合は、同じ意味のコマンドラインとなります。

構文 su [オプション] [変更先ユーザ名]

su コマンドにより権限を切り替えると、切り替えた後のユーザ権限でファイルやディレクトリにアクセスすることとなります。しかし、環境変数に設定した値などは、su コマンド実行前に利用していたユーザの環境の値が継承されます。オプションとして、ユーザ名の前にハイフン（-）を指定することで、su コマンドで切り替えたユーザのログイン環境になります。問題文では root の権限と環境でログ

インするとあるため、選択肢Bは誤りです。なお、システムの管理作業を行うにはスーパーユーザ（rootユーザ）を利用します。一般ユーザが一時的に管理者権限を利用するコマンドとしては、suコマンドやsudoコマンドがあります。

suコマンド
一時的にアカウントを別のユーザのものに切り替える

sudoコマンド
事前に管理者から許可されている管理用コマンドを実行する

参考 suコマンドが実行されると、指定されたユーザで新しいシェルが起動されます。したがって、元のユーザに戻る際は、さらにsuを実行するのではなく、exitコマンドを使用して、現在のシェルを終了しましょう。

解答 C

問題 2-14

重要度 ★★★

以下の実行例があります。

実行例
```
$ ls -l
-rw-rw-r--. 1 yuko engineer 0  4月 20 14:16 fileA
```

実行結果の説明として適切なものはどれですか？　2つ選択してください。

A. fileAファイルの所有者はengineerである
B. fileAファイルの所有者はyukoである
C. fileAファイルは実行可能ファイルとして実行可能である
D. このファイルを所有する同じグループのメンバは読み取り可能であるが、書き込みはできない
E. このファイルを所有する同じグループのメンバは読み取りおよび書き込みが可能である
F. このファイルの所有者および所有グループ以外のメンバは、読み取り、書き込みいずれもできない

解説　ファイルやディレクトリには「誰に」「どのような操作を」許可するのか、それぞれ個別に設定することができます。これをパーミッションと呼びます。設定されたパーミッションは、「ls -l」コマンドで調べることができます。問題文の実行例を細かく見てみます。

実行例

「ls -l」コマンドを実行すると、パーミッション、そのファイルの所有者、所有するグループ名が表示されます。

参考 ファイルの拡張属性にSELinuxのセキュリティコンテキストが設定されている場合はパーミッションの最後(10文字目)にドット「.」が表示されます。セキュリティコンテキストはsetfattrコマンドで設定ができます。また、getfattrコマンドの実行やlsコマンドに--scontextオプションなどを付加して実行すると表示ができます。SELinuxを有効にしてSELinuxの管理下に置いたファイルにはセキュリティコンテキストが設定されます。その後、SELinuxを無効にしてもファイルのiノードに設定されたセキュリティコンテキストはそのまま残りますが、setfattrコマンドで削除することもできます。ファイルの拡張属性にACL(Access Control List)が設定されている場合はパーミッションの最後(10文字目)にプラス(+)が表示されます。ACLはsetfaclコマンドで設定、getfaclコマンドで表示ができます。
lsコマンドのファイル拡張属性はlsコマンドを含むcoreutilsパッケージのバージョンにより表示されないものもあります。

パーミッションで表示される内容は以下のように分類されます。

図：パーミッション

①ファイルの種類： これはファイルの種類を表すもので、パーミッションそのものではありません。主な種類は以下のとおりです。

表：ファイルの種類

主な種類	説明
-	通常ファイル
d	ディレクトリ
l	シンボリックリンク(本章後半で確認)

②ユーザ(所有者)に対するパーミッション
③グループに対するパーミッション
④その他のユーザに対するパーミッション

また、各「rw-」は、どのような操作を許可するのかを表します。種類として「r」「w」「x」があり、「-」は許可がないことを表します。

図：パーミッション

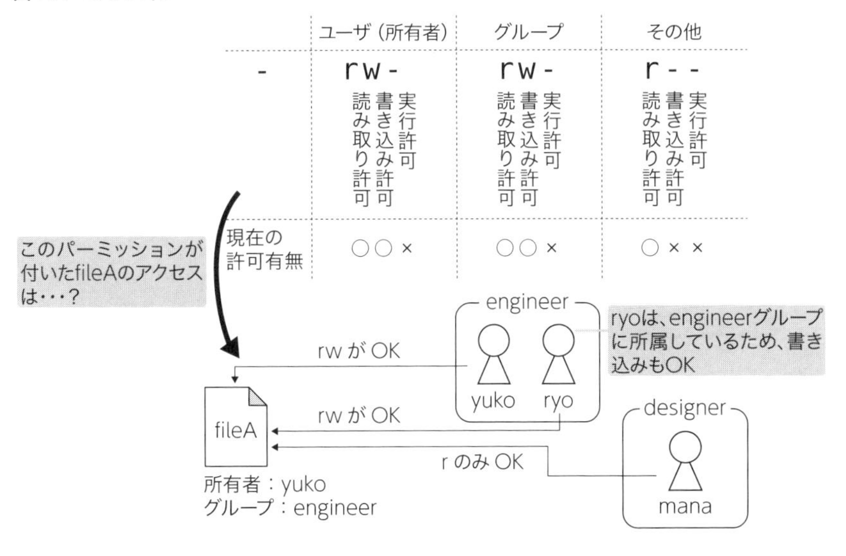

つまり、問題文の「-rw-rw-r--」により、通常ファイルの fileA の所有者である yuko は、読み書きが可能です。そして所有グループが engineer であるため、engineer に所属するグループユーザも、読み書きが可能です。なお、engineer グループに所属しないその他のユーザは、読み取りのみ可能です。

また、「r」「w」「x」は、ファイルかディレクトリかによって意味が異なります。

表：ファイルとディレクトリの違い

種類	ファイルの場合	ディレクトリの場合
読み取り権（r）	ファイルの内容を読むことができる。more、cat、cp などが使用可能	ディレクトリの内容を表示することができる。ls などが実行可能
書き込み権（w）	ファイルの内容を編集することができる。vi などが使用可能	ディレクトリ内のファイルやディレクトリを作成や削除することができる。mkdir、touch、rm などが使用可能
実行権（x）	実行ファイルとして実行ができる	ディレクトリへ移動することができる。cd などが使用可能

注意する点としては、ディレクトリに対する実行権です。他のディレクトリから cd コマンドで移動する際に、その移動先のディレクトリに実行権が付与されていないと移動できません。

解答 B、E

問題 2-15

ディレクトリのパーミッションに x が付与されている際の説明として適切なものはどれですか？　1 つ選択してください。

A. ディレクトリを作成できる
B. ディレクトリを削除できる
C. ディレクトリの内容を表示できる
D. ディレクトリに移動できる

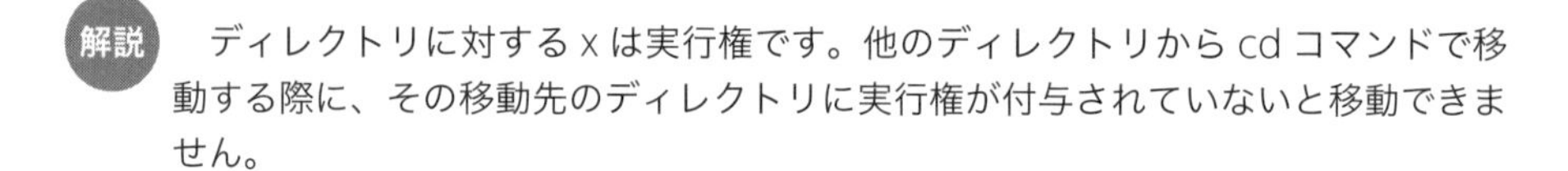

解説　ディレクトリに対する x は実行権です。他のディレクトリから cd コマンドで移動する際に、その移動先のディレクトリに実行権が付与されていないと移動できません。

解答 D

問題 2-16

重要度 ★★★

以下のとおり、fileA があります。

実行例

```
$ ls -l
-rw-rw-r--. 1 user01 user01 0  6月  9 15:30 fileA
```

ファイル fileA の所有者は読み取り、書き込み、実行ができ、すべてのユーザは読み取りと実行ができるようにパーミッションを設定するコマンドはどれですか？　1 つ選択してください。

A. chmod 775 fileA
B. chmod 577 fileA
C. chmod a+x,g-w fileA
D. chmod o+rwx,u+x fileA

解説　既存のファイルやディレクトリに設定されているパーミッションは、chmod コマンドで変更できます。変更できるのは、所有者または root ユーザのみです。

構文 **chmod ［オプション］ モード ファイル名**

表：オプション

主なオプション	説明
-R	ディレクトリに指定した場合、サブディレクトリを含め再帰的にパーミッションが変更される

なお、コマンドの引数で指定するモードは、シンボリックモードとオクタルモードの２種類があります。

シンボリックモード

文字や記号を用いてパーミッションを変更します。使用する記号および文字は以下のとおりです。

図：シンボリックモード

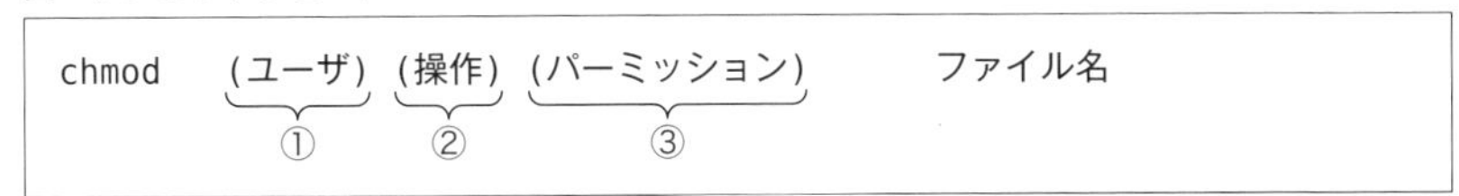

①ユーザ

u	所有者
g	グループ
o	その他
a	すべてのユーザ

②操作

+	許可を与える
-	許可を削除する
=	許可を設定する

③パーミッション

r	読み取り
w	書き込み
x	実行権

例えば、以下の例を見てみます。mypgファイルの現在のパーミッションは「rw-rw-r--」です。これを問題文にあるように「すべてのユーザが読み取りおよび実行可能とし、所有者のみは書き込みも可能」となるパーミッションに変更します。

実行例

```
$ ls -l
-rw-rw-r--. 1 yuko yuko     100  4月 20 14:20 mypg
```

【指示1】すべてのユーザが読み取りおよび実行可能
└→a(すべてのユーザ)にx(実行権)を+(追加)する

【指示2】所有者のみは書き込みも可能
└→現在、所有者はw(書き込み)が付与されているため、変更しない。
ただし、グループに付与されているw(書き込み)を-(削除)する

```
$ chmod a+x,g-w mypg        シンボリックモードでパーミッションの変更
$ ls -l
-rwxr-xr-x. 1 yuko yuko     100  4月 20 14:20 mypg
```

実行例のように、複数のシンボリックモードを指定する場合は、カンマで区切ります。

オクタルモード

目的のパーミッションを８進数の数値を使って変更します。各パーミッションには、それぞれ特有の数値が割り当てられています。

図：オクタルモード

	ユーザ	グループ	その他
	rw-	rw-	r--
	4+2+0	4+2+0	4+0+0
	6	6	4

パーミッション	数値
読み取り権	4
書き込み権	2
実行権	1
権限なし	0

つまり、「rwx」すべてが付与されると「7」となり、「r」のみであれば「4」となります。この数値を組み合わせてパーミッションを指定するのがオクタルモードです。次の例は、前述の「シンボリックモード」での例を、オクタルモードで行った場合です。

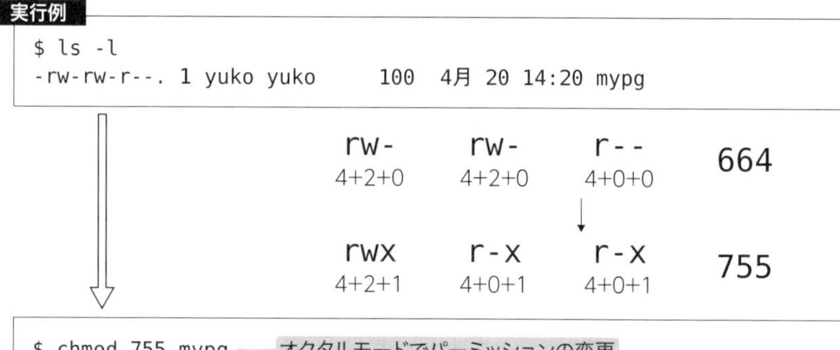


```
$ ls -l
-rw-rw-r--. 1 yuko yuko     100  4月 20 14:20 mypg
```

```
$ chmod 755 mypg
$ ls -l
-rwxr-xr-x. 1 yuko yuko     100  4月 20 14:20 mypg
```

選択肢 A、選択肢 B はオクタルモードでパーミッションを変更していますが、いずれも「グループ」に対し「7」が設定されていることから、書き込み権が付与されてしまうため誤りです。また、選択肢 D は「o+rwx」により「その他」に対し書き込み権が付与されてしまうため誤りです。

C

問題 2-17

umask 値が「022」の場合、ファイルを新規に作成した際のパーミッションとして適切なものはどれですか？　1 つ選択してください。

A. 755　　B. 777
C. 644　　D. 666

ユーザがファイルやディレクトリを新規に作成した際には、デフォルトのパーミッションが付与されています。ユーザのデフォルトパーミッションはシェルに設定された umask 値で決まります。umask コマンドで現在設定されている umask 値を確認します。

実行例

一般ユーザであるyukoの場合

```
$ umask
0002
```

rootユーザの場合

```
# umask
0022
```

上記の実行例は bash の表示書式上、4 桁で表示されます。

本書では、実際に umask 値として使用できる下 3 桁について説明します。

作成されるファイルのパーミッションは、ファイルを作成するアプリケーションによって指定されたパーミッションとプロセスごとにカーネル内に保持されている umask 値の否定との論理積となります。umask 値とはアプリケーションによって指定されパーミッションに対し「ユーザ」、「グループ」、「その他」ごとに割り当てたくないパーミッションを指定したものです。通常、アプリケーションは作成するファイルタイプによってすべてを許可するパーミッションで作成します。したがって、作成されるファイルおよびディレクトリのデフォルトのパーミッションは以下の表のようになります。また、umask の値は親プロセスから子プロセスに引き継がれます。

表：デフォルトパーミッション

	ファイル	ディレクトリ
作成時にアプリケーションが指定するパーミッション	666 rw- rw- rw-	777 rwx rwx rwx
umask 値	002 --- --- -w-	002 --- --- -w-
デフォルトのパーミッション	664 rw- rw- r--	775 rwx rwx r-x

その他のwのみ削除される　　その他のwのみ削除される

一般ユーザであるyukoの実行例

```
$ touch fileB
$ mkdir dir_B
$ ls -l
drwxrwxr-x. 2 yuko yuko    6  4月 20 14:50 dir_B  ディレクトリ
-rw-rw-r--. 1 yuko yuko    0  4月 20 14:50 fileB  ファイル
```

上記により、問題文では umask 値が 022 とあるため、選択肢 C の 644 が正解です。

また、umask コマンドは現在の umask 値の表示だけでなく、値の変更も可能です。

実行例

```
$ umask        現在設定されているumask値の表示
0002
$ umask 027    umask値の設定
$ umask
0027           設定後のumask値
$ touch fileC
$ ls -l
-rw-r-----. 1 yuko yuko    0  4月 20 14:53 fileC
```

rw-	r--	---	640
4+2+0	4+0+0	0+0+0	

参考 umaskコマンドでの変更は、変更を行ったシェルと、その子プロセスでのみ有効な設定です。初期設定として変更したい場合は、シェルの設定ファイルによる変更が必要です。

解答 C

問題 2-18

重要度 ★★★

ファイルを新規作成したとき、「rw-r-----」パーミッションになるumask値として適切なものはどれですか？　1つ選択してください。

A. 0700　　B. 0640

C. 0028　　D. 0027

解説 問題2-17にもあるとおり、ファイルであれば666、ディレクトリであれば777のパーミッションからumask値の否定との論理積がデフォルトのパーミッションとなります。umaskが000の場合、ファイルのパーミッションは666（rw-rw-rw-、110 110 110）になります。作成したファイルのパーミッションが640（rw-r-----, 110 100 000）になるumaskの値は以下の8通りがあります。

026（000 010 110）、027（000 010 111）、036（000 011 110）、
037（000 011 111）、126（001 010 110）、127（001 010 111）、
136（001 011 110）、137（001 011 111）

その最小値は026（000 010 110）ですが、027（000 010 111）でも同様の結果となります。

よって、選択肢Dが正解です。

解答 D

問題 2-19

重要度 ★★★

studentグループのファイルを所有グループは変更することなく、所有者のみをtaroからhanakoに変更するコマンドラインとして、下線部に入るコマンドを記述してください。

______ hanako ファイル名

解説　chownコマンドは、指定されたファイルの所有者とグループを変更します。このコマンドを実行できるのはrootユーザのみです。

構文 **chown [オプション] ユーザ名[.グループ名] ファイル名|ディレクトリ名**

表：オプション

主なオプション	説明
-R	ディレクトリにのみ指定が可能であり、サブディレクトリを含め再帰的に所有者、グループが変更される

実行例

例1）所有者をyukoからryoに変更

```
# ls -l
-rw-rw-r--. 1 yuko yuko        0  4月 20 14:16 fileA
# chown ryo fileA
# ls -l
-rw-rw-r--. 1 ryo  yuko        0  4月 20 14:16 fileA
```

例2）所有者をyukoからryo、グループをyukoからengineerに変更

```
# ls -l
-rw-rw-r--. 1 yuko yuko        0  4月 20 14:50 fileB
# chown ryo.engineer fileB
# ls -l
-rw-rw-r--. 1 ryo  engineer    0  4月 20 14:50 fileB
```

例3）taskディレクトリ以下にあるすべてを、所有者をryoに、グループをengineerに変更

```
# ls -ld task/  ――現在の所有者、所有グループの確認
drwxr-x---. 3 yuko yuko 32  4月 20 15:09 task/
# ls -la task/
合計 0
drwxr-x---. 3 yuko yuko 32  4月 20 15:09 .
drwxrwxr-x. 4 yuko yuko 70  4月 20 15:10 ..
drwxrwxr-x. 2 yuko yuko  6  4月 20 15:09 dir_D
-rw-rw-r--. 1 yuko yuko  0  4月 20 15:09 fileD
# chown -R ryo.engineer task/  ――所有者をryoに、グループをengineerに変更
# ls -ld task/                    カレントディレクトリ(task)が変更されている
drwxr-x---. 3 ryo engineer 32  4月 20 15:09 task/  ――
# ls -la task/  ――taskディレクトリにあるファイル・サブディレクトリが
合計 0            すべて変更されている
drwxr-x---. 3 ryo  engineer 32  4月 20 15:09 .
drwxrwxr-x. 4 yuko yuko     70  4月 20 15:10 ..
drwxrwxr-x. 2 ryo  engineer  6  4月 20 15:09 dir_D
-rw-rw-r--. 1 ryo  engineer  0  4月 20 15:09 fileD
```

所有者のみ変更するだけでなく、グループもあわせて変更する場合は、chownコマンドの引数に「変更後の所有者名.変更後のグループ名」と指定します（例2）。グループ名の前にはドット「.」もしくはコロン「:」を指定してください。したがって、chownコマンドでグループのみ変更する場合は、「chown :グループ名 ファイル名」のように指定します。

これも重要！

chownコマンドで所有者とグループを同時に変更する場合は、「変更後の所有者名.変更後のグループ名」と指定します。グループ名の前にはドット「.」もしくはコロン「:」を指定してください。

解答 chown

問題 2-20

重要度 ★★★

fileAの所有者は変更せず、所有グループのみmemberに変更するコマンドラインとして、下線部に入るコマンドを記述してください。

______ member fileA

□□□

グループのみの変更を行うコマンドとして、chgrpコマンドがあります。chownとは異なり、rootユーザ以外でもそのグループに属しているユーザであれば実行が可能です。ただし以下の点に注意してください。

・root ユーザは、所有者が自分以外のファイルもグループを変更できる。また変更先のグループ名は、自分が所属していないグループでも指定可能である
・一般ユーザは、所有者が自分のファイルのみグループを変更できる。また変更先のグループ名は、自分が所属しているグループのみ指定可能である

構文 **chgrp [オプション] グループ名 ファイル名|ディレクトリ名**

表：オプション

オプション	説明
-R	ディレクトリにのみ指定が可能であり、サブディレクトリを含め再帰的にグループが変更される

以下の実行例は、グループを yuko から engineer へ変更しています。

実行例

```
$ ls -l
-rw-rw-r--. 1 yuko yuko     0  4月 20 15:10 fileE
$ chgrp engineer fileE
$ ls -l
-rw-rw-r--. 1 yuko engineer 0  4月 20 15:10 fileE
```

解答 chgrp

問題 2-21

重要度 

/tmp/ryo 内にあるすべてのファイル・ディレクトリについて、yuko に所有権を与えたいと考えています。下線部に入るオプションを記述してください。ハイフンの記述は不要です。

chown -______ yuko /tmp/ryo/*

解説 問題 2-19 の解説にあるとおり、chown コマンドに -R オプションを使用すると、指定したディレクトリに対し、再帰的に所有者の変更を行います。なお、実行時のディレクトリの指定方法について確認します。現在、次のような /tmp/ryo ディレクトリがあるとします。

実行例

```
# pwd
/tmp/ryo
# ls -la
drwxrwxrwx  2 ryo  ryo  4096  5月 22 17:53 .
drwxrwxrwt 31 root root 4096  5月 22 17:51 ..
-rw-rw-r--  1 ryo  ryo     0  5月 22 17:53 ryo_file
-rw-rw-r--  1 yuko yuko    0  5月 22 17:53 yuko_file
```

ryo_fileの所有者:ryo

/tmp/ryoディレクトリの所有者:ryo

yuko_fileの所有者:yuko

実行例

例1)「/tmp/ryo」と指定した場合

```
# chown -R yuko /tmp/ryo
# ls -la
drwxrwxrwx  2 yuko ryo  4096  5月 22 17:53 .
drwxrwxrwt 31 root root 4096  5月 22 17:51 ..
-rw-rw-r--  1 yuko ryo     0  5月 22 17:53 ryo_file
-rw-rw-r--  1 yuko yuko    0  5月 22 17:53 yuko_file
```

/tmp/ryoディレクトリを含め以下のファイルもすべて所有者が変更される

例1では、「chown -R yuko /tmp/ryo」と実行しているので、/tmp/ryoディレクトリおよび、以下にあるファイル(ryo_fileとyuko_file)の所有者がすべてyukoに変更されます。

実行例

例2)「/tmp/ryo/*」と指定した場合

```
# chown -R yuko /tmp/ryo/*
# ls -la
drwxrwxrwx  2 ryo  ryo  4096  5月 22 17:53 .
drwxrwxrwt 31 root root 4096  5月 22 17:51 ..
-rw-rw-r--  1 yuko ryo     0  5月 22 17:53 ryo_file
-rw-rw-r--  1 yuko yuko    0  5月 22 17:53 yuko_file
```

/tmp/ryoディレクトリは変更されない

例2では、「chown -R yuko /tmp/ryo/*」と実行しているので、「/tmp/ryo/ディレクトリ内にあるファイル、ディレクトリの所有者を変更」という意味になり、/tmp/ryoディレクトリは変更対象に含まれません。

R

問題 2-22

重要度 ★★☆

ユーザが独自に作成し、root 権限でインストールした mycmd プログラムがあります。

実行例

```
# ls -l
-rwxr-xr-x 1 root root 117  5月 22 17:47 mycmd
```

SUID を設定するコマンドラインとして適切なものはどれですか？　1 つ選択してください。

A. chmod u-s mycmd
B. chmod 1000 mycmd
C. chmod 1755 mycmd
D. chmod 4755 mycmd

プロセスには実ユーザ ID（real user ID）と実効ユーザ ID（effective user ID）が設定されています。実ユーザとはプロセスを起動したユーザでありプロセスの所有者です。実効ユーザとはプロセスが実行されるときの権限を持つユーザです。カーネルはプロセスの実行権限を実効ユーザ ID（および実効グループ ID）でチェックします。以下の例は、root が所有する mycmd プログラムを root および一般ユーザである yuko が実行しています。ps コマンドによりプロセスの実ユーザ ID (ruid)、実ユーザ名（ruser)、実効ユーザ ID（euid)、実効ユーザ名（euser）を表示しています。通常は実ユーザ ID と実効ユーザ ID は同じです。

実行例

mycmdファイルの所有者はroot

```
$ ls -l
-rwxr-xr-x 1 root root 117 5 月 22 17:47 mycmd
```

rootが実行すると、実ユーザIDも実効ユーザIDもrootとなる

```
$ ps -eo pid,cmd,ruid,ruser,euid,euser | grep mycmd
4766 mycmd                               0 root        0 root
```

yukoが実行すると、実ユーザIDも実効ユーザIDもyukoとなる

```
$ ps -eo pid,cmd,ruid,ruser,euid,euser | grep mycmd
4712 mycmd                             500 yuko      500 yuko
```

しかし、あるプログラムを実行する際、そのプログラムが利用するファイルのアクセス権を考慮し、所有者 ID の権限で実行させたい場合があります。その際に

SUIDおよびSGIDを使用します。SUIDは、どのユーザが実行しても、実効ユーザIDがファイルの所有者IDとなります。SUIDはパーミッションに「4000」もしくは所有者に「s」を付与します。以下の例では、先ほどのmycmd（パーミッション755）のファイルにSUIDを付与しています。

実行例

「chmod 4755 mycmd」でもOK
※4755→事前のパーミッション755に4000を追加

```
# ls -l
-rwxr-xr-x 1 root root 117  5月 22 17:47 mycmd
# chmod u+s mycmd
# ls -l
-rwsr-xr-x 1 root root 117  5月 22 17:47 mycmd
```

rwxr-xr-x
⇩
rwsr-xr-x

これにより、先ほどのmycmdを一般ユーザであるyukoが実行しても実効ユーザIDはrootとなります。

実行例

yukoが実行しても、実効ユーザIDはrootとなる

```
$ ps -eo pid,cmd,ruid,ruser,euid,euser | grep mycmd
4886 mycmd                         500 yuko     0 root
```

システムでSUIDが使用されている例として、/usr/bin/passwdがあります。passwdコマンドは、パスワード設定/変更を行う際に、/etc/shadowファイルの書き換えを行います。しかし、/etc/shadowファイルは、セキュリティを考慮しrootのみの読み取り権しか与えられていません。そのため、passwdコマンドにはSUIDが設定されており、どのユーザが実行した場合でもroot権限でプログラムが実行され/etc/shadowファイルへのアクセスが行えるようになっています。

解答 D

問題 2-23

重要度 ★★☆

/tmp/team以下に新規にファイルやディレクトリを作成した際、/tmp/teamと同じグループが所有する設定として適切なものはどれですか？　1つ選択してください。

A. chmod g-s /tmp/team
B. chmod 2770 /tmp/team
C. chmod 4770 /tmp/team
D. chgrp /tmp/team
E. chown g-s /tmp/team

この問題は、SGIDについての問題です。SGIDはファイルのグループIDが実効グループIDとして設定されます。まず、ファイルを新規作成した例を見てみます。ファイルやディレクトリを作成すると、その所有グループは作成したユーザの1次グループが使用されます。

実行例

カレントディレクトリ(/tmp/team)の所有グループはengineer

```
# ls -ld
drwxrwx--- 2 yuko engineer 4096  5月 22 19:43
```

yukoがカレントディレクトリ以下にファイルを作成すると、1次グループであるyukoがグループIDとなる

```
$ touch share_file
$ ls -l
-rw-rw-r--  1 yuko yuko       0  5月 22 19:46 share_file
```

しかし、SGIDが設定されたディレクトリ以下でファイルやディレクトリを作成すると、SGIDが設定されたディレクトリのグループが引き継がれて設定されます。

SGIDはパーミッションに「2000」もしくはグループに「s」を付与します。次の例では、先ほどの/tmp/team(パーミッション770)のディレクトリにSGIDを付与しています。

実行例

```
# ls -ld
drwxrwx--- 2 yuko engineer 4096  5月 22 19:43 .
# chmod g+s /tmp/team
# ls -ld
drwxrwsー-- 2 yuko engineer 4096  5月 22 19:46 .
```

「chmod 2770 /tmp/team」でもOK
※2770→事前のパーミッション770に2000を追加

drwxrwx---
⇩
drwxrws---

次の実行例では、SGIDが設定されたteamディレクトリ以下にyukoがファイルを作成しています。所有グループがyukoではなくengineerとなっていることを確認します。

実行例

yukoがteamディレクトリ以下にファイルを作成すると、engineerが所有グループとなる

```
$ touch share_file
$ ls -l
-rw-rw-r--  1 yuko engineer    0  5月 22 19:54 share_file
```

このように複数ユーザで使用するディレクトリに対してSGIDを設定することで、誰がファイルを作成しても所有グループを同じにすることができます。

 B

問題 2-24

重要度 ★★☆

一般的にスティッキービットが設定されるディレクトリとして適切なものはどれですか？　1つ選択してください。

A. /var/log　　B. /tmp
C. /home　　D. /var/spool/mail

スティッキービットは、特定のディレクトリに対しアクセス権が許可されていてもファイルの削除は行えないよう保護する設定です。選択肢Bのように/tmpディレクトリは、多くのユーザが作業できるようアクセス権がすべて許可されています。

実行例

```
$ ls -ld /tmp
drwxrwxrwt 30 root root 4096  5月 22 19:36 /tmp
```

tが付与されている
drwxrwxrwt

しかしこの状況では、あるユーザが作成したファイルを他のユーザが消してしまう可能性があります。そこでスティッキービットを設定することで、ファイルの削除、名前の変更に関しては所有者およびrootのみが行えます。

また、chmodコマンドでスティッキービットを指定する場合は「1000」、もしくは「o+t」を使用します。

解答　B

問題 2-25

重要度 ★★★

以下のような実行例があります。

実行例

```
# ls -ld /tmp
drwxrwxrwt. 22 root root 4096  5月 12 16:41 /tmp
# ls -l /tmp
-rwxrwxrwx. 1 yuko yuko     0  5月 12 16:49 fileA
-rwxr-xr-x. 1 ryo  ryo      0  5月 12 16:49 fileB
-rwxrwxrwx. 1 mana mana     0  5月 12 16:49 fileC
```

説明として誤りなものはどれですか？　1つ選択してください。

A. mana は fileA を削除できる
B. yuko は fileC を変更できる
C. mana は fileB を読み取りできる
D. root は fileA、fileB、fileC を削除できる

解説　問題文の実行例では、スティッキービットが付与された /tmp ディレクトリ以下に 3 つのファイルが作成されています。ファイルの削除は所有者もしくは、root しか行えないため、選択肢 A が説明として誤りであり、選択肢 D は正しい説明です。また、fileC はその他のユーザに「rwx」が付与されているため、所有者である mana 以外の yuko や ryo でも読み取り、更新が可能です。したがって選択肢 B は正しい説明です。また、fileB はその他のユーザに「r-x」が付与されているため、所有者である ryo 以外の yuko や mana でも読み取りが可能です。したがって選択肢 C は正しい説明です。

解答　A

問題 2-26

重要度 ★★★

「ln fileX fileY」と実行した際の説明として、適切なものはどれですか？　1つ選択してください。

A. fileX を基に fileY というシンボリックリンクを作成する
B. fileX を基に fileY というハードリンクを作成する
C. ファイル fileY のコピーを fileX に作成する
D. ファイル fileX のコピーを fileY に作成する

解説　ln コマンドはファイルへのリンクを作成します。同一ファイルに異なる2つの名前を持たせることができます。したがってデータのコピーが行われるのではなく、同じデータを指しています。リンクには「ハードリンク」と「シンボリックリンク」の2種類があります。

構文 ハードリンク：**ln** オリジナルファイル名 リンク名
シンボリックリンク：**ln -s** オリジナルファイル名 リンク名

問題文のように「ln fileX fileY」と実行すると選択肢Bのように fileX を基に fileY という名前のハードリンクファイルが作成されます。本問題では、ハードリンクについて確認します。

実行例

```
$ ls
fileX
$ ln fileX fileY        ――ハードリンクの作成
$ cat fileX
hello                   ――fileXの内容
$ cat fileY
hello                   ――fileYの内容
$ ls -li file*
97789 -rw-rw-r-- 2 yuko yuko 6  5月 22 21:42 fileX
97789 -rw-rw-r-- 2 yuko yuko 6  5月 22 21:42 fileY
```

同じiノード番号

上記の例では、fileX ファイルのハードリンクとして fileY ファイルを作成しています。これにより、それぞれを cat コマンドで内容を表示すると同じものが表示されます。また、同じ i ノード番号を使用しています。i ノード番号を見るには、ls コマンドに i オプションを付けます。

また、次の例では fileX を削除しています。しかし、i ノードが削除されているわけではないため、fileY ファイル名からデータへアクセスできていることがわかります。

実行例

```
$ rm fileX      fileXの削除
$ cat fileY     fileYファイル名からアクセスが可能
hello
```

ハードリンクの特徴は以下のとおりです。

- **リンクファイルが使用するｉノード番号はオリジナルファイルと同じ番号**
- **ディレクトリを基にリンクファイルを作成することはできない**
- **ｉノード番号は同一ファイルシステム内でユニークな番号なので、異なるパーティションのハードリンクを作成することはできない**

解答 B

問題 2-27

重要度 ★★★

以下のような実行例があります。

実行例

```
$ echo ABC > bob
$ ln bob hana
$ rm bob
```

上記実行の後、「cat hana」と実行した際の説明として適切なものはどれですか？1つ選択してください。

A. リンク先エラーとなる
B. エラーにはならないが、何も表示されない
C. ABC が表示される
D. bob が表示される

問題文の実行例を確認します。

図：コマンドラインの流れ

```
$ echo ABC > bob
$ ln bob hana
$ rm bob
```


まず「echo ABC > bob」により、bobファイルにABCが書き込まれます。次に「ln bob hana」により、bobファイルを基に、ハードリンクファイルとしてhanaが作成されます。「rm bob」によりbobファイルが削除されます。問題2-26の解説にあるとおり、基のファイルが削除されても、リンクファイルを基にデータの参照は可能です。したがって、ABCが表示されます。

解答 C

問題 2-28

重要度 ★★☆

ハードリンクしたときに変更されるファイルの属性は何ですか？ 1つ選択してください。

A. iノード
B. パーミッション
C. タイムスタンプ
D. 所有者
E. リンク数

解説 問題2-26の解説のとおり、ハードリンクでは、異なるファイル名で同じデータを指します。また、iノードはオリジナルファイルとリンクファイルは同じ番号になります。

次の実行例を見てください。

実行例

```
$ ls -li ——①
合計 0
13912956 -rw-rw-r--. 1 user01 user01 0  4月 20 15:47 test.txt
$ ln test.txt test.ln.txt ——②
$ ls -li
合計 0
13912956 -rw-rw-r--. 2 user01 user01 0  4月 20 15:47 test.ln.txt ——③
13912956 -rw-rw-r--. 2 user01 user01 0  4月 20 15:47 test.txt
```

①では、カレントディレクトリ内にあるtest.txtファイルを「ls -li」で確認しています。iノードは「13912956」、パーミッションは「-rw-rw-r--」、タイムスタンプは「4月20 15:47」、所有者は「user01」であることを確認します。また、パーミッションの横にある数字「1」はリンク数を表します。②ではハードリンクによりtest.ln.txtファイルを作成しています。③で「test.txt」と「test.ln.txt」を確認すると、リンク数のみ「2」に変更されていますが、他の属性は変更がないことがわかります。

解答 E

問題 2-29

重要度 ★★★

既存のファイルfileXへのシンボリックリンクファイルfileYを作成するコマンドラインとして適切なものはどれですか？　1つ選択してください。

A. ln -s fileX fileY　　**B.** ln -s fileY fileX
C. ln fileX fileY　　**D.** ln fileY fileX

解説 シンボリックリンクファイルの作成には、lnコマンドに-sオプションを使用します（構文は問題2-26を参照）。

シンボリックリンクはオリジナルファイルの位置情報を保管している別ファイルとして作成されるため、iノード番号も別に割り当てられます。

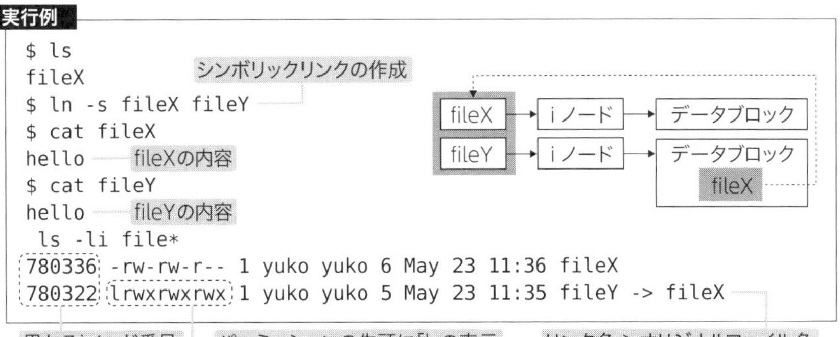

実行例
$ ls
fileX
$ ln -s fileX fileY
$ cat fileX
hello
$ cat fileY
hello
ls -li file*
780336 -rw-rw-r-- 1 yuko yuko 6 May 23 11:36 fileX
780322 lrwxrwxrwx 1 yuko yuko 5 May 23 11:35 fileY -> fileX
シンボリックリンクの作成
fileXの内容
fileYの内容
fileX
fileY
iノード
iノード
データブロック
データブロック
fileX
異なるiノード番号
パーミッションの先頭に「l」の表示
リンク名->オリジナルファイル名

上記の例では、シンボリックリンクを作成していますが、異なるiノード番号を使用していること、および「ls -l」を実行した際に、シンボリックリンクファイルは「リンク名 -> オリジナルファイル名」と表示され、パーミッションの先頭は、ファイルタイプとしてシンボリックリンクファイルを表す「l」が表示されていることを確認してください。

また、注意する点として、オリジナルファイル（fileX）を削除した場合、リンクファイル自身が保持している参照先（オリジナルファイルの場所）がなくなるため、エラーとなります。

実行例

```
$ rm fileX ──── fileXの削除
$ cat fileY
cat: fileY: No such file or directory ──── エラー
```

シンボリックリンクの特徴は以下のとおりです。

- **リンクファイルが使用するｉノードはオリジナルファイルと異なる番号**
- **ディレクトリを基にリンクファイルを作成可能**
- **オリジナルファイルと別のパーティションにリンクファイルを作成可能**
- **パーミッションの先頭は、ファイルタイプとしてシンボリックリンクファイルを表す「l」が表示される**

解答 A

問題 2-30

重要度 ★★☆

以下のファイルがあります。

実行例

```
$ ls -li
4990733 -rw-rw-r--. 1 user01 user01 0  4月 21 11:20 fileA
5308177 lrwxrwxrwx. 1 user01 user01 5  4月 21 11:20 fileB -> fileA
```

ｉノードが 4990733 の fileC ファイルを作成するコマンドラインとして適切なものはどれですか？　1つ選択してください。

A. fileA を基にシンボリックリンクファイル fileC を作成する
B. fileA を基にハードリンクファイル fileC を作成する
C. fileB を基にシンボリックリンクファイル fileC を作成する
D. fileB を基にハードリンクファイル fileC を作成する

解説　問題文の実行例を見ると、fileA のｉノードは、4990733 とあります。問題文では、新しく作成する fileC ファイルのｉノードは、4990733 としたいとあるため、fileA を基にハードリンクを作成する必要があります。

解答 B

問題 2-31

重要度 ★★★

FHS で、ログファイルを配置するディレクトリはどれですか？　1つ選択してください。

A. /usr　　B. /home
C. /var　　D. /dev
E. /tmp　　F. /root

解説

FHS（Filesystem Hierarchy Standard）はディレクトリ構造の標準を定めた仕様書です。多くの Linux ディストリビューションで FHS をベースにディレクトリ、ファイルが配置されています。

FHS では、ディレクトリ名の他、各ディレクトリの役割や、格納するファイルの種類、コマンドの配置などについても示されています。したがって、FHS で提唱されているディレクトリ構造を理解することで、Linux を使用していく上で必要なファイルがどこにあるのか、またどこに配置すべきなのかなどを把握することができます。

messages や lastlog などのシステムログファイルは、/var/log ディレクトリに配置します。/var ディレクトリは、システム稼働中に内容が変化するようなファイル群を格納するため、可変（Variable）という意味で var というディレクトリ名になっています。

FHS はルート（/）を起点とした単一のツリー構造であり、/ 以下に目的に応じたディレクトリ階層が配置されます。

図：ツリー構造の例

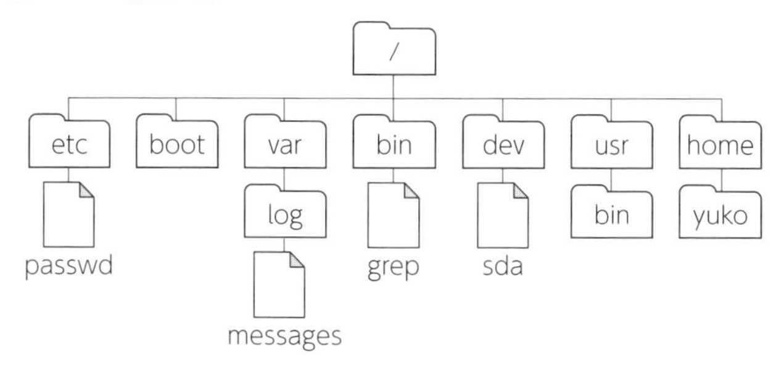

主なディレクトリと役割は以下のとおりです。なお、オンラインマニュアルで詳細を確認するには「man hier」と実行します。

表：ディレクトリと役割

主なディレクトリ			説明
/			ファイルシステムの頂点にあたるディレクトリ
	/bin		一般ユーザ、管理者が使用するコマンドが配置
	/dev		デバイスファイルを配置。システム起動時に接続されているデバイスがチェックされ、自動的に作成される
	/etc		システム管理用の設定ファイルや、各種ソフトウェアの設定ファイルが配置
	/lib		/bin や /sbin などに置かれたコマンドやプログラムが利用する共有ライブラリが配置
	/lib64		64bit 用の共有ライブラリが配置
	/media		CD/DVD などのデータが配置
	/opt		Linux インストール後、追加でインストールしたパッケージ（ソフトウェア）が配置
	/proc		カーネルやプロセスが保持する情報を配置。仮想ファイルシステムであるためファイル自体は存在しない
	/root		root ユーザのホームディレクトリ
	/sbin		主にシステム管理者が使用するコマンドが配置。ただし、オプションによって一般ユーザも使用可能
	/tmp		アプリケーションやユーザが利用する一時ファイルが配置
	/var		システム運用中にサイズが変化するファイルが配置
		/var/log	システムやアプリケーションのログファイルが配置
	/boot		システム起動時に必要なブートローダ関連のファイルや、カーネルイメージが配置
	/usr		ユーザが共有するデータが配置。ユーティリティ、ライブラリ、コマンドなどが配置
		/usr/bin	一般ユーザ、管理者が使用するコマンドが配置
		/usr/lib	各種コマンドが利用するライブラリが配置
		/usr/local	Linux インストール後、追加でインストールしたパッケージ（ソフトウェア）が配置。このディレクトリ以下には、bin、sbin、lib などのディレクトリが配置される
		/usr/sbin	システム管理者のみ実行できるコマンドが配置
		/usr/share	アーキテクチャに依存しない共有（shared）データを配置
	/home		ユーザのホームディレクトリが配置

これも重要！

/dev、/lib、/lib64、/boot、/usr、/homeの各ディレクトリの役割は把握しておきましょう。

解答 C

問題 2-32

重要度 ★★★

ユーザが開発したプログラムのバイナリを全ユーザで使用したい場合、そのバイナリを置くためのFHSが定める標準のディレクトリとして、適切なものはどれですか？　1つ選択してください。

A. /bin　　**B.** /sbin
C. /usr/sbin　　**D.** /usr/local/bin

解説　/binは、システムの起動時に必要なコマンドを含む標準パッケージでインストールされるコマンドが配置されます。したがって全ユーザが使用します。また、/sbinは、主にシステム管理者が使用するコマンドが配置されますが、オプションによって一般ユーザも使用可能です。/usr以下のコマンドはシステム起動時には必要とされないコマンドが配置されます。したがって、/usr/sbinには、システム起動時には使用しないが、システム管理者が使用するコマンドが配置されます。

問題文のように独自に作成したローカルホストにインストールするプログラムは、FHSに従い、一般的に/usr/local/binディレクトリに配置します。

これも重要！

/bin、/usr/local/binともに全ユーザが使用しますが、/usr/local/binは管理者が独自にインストールしたプログラムなどを配置します。

解答　D

問題 2-33

重要度 ★★★

findコマンドでカレントディレクトリ以下にあるシンボリックリンクファイルを検索する際のコマンドラインとして、適切なものはどれですか？　1つ選択してください。

A. find . -t l　　**B.** find . -type l
C. find . -f l　　**D.** find . -file l

解説　findコマンドは、指定したディレクトリ以下で、指定した検索条件に合致するファイルを検索します。findコマンドは式を活用することで様々な条件を指定できます。式は、オプション、条件式、アクションから構成されています。

構文 `find [オプション] [path] [式]`

表：式

主な式	説明
-name	指定したファイル名で検索する
-type	ファイルのタイプで検索する。主なタイプは以下のとおり d（ディレクトリ）、f（通常ファイル）、l（シンボリックリンクファイル）
-size	指定したブロックサイズで検索する
-atime	指定した日時を基に、最終アクセスがあったファイルを検索する
-mtime	指定した日時を基に、最終更新されたファイルを検索する
-uid	ファイルの所有者のユーザ ID を指定
-user	ファイルの所有者のユーザ名またはユーザ ID を指定
-perm	ファイルのパーミッションを指定。パーミッションが完全に一致したファイルを検索
-print	検索結果を標準出力する
-exec command \;	検索後、コマンド（command）を実行する

ファイルの種類を指定して検索する際は、-type 式を使用します。したがって選択肢 B が正しいです。

また、以下は find コマンドを使用した例です。

実行例

```
例1）現在のディレクトリ以下でcoreという名前のファイル名を検索する
$ find . -name core
例2）/ディレクトリ以下で1週間前に編集したファイルを検索する
$ find / -mtime 7
例3）/ディレクトリ以下で1週間以上前に編集したファイルを検索する
$ find / -mtime +7
例4）/ディレクトリ以下で直近1週間にアクセスしたファイルを検索する
$ find / -atime -7
例5）カレントディレクトリ以下でシンボリックリンクファイルを検索する
$ find . -type l
例6）/binディレクトリ内でファイルの所有者がroot（-uid 0）、かつSUIDビットが
立っているファイル（-perm /4000）を検索する
$ find /bin -uid 0 -perm /4000
```

例 2 や例 3 のように日時を基準に検索を行う際には、最後に更新した日時を基にする -mtime や、最後にアクセスした日時を基にする -atime を使用できます。なお、日時の指定には、数字の前に「何も付けない」、「+」、「-」の 3 つがあります。

図：日時の指定

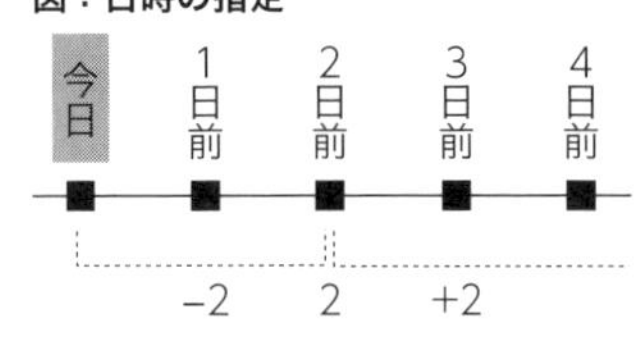

2 日前（前後は含まない）の指定 → 2
2 日前より新しいファイル（2 日未満）の指定 → -2
2 日前より古いファイル（2 日以上前）の指定 → +2

find コマンドと xargs コマンドを組み合わせた例を見てみましょう。

以下の実行例は、カレントディレクトリに 1 つのディレクトリと 2 つの通常ファイルがあります。

実行例

```
# ls
dirA file B fileA       dirA  ：ディレクトリ
                        file B：ファイル
                        fileA ：ファイル
# find . -type f | xargs rm      ファイルのみ削除
rm: cannot remove `./file': そのようなファイルやディレクトリはありません
rm: cannot remove `B': そのようなファイルやディレクトリはありません
                                  エラー
# ls
dirA file B    file Bが削除されていない
```

このディレクトリ内を検索し、ファイルのみ削除する指示を、find コマンドと xargs コマンドで行おうとしていますが、エラーが出ています。これは、「file B」のファイル名に空白が入っているためです。

xargs コマンドは、空白または改行で区切られた文字列群を読み込みます。したがって、上記の実行例では「file B」が「file」と「B」ファイルに分割して xargs の標準入力として読み込まれ、rm（削除）を行おうとしてファイルが見つからないといったエラーメッセージが表示されていました。空白が含まれたファイル名も検索し、xargs に引き渡す方法として、次の例があります。

実行例

```
# ls
dirA file B fileA       dirA  ：ディレクトリ
                        file B：ファイル
                        fileA ：ファイル
find . -type f -print0 | xargs -0 rm      ファイルのみ削除
# ls
dirA    file Bが削除された
```

find コマンドで、実行時に -print0 を付与します。-print0 を使用するとファイルの区切りに空白や改行ではなく、ヌル文字が埋め込まれます。また、xargs の -0 オプションは標準入力からの文字列に対して、空白ではなくヌル文字を区切りとして読み込みます。その結果、上記のように空白を含むファイルも削除できています。

このように、-print0 は xargs の -0 のオプションに対応しているため、あわせて使用します。

これも重要！

findコマンドでは、-nameを使用することで、指定したファイル名で検索することができます。

 B

問題 2-34

重要度 ★★☆

findコマンドでファイルを検索するとき、検索するサブディレクトリの深さを3階層までに制限する操作として適切なものはどれですか？　1つ選択してください。

A. find . -maxdirs 3 -name filename
B. find . -maxdepth 3 -name filename
C. find . -n 3 -name filename
D. find にそのような機能はない

解説　階層を指定するには、-maxdepthオプションに階層数を指定します。

以下の例では、階層を指定しない場合はカレントディレクトリ以下をすべて検索しています。それに対し、-maxdepthを使用し2階層まで指定した場合は、カレントディレクトリおよびそのサブディレクトリまでで検索を終えています。

実行例

例1）階層を指定しない場合

```
$ find . -name fileX
./a/b/c/fileX
./a/b/fileX
./a/fileX
./fileX
```

（各階層にfileXが存在する）

例2）階層を指定した場合

```
$ find . -maxdepth 2 -name fileX
./a/fileX
./fileX
```

（2階層まで表示）

解答　B

問題 2-35

重要度 ★★☆

/tmp以下にあるrootが所有しているディレクトリとファイルをすべて表示させるコマンドラインとして適切なものはどれですか？　2つ選択してください。

A. find /tmp -uid 0 -print
B. find /tmp -usr root
C. find -path /tmp -user root -print
D. find /tmp -user root -print
E. find -path /tmp -user root

解説 問題2-33の解説内にある表のとおり、-uid、-userを使用するとファイルの所有者を指定して検索できます。-uidでは、選択肢AのようにユーザID（rootは0）を指定します。なお、-printは、パス付きのファイル名を標準出力することを明示します（-printは省略可）。-userでは、選択肢Dのようにユーザ名（またはユーザID）を指定します。選択肢Bは、-usrではなく、-userであれば実行可能です。選択肢Cと選択肢Eで使用している-pathは、シェルのパターンを指定することを意味します。つまり、/tmpというパターンをカレントディレクトリ以下で検索するため誤りです。

解答 A、D

問題 2-36

重要度 ★★★

ファイル名・ディレクトリ名の一覧のデータベースを参照してファイルの検索を行うコマンドを記述してください。

解説 locateコマンドは、ファイル名・ディレクトリ名の一覧のデータベースを使用してインデックス検索を行っているため、高速にファイルを検索します。locateコマンドは、「locate　ファイル名」で検索することができます。

構文 `locate [オプション] パターン`

パターンにはシェルで用いるメタキャラクタ（第3章参照）を用いることができます。また、メタキャラクタを含まない通常の文字列である場合には、その文字列を含むファイル名およびディレクトリ名をすべて表示します。以下は、「fileX」ファイル、「passwd」コマンドをlocateを使用して検索しています。

実行例

```
$ locate fileX
/home/yuko/fileX
/home/yuko/a/fileX
/home/yuko/a/b/fileX
/home/yuko/a/b/c/fileX
# locate passwd
/etc/passwd
/etc/passwd-
/etc/pam.d/passwd
.....（以下省略）.....
```

しかし、日々更新されるファイル・ディレクトリについて、データベースの更新を行わないと検索対象から外れてしまいます。データベースの更新には、updatedbコマンドを使用します。

構文 **updatedb [オプション]**

表：オプション

主なオプション	説明
-e	データベースのファイルの一覧に取り込まないディレクトリパスを指定する
-o	更新対象のデータベース名を指定する。独自に作成したデータベースを指定したい場合に使用 ※ デフォルト（省略した場合）はディストリビューションによって異なるが、例として /var/lib/mlocate/mlocate.db がある

参考 ディストリビューションによっては、スケジューリングサービス（cron）にupdatedbの実行が登録されていることにより自動で更新されるようになっています。スケジューリングサービスは「第2部 102試験」で学習します。

これも重要！

locateコマンドが参照するデータベースを更新するコマンドはupdatedbです。記述できるようにしておきましょう。

解答 locate

問題 2-37

重要度 ★★☆

locateコマンドが参照するデータベースに特定のディレクトリを除外したいと考えています。検索対象から外すディレクトリ名を記述することができるupdatedbコマンドの設定ファイル名を、完全パスで記述してください。

問題2-36の解説にあるとおり、updatedbコマンドで特定のディレクトリをデータベース作成の対象から外す場合は、「updatedb -e ディレクトリ名」とすることで可能であり、またupdatedbコマンドの設定ファイルである/etc/updatedb.confファイルに除外するディレクトリを記載しておくこともできます。

実行例

```
$ cat /etc/updatedb.conf
PRUNE_BIND_MOUNTS = "yes"
PRUNEFS = "9p afs anon_inodefs auto autofs bdev  .....（途中省略）.....
PRUNENAMES = ".git .hg .svn"
PRUNEPATHS = "/afs /media /mnt /net /sfs /tmp /udev /var/cache/ccache
.....（途中省略）....."
```

updatedb.conf で定義する項目の意味は以下のとおりです。

表：項目の説明

項目	説明
PRUNE_BIND_MOUNTS	yes とすると、「mount --bind」でマウントされているディレクトリは検索の対象外とする
PRUNEFS	検索対象から外すファイルシステムを指定
PRUNENAMES	検索対象から外すディレクトリ名を指定
PRUNEPATHS	検索対象から外すディレクトリパスを指定

参考 「mount --bind」については、第5章で説明します。

解答 /etc/updatedb.conf

問題 2-38

重要度 ★★★

PATH 変数に指定されたディレクトリに対して、コマンドを検索するコマンドとして適切なものはどれですか？　1つ選択してください。

A. locate　　B. pathname
C. ldd　　D. which

解説　which コマンドは、指定されたコマンドがどのディレクトリに格納されているかを、PATH 環境変数で指定されたディレクトリを基に探します。

構文 **which [オプション] コマンド名**

PATH 環境変数とは、使用したいプログラム（コマンド）のパスを保持する変数です。コマンドを実行すると PATH 変数に登録された場所を基に検索し、該当するファイルが見つかると実行されます。つまり、目的のコマンドがインストールされていたとしても、PATH 変数にその保存場所が記載されていなければ実行できません。

以下の実行例は、locate コマンドと poweroff コマンドが格納されているディレクトリパスを表示しています。

実行例

```
$ which locate
/bin/locate
$ which poweroff
/usr/sbin/poweroff
```

解答 D

問題 2-39

重要度 ★★★

コマンドのパスとコマンドのマニュアルのパスを表示するコマンドとして適切なものはどれですか？　1つ選択してください。

A. whois　　B. who
C. whichis　　D. which
E. whereis　　F. where

解説　whereis コマンドは、指定されたコマンドのバイナリ・ソース・マニュアルページの場所を表示します。

構文 **whereis [オプション] コマンド名**

表：オプション

主なオプション	説明
-b	バイナリ（実行形式ファイル）の場所を表示する
-m	マニュアルの場所を表示する
-s	ソースファイルの場所を表示する

以下の実行例では、whereis コマンドで which の各場所を表示しています。

実行例

whereisコマンドでwhichコマンドを検索した場合

```
$ whereis which
which: /usr/bin/which /usr/share/man/man1/which.1.gz
```

解答 E

問題 2-40

重要度 ★★☆

指定したコマンドがバイナリなのか、エイリアスなのか等の情報を表示するコマンドラインとして適切なものはどれですか？　1つ選択してください。

A. whereis ls　　B. who ls
C. apropos ls　　D. type ls

解説　選択肢Aのwhereisコマンドは、指定されたコマンドのバイナリ・ソース・マニュアルページの場所を表示し、選択肢Bのwhoコマンドはログインしているかを表示するため、いずれも誤りです。選択肢Cのaproposコマンドは部分的なキーワードを基に関連性のあるマニュアルページをすべて表示させる際に使用するため、誤りです。選択肢Dのtypeコマンドは指定したコマンドがバイナリなのか、エイリアスなのか等の情報を表示します。

以下の実行例は選択肢のコマンドを実行しています。

実行例

```
$ whereis ls
ls: /usr/bin/ls /usr/share/man/man1/ls.1.gz /usr/share/man/man1p/
ls.1p.gz
$ who
root     pts/0        2020-05-12 16:30 (gateway)
ryo      pts/1        2020-05-12 16:32 (gateway)
$ apropos ls
_llseek (2)            - ファイルの読み書きオフセットの位置を変える
backtrace_symbols (3) - アプリケーション自身でのデバッグのサポート
backtrace_symbols_fd (3) - アプリケーション自身でのデバッグのサポート
.....（以降省略）.....
$ type ls
ls は `ls --color=auto' のエイリアスです
```

解答 D

問題 2-41

重要度 ★★☆

PATH変数に指定されたディレクトリ以外に置かれているコマンドを検索するコマンドはどれですか？　1つ選択してください。

A. where　　B. which
C. find　　D. print

解説　選択肢Bのwhichコマンドは、指定されたコマンドがどのディレクトリに格納されているかを、PATH環境変数に設定されたディレクトリパスを基に探します。選択肢Cのfindコマンドは、特定のディレクトリを指定して、ファイルやディレクトリの検索が可能です。したがって、問題文のようなPATH変数に指定されたディレクトリ以外にあるコマンドを検索する際にも使用できます。

解答　C

第1部 101試験

3章 GNUとUnixのコマンド

本章のポイント

▶コマンドラインの操作

基本的なコマンドを使用し、システムへ命令を行います。またコマンドの使用方法を調べるオンラインマニュアルの使い方を確認します。

重要キーワード

ファイル：/usr/share/man、.bash_history
コマンド：bash、echo、env、export、pwd、set、unset、man、history
その他：シェル変数、環境変数、相対パス、絶対パス

▶フィルタを使ったテキストストリームの処理

テキストデータを目的に応じて加工するフィルタについて確認します。

重要キーワード

コマンド：cat、cut、expand、head、join、less、nl、od、sed、sort、split、tail、tr、unexpand、uniq、wc

▶ストリーム、パイプ、リダイレクトの使用

テキストデータを効果的に処理するためにストリームのリダイレクトやパイプを確認します。

重要キーワード

コマンド：tee、xargs
その他：標準入力、標準出力、標準エラー出力、リダイレクト(<、>、>>、2>&1)、パイプ(|)

▶正規表現を使用したテキストファイルの検索

検索時などに検索対象の文字列をそのまま指定するのではなく、正規表現という表現方法を用いて抽象的に文字列のパターンを作成することが可能です。出題率の高いパターンを例に正規表現を確認します。

重要キーワード

コマンド：sed、grep、egrep、fgrep
その他：メタキャラクタ

▶エディタを使った基本的なファイル編集の実行

CUIのソフトウェアであるviエディタの操作方法を確認します。viエディタはファイルの編集、保存などすべての操作をキーボードのみで行うことが可能です。

重要キーワード

コマンド：vi
その他：viコマンド
移動(h、j、k、l、[Ctrl]+[b]、[Ctrl]+[f])、
保存、終了(ZZ、:wq!、:q!、:e!)
入力(i、a、o、I、A、O)
削除(x、dd)
コピー、貼り付け(yy、p)
検索(/、?)

問題 **3-1**

重要度 ★★★

シェル変数の一覧を表示するには、どのコマンドラインを実行すればよいですか？ 1つ選択してください。

A. env　　B. env -a
C. set　　D. set -a

シェルはLinuxでOSとユーザの仲立ちをするユーザインタフェースです。ユーザが入力したコマンドを解釈し、実行するインタプリタで、ユーザはシェルを通じてOSを扱うことができます。Linuxの標準シェルはbashですが、他のシェルを使用することもできます。ユーザはシェルに表示されたコマンドプロンプトにコマンドを入力します。

図：シェルとコマンドの関係

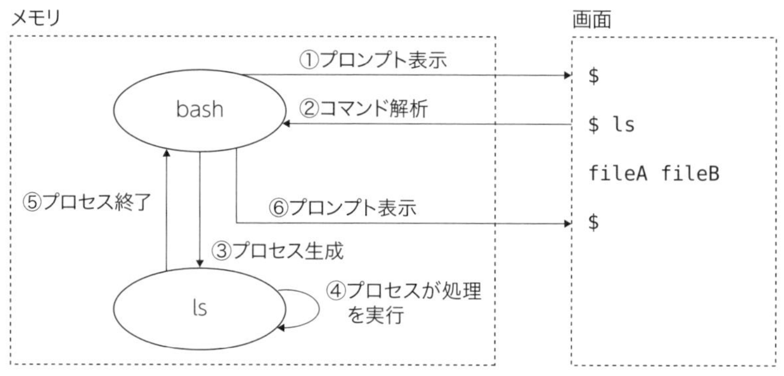

シェルには環境を調整する用途ごとに変数があります。ユーザが値を代入するとシェルはその値に従って環境を調整します。

シェルが扱う変数には、シェル変数と環境変数の2種類があります。

シェル変数

設定されたシェルだけが使用する変数です。子プロセスには引き継がれません。

環境変数

設定されたシェルとそのシェルで起動したプログラムが使用する変数です。子プロセスに引き継がれます。exportコマンドにより定義します。

現在のシェルで定義されているシェル変数の一覧を表示するには、setコマンドを引数なしで実行します。また、シェル変数の値を定義するには、「シェル変数名＝値」とします。値の参照には、「$シェル変数名（または、${シェル変数名}）」とします。シェル変数の削除にはunsetコマンドを使用します。

実行例

```
$ echo $TEST          現在、TESTという変数は定義されていない
$ TEST="SE"           TEST変数にSEを格納
$ echo $TEST          TEST変数が定義されていることを確認
SE
$ set | grep TEST     TEST変数が定義されていることをsetコマンドで確認
TEST=SE
$ unset TEST          TEST変数の削除
$ echo $TEST          TEST変数が削除されていることを確認
$ set | grep TEST     TEST変数が削除されていることをsetコマンドで確認
```

環境変数は、exportコマンドで作成します。なお、環境変数とシェル変数は、重複するものが多数あります。以下に主なシェル変数を掲載します。

表：主なシェル変数

変数名	説明
PWD	カレントディレクトリの絶対パス
PATH	コマンド検索パス
HOME	ユーザのホームディレクトリ
PS1	プロンプトを定義
PS2	2次プロンプトを定義
HISTFILE	コマンド履歴を格納するファイルを定義
LANG	言語情報

なお、環境変数を表示する場合は、envコマンドあるいはprintenvコマンドを使用します。

実行例

```
$ export TEST="SE"
$ env | grep "TEST"
TEST=SE
```

シェル変数および環境変数の表示、設定、削除を行う操作を以下にまとめます。

表：シェル変数および環境変数の表示、設定、削除

操作	シェル変数	環境変数
設定	変数名＝値	export 変数名 export 変数名＝値
表示	set	env
削除	unset 変数名	unset 変数名

C

問題 3-2

重要度 

echo ${PWD} を実行した際、適切なものはどれですか？　1つ選択してください。

A. PWD が表示される
B. {PWD} が表示される
C. カレントディレクトリの絶対パスが表示される
D. ログインユーザのホームディレクトリの絶対パスが表示される

解説　PWD 変数にはカレントディレクトリの絶対パスが格納されています。echo コマンドに $ 変数名（または ${ 変数名 }）とすることで、現在の作業ディレクトリを絶対パスで表示できます。変数名は、大文字、小文字を区別します。また、pwd コマンドは現在の作業ディレクトリを絶対パスで表示します。

実行例

```
$ pwd
/home/ryo/pg
$ echo $PWD
/home/ryo/pg
$ echo ${PWD}
/home/ryo/pg
```

解答 C

問題 3-3

重要度 

一時的に変数を作成して、続けて実行する COMMAND コマンドでその変数を使用したいと考えています。コマンドラインとして、適切なものはどれですか？1つ選択してください。

A. TEST=ABC ; COMMAND
B. TEST=ABC | COMMAND
C. TEST=ABC > COMMAND
D. TEST=ABC COMMAND

コマンドラインで、シェル変数を定義し、かつ、コマンドを実行すると、そのシェルに変数が渡され、コマンド実行時に変数が使用されます。したがって選択肢Dが正しいです。

以下の実行例は、独自のシェルスクリプトを用意し、その中でVAR変数を使用しています。

実行例

```
$ cat myprog.sh ①
#!/bin/bash
echo $VAR
$ VAR=abc ./myprog.sh ②
abc
$ echo $VAR ③
```

①myprog.shの内容を表示
②VAR変数を定義し、myprog.shを実行する。シェルスクリプトの中では、「echo $VAR」としているので、VAR変数の内容が表示される
③myprog.shの実行終了後、コマンドラインで「echo $VAR」としているが、表示されない

解答 D

問題 3-4

重要度 ★☆☆

現在のシェルに、パラメータやオプションを設定するコマンドはどれですか？1つ選択してください。

A. env　　B. shell -a
C. set　　D. op

setコマンドはオプションを指定せずに実行すると、シェル変数、シェル関数を一覧表示します。オプションを指定すると、シェルのパラメータなどを設定できます。

表：主なオプション

主なオプション	説明
-o シェルオプション	シェルオプションを有効にする
+o シェルオプション	シェルオプションを無効にする

表：主なシェルオプション

主なシェルオプション		説明
noclobber	-C	リダイレクションによる既存のファイルへの上書きを禁止する
histexpand	-H	「! 番号」による履歴参照を行う（デフォルトで有効）

以下の実行例では、「set -o noclobber」コマンドにより、リダイレクション ">" による上書きを禁止できます。「set -C」を実行しても同様にできます。不注意で既存ファイルを上書きしないために便利な設定です。noclobber の解除には「set +o noclobber」コマンドを実行します。

リダイレクションについては、本章後半で説明します。

実行例

```
$ ls ―― カレントディレクトリの内容を表示
a  b
$ ls > file ―― カレントディレクトリの内容をfileファイルに出力
$ ls
a  b  file
$ set -o noclobber ―― リダイレクション">"による上書きを禁止
$ ls > file ―― 再度、fileファイルに出力を試みるがエラー
-bash: file: 存在するファイルを上書きできません
$ set +o noclobber ―― noclobberの解除
$ ls > file ―― リダイレクション“>”による上書きが成功
```

解答 C

問題 3-5

重要度 ★★★

値として 999 を格納した TEST 環境変数を設定するコマンドラインとして適切なものはどれですか？　2 つ選択してください。

A. export TEST=999
B. export -v TEST=999
C. declare -v TEST=999
D. declare -x TEST=999

export コマンドにより環境変数を設定できます。環境変数は子プロセスとして起動したアプリケーションに引き継がれるので、アプリケーションから利用できます。

環境変数は、export コマンド以外に declare コマンドに -x オプションを付けて実行することでも設定が可能です。

実行例

```
$ declare -x TEST=999
$ env | grep TEST
TEST=999
```


図：シェル変数と環境変数

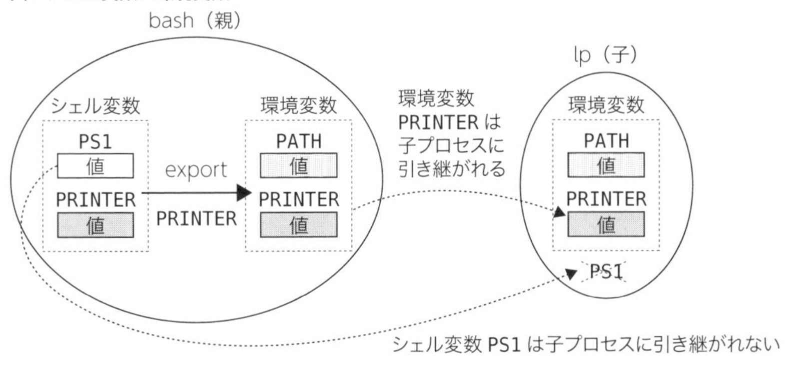

解答 A、D

問題 3-6

重要度 ★☆☆

bashシェルを使用している場合、次の設定の意味で適切なものはどれですか？1つ選択してください。

PS1='[\u@\h \w]\$ '

A. 使用するシェルをbash以外のシェルに変更している
B. プロセスの表示形式を設定している
C. bashシェルの2次プロンプトを設定している
D. bashシェルのコマンドプロンプトを設定している

解説 bashではシェル変数PS1はコマンドプロンプト、シェル変数PS2は2次プロンプトとして定義されています。

2次プロンプトは、まだコマンドラインが完了せず、継続行であることを表します。

CentOSではPS1のデフォルト値は'\s-\v\$ '、PS2のデフォルト値は'>'です。

表：プロンプト定義で使える表記

主な表記	説明
\s	シェルの名前
\v	bash のバージョン
\u	ユーザ名
\h	ホスト名のうちの最初の . まで
\w	現在の作業ディレクトリ

コマンドプロンプトのカスタマイズと 2 次プロンプトの例

```
$ PS1='\s-\v\$ ' ―― ①
bash-4.2$ PS1='[\u@\h \w]\$ ' ―― ②
[yuko@examhost ~]$ ls /etc/passwd \ ―― ③
> /etc/shadow ―― ④
/etc/passwd /etc/shadow ―― ⑤
```

① コマンドプロンプトを bash のデフォルト値に設定します。
②「bash-4.2$」はデフォルトのプロンプトです。このプロンプトを次のようにカスタマイズします。
[ユーザ名@ホスト名　現在のディレクトリ] $
③ カスタマイズされたプロンプトです。行末に \ を入力して改行コードをエスケープします。
④ 行頭に継続行であることを示す 2 次プロンプト > が表示されます。
⑤ ls の実行結果が表示されます。

解答 D

問題 3-7

重要度 ★★★

現在設定されている既存パスに任意のパスを追加する際、下線部に入るものは何ですか？　記述してください。

PATH=_______:/home/ryo/testbin

解説　環境変数 PATH には、各コマンドの実行ファイルが保存されているディレクトリパスが設定されています。私たちがプロンプト上で pwd や cat といったコマンドを実行すると、環境変数 PATH で指定されたディレクトリパスを確認し、各コマンドの実行ファイル先を検索して実行しています。

問題文のように現在設定されている既存パスに任意のパスを追加する際は、以下にある適切な例のように PATH 変数に追加して、任意のパスを指定します。既存パスと追加するパスは「：」（コロン）で区切ります。なお、不適切な例のようにしてしまうと、現在使用できるパスが追加するパスだけとなります。そのため、既存のコマンドをコマンド名だけでタイプすると見つからない旨のエラーとなります。

・適切な例：PATH=$PATH: 追加するパス
・不適切な例：PATH= 追加するパス

以下の実行例は、適切な例です。

実行例

```
$ PATH=$PATH:/home/ryo/testbin    既存パスに/home/ryo/testbinを追加する
$ echo $PATH
/usr/local/bin:/bin:/usr/bin:/usr/local/sbin:/usr/sbin:/home/ryo/
.local/bin:/home/ryo/bin:/home/ryo/testbin    パスが追加されている
$ ls    lsコマンドが実行できている
```

以下の実行例は、不適切な例です。

実行例

```
$ PATH=/home/ryo/testbin
$ echo $PATH
/home/ryo/testbin    既存パスが追加パスで上書きされている
$ ls    lsコマンドが見つからなくなっている
bash: ls: コマンドが見つかりませんでした...
```

参考　不適切な例を確認した場合は、端末を開き直すことで元のPATHに戻ります。

解答　$PATH

問題 3-8

重要度 ★★★

カレントディレクトリがPATHに含まれていないとき、カレントディレクトリの下にあるスクリプトshellscript.shを実行するのはどれですか？　3つ選択してください。

A. shellscript
B. shellscript.sh
C. ./shellscript.sh
D. bash ./shellscript.sh
E. source ./shellscript.sh

シェルスクリプトの実行方法は3通り（表記方法は4通り）あります。実行結果は変わりませんが、現在のシェルか子シェルで実行されるか、シバンの読み取りを行うかどうかの違いがあります。「子シェルで実行される」とは、別のシェルが

起動されて、別プロセスで実行されることを意味します。

表：シェルスクリプトの実行方法

No	表記方法	実行例	説明
①	./ シェルスクリプト	$ ./shellscript.sh	・シバンを読み込み、インタプリタを子シェルで起動 ・スクリプトファイルに実行権が必要
②	bash シェルスクリプト	$ bash shellscript.sh	・bash コマンドが子シェルでインタプリタとして起動しスクリプトを実行 ・そのため、シバンは読み込まない ・スクリプトファイルに実行権は必要ない
③	. シェルスクリプト	$. shellscript.sh	・シェル自身がスクリプトを実行 ・そのため、シバンは読み込まない ・スクリプトファイルに実行権は必要ない
④	source シェルスクリプト	$ source shellscript.sh	・上記「. シェルスクリプト」と同じ処理

例えば、export コマンドを使った環境変数を設定するスクリプトを書いた場合、①、②の実行方法では、子シェル環境の環境変数に設定され、子シェル終了時（スクリプト終了時）に設定された環境変数は消えてしまいます。今作業しているコマンドプロンプト上の環境変数として設定したいのであれば、③、④の方法で実行します。

シェルスクリプトファイルの先頭に「#!」の後、インタプリタのパスが絶対パスで記述されています。インタプリタとは、プログラム（ここではシェルスクリプト）を解釈し実行するソフトウェアです。この「#!」で始まるスクリプトの1行目をシバン（shebang）と呼びます。
シェルスクリプトは102の試験範囲となるため、101では、シェルスクリプトの実行方法のみ確認してください。

解答 C、D、E

問題 3-9

重要度 ★☆☆

ユーザ yuko のホームディレクトリに移動するコマンドラインとして適切なものはどれですか？　1つ選択してください。

A. cd /yuko　　**B.** cd ~yuko
C. cd \yuko　　**D.** cd %yuko

ファイルシステム内を移動するにはcdコマンドを使用します。

構文 **cd [ディレクトリ]**

ディレクトリは、相対パスもしくは絶対パスで指定する他、以下の表に掲載した記号で表すことが可能です。なお、cdコマンドの引数にディレクトリの指定を省略した場合は、ホームディレクトリに移動します。

表：ディレクトリに関する特殊記号

記号	読み方	説明
/	スラッシュ	ルートディレクトリ。ファイルシステムの頂点（ルート）を表す
~	チルダ	ホームディレクトリ。実行ユーザの作業用ディレクトリを表す
.	ドット	カレントディレクトリ。実行ユーザが作業を行っているディレクトリを表す
..	ドットドット	親ディレクトリ。あるディレクトリを起点として、1つ上の階層にあるディレクトリを表す

実行例

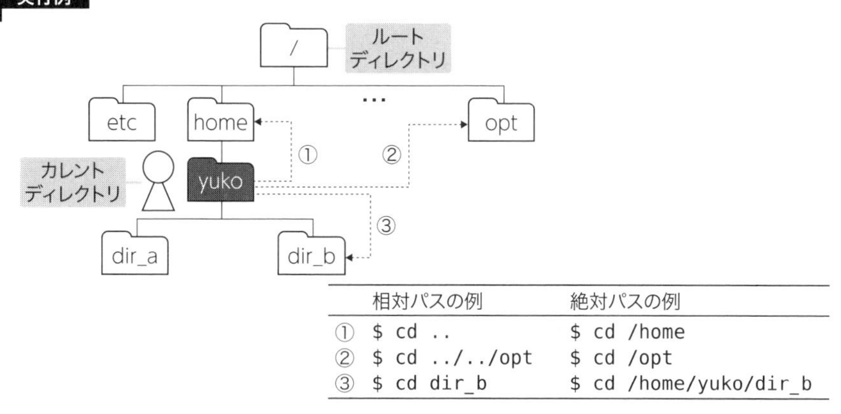

	相対パスの例	絶対パスの例
①	$ cd ..	$ cd /home
②	$ cd ../../opt	$ cd /opt
③	$ cd dir_b	$ cd /home/yuko/dir_b

なお、ログインユーザがyukoの場合、どのディレクトリで作業を行っていても、「cd」や、「cd ~」、「cd ~yuko」のいずれかを実行すると、ホームディレクトリである/home/yukoへ移動します。ただし、「cd ~ユーザ名」は現在のログインユーザにかかわらず、~以降に指定されたユーザのホームディレクトリへ移動するという意味になります（ただし、アクセス権限がなければ移動できません）。

解答 B

問題

3-10

manコマンドが実行時に参照するドキュメントファイルの置かれている場所として、適切なものはどれですか？　2つ選択してください。

A. /usr/share/manual　　B. /usr/local/manual
C. /usr/share/man　　D. /usr/local/share/man

解説　ディストリビューションに含まれるパッケージをインストールした場合は、/usr/share/manの下の該当するセクションのサブディレクトリに置かれます。ディストリビューションに含まれないソフトウェアをインターネットなどからダウンロードしてインストールした場合は、そのマニュアルの置かれるディレクトリは/usr/local/share/manが標準的です。

manコマンドは引数で指定したコマンドのオンラインマニュアルを表示します。

構文　man ［オプション］［セクション］ コマンドまたはキーワード

表：オプション

主なオプション	説明
-f	キーワードと完全に一致するマニュアルが何セクションにあるか表示する
-k	キーワードを含むマニュアルが何セクションにあるか表示する

マニュアルページが1画面で表示できない場合、manコマンドは1画面分を表示したところで一度表示を停止します。スクロール操作には次のキーを使用します。

表：キー操作

主なキー操作	説明
Space	次のページを表示
Enter	次の行を表示
b	前のページを表示
h	ヘルプを表示
q	manコマンドの終了
/ 文字列	指定した文字列で検索（nキーで次の検索）

解答　C、D

問題 3-11

重要度 ★★☆

あるコマンドの第1セクションのマニュアルを表示するコマンドとして適切なものはどれですか？　1つ選択してください。

A. man 1 command　　B. man -section 1 command
C. man -s 1 command　　D. man --c 1 command

問題3-10の解説にあるとおり、特定のセクションを指定する場合は、manコマンドの後に数字でセクションを指定します。以下の実行例は、passwdコマンドのマニュアルを表示しています。

実行例

```
$ man -f passwd
passwd (1)            - ユーザパスワードを変更する
passwd (5)            - パスワードファイル
sslpasswd (1ssl)      - compute password hashes
$ man 1 passwd
.....（実行結果省略）.....
```

-fオプションで、キーワードに一致するマニュアルが何セクションにあるか表示

解答 A

問題 3-12

重要度 

ホームディレクトリにあるコマンドの実行履歴が保存されているファイル名を記述してください。

解説 コマンド実行履歴の保存先は、デフォルトで~/.bash_historyが使用されます。なお、bashのシェル変数HISTFILEのデフォルト値は~/.bash_historyであり、実行履歴の保持件数はHISTSIZE変数で1000に設定されています。

実行例

```
$ whoami
user01
$ echo $HISTFILE
/home/user01/.bash_history
$ echo $HISTSIZE
1000
```

また、コマンドの実行履歴を表示するために、history コマンドも提供されています。引数を指定しない場合は、保存されている履歴をすべて表示しますが、引数に履歴数を指定することで新しい履歴から指定された数の履歴を表示します。また -d オプションを使用して指定した履歴番号のコマンドを履歴から消去することができます。

構文 `history [オプション] [履歴数]`

表：オプション

主なオプション	説明
-c	そのシェルの実行履歴を消去する
-d [履歴番号]	指定した履歴番号のコマンドをそのシェルの履歴から消去する

履歴を呼び出すためには、シェルのコマンドラインで以下のように指定します。

表：キー操作

主なキー操作	説明
↑（上矢印キー）	1 つ前のコマンドを表示する
↓（下矢印キー）	1 つ後のコマンドを表示する
!!	直前に実行したコマンドを実行する
![履歴番号]	指定された履歴番号のコマンドを実行する
![文字列]	指定した文字列から始まる直近のコマンドを実行する

これも重要！

HISTFILE 、HISTSIZE の各変数名は記述できるようようにしておきましょう。

解答 .bash_history

問題 3-13

重要度 ★★★

標準出力、標準エラー出力の両方を result ファイルに格納するコマンドラインとして適切なものはどれですか？　2 つ選択してください。

A. ls fileA fileX 2> result
B. ls fileA fileX >&2 result
C. ls fileA fileX >& result
D. ls > result fileA fileX 2>&1

標準入力、標準出力、標準エラー出力とは、各プロセス生成時に標準で用意されるデータの入り口と出口です。Linux での入出力制御には、標準入力・標準出力・標準エラー出力の概念を利用します。

表：入出力制御

用語	説明
標準入力（stdin）	コマンドが入力を受け付ける標準の入力元は、キーボードに設定されている
標準出力（stdout）	コマンドの標準の出力先は、ディスプレイに設定されている
標準エラー出力（stderr）	コマンドのエラーメッセージは、通常の出力とは区別されるが、通常は標準出力と同様にディスプレイに出力される

問題文の 1 や 2 という整数は、ファイル記述子です。ファイル記述子 0 番は標準入力、1 番は標準出力、2 番は標準エラー出力を表します。この 0 番、1 番、2 番は、プロセスが生成されたときに用意されます。プロセスが他にファイルをオープンすると、3 番、4 番、5 番…と順にファイル記述子が使用されます。

図：ファイル記述子の概要

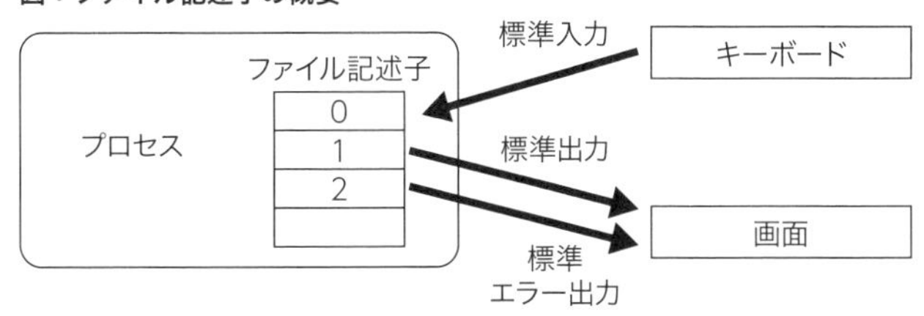

標準出力も標準エラー出力も同じディスプレイに出力されます。以下の実行例は存在するファイル file_a と、存在しないファイル file_b を ls コマンドで表示しています。

実行例

```
$ ls file_a file_b
ls: cannot access file_b: そのようなファイルやディレクトリはありません ── 標準エラー出力
file_a ── 標準出力
```

上記の実行結果は、標準出力も標準エラー出力も同じディスプレイに出力されています。もし標準出力はディスプレイに、標準エラー出力はファイルへ出力するように切り替えたい場合は、リダイレクションを使用します。リダイレクションは入出力先の切り替えが可能であり、「<」や「>」などのメタキャラクタを使用します。

実行例

```
$ ls  file_a  file_b  2> error ── 実行結果のエラー出力のみ、errorファイルに格納
file_a ── 標準出力はディスプレイに表示
$ ls
error  file_a ── errorファイルが作成される
$ cat error
ls: cannot access file_b: そのようなファイルやディレクトリはありません ── エラーのメッセージが格納されている
```

標準出力、標準エラー出力のリダイレクト例をいくつか見てみましょう。1> は、ファイル記述子 1 番（標準出力）の切り替えですが、ファイル記述子は省略も可能です。> のみ指定した場合は、1 番が使用されます。

問題文は例5です。したがって選択肢C、Dが正しいです。

構文

例1）カレントディレクトリのファイルリストをfile1に格納する

```
$ ls > file1
```

例2）1>を使用してファイルリストをfile2に格納する（例1と同意）

```
$ ls 1> file2
```

例3）file1に、/binのファイルリストを追記して保存する

```
$ ls /bin >> file1
```

例4）lsコマンドを実行してエラーが出力された場合のみfile3ファイルに格納する

```
$ ls 存在しないファイル 存在するファイル 2> file3
```

例5）標準出力、標準エラー出力の両方をbothファイルに格納する

```
$ ls 存在しないファイル 存在するファイル &> both
```

以下でも同様の結果を得られる

```
$ ls 存在しないファイル 存在するファイル >& both
$ ls 存在しないファイル 存在するファイル 1> both 2>&1
$ ls > both 存在しないファイル 存在するファイル 2>&1
```

例6）コマンド1を実行した結果の標準出力、標準エラー出力の両方をbothファイルに格納する

```
$ コマンド1 &> both
```

以下でも同様の結果を得られる

```
$ コマンド1 >& both
```

次に標準入力のリダイレクト例を見てみましょう。

構文

例1）file1の内容を標準入力からコマンド1に取り込む

```
$ コマンド1 < file1
```

例2）file1の内容を標準入力からコマンド1に取り込み、コマンド1の標準出力をコマンド2の標準入力に渡す

```
$ コマンド1 < file1 | コマンド2
```

上記の例2ではパイプ（|）を使用することで、コマンドの処理結果（標準出力）を次のコマンドの標準入力に渡してさらにデータを加工することができます。

図：パイプの概要

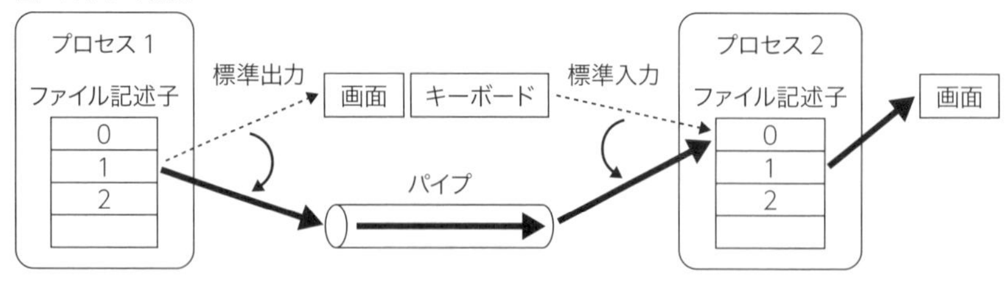

次のパイプを使用している例は、cat で /etc/passwd ファイルの標準出力を head コマンドに渡して先頭の 3 行のみを表示しています。head コマンドについては、問題 3-21 で学習します。

実行例

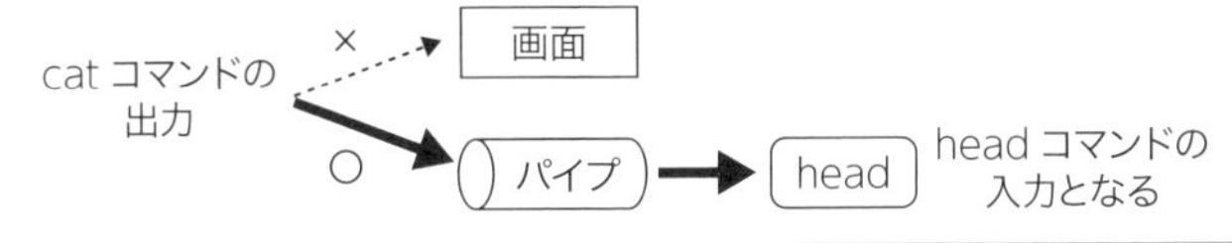


```
$ cat /etc/passwd  | head -3
root:x:0:0:root:/root:/bin/bash
bin:x:1:1:bin:/bin:/sbin/nologin
daemon:x:2:2:daemon:/sbin:/sbin/nologin
```

解答 C、D

問題 3-14

重要度 ★★★

CMD1 の実行結果を CMD2 の標準入力に渡す際、下線部に入る記号は何ですか？　記述してください。

CMD1 ___ CMD2

□□□

解説 問題 3-13 の解説にあるとおり、コマンドの処理結果（標準出力）を次のコマンドの標準入力に渡す際にはパイプ（|）を使用します。

解答 |

問題 3-15

重要度 ★★★

コマンド「cmd >> data」を実行した場合の説明で正しいものはどれですか？ 1 つ選択してください。

A. コマンド cmd の標準出力を data に追記する
B. コマンド cmd の標準エラー出力を data に追記する
C. コマンド cmd の標準出力、標準エラー出力の両方を data に追記する
D. data の内容を標準入力からコマンド cmd に取り込む

□□□

解説 cmd >> data は、コマンド cmd の標準出力を data に追記します。「cmd > data」とした場合は、data ファイルに上書きされます。

解答 A

問題 3-16

重要度 ★★☆

カレントディレクトリに fileA がない場合に、ls > fileA と実行した際の説明として適切なものはどれですか？　1 つ選択してください。

A. fileA が新規に作成され、ls の標準出力結果が書き込まれる
B. ls の標準出力結果が画面に表示され、同時に fileA が新規に作成され、ls の標準出力結果が書き込まれる
C. ls の標準出力結果は破棄される
D. コマンド実行エラーとなる

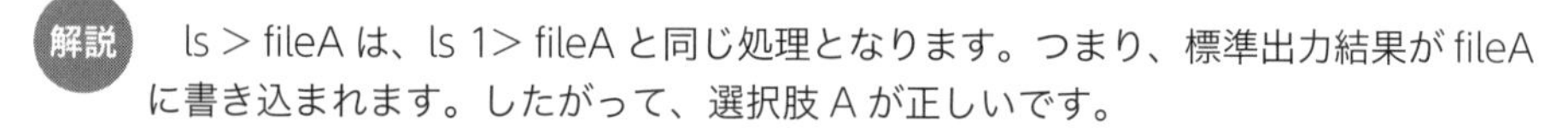

解説 ls > fileA は、ls 1> fileA と同じ処理となります。つまり、標準出力結果が fileA に書き込まれます。したがって、選択肢 A が正しいです。

実行例

```
$ ls ―― 現在、カレントディレクトリには、a.txt b.txtがある
a.txt  b.txt
$ ls > fileA ―― リダイレクションの利用。ディスプレイに標準出力結果は表示されない
$ ls
a.txt  b.txt  fileA ―― カレントディレクトリに、fileAがあることを確認
$ cat fileA ―― catコマンドで、fileAの中身を表示
a.txt
b.txt
fileA
```

解答 A

問題 3-17

重要度 ★★★

以下のように3行の長文をcatコマンドへの標準入力として取り込んで画面に表示します。下線部に入れる2文字の記号を記述してください。なお、この例ではcatのコマンドラインの最後に指定した「END」を入力終了を指示する文字列とします。

実行例

```
$ cat ______END
> Free software is a matter of liberty, not price.
> To understand the concept, you should think of free
> as in free speech, not as in free beer.
END
```

解説 「<<」は、ヒアドキュメント（here document）と呼び、主にシェルスクリプトの中で利用されます。以下の実行例のように、コマンドの後ろに「<< 文字列」を指定すると、指定した文字列が現れるまでの内容を、コマンドへの標準入力として扱います。この文字列はdelimiter、separatorあるいは識別文字列などとも呼ばれます。

実行例

```
$ cat <<eos
>
```

解答 <<

問題 3-18

重要度 

あるプログラムの実行結果である標準出力、標準エラー出力のどちらもあらゆる端末、ファイル、デバイスに表示させないようにする際、そのプログラムのコマンドラインの最後の部分として適切なものはどれですか？　1つ選択してください。

A. > /dev/null
B. > /dev/null 2>&1
C. > /dev/null 1>&2
D. 1>&2 > /dev/null
E. 2>&1 > /dev/null

解説　/dev/null ファイルは特殊なデバイスファイルです。このファイルに書かれたものはすべて消去され、このファイルを読み込むと常に EOF（End Of File）が返ります。選択肢 B は、「コマンド > /dev/null 2>&1」の後半部のみの抜粋となっていると想定できます。

実行例

```
                          標準エラー出力先は、現在の標準出力先（つまり/dev/null）とする
$ コマンド > /dev/null  2>&1
                 標準出力先を/dev/null とする
```

選択肢 A、C、D は、いずれも標準エラー出力がリダイレクトされていないため誤りです。選択肢 B が正しく選択肢 E が誤りの理由は、以下のとおりです。

B

①標準出力先が、/dev/null になる
②標準エラー出力先は、1番（標準出力先）と同じになる。つまり、標準エラー出力先も /dev/null になる

E

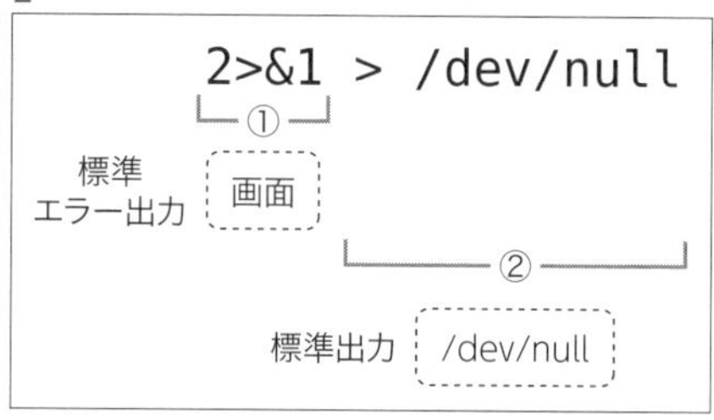

①標準エラー出力先が、1番（標準出力先）と同じになる。現時点の1番は画面であるため、標準エラー出力先は画面となる
②標準出力先が /dev/null になる

※もし、もう一度「2>&1」を以下のように追加すると標準エラー出力先は /dev/null になる

$ コマンド　2>&1 > /dev/null 2>&1

解答 B

問題 3-19

重要度 ★★★

tee コマンドの説明として適切なものはどれですか？　1つ選択してください。

A. 標準入力から読み込んだ内容を標準エラー出力する
B. 標準入力から読み込んだ内容を標準出力する
C. 標準入力から読み込んだ内容をファイルに書き込む
D. 標準入力から読み込んだ内容を標準出力とファイルに書き込む

tee コマンドは、標準入力から読み込んだデータを標準出力とファイルの両方に出力します。

構文 **tee ［オプション］ ファイル名**

表：オプション

主なオプション	説明
-a	ファイルに上書きせず、追記する

図：tee コマンドの概要

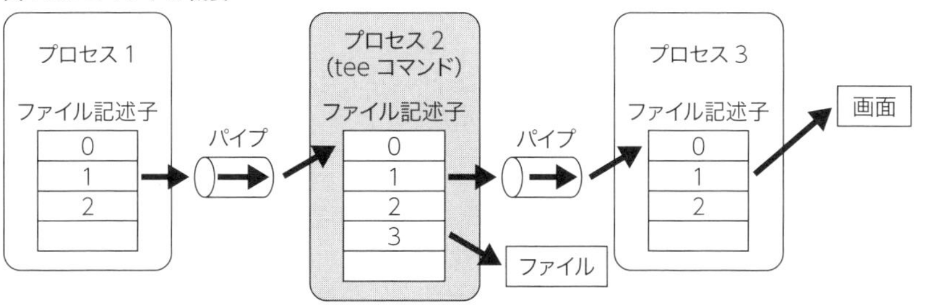

次の実行例では、/etc/passwd ファイルの内容に行番号を付け、その結果をパイプを通して tee コマンドに渡しています。tee コマンドでは、それを myfile.txt に保存すると同時に、head コマンドに渡します。head コマンドでは先頭の 3 行のみを標準出力します。

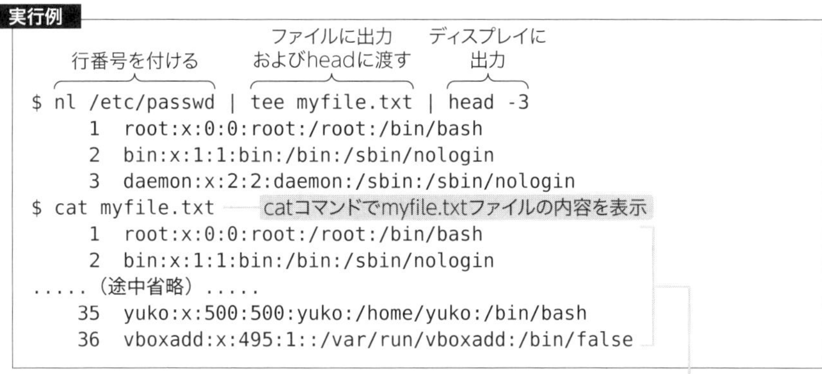

実行例
行番号を付ける
ファイルに出力
およびheadに渡す
ディスプレイに
出力
$ nl /etc/passwd | tee myfile.txt | head -3
1 root:x:0:0:root:/root:/bin/bash
2 bin:x:1:1:bin:/bin:/sbin/nologin
3 daemon:x:2:2:daemon:/sbin:/sbin/nologin
$ cat myfile.txt
catコマンドでmyfile.txtファイルの内容を表示
1 root:x:0:0:root:/root:/bin/bash
2 bin:x:1:1:bin:/bin:/sbin/nologin
.....（途中省略）.....
35 yuko:x:500:500:yuko:/home/yuko:/bin/bash
36 vboxadd:x:495:1::/var/run/vboxadd:/bin/false
/etc/passwdファイルのすべてのデータが
行番号付きで保存されている

 D

問題 3-20

重要度 ★★★

コマンド cmd1 を実行後、コマンド cmd2 を実行する際、適切なものはどれですか？　1 つ選択してください。cmd1 の実行結果を無視するものとします。

A. cmd1 | cmd2　　B. cmd1 ; cmd2
C. cmd1 > cmd2　　D. cmd1 < cmd2

解説　コマンドを連続実行する際に「;」、「&&」、「||」を使用します。リダイレクションと間違わないように気を付けてください。

構文

例 1）コマンド 1、コマンド 2 を順々に実行する

$ コマンド1 ; コマンド2

; の前のコマンドの終了ステータスにかかわらず、; の後のコマンドを実行する

例 2）コマンド 1 が実行できれば、次のコマンド 2 を実行する

$ コマンド1 && コマンド2

&& の前のコマンドの終了ステータスが 0 ならば、&& の後のコマンドを実行する

例 3）コマンド 1 が実行できなければ、次のコマンド 2 を実行する

$ コマンド1 || コマンド2

|| の前のコマンドの終了ステータスが 0 以外ならば、|| の後のコマンドを実行する

実行したコマンドが成功した場合、終了ステータスの値が 0 となります。また、成功しなかった場合は、終了ステータスの値は 0 以外の数値となります。終了ステータスの値は、「echo $?」で確認ができます。

実行例

```
$ ls file1 ―― file1 はカレントディレクトリに存在するファイル
file1
$ echo $?
0 ―― 終了ステータスは0が返る
$ ls fileX ―― fileX はカレントディレクトリに存在しないファイル
ls: cannot access fileX: そのようなファイルやディレクトリはありません
$ echo $?
2 ―― 終了ステータスは0以外の数値が返る
```

解答　B

3-21

重要度 ★★☆

ファイルの末尾から、任意の行数を指定して、その内容を表示するコマンドを記述してください。

解説　tailコマンドを使用すると、テキストファイルの末尾部分を表示します。行数をオプションで指定しなければ、デフォルトで10行目まで表示します。

構文 `tail [オプション] [ファイル名]...n`

表：オプション

主なオプション	説明
-n	行数を数字で指定。末尾のn行部分を表示
-f	ファイルの内容が増え続けているものと仮定し、常にファイルの最終部分を読み続けようとする

-fオプションはログファイルのモニタなどに有効です。

実行例

```
$ tail -3 /etc/passwd
ntp:x:38:38::/etc/ntp:/sbin/nologin
tcpdump:x:72:72::/:/sbin/nologin
ryo:x:1000:1000:ryo:/home/ryo:/bin/bash
```

また、headコマンドを使用すると、テキストファイルの先頭部分を表示します。行数をオプションで指定しなければ、デフォルトで10行目まで表示します。-nオプションで行数を指定することで、先頭からn行目までを表示します。

構文 `head [オプション] [ファイル名]...n`

実行例

```
$ head -1 file1 file2     ← head -n 1 file1 file2としても同じ結果となる
==> file1 <==
aaa

==> file2 <==
ddd
```

解答　tail

問題 3-22

ファイル fileA の中の小文字をすべて大文字に変換して表示するコマンドラインとして、適切なものはどれですか？　1つ選択してください。

A. tr a-z A-Z < fileA　　B. tr a-z A-Z fileA
C. conv a-z A-Z < fileA　　D. conv a-z A-Z fileA

tr コマンドを使用すると、標準入力であるキーボードから入力した文字を指定した文字に変換して、標準出力であるディスプレイに表示することができます。

構文 tr ［オプション］ ［文字群1 ［文字群2］］

表：オプション

主なオプション	説明
-d	文字群 1 で合致した文字を削除する
-s	文字群 1 で合致した文字の繰り返しを 1 文字に置き換える

次の 1 つ目のコマンド実行例では､tr コマンドの第 1 引数に変換対象となる a､b､c…z までの文字を意味する a-z を指定し、第 2 引数に変換後の A、B、C…Z までの文字を意味する A-Z を指定して実行します。そしてキーボードから hello を入力すると、大文字の HELLO に変換されてディスプレイに出力します。また、2 つ目のコマンド実行例では、-d オプションを使用し m と y の文字を削除しています。my という文字列を削除しているわけではない点に注意してください。

3 つ目のコマンド実行例では、-s オプションを使用し、連続する空白を 1 つ分の空白に置き換えています。

実行例

```
$ tr 'a-z'  'A-Z'
hello ―― キーボードからの入力
HELLO ―― trコマンドの出力
$ tr -d 'my' ―― mとyの文字を削除
My name is yuko ―― キーボードからの入力
M nae is uko ―― trコマンドの出力
$ cat file
abc  def
$ cat file | tr -s ' ' ―― 空白の繰り返し(ここでは2文字分)を1文字にまとめる
abc def
```

また、tr コマンドは引数にファイルの指定はできないため、ファイルからデータを読み込んだり、また変換後のテキストをファイルに出力したりする場合はリダイレクションを使用します。

実行例

```
$ tr 'a-z' 'A-Z' < file3
HELLO     大文字に変換後、画面に出力
BYE
$ tr 'a-z' 'A-Z' < file3 > file4
$ cat file4            大文字に変換後、file4ファイルに出力
HELLO
BYE
```

file3 ファイル

```
hello
bye
```

また、文字群の指定にはあらかじめ定義されている文字クラスを利用することも可能です。

表：文字クラス

主な文字クラス	説明
[:alnum:]	英文字と数字
[:alpha:]	英文字
[:digit:]	数字
[:lower:]	英小文字
[:space:]	水平および垂直方向の空白
[:upper:]	英大文字

解答 A

問題 3-23

重要度 

Windows の NTFS ファイルシステムで、1 行目が「A」、2 行目が「B」の sample.txt ファイルを作成しました。このファイルを Linux の EXT4 ファイルシステムに転送して「od -c sample.txt」を実行したところ、次のように表示されました。ファイル中に含まれている Linux のテキストファイルでは不要である「\r」を削除するにはどうすればよいですか？　1 つ選択してください。

実行結果

```
$ od -c sample.txt
0000000 A \r \n B \r \n
```

A. sample.txt を Linux の VFAT ファイルシステムに転送する
B. sample.txt を Linux の NTFS ファイルシステムに転送する
C. 「tr -d '\r' < sample.txt > sample-new.txt」コマンドを実行する
D. 「iconv -t UTF8 sample.txt > sample-new.txt」コマンドを実行する

改行コードはOSごとに異なります。LinuxおよびWindowsの場合は以下のとおりです。

表：主なOSの改行コード

OS	改行コード	エスケープ文字での表示
Linux	LF	\n
Windows	CR+LF	\r\n

問題文にあるとおり、Linuxのテキストファイルでは不要である「\r」を削除するには、trコマンドの-dオプションの引数に削除する文字「\r」を指定して実行します。したがって選択肢Cは正しいです。

ファイルシステムをWindowsと同じにしても文字が削除されることはないので、選択肢Aと選択肢Bは誤りです。

iconvコマンドで文字コードを変換しても文字が削除されることはなく、また、sample.txtファイルのデータはASCIIなので文字コードは変わりません。したがって選択肢Dは誤りです。

問題文で使用しているodコマンドについては問題3-28を参照してください。

解答 C

問題 3-24

重要度 ★★★

ファイルfileAの中のbobという文字列をすべてBobという文字列に変換して表示するコマンドラインとして、適切なものはどれですか？　1つ選択してください。

A. tr 's/bob/Bob' fileA　　**B.** tr 's/bob/Bob/g' fileA
C. sed 's/bob/Bob/' fileA　　**D.** sed 's/bob/Bob/g' fileA

解説

単語単位の変換や削除にはsedコマンドを使用します。sedコマンドは入力ストリーム（ファイルまたはパイプラインからの入力）に対してテキスト変換を行うために用いられます。

構文 **sed ［オプション］［編集コマンド］［ファイル名］**

表：オプション

主なオプション	説明
-i	編集結果を直接ファイルに書き込む

主なコマンド	説明
s/ パターン / 置換文字列 /	各行を対象に、最初にパターンに合致する文字列を置換文字列に変換
s/ パターン / 置換文字列 /g	ファイル内全体を対象に、パターンに合致する文字列を置換文字列に変換
d	パターンに合致する行を削除
p	パターンに合致する行を表示

問題文では、ファイル fileA の中の bob をすべて Bob に置換するとの指示があるため、選択肢 D が正しく、選択肢 C は誤りです。

編集コマンドとあわせて利用例を見てみましょう。以下の例では s コマンドを使用し、パターンに基づいて置換処理しています。

実行例

file5 ファイル

```
127.0.0.1 localhost.localdomain localhost
172.18.0.70 user01.sr2.knowd.co.jp user01
172.18.0.71 user02.sr2.knowd.co.jp user02
```

file5には「userXX」文字列が含まれている

コマンドライン

```
$ sed 's/user/UNIX/' file5
127.0.0.1 localhost.localdomain localhost
172.18.0.70 UNIX01.sr2.knowd.co.jp user01
172.18.0.71 UNIX02.sr2.knowd.co.jp user02
$
$ sed 's/user/UNIX/g' file5
127.0.0.1 localhost.localdomain localhost
172.18.0.70 UNIX01.sr2.knowd.co.jp UNIX01
172.18.0.71 UNIX02.sr2.knowd.co.jp UNIX02
```

s/パターン/置換文字列/
各行を対象に、最初にパターンに合致する文字列を置換文字列に変換

s/パターン/置換文字列/g
ファイル内全体を対象に、パターンに合致する文字列を置換文字列に変換

その他の利用例を見てみましょう。

構文

例 1）file5 の 1 行目を削除

$ sed '1d' file5

例 2）file5 の 2 行目から 5 行目を削除

$ sed '2,5d' file5

例 3）file5 の空白行を削除

$ sed '/^$/d' file5

例 4）file5 の行末に test を追加

$ sed 's/$/ test/' file5

例 5) file5 の user01 が含まれる行だけ表示

```
$ sed -n '/user01/p' file5
```

上記の例 3 で使用している ^ や $ の記号については、後述します。

D

問題 3-25

重要度 ★★★

result ファイル内の空行を削除するコマンドラインとして適切なものはどれですか？ 1つ選択してください。

A. sed '/ /d' result　　B. sed '/^$/d' result
C. cat -n result　　D. cat -s result

解説　問題 3-24 の解説内で掲載している例 3 にあるとおり、選択肢 B とするとファイル内の空行を削除することができます。選択肢 A は、半角空白を含む行が削除されます。また、cat コマンドで -n オプションを指定すると、すべての行（空行も含まれる）に行番号行を付けて表示します。また、-s オプションを指定すると、連続した空行を 1 行にして表示します。

実行例

```
$ cat -n result ―― 空行(2行目、3行目)も含め、行番号を付けて表示
     1  fileA
     2
     3
     4  ## fileB
     5  result
$ cat -s result ―― 連続した空行を1行にして表示
fileA
        ―― 空行が1行となっている
## fileB
result
$ sed '/ /d' result ―― 半角空白を含む行が削除
fileA

        ―― ## fileB の行が削除
result
$ sed '/^$/d' result ―― 空行を削除
fileA
## fileB
result
```

解答 B

問題 3-26

重要度 ★★☆

以下のような実行例があります。

実行例
```
$ cat fileA
10:yamada:user
20:tanaka:manager
30:urai:user
```

fileA ファイルにある 1 列目と 3 列目を表示するコマンドラインとして適切なものはどれですか？　1 つ選択してください。

A. cat fileA | split 1,3
B. cat fileA > cut 1,3
C. cut -d : -f 1,3 fileA
D. cut -d 1,3 fileA
E. split -d : -show 1,3 fileA
F. split -p 1,3 fileA

解説

ファイル内の行中の特定部分のみ取り出すには cut コマンドを使用します。

構文 **cut オプション [ファイル名]**

表：オプション

主なオプション	説明
-c	指定された位置の各文字だけを表示する
-b	指定された位置の各バイトだけを表示する
-d	-f と一緒に用い、フィールドの区切り文字を指定。デフォルトはタブ
-f	指定された各フィールドだけを表示する
-s	-f と一緒に用い、フィールドの区切り文字を含まない行を表示しない

cut コマンドの利用例を見てみましょう。

構文

例 1）file5 のフィールドの区切り文字を空白として、2 番目のフィールドを取り出す

```
$ cut -d ' ' -f 2 file5
```

例 2）file5 のフィールドの区切り文字を空白として、1 番目と 3 番目のフィールドを取り出す

```
$ cut -d ' ' -f 1,3 file5
```

例 3）file5 の 1 文字目から 3 文字目までを取り出す

```
$ cut -c 1-3 file5
```

例4）「ps ax」の表示行の先頭5文字（プロセスID）を取り出す

$ ps ax | cut -c 1-5

split コマンドについては、問題3-29を参照してください。

実行例

```
$ cat fileA
10:yamada:user
20:tanaka:manager
30:urai:user
$ cut -d : -f 1,3 fileA
10:user
20:manager
30:user
```

解答 C

問題 3-27

重要度 ★☆☆

ファイル「file5」の行数を表示するコマンドラインとして、適切なものはどれですか？ 1つ選択してください。

A. cat -l file5
B. wc -l file5
C. ls -l file5
D. file -l file5

解説 ファイル内のバイト数、単語数、行数を表示するにはwcコマンドを使用します。-lオプションを使用することで、行数のみを表示することができます。

構文 **wc ［オプション］［ファイル名］**

表：オプション

主なオプション	説明
-c	バイト数だけを出力する
-l	行数だけを出力する
-w	単語数だけを出力する

実行例

```
$ wc file5 ―― オプションを指定しない場合は、行数、単語数、バイト数を表示
3   9 126 file5
$ wc -l file5 ―― -l で行数のみ表示
3 file5
$ wc -w file5 ―― -w で単語数のみ表示
9 file5
$ wc -c file5 ―― -c でバイト数のみ表示
126 file5
```

B

3-28

重要度 ★☆☆

ファイルの内容を 8 進数表示するコマンドを記述してください。

od（Octal Dump）はファイルの内容を 8 進数やその他の形式で表示するコマンドです。バイナリファイルの内容を表示する場合や、テキストファイルに含まれる非印字コードを調べるときなどに使用すると便利です。

構文 **od ［オプション］［ファイル名］**

表：オプション

主なオプション	説明
-d	Decimal（10 進数）で表示する
-x	Hexa Decimal（16 進数）で表示する
-c	ASCII 文字またはバックスラッシュ付きのエスケープ文字として表示する
-A 基数	表示されるオフセットの基数を選択する。基数として指定できるのは以下のとおりである d：10 進数 o：8 進数（デフォルト） x：16 進数 n：なし（オフセットを表示しない）

以下の例では、/etc/hosts の内容を od により 3 通りの形式で表示しています。od コマンドでの表示の 1 列目はオフセットのアドレスで、16 バイトごとに表示されます。データを 8 進数、10 進数で表示する例では、データは 2 バイトごとにスペースで区切って表示されます。

実行例

```
$ cat /etc/hosts
127.0.0.1 localhost.localdomain localhost
172.18.0.1 www.example.com
$ od /etc/hosts | head -3
0000000 031061 027067 027060 027060 020061 067554 060543 064154
0000020 071557 027164 067554 060543 062154 066557 064541 020156
0000040 067554 060543 064154 071557 005164 033461 027062 034061
$ od -A d -x /etc/hosts | head -3
0000000 3231 2e37 2e30 2e30 2031 6f6c 6163 686c
0000016 736f 2e74 6f6c 6163 646c 6d6f 6961 206e
0000032 6f6c 6163 686c 736f 0a74 3731 2e32 3831
$ od -c /etc/hosts | head -3
0000000   1   2   7   .   0   .   0   .   1       l   o   c   a   l   h
0000020   o   s   t   .   l   o   c   a   l   d   o   m   a   i   n
0000040   l   o   c   a   l   h   o   s   t  \n   1   7   2   .   1   8
```

オフセットの基数を10進数(-A d)で、データを16進数(-x)で表示

オフセットの基数もデータも8進数で表示

改行コードの表示
LFは\n、
CRは\r、
CR+LFは\r\n

オフセットの基数を8進数で、データを文字およびエスケープ文字で表示

解答 od

問題 3-29

重要度 ★★★

split コマンドの説明として適切なものはどれですか？　1つ選択してください。

A. デフォルトでは、1000 行ずつ分割する
B. デフォルトでは、1000 バイトずつ分割する
C. デフォルトでは、1000 文字ずつ分割する
D. デフォルトでは、改行ごとに分割する
E. デフォルトでは、タブごとに分割する

解説　splitコマンドは、ファイルを決まった大きさに分割します。デフォルトでは、入力元ファイルを1,000行ずつ分割し出力ファイルに書き込みます。分割後のファイル名（プレフィックス）は、指定がなければxが使用され、接尾辞（サフィックス）はaa、ab…が付加されます。

構文 **split [オプション] [入力元ファイル名 [プレフィックス]]**

表：主なオプション

主なオプション	説明
-l	出力の行数を指定する
-d	サフィックスを英字（aa、ab…）ではなく数字（00、01…）にする

実行例

```
$ wc -l fileA          fileAは、10行、記載されている
10 fileA
$ split -l 5 fileA     fileAを5行ごとに分割
$ ls
fileA  xaa  xab        xaa、xabに分割
$ wc -l xaa xab        xaa、xabは5行ごとに分割
  5 xaa
  5 xab
 10 合計
$ split -l 5 -d fileA split_file                     -dオプションで、サフィックス
$ ls                                                 を数字にし、プレフィックスを
fileA  split_file00  split_file01  xaa  xab          split_fileと指定
```

またテキスト処理を行う以下のような便利なコマンドがあります。

構文

例 1）ファイルの内容を行単位でソートする

sort [オプション] [ファイル名]

例 2）並び替え済みのファイルから重複した行を削除する

uniq [オプション] [並び替え済みのファイル名]

例 3）2つのファイルを読み、フィールドが共通な行を結合する

join [オプション] [ファイル名1] [ファイル名2]

例 4）ファイルを行単位で結合する

paste [オプション] [ファイル名]

解答 A

問題 3-30

重要度 ★★★

テキストファイル内にあるタブをスペースに置き換えるコマンドラインとして、適切なものはどれですか？ 1つ選択してください。

A. expand -i2 fileA > fileB
B. expand -t2 fileA > fileB
C. unexpand -i2 fileA fileB
D. unexpand -t2 fileA fileB
E. fmt -i2 fileA fileB
F. fmt -t2 fileA fileB

解説 expandコマンドは、引数で指定されたファイル内にあるタブをスペースに変換します。オプションを指定しない場合は、デフォルトで8桁おきに設定されます。

構文 **expand [オプション] [ファイル名]**

表：主なオプション

オプション	説明
-i	行頭のタブのみスペースへ変換する
-t	揃える桁数を指定する

実行例

```
$ cat -T data1 ――①
101^Iyuko^Itokyo
102^Iryo^Iosaka
103^Imana^Ichiba
$ expand data1 ――②
101     yuko    tokyo
102     ryo     osaka
103     mana    chiba
$ expand -t 2 data1 ――③
101 yuko  tokyo
102 ryo osaka
103 mana  chiba
```

①catコマンドに「-T」オプションを付与して実行すると、タブを「^」で表示する。各フィールドの間に、タブが入っていることを確認する
②デフォルトでは、各列が8桁に揃うように、タブを半角スペースに置き換える
③各列が2桁に揃うように、タブを半角スペースに置き換える。1行目の101の行では、101の後、半角スペースが1つあれば2桁となる。また、yukoが4文字あるため、次の列（tokyo）の間は、半角スペースが2つ入る

逆にスペースをタブに変換するには、unexpandコマンドを使用します。行頭のスペースだけでなく、行中のタブとスペースからなる2文字以上の文字列をすべてタブに変換するには、-aオプションを使用します。

解答 B

問題 3-31

重要度 ★★★

共通するフィールドがある行を連結し、以下のような実行結果を得るために下線部に入るコマンドは何ですか？　記述してください。

実行例

```
$ cat a.txt
a aaa
b bbb
c ccc
$ cat b.txt
b bbb
c ccc
d ddd
$ _______ a.txt  b.txt
b bbb bbb
c ccc ccc
```

□□□

解説　joinコマンドは、指定されたファイルを比較し、共通するフィールドが同一だった場合、結合して標準出力に出力します。

実行例

```
$ join a.txt  b.txt
b bbb bbb
c ccc ccc
```

解答　join

問題 3-32

重要度 ★★★

file1から文字列fooを大文字 / 小文字を区別せずに検索するコマンドラインとして、適切なものはどれですか？　1つ選択してください。

A. grep -i foo | file1
B. grep -n file1 ＜ foo
C. grep -n foo file1
D. cat file1 | grep -i foo
E. cat file1 ＞ grep -n foo

□□□

テキストデータ内の文字列検索を行うには、grep コマンドを使用します。

図：grep コマンドの概要

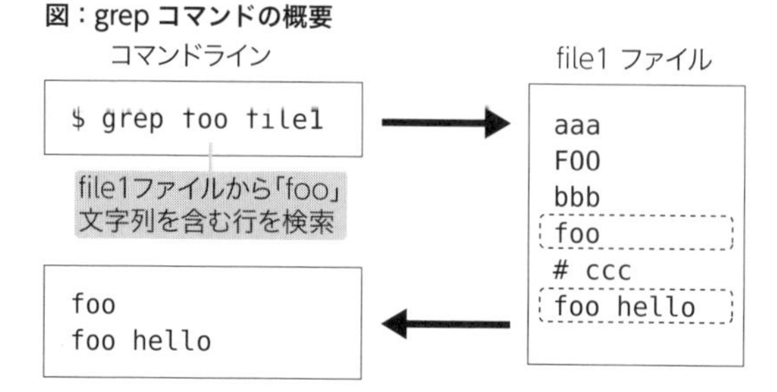

構文 **grep [オプション] 検索する文字列パターン [ファイル名]...n**

表：オプション

主なオプション	説明
-v	パターンに一致しない行を表示する
-n	行番号を表示する
-l	パターンと一致するファイル名を表示
-i	大文字と小文字を区別しないで検索を行う

選択肢 A、B、E は、パイプやリダイレクトを使用していますが、grep コマンドの構文は検索する文字列パターンの後に検索対象となるファイルを指定します。そのため誤りです。また、問題文では、大文字、小文字を区別せずに検索するとあります。選択肢 C では、foo と完全一致する行のみ検索するため誤りです。選択肢 D のように -i オプションを使用する必要があります。なお、cat コマンドおよびパイプを使用せずに以下のような検索方法（例 1）でも同様の結果を得ることが可能です。

実行例

例1）

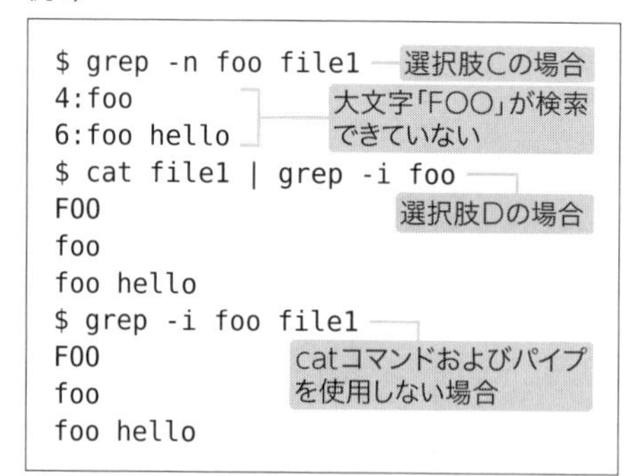

$ grep -n foo file1
選択肢Cの場合
4:foo
6:foo hello
大文字「FOO」が検索できていない
$ cat file1 | grep -i foo
選択肢Dの場合
FOO
foo
foo hello
$ grep -i foo file1
FOO
foo
foo hello
catコマンドおよびパイプを使用しない場合

例2）

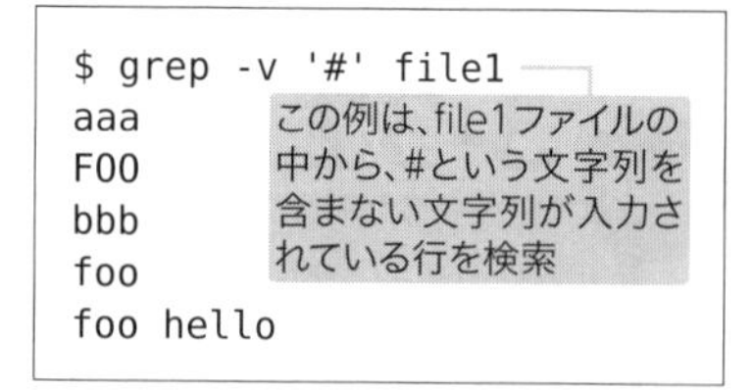

例3）

```
$ ps -ef | grep firefox
```

現在アクティブなプロセスの中に、firefoxがあるか検索

例 2 では -v オプションを使用して、パターンと一致しない行の検索を行っています。また、例 3 のようにプロセスの検索などにも有効です。ps コマンドについては、第 1 章を参照してください。

また、標準入力から受け取ったデータを引数に、他のコマンドを実行する xargs コマンドがあります。

grep コマンドなどで検索対象のディレクトリに膨大なファイルがあると、「Argument list too long.」というメッセージが表示され、目的の処理が行えないことがあります。その際、xargs コマンドを利用します。ここでは簡単な実行例を見てみましょう。

実行例

```
# ls
file X   file Y   fileA   fileB
# echo "fileA fileB" | xargs ls -l
-rw-r--r-- 1 root root 0 11月 16 22:39 fileA
-rw-r--r-- 1 root root 0 11月 16 22:39 fileB
```

実行例では、カレントディレクトリに 4 つのファイルがあります。3 行目では echo コマンドで 2 つのファイルを指定し、その出力結果を xargs コマンドへ渡しています。その標準入力を基に、ls コマンドが実行されていることがわかります。なお、xargs コマンドは find コマンドと組み合わせて利用することもあります（第 2 章の問題 2-33 を参照してください）。

解答 D

問題 3-33

重要度 ★★★

正規表現で行末を表す記号として適切なものはどれですか？　1 つ選択してください。

A. ^　　B. $
C. #　　D. *

解説 grep コマンドで指定する検索文字列は、「Yuko」のように文字列をそのまま指定するだけでなく、正規表現を使用することも可能です。

図：正規表現を使用した例

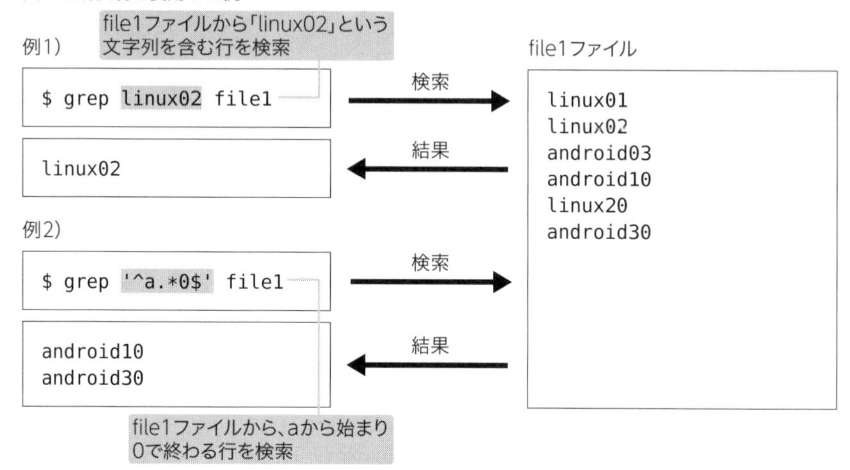

正規表現とは、記号や文字列を組み合わせて、目的のキーワードを見つけるためのパターンを作り、検出する手段です。例2で使用している正規表現を詳しく見てみましょう。

図：正規表現を使用した例

例2)のコマンドライン

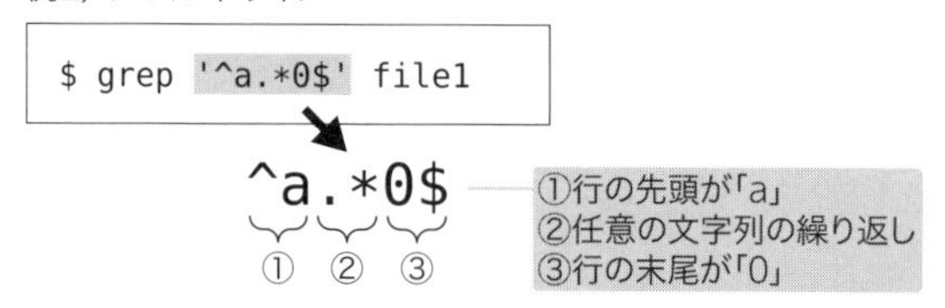

任意の文字である「a」や「^」などの記号を使用してパターンを作成しています。記号はメタキャラクタと呼ばれるもので、それぞれ意味があります。

表：主なメタキャラクタ

記号	説明
c	文字 *c* に一致（*c* はメタキャラクタではないこと）
c	文字 *c* に一致（*c* はメタキャラクタであること）
.	任意の文字に一致
^	行の先頭
$	行の末尾
*	直前の文字が 0 回以上の繰り返しに一致
?	直前の文字が 0 回もしくは 1 回の繰り返しに一致
+	直前の文字が 1 回以上の繰り返しに一致
[]	[] 内の文字グループと一致

[] による文字グループは、以下のように指定することが可能です。

表：[] の主な使用方法

例	説明
[abAB]	a、b、A、B のいずれかの文字
[^abAB]	a、b、A、B 以外のいずれかの文字
[a-dA-D]	a、b、c、d、A、B、C、D のいずれかの文字

また、\（バックスラッシュ）はエスケープ文字と呼ばれ、メタキャラクタとしてではなく、単に文字として扱いたい場合に使用します。例えば以下のような file1 ファイル内にある行で、最後がピリオドで終わっている「android99.」を検索したい場合があります。

実行例

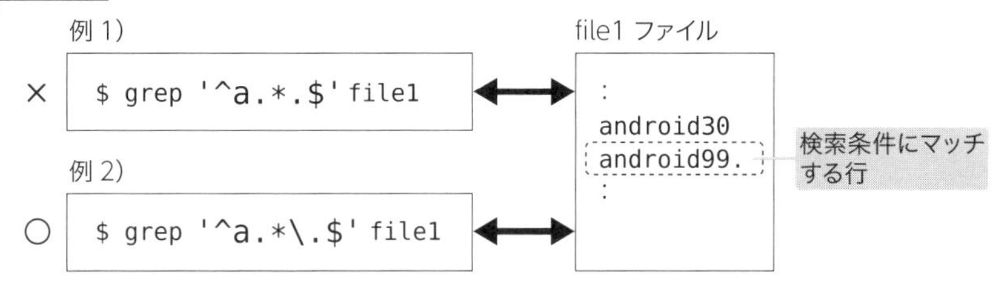

例 1 の実行例では思ったような結果は得られません。例 2 のように「.」の前に「\」を指定することで、メタキャラクタの「.」ではなく、文字として「.」を使用するということになります。

また、以下に正規表現を使用した例をいくつか見てみましょう。

構文

例 1）空白行以外の行をすべて表示する

```
$ grep '.' file1
```

例 2）ピリオドを含む行をすべて表示する

```
$ grep '\.' file1
```

例 3） Linux、linux のいずれかを含む行をすべて表示する

```
$ grep '[Ll]inux' file1
```

例 4）先頭の 1 文字が数値以外の行をすべて表示する

```
$ grep '^[^0-9]' file1
```

例 5）先頭が # で始まるコメント行以外の行をすべて表示する

```
$ grep '^[^#]' file1
```

なお、主なメタキャラクタの表に掲載した「?」と「+」は拡張正規表現で使用されます。拡張正規表現は、awk や Perl などのプログラミング言語や、egrep コマンドで使用可能な正規表現です。egrep コマンドは grep よりも高度な正規表現を使用することが可能です。また、grep コマンドで拡張正規表現の使用も可能であり、その際は -E オプションを付加します。

実行例

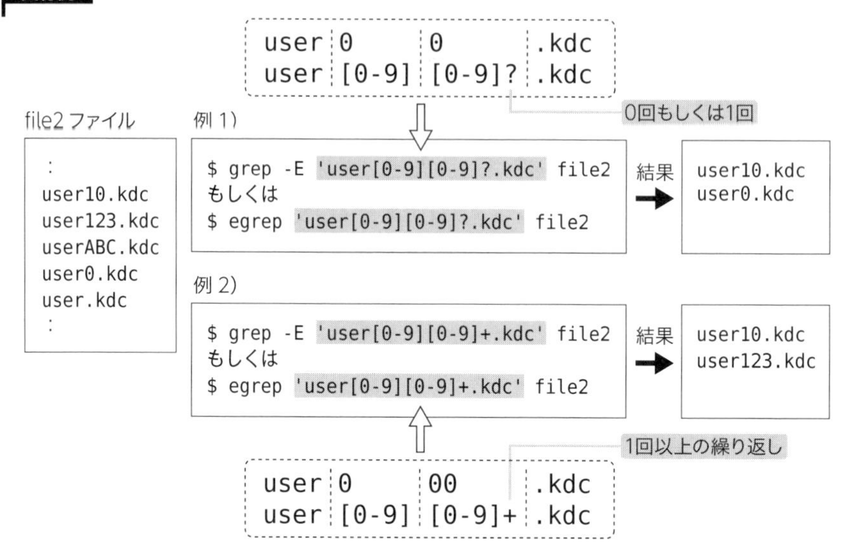

例 1 では「user[0-9][0-9]?」との指定により、user の後に 1 桁以上 2 桁以内の数字を含む行をすべて表示するという意味になります。また、例 2 では、user の後に 2 桁以上の数字を含む行をすべて表示するという意味になります。

これも重要！

出題率の高い「^」が行頭、「$」が行末は押さえておきましょう。

解答 B

問題 3-34

重要度 ★★★

以下のような実行例があります。

実行例
```
$ cat sample.txt
abcd
12c3
4567
xybz
```

以下を実行した結果として適切なものはどれですか？　1つ選択してください。

grep -n '[abc]' sample.txt

A. 1:abcd

B. 3:4567

C. 1:abcd
2:12c3
4:xybz

D. 1:abcd
2:12c3
3:4567
4:xybz

□□□

解説　文字グループを使用した検索です。[abc] とすることで、a、b、c のいずれかの文字が含まれている行を検索します。また、-n により行番号も表示します。したがって、検索結果は選択肢 C です。

実行例
```
$ cat sample.txt
abcd
12c3
4567
xybz
$ grep -n '[abc]' sample.txt
1:abcd
2:12c3
4:xybz
```

解答 C

問題 3-35

重要度 ★★☆

日付、時刻が記述された foo.log ファイルがあります。

```
2020-01-11 09:10:23 log data
2020-04-08 02:35:10 log data
2020-04-23 14:52:05 log data
2020-04-25 09:41:46 log data
2020-10-10 19:23:05 log data
```

2020 年 4 月を除く行を検索し表示するものとして、適切なものはどれですか？ 1 つ選択してください。

A. grep '*04-[0-3][0-9]*' foo.log
B. grep '+04-[0-3][0-9]+' foo.log
C. grep -v '04-[0-3][0-9]' foo.log
D. grep -E '04-[0-3][0-9]' foo.log

解説 条件に一致しない行を検索するには、-v オプションを使用します。また、2020 年 4 月を除くとあるため、「04-」という固定文字列の後に、1 から 30 の値に合致するように [ ] を使用します。選択肢 D は、条件に合致するものを検索するため、2020 年 4 月の行（3 行）が検索結果となります。選択肢 A と B は、該当する結果はありません。

解答 C

問題 3-36

重要度 ★★☆

以下のように、現在のファイル名を、変更後にして表示したいと考えています。

【現在】	【変更後】
fileA.txt	fileA.bak.txt
fileB.txt	fileB.bak.txt
fileC.txt	fileC.bak.txt

下線に入る適切なものはどれですか？　1つ選択してください。

find -name "*.txt" | sed -e ＿＿＿＿＿＿

A. 's/^.txt$/.bak.txt/'
B. 's/.txt$/.bak.txt/'
C. 's/[.txt]/.bak$1/'
D. 's/^.txt/.bak/'

解説　sedコマンドと正規表現を使用した問題です。行の末尾（$）が「.txt」のファイルを検索し、「.bak.txt」に置換することで変更後のファイル名になるため、選択肢Bが正しいです。

実行例

```
$ ls
fileA.txt  fileB.txt  fileC.txt
$ find . -name "*.txt" | sed -e 's/.txt$/.bak.txt/'
./fileA.bak.txt
./fileB.bak.txt
./fileC.bak.txt
```

解答 B

問題 3-37

重要度 ★★☆

egrepコマンドに-vオプションを付けて実行した場合の説明で正しいものはどれですか？　1つ選択してください。

A. 指定した文字列を含む行を強調表示する
B. コマンドのバージョン情報を表示する
C. 指定したパターンを含まない行を表示する
D. 大文字と小文字を区別しないで検索を行う

解説 問題 3-32 の grep コマンドの説明にあるとおり、-v オプションを使用すると条件に一致しない行を検索します。なお、問題文にある egrep コマンドでも同様の処理を行います。

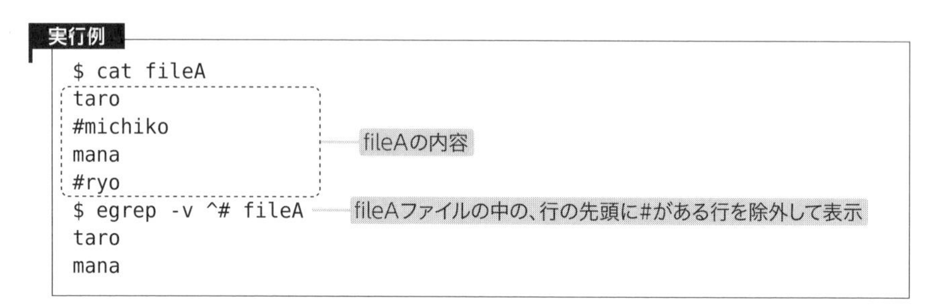

実行例
$ cat fileA
taro
#michiko
mana
#ryo
fileAの内容
$ egrep -v ^# fileA
fileAファイルの中の、行の先頭に#がある行を除外して表示
taro
mana

解答 C

問題 3-38

重要度 ★★☆

設定ファイル fileA では、行頭に # がある行はコメントとして記述しています。このファイルのコメント行の数をカウントするためのコマンドラインとして、適切なものはどれですか？　1つ選択してください。

A. grep $# fileA | wc -c　　B. grep $# fileA | wc -l
C. grep ^# fileA | wc -c　　D. grep ^# fileA | wc -l

解説 行頭に # がある行を検索するには、「^#」とします。そしてその出力結果の行に対し、行数をカウントするには、wc コマンドに -l オプションを使用します。なお、行末の # を指定する場合は、「#$」となりますが注意が必要です。bash では # 以降をコメントとして無視するので、検索文字列の先頭に # を使用する場合は、「"」か「'」で囲むか「\#」とします。

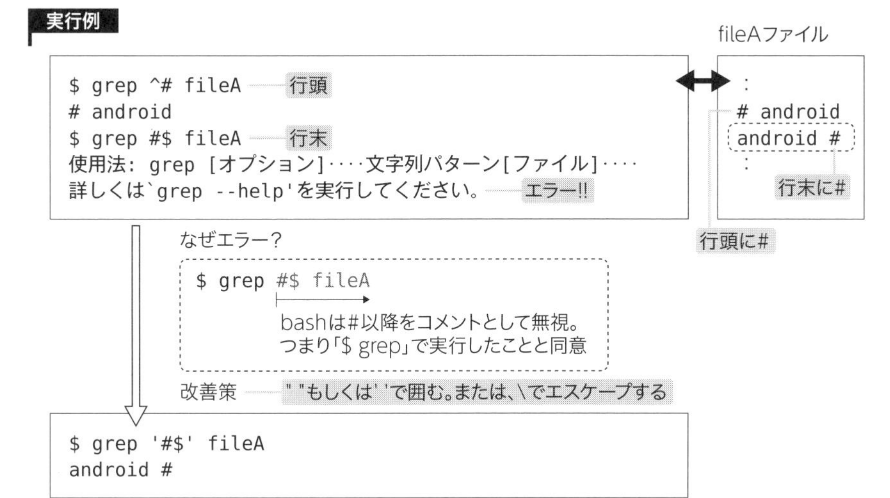
実行例
fileAファイル
$ grep ^# fileA
行頭
android
$ grep #$ fileA
行末
使用法: grep [オプション]‥‥文字列パターン[ファイル]‥‥
詳しくは`grep --help'を実行してください。
エラー!!
:
android
android #
:
行末に#
行頭に#
なぜエラー?
$ grep #$ fileA
bashは#以降をコメントとして無視。
つまり「$ grep」で実行したことと同意
改善策
" "もしくは' 'で囲む。または、\でエスケープする
$ grep '#$' fileA
android #

解答 D

問題 3-39

重要度 ★★★

file ファイル内の行頭に # がある行を削除するコマンドラインとして適切なものはどれですか？　1 つ選択してください。

A. sed '/^#/' file　　**B.** sed '/^#/p' file
C. sed '/^#/d' file　　**D.** sed '/^#/r' file

解説 問題 3-38 にあるとおり、行頭は「^#」とします。また、sed コマンドでパターンに合致する行を削除する編集コマンドは d です。したがって選択肢 C が正しいです。

これも重要！

空行を削除する問題（問題3-25）とあわせて見直ししておきましょう。

解答 C

問題 3-40

重要度 ★★☆

所有者が root のプロセスを検索するコマンドラインとして、適切なものはどれですか？ 2つ選択してください。

A. pgrep -u root　　B. pgrep -U 0
C. grep -p -u root　　D. grep -p -u 0

pgrep コマンドは、現在実行中のプロセスを調べて、ユーザ名、UID、GID などを基にプロセス ID を検索します。

構文 pgrep [オプション] [パターン]

表：主なオプション

主なオプション	説明
-t 端末	指定した端末で実行されているプロセス ID を検索。「,」区切りで複数指定可能
-u euid	指定された実効ユーザ ID に該当するプロセス ID を検索 ユーザは名前または ID で指定し、「,」区切りで複数指定可能
-U uid	指定された実ユーザ ID に該当するプロセス ID を検索 ユーザは名前または ID で指定し、「,」区切りで複数指定可能
-l プロセス名	プロセス名をプロセス ID と一緒に表示する

実行例

```
$ pgrep -u root
.....（実行結果省略）.....
$ pgrep -U 0
.....（実行結果省略）.....
```

Linuxではユーザ IDの種類として、実ユーザIDと実効ユーザIDがあります。実ユーザID(real UID)は、プログラムを起動したユーザ(プロセスの所有者)を表し、実効ユーザID(effective UID)は、プログラムが動作するときの権限を表します。

第1章の問題1-31で、pgrepの出題が掲載されています。あわせて確認しておきましょう。

解答 A、B

問題 3-41

重要度 ★☆☆

次のような file1 ファイルがあります。

実行例

```
$ cat file1
aaaaa
babba
.a[^b].a
```

コマンドラインで「fgrep '.a[^b].a' file1」と実行した場合の出力結果として適切なものはどれですか？　1つ選択してください。

A. aaaaa
B. babba
C. .a[^b].a
D. 何も出力されない

解説 fgrep コマンドは、引数で指定された検索文字列を基に検索します。しかし、grep コマンドとは異なり、正規表現は使用しません。したがって問題文にある「.a[^b].a」と指定しても、正規表現として解釈されるのではなく、単に文字列として扱われます。したがって選択肢 C を出力します。なお、「grep -F '.a[^b].a' file1」のように grep コマンドに -F オプションを用いることで同じ機能を使用することができます。

また、本問題において「grep '.a[^b].a' file1」とした場合は、選択肢 A が正解となります。

解答 C

問題 3-42

重要度 ★★☆

vi で画面を 1 画面進めるキー操作で、[Ctrl] キーとあわせて使用するキーとして適切なものはどれですか？　1つ選択してください。

A. a
B. d
C. f
D. b

解説 vi エディタを用いると、ファイルの作成、編集を行うことができます。Linux では vi と互換性があり機能を拡張した vim（Vi IMproved）が提供されていて、最近の RedHat 系ディストリビューションでは vi は vim の最小構成パッケージのコマンド、あるいは vim のエイリアスとして提供されています。vim には構文強調や画面分割など便利で多様な機能があります。

vi の起動は以下のとおりです。

実行例

例1）

```
$ vi [Enter] ―― 引数にファイル名を指定しない
```

例2）

```
$ vi fileA [Enter] ―― 引数にファイル名を指定する
```

例 1 のようにファイル名を指定せずに vi エディタを起動した場合は、編集作業の後、ファイル名を指定し新規にファイルを保存します。また、例 2 のように存在するファイル名を指定するとそのファイルが開きます。

vi エディタは以下の 3 つのモードを切り替えながら作業を行います。

表：vi エディタのモード

動作モード	説明
コマンドモード	キーを入力すると vi コマンドとして処理される。カーソルの移動、文字や行の削除、コピー、貼り付けなどが行える。vi のデフォルトのモードであり、起動直後および [Esc] キーが押されたときにこのモードとなる
入力モード （挿入モード）	キーを入力すると編集中のテキストデータに文字が入力される
ex モード	文書の保存や、vi エディタの終了、検索や文字列の置換を行う

入力モード（挿入モード）への切り替えについては問題 3-46 の解説を参照してください。ex モードへの切り替えについては問題 3-44 と問題 3-49 の解説を参照してください。

問題文は、コマンドモードでのキー操作です。vi エディタで、あるファイルを開いた際に 1 画面で全情報を表示できない場合、ファイルの末尾に向かって画面を進めたいときは、[Ctrl] を押しながら [f] キーを押します。

図：vi エディタでの画面スクロール

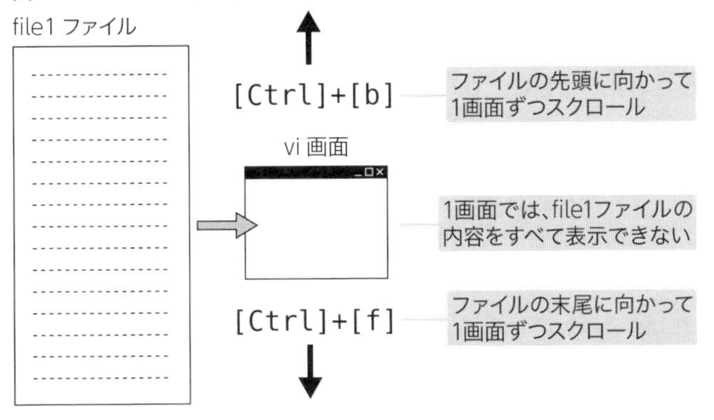
file1 ファイル
[Ctrl]+[b]
ファイルの先頭に向かって
1画面ずつスクロール
vi 画面
1画面では、file1ファイルの
内容をすべて表示できない
[Ctrl]+[f]
ファイルの末尾に向かって
1画面ずつスクロール

画面のスクロールおよびカーソル移動で使用する主な vi コマンドは以下のとおりです。

表：カーソル移動と画面スクロールの vi コマンド

主な vi コマンド	説明
h または←	カーソルを左に 1 文字移動
j または↓	カーソルを下に 1 文字移動
k または↑	カーソルを上に 1 文字移動
l または→	カーソルを右に 1 文字移動
0（数字のゼロ）	現在の行の先頭へ移動。なお、＾は空白文字を除く先頭の文字に移動
$	現在の行の末尾へ移動
G	最終行へ移動
1G	1 行目へ移動
*n*G	*n* 行目へ移動
[Ctrl]+[b]	ファイルの先頭に向かって 1 画面ずつスクロール
[Ctrl]+[f]	ファイルの末尾に向かって 1 画面ずつスクロール

解答 C

問題 3-43

重要度 ★★★

vi エディタでのカーソル移動のコマンド説明として適切なものはどれですか？2 つ選択してください。

A. 0 は現在の行の先頭へ移動する
B. 1 は現在の行の先頭へ移動する
C. % は空白文字を除く先頭へ移動
D. ^ は空白文字を除く先頭へ移動

解説　先頭に移動する場合、0もしくは^を使用します。2つは、行頭に空白があるか、ないかによって挙動が異なります。挙動は選択肢A、Dのとおりです。以下の実行例を見てください。1行目の「taro@knowd.co.jp」の行は行頭に空白はありません。したがって、0、^いずれも行頭にカーソルは移動します。一方、2行目の「hanako@knowd.co.jp」の行は行頭に空白があるため、0であれば行頭、^であればhの上にカーソルが移動します。

実行例

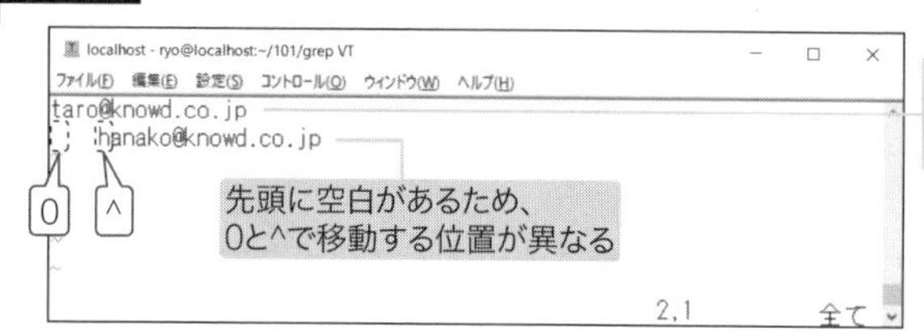

解答　A、D

問題 3-44

重要度 ★★☆

viエディタで編集中の内容を保存して終了するコマンドとして適切なものはどれですか？　1つ選択してください。

A. :w　　B. :wq
C. :q　　D. :quit

解説　文書の保存およびviエディタの終了手順は以下のとおりです。

図：viエディタの終了手順

①[Esc]を押す

②exモードに切り替える

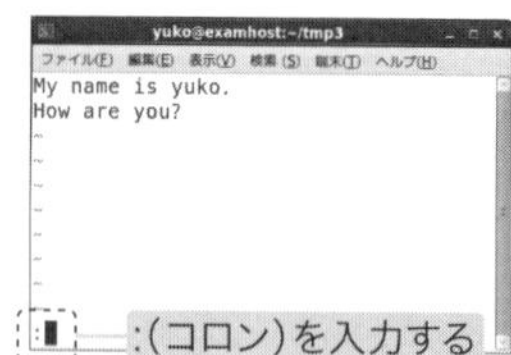

③保存、終了に関連するviコマンドを入力する

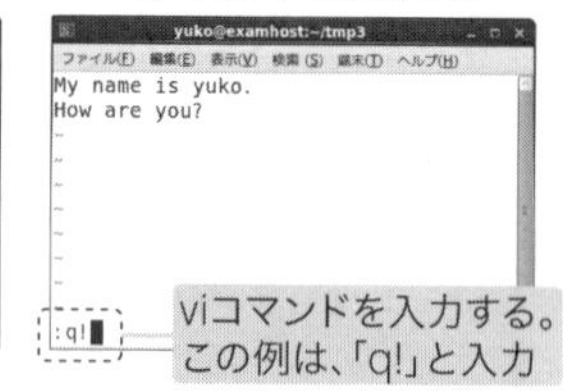

　終了するコマンドは、「q」です。また問題文では、編集中の内容は保存して終了とあるため、「wq」とします。

　ファイルの保存および終了に関連する主なviコマンドは以下のとおりです。

表：ファイルの保存、終了に関連するviコマンド

	主なviコマンド	説明
保存	:w	ファイル名を変更せずにそのまま保存
	:w!	ファイル名を変更せずに強制的に保存
	:w ファイル名	ファイル名を変更して保存（もしくは新規保存）
終了	:q	ファイルを保存せずに終了
	:q!	ファイルの内容の変更があっても保存せずに強制的に終了
保存して終了	ZZ :wq	保存と終了を同時に行う ZZ（大文字）と入力するか、:wqと実行する
	:wq!	強制的に保存と終了を行う
	:wq ファイル名	ファイル名を変更して保存（もしくは新規保存）し、終了する
その他	:! ls -l 編集しているファイル名	viから抜けずにコマンドを実行する
	:e!	編集内容を破棄し、ファイルを再読み込みする

参考 「:wq」はファイルを変更したかどうかにかかわらず上書き保存するため、結果としてタイムスタンプを変更し終了します。一方、「ZZ」はファイルの変更がなければ、タイムスタンプを変更せずに終了します。ファイルに変更があれば、「:wq」と同じ動作をします。

解答 B

問題 3-45

重要度 ★★☆

viを実行中に:w!と入力したが権限がなく書き込みができませんでした。viから抜けずに編集中のファイルmyfileのパーミッションを見るキー操作として、適切なものはどれですか？　1つ選択してください。

A. :esc ls -l myfile
B. :\ ls -l myfile
C. :v ls -l myfile
D. :! ls -l myfile

解説　ファイルにどのようなパーミッションが与えられているかを確認するには、lsコマンドに-lオプションを使用します。以下の例は、コマンドラインでfile1のパーミッションを確認しています。

実行例

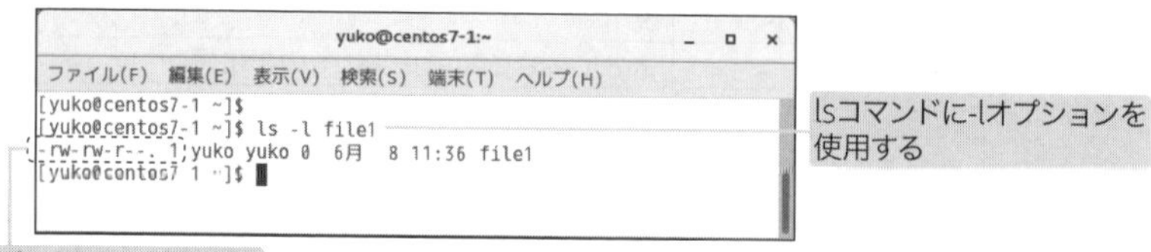

問題文では、vi 実行中に「ls -l」を実行する必要があるため、コマンドラインモードから「:!」を使用します。その後、続けてコマンドを入力し [Enter] を押すと実行することができます。

実行例

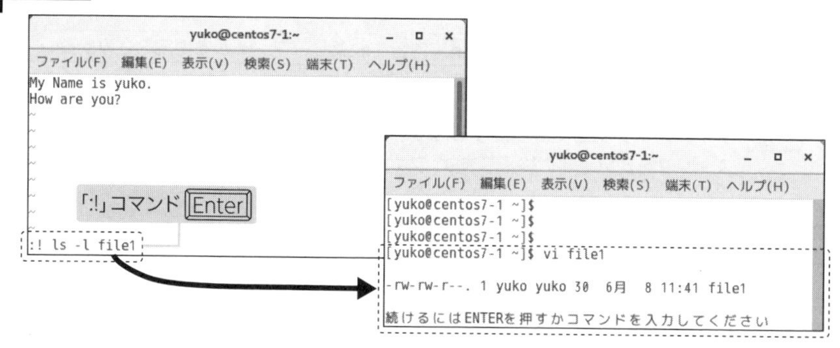

パーミッションの詳細については、第 2 章を参照してください。

解答 D

問題 3-46

重要度 ★★★

vi エディタのコマンドモードで、i と入力した後に b と入力した際の結果として適切なものはどれですか？　1 つ選択してください。

A. カーソルの後に b が追加される
B. カーソルのある行の最後に b が追加される
C. カーソルの前に b が追加される
D. カーソルのある行の先頭に b が追加される

解説 コマンドモードから i とタイプすると、入力モード（挿入モード）に切り替わります。入力モード（挿入モード）にするコマンドはいくつかあり、「i」コマンドは選択肢Cのとおりカーソルの前から入力が開始されます。カーソルの位置を基準にして、どの位置に文字を挿入するかによって、コマンドを使い分けます。

表：入力モード（挿入モード）にするviコマンド

主なviコマンド	説明
i	カーソルの前に文字を挿入
a	カーソルの後に文字を挿入
o	カーソル行の下に新しい行を作成し、その先頭から挿入が開始
I	カーソル行の先頭に文字を挿入
A	カーソル行の末尾に文字を挿入
O	カーソル行の上に新しい行を作成し、その先頭から挿入が開始

以下は「i」コマンドを使用して「User user」から「User webuser」へ変更している例です。

実行例

User user
①カーソルを「user」の「u」上に移動
②「i」（カーソルの前に挿入）をタイプ後、「web」と入力
③[Esc] キーを押して、入力モード（挿入モード）を終了する
User webuser
User user
User webuser
User webuser
「i」の後「web」と入力

これも重要！

「i」はカーソルの前に文字を挿入、「a」はカーソルの後に文字を挿入します。

解答 C

問題 3-47

重要度 ★★★

viエディタのコマンドモードで、ddとタイプしました。説明として適切なものはどれですか？　1つ選択してください。

A. カーソル行を削除する
B. カーソルの上の行を削除する
C. カーソルの下の行を削除する
D. カーソルから行の最後まで削除する

解説 文字・単語・行の削除にはいくつかのコマンドが提供されています。行単位の削除には「dd」コマンドを使用します。「dd」のみ実行すると、カーソル行を削除します。また、行数を指定（例えば 17dd）することで、現在のカーソル位置から指定の行数を削除することが可能です。

表：文字・単語・行の削除を行う vi コマンド

主な vi コマンド	説明
x	カーソル上の 1 文字を削除
dw	カーソルから次の単語を 1 単語削除
dd	カーソル行を削除
*n*x	カーソルから右に *n* 文字削除
D	カーソルから行の最後まで削除
*n*dd	カーソル行から *n* 行削除
dG	カーソル行から最終行まで削除
dH	画面の 1 行目からカーソル行まで削除

次の図は「x」コマンドを使用して「User webuser」から「User user」へ変更している例です。

実行例

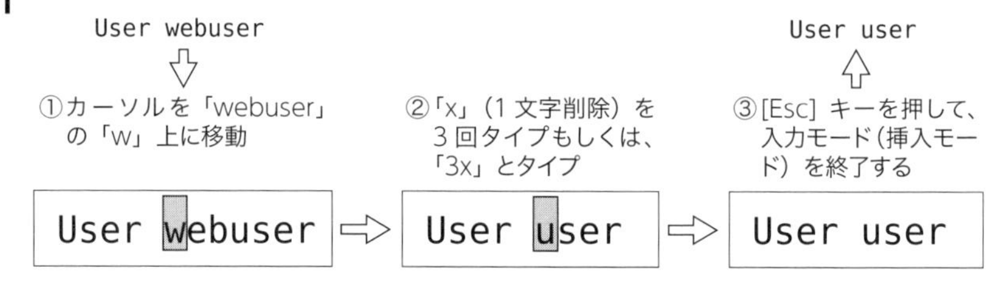
User webuser
User user
①カーソルを「webuser」の「w」上に移動
②「x」（1 文字削除）を 3 回タイプもしくは、「3x」とタイプ
③[Esc] キーを押して、入力モード（挿入モード）を終了する
User webuser
User user
User user

また、コマンドモードでは、単語や行のコピー、貼り付けを行うことができます。

表：コピー、貼り付けを行う vi コマンド

主な vi コマンド	説明
yy	カーソル行をコピー
yw	単語のコピー
P	カーソル行の上の行に貼り付け
p	カーソル行の下の行に貼り付け

A

問題 3-48

重要度 ★★★

viエディタのコマンドモードで、カーソルのある現在行をコピーしてカーソル行の下の行に張り付けるコマンドとして適切なものはどれですか？　1つ選択してください。

A. yp　　B. yyp
C. yP　　D. yyP

解説　問題3-47の解説にあるとおり、カーソル行をコピーする場合はyy、カーソル行の下の行に貼り付ける場合は、p（小文字）を使用します。

解答 B

問題 3-49

重要度 ★★★

あるファイルをviエディタで開きました。ファイルの先頭からyukoという文字列を検索したい際、viコマンドとして適切なものはどれですか？　1つ選択してください。

A. :yuko　　B. :s yuko
C. ?yuko　　D. /yuko

解説　ファイル内で文字列検索を行う場合は、「/文字列」とします。コマンドモードで「/」を入力するとステータス行にカーソルが移動するため、検索したい文字列を入力します。次の例では、ファイル内から「to」という文字列を検索しています。

実行例

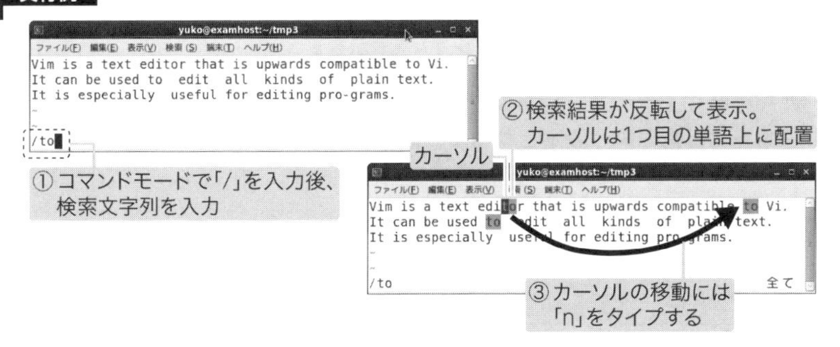

表：検索時に使用するviコマンド

主なviコマンド	説明
/文字列	現在のカーソル位置からファイルの末尾に向かって検索
?文字列	現在のカーソル位置からファイルの先頭に向かって検索
n	次を検索
N	前を検索

その他、出題率は低いですがファイルの編集に便利なコマンドを紹介します。

表：コマンドの繰り返し、取り消しを行うviコマンド

viコマンド	説明
u	最後に実行した編集の取り消し
.	最後に実行した編集の繰り返し

また、viには起動した時点では有効になっていないいくつかの便利なオプション機能があります。オプション機能を設定したり、初期設定自体を変更することができます。オプション機能の変更には「:set」コマンドを使用します。

実行例

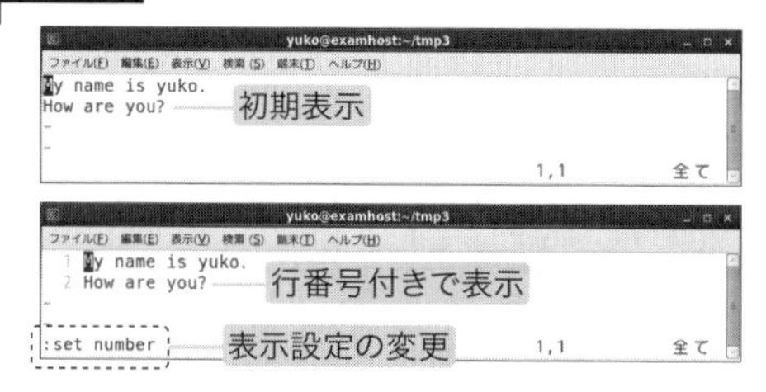

表：オプション機能の設定・解除を行うviコマンド

viコマンド	説明
:set *オプション*	オプション機能の設定
:set no *オプション*	オプション機能の解除

表：オプション機能

主なオプション	説明
number	行番号を表示する
ignorecase	大文字/小文字の区別をしない
list	タブや行末文字など、通常表示されていない文字を表示
all	すべてのオプションを表示する

vi起動時に上記のオプションを使用した場合、これは一時的な設定となります。vi起動時には常に同じ設定となるようにするには、ホームディレクトリ以下にある「.exrc」ファイルを作成し、設定情報を記述します。

設定情報の記述例

```
# ~（ホームディレクトリ）以下に「.exrc」ファイルを作成し、以下のように記述する
set number
```

これも重要！

検索時に使用する「/」と「?」の違いを確認しておきましょう。

解答 D

問題 3-50

重要度 ★★☆

bashのコマンド行エディタはemacsキーストロークを認識します。ログイン後にbashがviのキーストロークを認識するように初期化ファイルに記述するコマンドとして適切なものはどれですか？ 1つ選択してください。

A. history -p vi
B. alias emacs=vi
C. HISTCMD=vi
D. set -o vi
E. unset emacs

解説

Linuxのどのディストリビューションでも CUIでの主流のテキストエディタは、viかemacsです。どちらも独特の操作方法を持ちます。

例えばbashのコマンド履歴を呼び出す場合、viエディタモードでカーソル移動をするには[Esc]キーの後に「h（左）、j（下）、k（上）、l（右）」を押しますが、emacsモードでは「C-p（上）、C-n（下）、C-b（左）、C-f（右）」とします。

各モードでの操作は試験範囲外ですが、切り替え方法は押さえておきましょう。

- **viモードに設定する場合：**set -o vi
- **emacsモードに設定する場合：**set -o emacs

解答 D

第1部 101試験

4章

リポジトリとパッケージ管理

本章のポイント

▶RPM/yumパッケージ管理

Red Hat LinuxやFedora Linux、CentOS等のRed Hat系ディストリビューションで採用されているrpmパッケージ管理システムの使用方法を確認します。インストール済みのパッケージ情報の照会や、パッケージのインストール、アンインストール、アップグレード方法を学びます。

重要キーワード

ファイル：`/etc/yum.conf`、`/etc/yum.repos.d`ディレクトリ以下のファイル

コマンド：`rpm`、`rpm2cpio`、`yum`、`yumdownloader`、`zypper`

▶Debian/debパッケージ管理

Debian GNU/LinuxやUbuntu Linux等のDebian系ディストリビューションで採用されているdebパッケージ管理システムの使用方法を確認します。インストール済みのパッケージ情報の照会や、パッケージのインストール、アンインストール、アップグレード方法を学びます。

重要キーワード

ファイル：`/etc/apt/sources.list`

コマンド：`dpkg`、`dpkg-reconfigure`、`apt`、`apt-get`、`apt-cache`、`apt-file`

問題 **4-1**

重要度 ★☆☆

RPM ベースの Linux システムに新しくプログラムをインストールしたい場合、適切な方法はどれですか？　1 つ選択してください。

A. tarball 形式のソースを入手し、ソースからインストールする
B. ソースを入手しコンパイル後、rpm コマンドでインストールする
C. rpm コマンドを使用して rpm パッケージからバイナリ形式のプログラムをインストールする
D. cpio コマンドを使用して rpm パッケージからバイナリファイルを抽出し、rpm コマンドでインストールする

解説　多くのディストリビューションではパッケージ管理システムが導入されています。パッケージ管理システムを利用することで、ソフトウェアの導入（インストール）や削除（アンインストール）を比較的簡単に行うことができます。現在インストールされているソフトウェアの情報の調査、ソフトウェア間での依存関係の確認や競合の回避なども容易に行うことができます。

パッケージ管理システムは、ディストリビューションの系統ごとで独自の形式を利用しています。主なパッケージ管理システムとしては以下のとおりです。

RPM 形式
Red Hat Linux や Fedora Linux、CentOS 等の Red Hat 系ディストリビューションで採用されているパッケージ管理システムです。rpm コマンドや yum コマンドを利用して rpm パッケージの管理を行います。

Debian 形式
Debian GNU/Linux や Ubuntu Linux 等の Debian 系ディストリビューションで採用されているパッケージ管理システムです。dpkg コマンドや apt コマンドを利用して deb パッケージの管理を行います。

表：主なパッケージの形式と管理コマンド

	RedHat 系	Ubuntu/Debian 系
パッケージ形式	rpm 形式	deb 形式
パッケージ管理コマンド	rpm コマンド	dpkg コマンド
リポジトリを利用したパッケージ管理コマンド	yum コマンド	apt コマンド apt-get コマンド apt-cache コマンド apt-file コマンド

したがって、問題文にある RPM ベースの Linux であれば選択肢 C の方法でインストールが可能です。

解答 C

問題 4-2

重要度 ★☆☆

パッケージファイルの説明として適切なものはどれですか？　2つ選択してください。

A. rpm パッケージファイルの拡張子は「r」である
B. deb パッケージファイルの拡張子は「db」である
C. パッケージファイル名にはアーキテクチャを表す文字列が含まれる
D. rpm パッケージ、deb パッケージは、対象とするソフトウェアが同じであればパッケージファイルの内容は同一である
E. パッケージファイルには、バイナリの他にライブラリや設定ファイル、マニュアルなども含まれる

パッケージ管理システムでは、ソフトウェアをパッケージというファイル単位で管理しています。パッケージは実行形式に変換したバイナリの他、ライブラリや設定ファイル、マニュアルなどを 1 つにまとめたものです。また、パッケージを管理する上で必要となる依存情報も含まれています。したがって選択肢Eは正解です。

また、パッケージは RPM 形式、Debian 形式ごとに異なります。ファイルの名前の規則も異なります。しかし、いずれも、以下の例にあるとおり、アーキテクチャを表す文字列が含まれるため、選択肢 C は正解です。

表：RPM 形式

例）cups-1.6.3-35.el7.x86_64.rpm

フィールド	例	説明
パッケージ名	cups	パッケージ固有の名前
バージョン番号	1.6.3	各パッケージのメジャーバージョン番号
リリース番号	35.el7	各バージョンにおけるリリース番号
アーキテクチャ	x86_64	どのアーキテクチャ向けのバイナリかを表す。x86_64 は 64bit 環境を表す
拡張子	rpm	rpm パッケージであることを表す

表：Debian 形式

例）cups_2.2.7-1ubuntu2.4_amd64.deb

フィールド	例	説明
パッケージ名	cups	パッケージ固有の名前
バージョン番号	2.2.7	各パッケージのメジャーバージョン番号
リビジョン	1ubuntu2.4	バージョン番号に基づくUbuntuもしくはDebianパッケージとしてのバージョン（リビジョン）
アーキテクチャ	amd64	どのアーキテクチャ向けのバイナリかを表す。amd64は64bit環境を表す
拡張子	deb	debパッケージであることを表す

解答 C、E

問題 4-3

重要度 ★★★

以下のような実行例があります。

実行例

```
$ rpm _______ cups
Name        : cups
Epoch       : 1
Version     : 1.6.3
Release     : 43.el7
Architecture: x86_64
Install Date: 2020年05月04日 12時31分17秒
Group       : System Environment/Daemons
Size        : 4839482
License     : GPLv2
Signature   : RSA/SHA256, 2020年04月04日 05時50分25秒, Key ID 24c
6a8a7f4a80eb5
Source RPM  : cups-1.6.3-43.el7.src.rpm
Build Date  : 2020年04月01日 11時23分45秒
.....（以下省略）.....
```

インストール済みのcupsパッケージの詳細情報を表示するために、下線に入るオプションとして適切なものはどれですか？　1つ選択してください。

A. -q
B. -qf
C. -qi
D. -qD

解説　rpmパッケージに関する情報を調査し表示するには「-q(--query)」オプションを使用します。なお、詳細な情報を表示するには主に以下のオプションを組み合わせて使用します。

表：rpm のオプション

主なオプション		説明
-q	--query	指定したパッケージを検索
-a	--all	インストール済みの rpm パッケージ情報を一覧で表示
-i	--info	指定したパッケージの詳細情報を表示
-f	--file	指定したファイルを含む rpm パッケージを表示
-c	--configfiles	指定したパッケージ内の設定ファイルのみを表示
-d	--docfiles	指定したパッケージ内のドキュメントのみを表示
-l	--list	指定したパッケージに含まれるすべてのファイルを表示
-K	--checksig	パッケージの完全性を確認するために指定されたパッケージファイルに含まれるすべてのダイジェスト値と署名をチェックする
-R	--requires	指定したパッケージが依存している rpm パッケージ名を表示
-p	--package	インストールされた rpm パッケージではなく、指定した rpm パッケージファイルの情報を表示
なし	--changelog	パッケージの更新情報を表示

実行例

```
$ rpm -q cups ――インストール済みのパッケージ
cups-1.6.3-35.el7.x86_64
$ rpm -q vim ――インストールされていない場合
パッケージ vim はインストールされていません。
$ rpm -ql cups ――「l」は、指定したパッケージに含まれるすべてのファイルを表示
/etc/cups
/etc/cups/classes.conf
/etc/cups/client.conf
.....（以下省略）.....
$ rpm -qi cups ――「i」は、指定したパッケージの詳細情報を表示
Name        : cups
Epoch       : 1
Version     : 1.6.3
Release     : 35.el7
Architecture: x86_64
.....（以下省略）.....
```

「q」オプションにより検索したいパッケージ名を指定し、「i」オプションにより詳細情報を表示します。したがって選択肢 C が正しいです。また、ダウンロードしたインストール前のパッケージファイルの調査を行うことも可能です。例えば、ダウンロードしたパッケージが依存するパッケージを調べる場合、ダウンロードしたインストール前のパッケージファイルの指定は「p」オプションを使用し、そのパッケージが依存するパッケージを表示するには「R」オプションを指定します。

実行例

```
$ rpm -qpR zsh-5.0.2-28.el7.x86_64.rpm
.....（途中省略）.....
libc.so.6(GLIBC_2.11)(64bit)
libc.so.6(GLIBC_2.14)(64bit)
.....（以下省略）.....
```

解答 C

問題 4-4

重要度 ★★★

rpm コマンドで、インストール済みのパッケージを指定し、そのパッケージに含まれるファイル名をリスト表示したいと考えています。--query オプションと一緒に使用するオプションとして適切なものはどれですか？　1つ選択してください。

A. --list
B. --info
C. --installed
D. --all
E. --file

解説　問題文では、「インストール済みのパッケージを指定」と「そのパッケージに含まれるファイル名をリスト表示」とあるため、問題 4-3 の解説にあるとおり、「-q (--query)」オプション、「-l (--list)」オプションを使用します。

実行例

```
$ rpm -ql cups ――「q」「l」オプション
/etc/cups
/etc/cups/classes.conf
/etc/cups/client.conf
/etc/cups/cups-files.conf
/etc/cups/cupsd.conf
/etc/cups/cupsd.conf.default
.....（以下省略）.....
$ rpm --query --list cups ――「query」「list」オプション
/etc/cups
/etc/cups/classes.conf
/etc/cups/client.conf
/etc/cups/cups-files.conf
/etc/cups/cupsd.conf
/etc/cups/cupsd.conf.default
.....（以下省略）.....
$ rpm --query --all ――「query」「all」オプション
NetworkManager-libreswan-1.2.4-2.el7.x86_64
libiec61883-1.2.0-10.el7.x86_64
emacs-filesystem-24.3-20.el7_4.noarch
rpm-build-libs-4.11.3-32.el7.x86_64
ivtv-firmware-20080701-26.el7.noarch
gnu-free-fonts-common-20120503-8.el7.noarch
libvirt-gconfig-1.0.0-1.el7.x86_64
.....（以下省略）.....
```

これも重要！

上記実行例の最後で「rpm --query --all」を使用しています。allオプションにより、インストール済みのrpmパッケージ情報が一覧で表示されます。

解答 A

問題 4-5

重要度 ★★★

設定ファイルのみを表示するrpmコマンドのオプションとして適切なものはどれですか？ 1つ選択してください。

A. -ql　　B. -qd
C. -qs　　D. -qc

解説 設定ファイルの表示には、「-c」もしくは「--configfiles」オプションを使用します（問題4-3の解説のオプション一覧表を参照）。以下はbashパッケージを例に設定ファイルの表示を行っています。

実行例

```
$ rpm -qc bash
/etc/skel/.bash_logout
/etc/skel/.bash_profile
/etc/skel/.bashrc
```

解答 D

問題 4-6

重要度 ★★☆

/etc/skel/.bashrcファイルを所有するパッケージを表示するオプションとして適切なものはどれですか？ 1つ選択してください。

A. -qi　　B. -qf
C. -qp　　D. -ql

解説 指定したファイルを含むrpmパッケージを表示するには、-fオプションを使用します（問題4-3の解説のオプション一覧表を参照）。以下は/etc/skel/.bashrc

ファイルを含むパッケージ名を表示しています。

実行例

```
$ ls /etc/skel/.bashrc
/etc/skel/.bashrc
$ rpm -qf /etc/skel/.bashrc
bash-4.2.46-34.el7.x86_64
```

解答 B

問題 4-7

重要度 ★★☆

パッケージファイルを指定し、そのパッケージがインストールされていない場合は新規にインストールし、旧バージョンが存在する場合は更新したいと考えています。rpm コマンドのオプションとして適切なものはどれですか？　1つ選択してください。

A. --install　　B. -Fvh
C. -ivh　　D. -U

解説　rpm パッケージファイルからシステムへのインストールやアップデートを行うには主に次のオプションを使用します。

表：インストール・アップグレードに関するオプション

主なオプション		説明
-i	--install	パッケージをインストールする（アップデートは行わない）
-U	--upgrade	パッケージをアップグレードする。インストール済みのパッケージが存在しない場合、新規にインストールを行う
-F	--freshen	パッケージをアップデートする。インストール済みのパッケージが存在しない場合、何も行わない
-v	--verbose	詳細な情報を表示する
-h	--hash	進行状況を # 記号で表示する
なし	--force	指定されたパッケージがすでにインストールされていても上書きインストールを行う
なし	--oldpackage	古いパッケージに置き換えること（ダウングレード）を許可する
なし	--test	パッケージをインストールせず、衝突等のチェックを行い結果を表示する

問題文から、選択肢 B の -F ではなく、選択肢 D の -U が正しいです。

解答 D

問題 4-8

重要度 ★★☆

最近バージョンアップしたパッケージを複数ダウンロードしました。中には現在システムにインストールされていないパッケージも含まれています。インストールされているパッケージだけをアップデートする rpm コマンドのオプションとして適切なものはどれですか？　1つ選択してください。

A. -Vh
B. -ivf
C. -U
D. -qpl
E. -Fvh

解説　選択肢の中でインストールおよびアップデートするオプションを使用している選択肢は B、C、E です。選択肢 B はインストールを行いますが、アップデートは行われません。また、選択肢 C は、既存パッケージはアップデートされますが、インストールされていないパッケージもインストールされるため、問題文の指示としては誤りです。選択肢 E は、パッケージをアップデートし、かつ、インストールされていないパッケージに対しては何も行わないため問題文の指示として正しいです。

参考　アップデートはインストールと異なり、インストール後に古いバージョンを削除します。

解答　E

問題 4-9

重要度 ★★★

rpm パッケージを削除するコマンドラインとして適切なものはどれですか？　1つ選択してください。

A. rpm -d pkgname
B. rpm -e pkgname
C. rpm -e pkgname.rpm
D. rpm erase pkgname

解説　インストールした rpm パッケージを削除するには -e オプションを使用し、引数にはパッケージ名を指定します。

表：アンインストールに関するオプション

主なオプション		説明
-e	--erase	パッケージを削除する
なし	--nodeps	依存関係を無視してパッケージを削除する
なし	--allmatches	パッケージ名に一致するすべてのバージョンのパッケージを削除する

アンインストールする際も rpm パッケージ間の依存関係が検証されます。もし削除しようとしているパッケージが他のパッケージに依存している場合、アンインストール作業は中断されます。--nodeps オプションを使用することで依存関係を無視してアンインストールが可能ですが、他に影響が出る場合もあるので注意が必要です。なお、--nodeps はインストールする際も使用可能ですが、その場合は依存関係を無視してインストールされます。

解答 B

問題 4-10

重要度 ★★★

yum コマンドでインストール済みパッケージの一覧を表示するオプションとして適切なものはどれですか？　1 つ選択してください。

A. installed list
B. list -i
C. list
D. list installed

yum は rpm パッケージを管理するユーティリティです。パッケージの依存関係を自動的に解決してインストール、削除、アップデートを行うユーティリティです。yum コマンドは、インターネット上のリポジトリ（パッケージを保管・管理している場所）と通信し、簡単に rpm パッケージのインストールや最新情報の入手が可能です。yum コマンドは、あわせてサブコマンドを使用します。検索、および表示に関する主なサブコマンドは以下のとおりです。

表：検索・表示に関するサブコマンド

主なサブコマンド	説明
list	利用可能な全 rpm パッケージ情報を表示
list installed	インストール済みの rpm パッケージを表示
info	指定した rpm パッケージの詳細情報を表示
search	指定したキーワードで rpm パッケージを検索し結果を表示
deplist	指定した rpm パッケージの依存情報を表示
list updates	インストール済みの rpm パッケージで更新可能なものを表示
check-update	インストール済みの rpm パッケージで更新可能なものを表示

以下は「list installed」サブコマンドを使用した例です。

実行例

```
$ yum list installed
.....（途中省略）.....
インストール済みパッケージ
GConf2.x86_64                          3.2.6-8.el7       @anaconda
GeoIP.x86_64                           1.5.0-11.el7      @anaconda
ModemManager.x86_64                    1.6.10-1.el7      @anaconda
ModemManager-glib.x86_64               1.6.10-1.el7      @anaconda
.....（以下省略）.....
```

解答 D

問題 4-11

重要度 ★★★

「yum list updates」と同等の処理を行うコマンドラインとして適切なものはどれですか？　1つ選択してください。

A. yum update
B. yum deplist
C. yum check-update
D. yum list-update
E. yum update-list

解説 「yum list updates」は、システムの最新性をチェックするために、アップデートができるすべてのパッケージを表示します。選択肢Cのcheck-updateサブコマンドも同等の処理を行います。選択肢Aはシステムすべてのパッケージがアップデートされます。選択肢Bは指定したrpmパッケージの依存情報を表示します。選択肢D、選択肢Eのようなサブコマンドは提供されていません。

解答 C

問題 4-12

重要度 ★★★

yum コマンドで指定したキーワードでパッケージを検索するコマンドラインとして適切なものはどれですか？　1つ選択してください。

A. yum select docker
B. yum search docker
C. yum query docker
D. yum request docker

指定したキーワードでパッケージを検索し結果を表示するには、search サブコマンドを使用します。以下の実行例は、キーワードとして docker を指定した例です。

実行例

```
$ yum search docker
.....（途中省略）.....
cockpit-docker.x86_64 : Cockpit user interface for Docker containers
docker-client.x86_64 : Client side files for Docker
docker-client-latest.x86_64 : Client side files for Docker
docker-common.x86_64 : Common files for docker and docker-latest
docker-distribution.x86_64 : Docker toolset to pack, ship, store, and
deliver content
.....（以下省略）.....
```

解答 B

問題 4-13

重要度 ★★★

「yum deplist パッケージ名」の説明として適切なものはどれですか？　1つ選択してください。

A. 指定したパッケージの依存情報を表示する
B. 指定したパッケージが依存しているパッケージをインストールする
C. 指定したパッケージが依存している更新可能なパッケージを表示する
D. 指定したパッケージが依存している更新可能なパッケージをアップデートする

deplist サブコマンドは、指定した rpm パッケージの依存情報を表示します。以下の実行例は、cups パッケージの依存情報を表示している例です。

実行例

```
$ yum deplist cups
.....（途中省略）.....
パッケージ    : cups.x86_64 1:1.6.3-43.el7
  依存性       : /bin/sh
   provider: bash.x86_64 4.2.46-34.el7
  依存性       : acl
   provider: acl.x86_64 2.2.51-15.el7
  依存性       : cups-client(x86-64) = 1:1.6.3-43.el7
   provider: cups-client.x86_64 1:1.6.3-43.el7
  依存性       : cups-filesystem = 1:1.6.3-43.el7
   provider: cups-filesystem.noarch 1:1.6.3-43.el7
  依存性       : cups-libs(x86-64) = 1:1.6.3-43.el7
   provider: cups-libs.x86_64 1:1.6.3-43.el7
.....（以下省略）.....
```


解答 A

問題 4-14

重要度 ★★☆

yum コマンドでパッケージを削除する際の説明として適切なものはどれですか？ 2つ選択してください。

A. 特定のパッケージを削除するには remove サブコマンドを使用する
B. 特定のパッケージを削除するには delete サブコマンドを使用する
C. 特定のパッケージを削除するには erase サブコマンドを使用する
D. yum コマンドによる特定のパッケージの削除はできないため、rpm コマンドで行う

解説 インストール済みの rpm パッケージを yum コマンドで削除する場合は、remove もしくは erase サブコマンドを使用します。このとき、依存関係を検証し、不要となるパッケージがある場合は一緒に削除します。

また、yum コマンドを利用して、リポジトリから提供される rpm パッケージをインストールやアップデートするには主に以下のサブコマンドを使用します。

表：インストール・アップデートに関するサブコマンド

主なサブコマンド	説明
install	指定した rpm パッケージをインストールする。自動的に依存関係も解決する
localinstall	指定した rpm ファイルもしくは、http もしくは ftp の URL を指定してパッケージをインストールする
update	インストール済みの rpm パッケージで更新可能なものをすべてアップデートする。なお、個別の rpm パッケージを指定して更新することも可能
upgrade	システム全体のリリースバージョンアップを行う

解答 A、C

問題 4-15

重要度 ★★★

yum コマンド実行時に参照されるリポジトリを URL で指定する設定ファイルがあります。そのファイルを保存しているディレクトリの名前を絶対パスで記述してください。

yum に関連する設定ファイルはいくつかありますが、試験範囲とされる主なファイルは以下の 2 つです。

表：yum の設定ファイル

ファイル	説明
/etc/yum.conf	基本設定ファイル
/etc/yum.repos.d ディレクトリ以下に保存されたファイル	リポジトリの設定ファイル

/etc/yum.conf ファイルには、yum 実行時のログファイルの指定など基本設定情報が記述されています。なお、リポジトリファイル（xx.repo）の配置場所は reposdir フィールドで指定することができます。特に指定しなかった場合は、/etc/yum.repos.d ディレクトリがデフォルトとなります。

実行例

```
# cat /etc/yum.conf
[main]
cachedir=/var/cache/yum/$basearch/$releasever
keepcache=0
debuglevel=2
logfile=/var/log/yum.log ――ログファイル名
.....（以下省略）.....
```

また、/etc/yum.repos.d ディレクトリには、リポジトリサーバの設定情報が記述されたファイルが保存されています。以下の例では、CentOS 7.8 での /etc/

yum.repos.d ディレクトリ以下を表示しています。

実行例

```
# pwd
/etc/yum.repos.d
# ls
CentOS-Base.repo  CentOS-Debuginfo.repo  CentOS-Sources.repo
CentOS-fasttrack.repo  CentOS-CR.repo
CentOS-Media.repo      CentOS-Vault.repo  CentOS-x86_64-kernel.repo
```

また、以下では、CentOS リース時のパッケージを提供する base リポジトリの設定ファイルである CentOS-Base.repo を表示しています。

実行例

```
# cat /etc/yum.repos.d/CentOS-Base.repo
.....（途中省略）.....
[base]
name=CentOS-$releasever - Base ── ①
mirrorlist=http://mirrorlist.centos.org/?release=$releasever&arch=$basear
ch&repo=os&infra=$infra ── ②
#baseurl=http://mirror.centos.org/centos/$releasever/os/$basearch/ ── ③
gpgcheck=1
gpgkey=file:///etc/pki/rpm-gpg/RPM-GPG-KEY-CentOS-7
.....（以下省略）.....
```

①name フィールドはリポジトリを表す名前
②mirrorlist には baseurl を含むリポジトリサーバの一覧が記載されたファイルの URL が指定されている。CentOS 7 の場合、変数 $releasever の値は「7」、$basearch の値は「x86_64」、$infra の値は「stock」となる。したがって、mirrorlist の値は「http://mirrorlist.centos.org/?release=7&arch=x86_64&repo=os&infra=stock」となり、「release=7」の指定により、実行時の CentOS 7 の最新バージョンのリポジトリにアクセスする
③baseurl（デフォルトでは行頭に # が付いてコメント行）には centos.org のリポジトリの URL が指定されている（例：baseurl=http://ftp.riken.jp/Linux/centos/7.8.2003/os/x86_64/）

解答 /etc/yum.repos.d

問題 4-16

重要度 ★★☆

rpm パッケージのインストールは行わず、rpm ファイルのダウンロードだけをする場合に使用するコマンドとして適切なものはどれですか？　1つ選択してください。

A. getrpm　　B. getyum
C. rpmdownloader　　D. yumdownloader

解説　yum や rpm コマンドでシステムへパッケージのインストールを行うことができますが、個別に rpm ファイルをダウンロードする場合、yumdownloader コマンドを使用すると便利です。一般ユーザ権限でも使用可能であり「yumdownloader パッケージ名」と実行します。rpm ファイルを保存しておけば、最新のパッケージを使用するのではなく、決められたバージョンでマシンを構築しなければならない場合などに便利です。

実行例

```
$ yumdownloader zsh
Loaded plugins: refresh-packagekit
.....（途中省略）.....
zsh-4.3.10-4.1.el6.x86_64.rpm                                   | 2.1 MB     00:08
$ ls -l
-rw-rw-r--  1 yuko yuko 2239408 11月 25 06:09 2010 zsh-4.3.10-4.1.el6.x86_64.rpm
```

解答 D

問題 4-17

重要度 ★★☆

yum コマンドで、パッケージグループを一覧表示するものとして適切なものはどれですか？　1つ選択してください。

A. yum groups　　B. yum collection
C. yum -group show　　D. yum grouplist

解説　パッケージグループとは、システムツールや特定のアプリケーションなど、共通の目的でサービス提供するパッケージの集合です。パッケージグループを一覧表示するには「yum grouplist」と指定します。また、特定のグループに含まれているパッケージを一覧表示するには「yum group info パッケージグループ名」、グループ名を指定してパッケージのインストールを行うには「yum groupinstall パッケージグループ名」とします。

実行例

```
$ yum grouplist ―― パッケージグループを一覧表示
.....（途中省略）.....
Available Environment Groups:
   最小限のインストール
   インフラストラクチャーサーバー
   コンピュートノード
   ファイルとプリントサーバー
   ベーシック Web サーバー
   仮想化ホスト
.....（以下省略）.....
$ yum group info "ベーシック Web サーバー" ―― 特定のパッケージグループのパッケージ一覧表示
.....（途中省略）.....
Environment Group: ベーシック Web サーバー
 Environment-Id: web-server-environment
 説明: 静的および動的なインターネットコンテンツの配信を行うサーバーです。
 Mandatory Groups:
   +base
   +core
   +web-server
 Optional Groups:
   +backup-client
   +debugging
   +directory-client
.....（以下省略）.....
# yum group install "ベーシック Web サーバー" ―― rootでインストール実行
.....（実行結果省略）.....
```

解答 D

問題 4-18

重要度★★★

dpkg コマンドで、インストール済みのパッケージを指定し、そのパッケージに含まれるファイル名をリスト表示したいと考えています。コマンドラインとして適切なものはどれですか？　1 つ選択してください。

A. dpkg --list debian_pkg
B. dpkg -qlp debian_pkg
C. dpkg --purge debian_pkg
D. dpkg --listfiles debian_pkg
E. dpkg --searchfiles debian_pkg

問題 4-1 の解説にあるとおり、Debian 系ディストリビューションで採用されているパッケージ管理システムでは、deb パッケージの管理を行います。管理者は、パッケージファイルを選択し、dpkg コマンドを使用してインストールやアップデート、アンインストールを行います。dpkg コマンドでは、どのような管理をしたいかによって多彩なオプションが用意されています。

表：表示に関するオプション

主なオプション		説明
-l	--list	インストール済みの全 deb パッケージの情報を表示。特定のパッケージ情報のみ表示する場合は、-l オプションの後にパッケージ名を指定
-s	--status	指定したパッケージの情報を表示。依存関係も確認可能
-L	--listfiles	指定したパッケージに含まれるすべてのファイルを表示
-S	--search	インストール済みのパッケージから指定されたファイルを検索
-I	--info	指定したパッケージの詳細情報を表示
-C	--audit	インストールが完了していないパッケージを検索
-c	--contents	インストールされたパッケージではなく、指定した deb パッケージファイルに含まれるファイルの一覧を表示

dpkg コマンドで、インストール済みのパッケージに含まれるファイル名をリスト表示するには --listfiles オプションを使用します。したがって、選択肢 D が正しいです。なお、-L オプションでも同じ結果を得ることができます。

以下の実行例の①では、未インストールのパッケージ（vim）を指定しているため、結果は表示されません。実行例の②では、インストール済みのパッケージ（cups）を指定しており、パッケージに含まれるファイル名をリスト表示しています。実行例の③にあるとおり、-L でも同様の結果を得ることができます。

実行例

```
$ dpkg --listfiles vim ①
dpkg-query: パッケージ 'vim' はまだインストールされていません
Use dpkg --contents (= dpkg-deb --contents) to list archive files
contents.
$ dpkg --listfiles cups ②
/.
/etc
/etc/cups
/etc/cups/snmp.conf
/usr
/usr/lib
/usr/lib/cups
.....（以下省略）.....
$ dpkg -L cups ③
/.
/etc
/etc/cups
/etc/cups/snmp.conf
/usr
/usr/lib
/usr/lib/cups
.....（以下省略）.....
```


解答 D

問題 4-19

重要度 ★★★

Debian システムではパッケージのインストール時に多くのファイルが作成されています。そこでインストール済みのパッケージから /etc/sample.conf ファイルが含まれているパッケージを表示するためのコマンドラインとして、適切なものはどれですか？　1つ選択してください。

A. dpkg search /etc/sample.conf
B. apt -i /etc/sample.conf
C. dpkg -S /etc/sample.conf
D. apt-search /etc/sample.conf
E. dpkg -info /etc/sample.conf

問題文 4-18 の解説にあるとおり、インストール済みのパッケージから指定されたファイルを検索するには、「-S（--search)」オプションを使用します。

```
$ dpkg -S /etc/mke2fs.conf
e2fsprogs: /etc/mke2fs.conf
```

解答 C

問題 4-20

重要度 

dpkg コマンドで、システムにインストールされている deb パッケージを一覧表示するために使用するオプションとして適切なものはどれですか？　1 つ選択してください。

A. -L　　B. -l
C. -A　　D. -a

解説　-l オプションを使用することで、システムにインストールされているパッケージを一覧表示します。なお、--list でも同様の結果を得ることができます。

```
$ dpkg -l
.....（途中省略）.....
||/ 名前                バージョン          アーキテクチ 説明
+++-====================================-======-=======================================================>
ii  accountsservice  0.6.55-0ubuntu11    amd64  query and manipulate user account information
ii  acl              2.2.53-6            amd64  access control list - utilities
ii  acpi-support     0.143               amd64  scripts for handling many ACPI events
ii  acpid            1:2.0.32-1ubuntu1   amd64  Advanced Configuration and Power Interface event daemon
.....（以下省略）.....
```

解答 B

問題 4-21

重要度 ★★★

deb パッケージである pkgname を、設定ファイルは残してアンインストールするためのコマンドラインとして、適切なものはどれですか？　1 つ選択してください。

A. dpkg -R pkgname または dpkg --Remove pkgname
B. dpkg -r pkgname または dpkg --remove pkgname
C. dpkg -D pkgname または dpkg --Delete pkgname
D. dpkg -d pkgname または dpkg --delete pkgname

dpkg コマンドでインストールした deb パッケージを削除する際に、設定ファイルを残して削除する場合は、-r（--remove）オプションを使用します。なお、設定ファイルも含めて完全に削除する場合は、-P（--purge）オプションを使用します。

表：アンインストールに関するオプション

主なオプション		説明
-r	--remove	パッケージは削除するが、設定ファイルは残したままとする
-P	--purge	設定ファイルも含め完全にパッケージを削除する

また、dpkg コマンドで deb パッケージファイルからシステムへのインストールやアップデートを行うには、-i（--install）オプションを使用します。-i オプションとあわせて、以下のオプションを使用することも可能です。

表：インストール・アップグレードに関するオプション

主なオプション		説明
-i	--install	パッケージをインストールする
-E	--skip-same-version	すでに同じバージョンのパッケージがインストールされている場合は何も行わない
-G	--refuse-downgrade	すでに新しいバージョンのパッケージがインストールされている場合は何も行わない

 B

問題 4-22

重要度 

Debian 系のパッケージ管理システムで、インストール済みのパッケージに対してインストール時と同じように設定を行うコマンドを記述してください。

解説 dpkg-reconfigure コマンドは、指定したインストール済みのパッケージに対し設定内容を変更することが可能です。例えばロケールの変更や、サービスの使用ユーザの制限などがあります。以下は x11-common パッケージを指定し、dpkg-reconfigure コマンドを実行しています。

実行例

```
$ sudo dpkg-reconfigure x11-common
```

コマンドを実行すると以下の画面が表示される

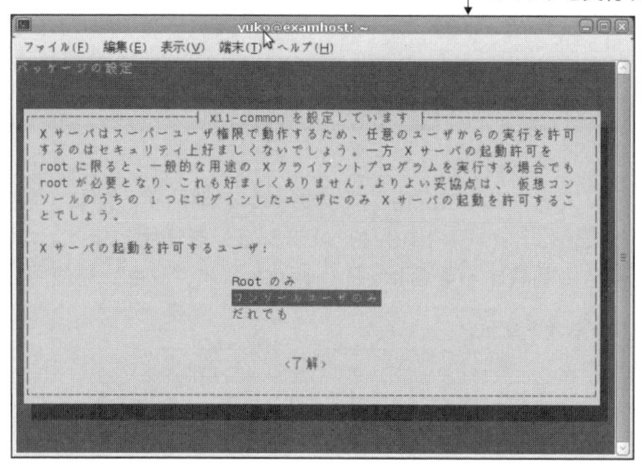

解答 dpkg-reconfigure

問題 4-23

重要度 ★★☆

deb パッケージをリポジトリを使用してインストールするコマンドとして適切なものはどれですか？　2つ選択してください。

A. apt-get　　B. apt-cache
C. apt-install　　D. apt

解説 Debian GNU/Linux において、deb パッケージをリポジトリを使用してより効率良く管理するためのツールとして APT があります。使用する主なコマンドとして、apt、apt-cache、apt-get、apt-file コマンドがあります。

表：apt-cache、apt-get、apt-file、apt

コマンド	説明
apt-cache	パッケージの検索、情報の参照を行う
apt-get	パッケージの追加、削除を行う
apt-file	指定したパターン（ファイル名など）を基にパッケージの検索を行う
apt	パッケージの検索、追加、削除を行う。 apt-cache、apt-get のように使い分けることなく、apt にサブコマンドを指定することで、パッケージ管理を行うことができる

パッケージのインストールには、apt-get コマンドもしくは apt コマンドを使用します。

解答 A、D

問題 4-24

重要度 ★★★

apt-get コマンドを使用して、debian_pkg パッケージをインストールするためのコマンドラインとして、下線部に入るサブコマンドを記述してください。

apt-get ________ debian_pkg

解説 apt-get コマンドは、deb パッケージのインストール、アップグレード、アンインストールに使用します。

表：apt-get のサブコマンド

主なサブコマンド	説明
install	依存関係をチェックし、パッケージをインストールする
upgrade	アップグレード可能な deb パッケージをすべて更新する。現在インストール中のパッケージの削除は行わない
update	パッケージデータベースを更新する
dist-upgrade	古いパッケージの削除も含め、現在インストールされている全パッケージを更新する
remove	deb パッケージをアンインストールする

解答 install

問題 4-25

重要度 ★★☆

dpkg コマンドでパッケージをインストールしようとしましたが、依存関係の問題で失敗しました。再度、依存関係が欠如しているパッケージも含めて自動的にインストールするコマンドラインとして適切なものはどれですか？　1つ選択してください。

A. dpkg --fix --all パッケージ名
B. dpkg-reconfigure --all パッケージ名
C. apt-get install パッケージ名
D. apt-fix --all パッケージ名
E. apt autoinstall パッケージ名
F. apt-conflict fix パッケージ名

解説　dpkg コマンドで、パッケージファイル（deb ファイル）を指定してインストールすることは可能ですが、インストール対象のパッケージが利用している（依存している）パッケージが未インストールの場合、エラーとなります。

以下の実行例は、zsh パッケージのインストール例です。①で zsh がまだインストールされていないことを確認し、②で zsh の deb ファイルを指定してインストールを試みています。しかし、③、④で、依存先である zsh-common パッケージが未インストールのため、エラーとなっています。

実行例

```
$ dpkg -s zsh ―― ①
dpkg-query: パッケージ 'zsh' はまだインストールされておらず情報の利用は不可
能です
アーカイブファイルを調べるためには dpkg --info (= dpkg-deb --info) を、
その内容一覧を表示するには dpkg --contents (= dpkg-deb --contents) を使
います。
$ sudo dpkg -i zsh_5.4.2-3ubuntu3_amd64.deb ―― ②
以前に未選択のパッケージ zsh を選択しています。
(データベースを読み込んでいます ... 現在 131152 個のファイルとディレクトリが
インストールされています。)
zsh_5.4.2-3ubuntu3_amd64.deb を展開する準備をしています ...
zsh (5.4.2-3ubuntu3) を展開しています...
dpkg: 依存関係の問題により zsh の設定ができません:
 zsh は以下に依存 (depends) します: zsh-common (= 5.4.2-3ubuntu3) ...
しかし: ―― ③
  パッケージ zsh-common はまだインストールされていません。 ―― ④
dpkg: パッケージ zsh の処理中にエラーが発生しました (--install):
 依存関係の問題 - 設定を見送ります
man-db (2.8.3-2) のトリガを処理しています ...
処理中にエラーが発生しました:
```

次の実行例は、①で先にzsh-commonパッケージをインストール後、②でzshパッケージをインストールしています。エラーなくインストールが完了し、③で確認をしています。

実行例

```
$ sudo dpkg -i zsh-common_5.4.2-3ubuntu3_all.deb ①
以前に未選択のパッケージ zsh-common を選択しています。
(データベースを読み込んでいます ... 現在 131205 個のファイルとディレクトリが
インストールされています。)
.....(以下省略).....
$ sudo dpkg -i zsh_5.4.2-3ubuntu3_amd64.deb ②
(データベースを読み込んでいます ... 現在 132499 個のファイルとディレクトリが
インストールされています。)
.....(以下省略).....
$ dpkg -s zsh ③
Package: zsh
Status: install ok installed
.....(以下省略).....
```

また、次の実行例のように「apt-get install」を使用することで、依存関係を自動的に解決し、インストールを行います。

実行例

```
$ sudo apt-get install zsh
パッケージリストを読み込んでいます... 完了
依存関係ツリーを作成しています
状態情報を読み取っています... 完了
以下の追加パッケージがインストールされます:
  zsh-common
提案パッケージ:
  zsh-doc
以下のパッケージが新たにインストールされます:
  zsh
以下のパッケージはアップグレードされます:
  zsh-common
.....(以下省略).....
```

参考　上記実行例にある「sudo apt-get install zsh」は、aptコマンドを使用して、「sudo apt install zsh」としても依存性を解決してインストールが行われます。

C

問題 4-26

重要度 ★★★

Debian 系システムで、現在インストールされているパッケージの削除は行わず、可能な限りシステムを最新の状態にアップグレードするコマンドラインとして適切なものはどれですか？　1つ選択してください。

A. apt-get install
B. apt-get update
C. apt-get dist-upgrade
D. apt-get full-upgrade
E. apt-get upgrade

解説　問題 4-24 の解説にあるとおり、アップグレードを行うサブコマンドとして「dist-upgrade」と「upgrade」があります。「dist-upgrade」は、必要であれば不要なパッケージは削除し、最新の状態にアップグレードします。「upgrade」は、現在インストール中のパッケージに新しいバージョンがあれば更新しますが、現在インストール中のパッケージの削除は行いません。したがって、あるパッケージにおいて、新しいバージョンが提供されていても、依存先パッケージが更新できないため、現在のバージョンのままとなる場合があります。

解答 E

問題 4-27

重要度 ★★☆

apt-get コマンドで、deb パッケージをアンインストールするサブコマンドとして適切なものはどれですか？　1つ選択してください。

A. remove
B. rm
C. delete
D. erase

解説　apt-get コマンドで、deb パッケージをアンインストールするには、remove サブコマンドを使用します。他の選択肢はサブコマンドとしては存在しません。以下の実行例では、vim パッケージを削除しています。

実行例

```
$ sudo apt-get remove vim
パッケージリストを読み込んでいます... 完了
依存関係ツリーを作成しています
状態情報を読み取っています... 完了
.....（途中省略）.....
この操作後に 3,111 kB のディスク容量が解放されます。
続行しますか? [Y/n] y
(データベースを読み込んでいます ... 現在 187795 個のファイルとディレクトリが
インストールされています。)
vim (2:8.1.2269-1ubuntu5) を削除しています ...
.....（以下省略）.....
```

解答 A

問題 4-28

重要度 ★★★

Debian 系のパッケージ管理システムで、パッケージの置かれているネットワーク上の場所を記述するファイル名を絶対パスで記述してください。

解説　apt-get コマンドは、/etc/apt/sources.list に記述された入手リストに従い、パッケージをインストールしています。必要に応じてこのファイルに URL を追加することができます。

実行例

```
# cat /etc/apt/sources.list
```

sources.listファイル

```
deb http://jp.archive.ubuntu.com/ubuntu/ focal main restricted
.....（以下省略）.....
```

バイナリパッケージ（deb）を、http://jp.archive.ubuntu.com/ubuntu/ から取得します。focal は、Ubuntu ディストリビューションのコード名（Ubuntu 20.04 のコードネーム）、main（Canonical がサポートするフリーソフトウェアとオープンソースソフトウェア）と restricted（プロプライエタリなデバイスドライバ）に属するコンポーネントがインストールされます。項目の詳細はオンラインマニュアルで確認してください。

なお、sources.list の編集が終わったら「apt-get update」を実行し最新のパッケージ情報に更新します。

 /etc/apt/sources.list

問題 4-29

重要度 ★★★

apt-cache コマンドで、すべての deb パッケージを表示するサブコマンドとして適切なものはどれですか？　1つ選択してください。

A. pkgnames　　B. show
C. list　　D. listfiles

解説　apt-cache コマンドは、deb パッケージ情報の検索、表示に使用します。

表：apt-cache の主なサブコマンド

主なサブコマンド	説明
pkgnames	すべての deb パッケージを一覧表示する。文字列を指定すると、その文字列を含むパッケージのみ表示する
search	指定したキーワードを含むパッケージを表示。複数キーワードや正規表現を用いたキーワードの指定が可能
show	指定したパッケージの詳細情報と、依存情報を表示
depends	指定したパッケージの依存関係と、その依存関係を満たす他のパッケージの一覧を表示

pkgnames サブコマンドを使用すると、インストール可能な deb パッケージを一覧表示します。文字列を指定すると、その文字列を含むパッケージのみ表示します。

実行例

```
$ apt-cache pkgnames ―― 全パッケージの表示
libgkarrays
libdatrie-doc
libfstrcmp0-dbg
librime-data-sampheng
zabbix
fonts-georgewilliams
.....（以下省略）.....
$ apt-cache pkgnames ssh ―― sshを含むパッケージの表示
ssh-cron
sshesame
ssh-askpass-fullscreen
ssh-contact-service
.....（以下省略）.....
```

 A

問題 4-30

重要度 ★★★

指定したパターンを含むパッケージを検索し表示するコマンドとして適切なものはどれですか？　1つ選択してください。

A. apt-find　　B. apt-search
C. apt-file　　D. apt-show

解説　指定したパターン（ファイル名など）を基にパッケージの検索を行うコマンドとして、apt-file が提供されています。

表：apt-file の主なアクション

主なアクション	説明
search（もくは find）	パターンで指定した名前のファイルが含まれているパッケージを表示
list（もしくは show）	指定したパッケージに含まれるすべてのファイルを表示
update	キャッシュファイルを更新する

apt-file コマンドが未インストールの場合は、以下実行例の①を参考にインストールしてください。また、②では apt-file コマンドの実行を試みますが、エラーとなっています。インストール直後では、apt-file コマンドが使用するキャッシュファイルが空のため、apt-file が使用できません。②のメッセージが表示された場合は、③にあるとおり update を実行します。

実行例

```
$ sudo apt-get install apt-file ――①
$ apt-file search /usr/sbin/sshd ――②
Finding relevant cache files to search ...E: The cache is empty.
You need to run "apt-file update" first.
$ sudo apt-file update ――③
[sudo] yuko のパスワード:
ヒット:1 http://jp.archive.ubuntu.com/ubuntu focal InRelease
取得:2 http://jp.archive.ubuntu.com/ubuntu focal-updates InRelease
[107 kB]
取得:3 http://jp.archive.ubuntu.com/ubuntu focal-backports
InRelease [98.3 kB]
取得:4 http://jp.archive.ubuntu.com/ubuntu focal i386 Contents
(deb) [32.2 MB]
取得:5 http://security.ubuntu.com/ubuntu focal-security InRelease
[107 kB]
取得:6 http://security.ubuntu.com/ubuntu focal-security/main amd64
DEP-11 Metadata [16.6 kB]
```

以下実行例の①では、search アクションを使用し、パターンとして /usr/sbin/sshd を指定しています。このファイルが含まれるパッケージ名として opensshserverがあることがわかります。また、②では、パターンとしてsshdを指定しています。多くのパッケージ名が結果として出力されています。

実行例

```
$ apt-file search /usr/sbin/sshd ―― ①
openssh-server: /usr/sbin/sshd
$
$ apt-file search sshd ―― ②
ansible: /usr/lib/python3/dist-packages/ansible/modules/network/
f5/bigip_device_sshd.py
ansible-doc: /usr/share/doc/ansible/html/modules/bigip_device_
sshd_module.html
apparmor-profiles: /usr/share/apparmor/extra-profiles/usr.sbin.
sshd
augeas-doc: /usr/share/doc/augeas-doc/lenses/files/sshd-aug.html
augeas-doc: /usr/share/doc/augeas-doc/lenses/files/tests/test_
sshd-aug.html
.....（以下省略）.....
```

解答 C

第1部 101試験

5章

ハードウェア、ディスク、パーティション、ファイルシステム

本章のポイント

▶ ハードウェアの基礎知識と設定

様々なハードウェア情報を表示するコマンドを確認します。

重要キーワード

コマンド：lspci、modprobe、lsusb、lsmod、rmmod

その他：HDD、SSD、udev、BIOS、UEFI、GPT、MBR

▶ ハードディスクのレイアウトとパーティション

パーティションの種類、構成を理解し、使用目的に応じたパーティション設計および作成方法を確認します。

重要キーワード

コマンド：fdisk、gdisk、parted

その他：デバイスファイル

▶ ファイルシステムの作成と管理、マウント

作成したパーティションにファイルシステムを作成する方法を確認します。また、作成したファイルシステムをルートからなるツリー構造に接続するマウントについても確認します。

重要キーワード

コマンド：mkfs、mke2fs、mkswap、swapon、swapoff、mount、umount

ファイル：/etc/fstab、/proc/self/mounts

その他：ファイルシステムの種類（ext2、ext3、ext4、reiserfs、xfs、jfs、vfat、exfat）、ジャーナル、UUID、ラベル

問題 5-1

重要度 ★☆☆

Intel Core マイクロアーキテクチャを採用したプロセッサ内および PCH 内で、主要なデバイスが接続されるバスはどれですか？　1つ選択してください。

A. AGP　　B. ISA
C. PCI　　D. USB

Intel Core マイクロアーキテクチャは 1998 年から Intel 社のプロセッサ Xeon、Core i7、Core i5、Core i3、Celeron などで採用されているマルチコアプロセッサ用の高性能で低消費電力のアーキテクチャです。

表：Intel プロセッサの種類

性能区分	ブランド名	用途
ハイエンド	Xeon（ジーオン）	サーバ、ワークステーション
ミッドレンジ	Core i9、Core i7、Core i5、Core i3	デスクトップ、モバイル PC
ローエンド	Celeron（セレロン）	低価格 PC

Intel Core マイクロアーキテクチャは第 1 世代から現在の第 10 世代まで進化、発展してきました。以下の表は Core i7、i5、i3 の各世代のモデルの例です。この他に Core i9、Xeon、Celeron などがリリースされています。

表：アーキテクチャの世代の変遷

世代	コード名	プロセッサのモデル名（抜粋）
第 1 世代	Nehalem	Core i7 970、Core i5 7xx、Core i3 3xxM
第 2 世代	Sandy Bridge	Core i7 2xxxK、Core i5 2xxx、Core i3 21xx
第 3 世代	Ivy Bridge	Core i7 37xx、Core i5 3xxx、Core i3 32xx
第 4 世代	Haswell	Core i7 47xx、Core i5 4xxx、Core i3 43xx
第 5 世代	Broadwell	Core i7 5775C、Core i5 5675C、Core i3 5xx7U
第 6 世代	Skylake	Core i7 6700、Core i5 6400、Core i3 6098P
第 7 世代	Kaby Lake	Core i7 7700、Core i5 7600、Core i3 7167U
第 8 世代	Coffee Lake	Core i7 8700K、Core i5 8600K、Core i3 8350K
第 9 世代	Coffee Lake	Core i7 9700K、Core i5 9600K、Core i3 9350KF
第 9 世代	Cannon Lake	Core i3 8121U
第 10 世代	Ice Lake	Core i7-1065G7、Core i5-L16G7、Core i3-L13G4
第 10 世代	Comet Lake	Core i7-10700T、Core i5-10400T、Core i3-10320

注 1) Coffee Lake には第 8 世代と第 9 世代があります。
注 2) ほとんどのモデル名の番号は世代の番号で始まりますが、その世代で最新のものは世代番号に +1 されているものもあります。
注 3) Ice Lake と Comet Lake ではプロセスルールと呼ばれる回路の配線のサイズ（太さ）が異なります。Ice Lake は 10nm（ナノ（10^{-9}）メートル）、Comet Lake は 14nm で、集積度は Ice Lake のほうが高くなっています。

Intel Core マイクロアーキテクチャは、プロセッサチップと PCH（Platform Controller Hub）チップによるチップセットから構成されます。

プロセッサチップは以下の機能を含みます（世代やプロセッサのモデルによって若干異なる場合があります）。

- マルチコアプロセッサ
- メモリーコントローラ
- ホストブリッジ（プロセッサ、メモリと PCI バス 0 を接続するブリッジ）
- グラフィックスコントローラ
  注）プロセッサのモデルによっては含まれない
- ディスプレイインタフェース（DP、eDP、DVI、HDMI、オーディオ）
  注）プロセッサのモデルによっては含まれない
- PCI Express（外部グラフィックスデバイス用）
- Local APIC（x2APIC）

PCH（Platform Controller Hub）は、周辺装置を接続するためのハブです。PCH チップは以下の機能を含みます（世代や PCH のモデルによって若干異なる場合があります）。

- PCI-to-PCI ブリッジ（PCI バス 0 と他の PCI バスを接続）
- SATA コントローラ
- USB コントローラ
- オーディオコントローラ
- イーサネットコントローラ
- PCI Express
- I/O APIC（x2APIC）

プロセッサチップと PCH は DMI（Direct Media Interface）によって接続されます。DMI は論理的には PCI バス 0（バス番号：0）と見なすことができます。グラフィックスコントローラや SATA コントローラなど、プロセッサチップ内部と PCH 内部のデバイスは PCI バス 0 に接続されます。したがって、選択肢 C は正解です。

以下はチップセットに HM170、プロセッサチップに第 6 世代（Skylake）の Core i7-6700HQ、PCH に 100 シリーズを使ったノート PC の構成例です。

図：Intel Core マイクロアーキテクチャのチップセットの例（概略図）

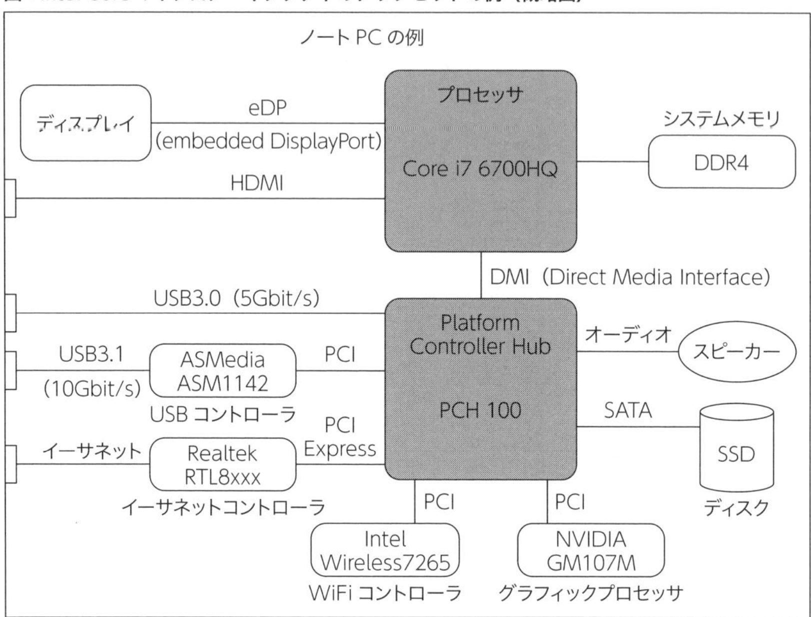

注1）このノートPCの例では、ディスプレイモニタとの接続はプロセッサチップ内蔵のPCI Expressではなく eDP を使用しています。

注2）このノートPCの例では、PCH内蔵のイーサネットコントローラではなく、Realtek社のイーサネットコントローラを使用しています。

プロセッサの情報は/proc/cpuinfoに格納されています。またlscpuコマンドでも表示できます。以下は上記の図のシステムで「cat /proc/cpuinfo」および「lscpu」を実行した例です。

実行例：プロセッサの情報を表示（抜粋）

```
# cat /proc/cpuinfo
processor       : 0
vendor_id       : GenuineIntel
cpu family      : 6
model           : 94
model name      : Intel(R) Core(TM) i7-6700HQ CPU @ 2.60GHz ── プロセッサのモデル名
stepping        : 3
microcode       : 0xc6
cpu MHz         : 854.092
cache size      : 6144 KB
physical id     : 0
siblings        : 8 ── スレッド数（OSから見た論理的なプロセッサ数）
core id         : 0
cpu cores       : 4 ── コア数
.....（以下省略）.....
```

```
# lscpu
アーキテクチャ: x86_64
CPU op-mode(s):          32-bit, 64-bit
Byte Order:              Little Endian
CPU(s):                  8 ─── スレッド数(OSから見た論理的なプロセッサ数)
On-line CPU(s) list:     0-7
コアあたりのスレッド数:2 ─── コアあたりのスレッド数
ソケットあたりのコア数:4 ─── プロセッサあたりのコア数(1個のソケットに
Socket(s):               1        1個のプロセッサが装着される)
NUMAノード:          1
ベンダーID:         GenuineIntel
CPUファミリー:     6
モデル:              94
Model name:              Intel(R) Core(TM) i7-6700HQ CPU @ 2.60GHz
.....(以下省略).....                                    プロセッサのモデル名
```

表：用語の説明

用語	説明
PCI	PCI（Peripheral Component Interconnect）は1990年代初頭、IBM PC/AT互換機の拡張カードを増設するための標準バスとして採用された。Intel Coreマイクロアーキテクチャではチップセット内部の主要なデバイスを接続するバスとして使われ、拡張用バスとしてはPCI Expressが使われている
PCI Express	PCI Express（PCIe）はPCIに代わる拡張用バス。Xeonプロセッサを採用したサーバ／ワークステーション製品では拡張スロットのバスとして使われている。高転送速度（PCI Express 3.0では8Gbps）により、AGPに代わりグラフィック用のバスとしても使われている
USB	USB（Universal Serial Bus）は周辺機器を接続するためのシリアルバス。最大転送速度はUSB 2.0：480Mbit/s、USB 3.0：5Gbit/s、USB 3.1：10Gbit/s、USB 3.2：20Gbit/s
eDP	eDP（embedded DisplayPort）は携帯機器のディスプレイパネルと内部接続するためのインタフェース規格。ディスプレイ接続のためのインタフェース規格としては、他にDP（DisplayPort）、DVI（Digital Video Interface）、HDMI（High-Definition Multimedia Interface）、LVDS（Low Voltage Differential Signaling）などがある
DDR SDRAM	DDR（Double Data Rate）SDRAM（Synchronous Dynamic RAM）は転送レートがSDRAMの2倍（Double Data Rate）。バスクロックに同期（Synchronous）して動作する。DRAM（Dynamic RAM）はデータのビットを小さなキャパシタに保存するが、キャパシタのチャージが次第にリークするので、定期的にリフレッシュする回路が必要となる。DRAMはリフレッシュの必要がないSRAM（Static RAM）に比べて、低価格で大容量なのが特徴。DDR（DDR1）⇒ DDR2 ⇒ DDR3 ⇒ DDR4と後継が開発され、後のものほど転送速度が高速である

AGPはIntel Coreマイクロアーキテクチャよりも以前のアーキテクチャで採用されていたグラフィック専用バスです。したがって、選択肢Aは誤りです。

ISAはIntel Coreマイクロアーキテクチャよりも以前のPC/AT互換機から採用されている低速の拡張バスです。PCI-ISAブリッジによりPCIバスと接続されています。ノートPCのPS/2キーボードなどはISAバスに接続されています。したがって、選択肢Bは誤りです。

USBは外部周辺機器と接続するためのバスです。PCIバスに接続されます。したがって選択肢Dは誤りです。

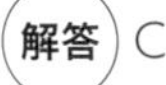

C

問題 5-2

重要度 ★★★

lspci コマンドで表示できる情報として誤りなものはどれですか？　1つ選択してください。

A. デバイスの IRQ 情報
B. バススピード
C. デバイスのベンダ ID
D. DMA
E. バス番号
F. デバイスのメーカー名

lspci コマンドはシステムのすべての PCI バスと、接続されているデバイスに関する情報を表示します。なお、-s オプションで、特定のバス、デバイス、ファンクションを指定することができます。あわせて -v オプションで詳細情報を表示することができます。

lspci コマンドは PCI バスをスキャンし、[バス番号]:[デバイス番号].[ファンクション番号] を表示した後、読み取ったデバイスのコンフィグレーションレジスタの内容を表示します（ファンクション番号はデバイス固有の情報で、同じ1つのスロットで論理的に複数のデバイスを扱う場合に使用されます）。以上のとおり、バス番号は表示されるので、選択肢Eは表示されます。

各デバイスのコンフィグレーションレジスタは 256 バイトのアドレス空間を持っており、以下の内容を含みます（抜粋）。

1. ベンダ ID

オプション「-n」を付けるとベンダ ID が表示されます。したがって選択肢Cは表示されます。オプション「-n」を付けない場合は、pci.ids ファイルを参照してベンダ ID に対応するベンダ名（メーカー名）が表示されます。

CentOS の場合：/usr/share/hwdata/pci.ids
Ubuntu の場合：/usr/share/misc/pci.ids

したがって、選択肢Fは表示されます。

2. デバイス ID

オプション「-n」を付けるとデバイス ID が表示されます。オプション「-n」を付けない場合は、pci.ids ファイルを参照してデバイス ID に対応するデバイス名が表示されます。

3. コマンドレジスタ

オプション「-vv」を付けると「Control:」で始まる行に、コマンドレジスタに含まれるバスマスタ機能の有無などの情報が表示されます。デバイスにバスマスタの機能があり、その機能がデバイスドライバによって有効に設定されている場合は、「BusMaster+」と、+を付けて表示されます。それ以外の場合は「BusMaster-」と、-を付けて表示されます。DMA転送を行う場合はバスマスタの機能を使用しますが、DMAそのものの情報ではありません。したがって、DMAの情報は表示されないので、選択肢Dは正解です。

4. ステータスレジスタ

オプション「-vv」を付けると「Status:」で始まる行に、バススピードなどの情報が表示されます。したがって、選択肢Bは表示されます。

5. ベースアドレス

オプション「-vv」を付けると「Region:」で始まる行に、デバイスが使用するPCIバスのアドレス情報が表示されます。

6. 割り込みピン、7. 割り込みライン

オプション「-vv」を付けると「Interrupt:」で始まる行に、デバイスが使用する割り込み信号のピンと、割り込み要求（IRQ：Interrupt Request）番号が表示されます。したがって、選択肢Aは表示されます。

以下は問題5-1のチップセットの構成図と同じPCで実行した例です。

実行例（抜粋表示）

バス番号:デバイス番号.ファンクション番号

```
# lspci
00:00.0 Host bridge: Intel Corporation Xeon E3-1200 v5/E3-1500 v5/6th
Gen Core Processor Host Bridge/DRAM Registers (rev 07)
00:01.0 PCI bridge: Intel Corporation Xeon E3-1200 v5/E3-1500 v5/6th
Gen Core Processor PCIe Controller (x16) (rev 07)
00:02.0 VGA compatible controller: Intel Corporation HD Graphics 530
(rev 06)
00:14.0 USB controller: Intel Corporation 100 Series/C230 Series
Chipset Family USB 3.0 xHCI Controller (rev 31)
00:15.0 Signal processing controller: Intel Corporation 100 Series/C230
Series Chipset Family Serial IO I2C Controller #0 (rev 31)
00:15.1 Signal processing controller: Intel Corporation 100 Series/C230
Series Chipset Family Serial IO I2C Controller #1 (rev 31)
00:17.0 SATA controller: Intel Corporation HM170/QM170 Chipset SATA
Controller [AHCI Mode] (rev 31)
00:1c.0 PCI bridge: Intel Corporation 100 Series/C230 Series Chipset
Family PCI Express Root Port #3 (rev f1)
00:1c.3 PCI bridge: Intel Corporation 100 Series/C230 Series Chipset
Family PCI Express Root Port #4 (rev f1)
00:1c.4 PCI bridge: Intel Corporation 100 Series/C230 Series Chipset
Family PCI Express Root Port #5 (rev f1)
00:1f.0 ISA bridge: Intel Corporation HM170 Chipset LPC/eSPI Controller
(rev 31)
```

```
00:1f.2 Memory controller: Intel Corporation 100 Series/C230 Series
Chipset Family Power Management Controller (rev 31)
00:1f.3 Audio device: Intel Corporation 100 Series/C230 Series Chipset
Family HD Audio Controller (rev 31)
00:1f.4 SMBus: Intel Corporation 100 Series/C230 Series Chipset Family
SMBus (rev 31)
01:00.0 3D controller: NVIDIA Corporation GM107M [GeForce GTX 950M]
(rev a2)
02:00.0 Network controller: Intel Corporation Wireless 7265 (rev 59)
03:00.1 Ethernet controller: Realtek Semiconductor Co., Ltd.
RTL8111/8168/8411 PCI Express Gigabit Ethernet Controller (rev 12)
04:00.0 USB controller: ASMedia Technology Inc. ASM1142 USB 3.1 Host
Controller
```

PCI バス 01、02、03、04 は PCI ブリッジ（PCI-to-PCI）により PCI バス 0 に接続しています。USB コントローラは PCH に内蔵されたもの（00:14.0）と、PCH に外部接続している ASMedia 社の ASM1142（04:00.0）があります。

以下は PCH に内蔵された USB コントローラ（00:14.0）の詳細情報を表示した例です。-s オプションで、特定のバス、デバイス、機能を指定できます。あわせて -v オプションで詳細情報を表示できます。ベンダ名でなくベンダ ID で表示するために、-n オプションを指定しています。

実行例

```
# lspci -vv -n -s 00:14.0
00:14.0 0c03: 8086:a12f (rev 31) (prog-if 30)
        Subsystem: 1043:201f
        Control: I/O- Mem+ BusMaster+ SpecCycle- MemWINV- VGASnoop- ParErr-
Stepping- SERR- FastB2B- DisINTx+
        Status: Cap+ 66MHz- UDF- FastB2B+ ParErr- DEVSEL=medium >TAbort-
<TAbort- <MAbort- >SERR- <PERR- INTx-
        Latency: 0
        Interrupt: pin A routed to IRQ 126
        Region 0: Memory at df410000 (64-bit, non-prefetchable) [size=64K]
        Capabilities: [70] Power Management version 2
                Flags: PMEClk- DSI- D1- D2- AuxCurrent=375mA PME(D0-,D1-,
D2-,D3hot+,D3cold+)
                Status: D0 NoSoftRst+ PME-Enable- DSel=0 DScale=0 PME-
        Capabilities: [80] MSI: Enable+ Count=1/8 Maskable- 64bit+
                Address: 00000000fee002f8  Data: 0000
        Kernel driver in use: xhci_hcd
```

参考

DMA(Direct Memory Access)とは、プログラムによって転送開始アドレスとデータ転送サイズを与えるだけで、後はCPUを介さずにデバイスとRAM間でデータ転送を行う方式です。これにより、DMA転送中はCPUが別の処理を行うことができます。
ISAバスの場合は、バスに接続されたデバイスが共通して使用するDMAコントローラ(例:8237A)があり、DMAの情報は/proc/dmaで確認することができました(現在はISAバスはPS/2キーボードなどでしか使われていません)。

実行例

```
$ cat /proc/dma
 2: floppy      フロッピーディスクドライブがDMAを使用
 4: cascade      8237Aを2台、カスケード接続している
```

PCIバスの場合は、ISAバスのようにデバイスが共通して使用するDMAコントローラはなく、DMA転送を行う個々のデバイスが持つバスマスター機能を使用します。問題5-1の例など、PCHチップセットに含まれるデバイスにはDMAコントローラを持っているものもありますが、個々のデバイスのDMAコントローラの情報はlspciが表示するコンフィグレーションレジスタの内容には含まれません。PCIバスのデバイスがDMA転送を使用している場合、その詳細情報は、/sys/class/dma/の下で確認することができます。
以下の例ではバス番号0、デバイス番号15のデバイスがDMAを使用しています。

実行例

```
$ ls -l /sys/class/dma/
合計 0
lrwxrwxrwx 1 root root 0  6月 13 06:26 dma0chan0 -> ../../
devices/pci0000:00/0000:00:15.0/idma64.0/dma/dma0chan0
lrwxrwxrwx 1 root root 0  6月 13 06:26 dma0chan1 -> ../../
devices/pci0000:00/0000:00:15.0/idma64.0/dma/dma0chan1
lrwxrwxrwx 1 root root 0  6月 13 06:26 dma1chan0 -> ../../
devices/pci0000:00/0000:00:15.1/idma64.1/dma/dma1chan0
lrwxrwxrwx 1 root root 0  6月 13 06:26 dma1chan1 -> ../../
devices/pci0000:00/0000:00:15.1/idma64.1/dma/dma1chan1
```

解答 D

問題 5-3

ストレージの説明として適切なものはどれですか？　2つ選択してください。

A. SSD および HDD は磁化された円盤にデータの読み書きを行う
B. SSD および HDD はメモリーチップにデータの読み書きを行う
C. HDD は衝撃に強い
D. SSD は HDD に比べ高速に読み書きを行う
E. SSD は可動部がないので堅牢である

□□□

解説　HDD（HardDiscDrive）は、代表的なストレージ（外部記憶装置）の 1 つで、両面が磁化された円盤にデータを書き込み、読み出しを行います。円盤はプラッタと呼ばれ、高速で回転しており、磁気ヘッドがプラッタに対し読み書きを行っています。古くから利用されているストレージであり、大容量の製品が比較的安価で手に入ります。しかし、構造上、プラッタの回転中に大きな振動や衝撃があると、破損につながる場合があります。また、磁気ヘッドがプラッタの読み書きの目標位置まで移動するシークタイムが発生するため、データの読み書きに時間がかかります。

SSD（SolidStateDrive）は、メモリチップにデータを書き込み、読み出しを行います。HDD と比べて可動部がないため、振動や衝撃に強く、また物理的な移動時間がないので高速に読み書きを行います。近年の PC では SSD を搭載したものが多くなりました。HDD に比べて容量は少なく、価格は高めではありますが、年々容量も大きくなり、価格も下がりつつあります。

解答　D、E

問題 5-4

重要度 ★★☆

USB に接続されたデバイスの情報を表示するコマンドを記述してください。

□□□

解説　lsusb コマンドは、USB バスと、接続されているデバイスに関する情報を表示します。なお、-t オプションで USB デバイスの物理的な階層構造を表示できます。-s オプションで「Bus 番号 : デバイス番号」により表示するデバイスを指定できます。さらに、-v オプションで詳細情報を表示することができます。

以下は問題 5-1 のチップセットの構成図と同じ PC で実行した例です。

実行例（抜粋表示）

```
# lsusb
Bus 004 Device 001: ID 1d6b:0003 Linux Foundation 3.0 root hub
Bus 003 Device 001: ID 1d6b:0002 Linux Foundation 2.0 root hub
Bus 002 Device 001: ID 1d6b:0003 Linux Foundation 3.0 root hub
Bus 001 Device 001: ID 1d6b:0002 Linux Foundation 2.0 root hub

# lsusb -t
/:  Bus 04.Port 1: Dev 1, Class=root_hub, Driver=xhci_hcd/2p, 10000M
/:  Bus 03.Port 1: Dev 1, Class=root_hub, Driver=xhci_hcd/2p, 480M
/:  Bus 02.Port 1: Dev 1, Class=root_hub, Driver=xhci_hcd/8p, 5000M
/:  Bus 01.Port 1: Dev 1, Class=root_hub, Driver=xhci_hcd/16p, 480M
```


このノートPCの例ではASMedia社のUSBハブに接続するコネクタは1個（ポート2）、Intel社のUSBハブに接続するコネクタは3個（ポート1、5、6）です。したがって、USBコントローラのすべてのポートを利用できるわけではありません。接続するUSBデバイスの転送速度によって、3.0/3.1のハブを利用するか2.0のハブを利用するかが決まります。

以下は4個のUSBデバイスを接続したときの表示の例です。

- USBハブ1台をASMedia社のUSBコネクタ（ポート2）に接続
- USB HDD 1台を上記USBハブのポート1に接続
- USB HDD 1台をIntel社のUSBコネクタ（ポート1）に接続
- USBマウスをIntel社のUSBコネクタ（ポート6）に接続

実行例（抜粋表示）

```
# lsusb
Bus 004 Device 007: ID 0480:0210 Toshiba America Inc
Bus 004 Device 006: ID 2109:0210 VIA Labs, Inc.
Bus 004 Device 001: ID 1d6b:0003 Linux Foundation 3.0 root hub
Bus 003 Device 017: ID 2109:2210 VIA Labs, Inc.
Bus 003 Device 001: ID 1d6b:0002 Linux Foundation 2.0 root hub
Bus 002 Device 002: ID 0480:d011 Toshiba America Inc Canvio Desk
Bus 002 Device 001: ID 1d6b:0003 Linux Foundation 3.0 root hub
Bus 001 Device 017: ID 3938:1031
Bus 001 Device 001: ID 1d6b:0002 Linux Foundation 2.0 root hub

# lsusb -t
/:  Bus 04.Port 1: Dev 1, Class=root_hub, Driver=xhci_hcd/2p, 10000M
    |__ Port 2: Dev 6, If 0, Class=Hub, Driver=hub/1p, 5000M
        |__ Port 1: Dev 7, If 0, Class=Mass Storage, Driver=usb-storage, 5000M
/:  Bus 03.Port 1: Dev 1, Class=root_hub, Driver=xhci_hcd/2p, 480M
    |__ Port 2: Dev 17, If 0, Class=Hub, Driver=hub/4p, 480M
        |__ Port 2: Dev 18, If 0, Class=, Driver=, 480M
/:  Bus 02.Port 1: Dev 1, Class=root_hub, Driver=xhci_hcd/8p, 5000M
    |__ Port 1: Dev 2, If 0, Class=Mass Storage, Driver=usb-storage, 5000M
/:  Bus 01.Port 1: Dev 1, Class=root_hub, Driver=xhci_hcd/16p, 480M
    |__ Port 6: Dev 12, If 0, Class=Human Interface Device, Driver=usbhid, 12M

# lsusb -s 2:2
Bus 002 Device 002: ID 0480:d011 Toshiba America Inc Canvio Desk
```

外付けUSBハブ(Bus03に表示。Bus04にも表示される)
外付けUSBハブ(Bus04に表示。Bus03にも表示される)
USB HDD(2台目)
USB HDD(1台目)
USBマウス
外付けUSBハブ(Bus03に表示。Bus04にも表示される)
外付けUSBハブ(Bus04に表示。Bus03にも表示される)
USB HDD(2台目)
USB HDD(1台目)
USBマウス
Bus02, Dev2(USB HDD 1台目)のデバイス情報を表示

注）上記の例では ASMedia 社の USB ハブに接続するコネクタ（1 個）が C タイプのため、ハブを接続してそこに USB HDD を接続しています。

解答 lsusb

問題 5-5

重要度 ★★★

Linux カーネルのモジュールの状態を表示するコマンドとして適切なものはどれですか？　1つ選択してください。

A. lsusb
B. lsmod
C. lspci
D. modprobe

解説 lsmod コマンドは、現在システムにロードされているモジュールの状態を表示します。/proc/modules ファイルの内容が読み込まれて表示されます。

実行例

```
$ lsmod    ロード済みモジュールの表示
.....（途中省略）.....
Module                  Size  Used by
soundcore              15047  1 snd
.....（以下省略）.....
$ modinfo soundcore    各モジュールの詳細を見るにはmodinfoコマンドを使用する
filename:       /lib/modules/3.10.0-862.14.4.el7.x86_64/kernel/
sound/soundcore.ko.xz
alias:          char-major-14-*
license:        GPL
author:         Alan Cox
description:    Core sound module
 .....（以下省略）.....
```

モジュール管理のコマンドをまとめると以下のとおりです。

表：コマンド

コマンド	説明
lsusb	USB デバイスに関する情報を表示する
lsmod	カーネルのモジュールの状態を表示する
lspci	PCI バスに接続されたデバイスの情報を表示する
modprobe	カーネルへモジュールの追加や削除を行う
rmmod	カーネルからモジュールを削除する

解答 B

問題 5-6

重要度 ★★★

必要な依存性モジュールをロードするコマンドとして適切なものはどれですか？1つ選択してください。

A. insmod　　B. modprobe
C. modinstall　　D. lsmod

解説 modprobe は、指定されたモジュールの依存関係を確認し、必要なモジュールを自動的に追加、もしくは削除します。選択肢 A の insmod コマンドもモジュールをロードしますが、モジュールの依存関係を考慮しません。

本問では「依存性モジュール」という言葉は、インストール対象のモジュールにとって必要な（つまり、依存している）他のモジュールという意味で使われています。

構文 `modprobe [オプション] [モジュール名]`

表：主なオプション

主なオプション	説明
-r, --remove	モジュールを削除する
--show-depends	モジュールの依存関係を列挙する
-c, --showconfig	設定ファイルの内容を表示する

モジュールに対する設定を行う場合は、/etc/modprobe.d/ ディレクトリの下に、.conf 拡張子を持つファイルを配置します。

例えば、システムブート時に特定のモジュールを読み込まないようにするには、このファイルに blacklist コマンドの引数としてモジュール名を指定します。

実行例

```
# vi /etc/modprobe.d/blacklist.conf
blacklist bad-module1
blacklist bad-module2
```

これも重要！

モジュールの削除には、「modprobe -r」の他、専用のコマンドとして「rmmod」が提供されています。

解答 B

問題 5-7

重要度 ★★☆

Linux システムのブートシーケンスとして適切なものはどれですか？　1つ選択してください。

A. ブートローダ→ BIOS/UEFI の起動→カーネルの実行→ init/systemd の実行
B. ブートローダ→カーネルの実行→ BIOS/UEFI の起動→ init/systemd の実行
C. BIOS/UEFI の起動→ブートローダ→カーネルの実行→ init/systemd の実行
D. BIOS/UEFI の起動→カーネルの実行→ブートローダ→ init/systemd の実行

解説 システムを立ち上げる処理をブート（boot）といいます。ブートシーケンスとは、電源を入れてからログイン画面あるいはログインプロンプトが表示されるまでに、カーネルの初期設定、ファイルシステムのマウント、システムの様々な管理をするプログラム（デーモン）の起動、ネットワークの設定など、OSが稼働するために必要なすべての設定までの一連の流れのことです。

図：ブートシーケンスの概要

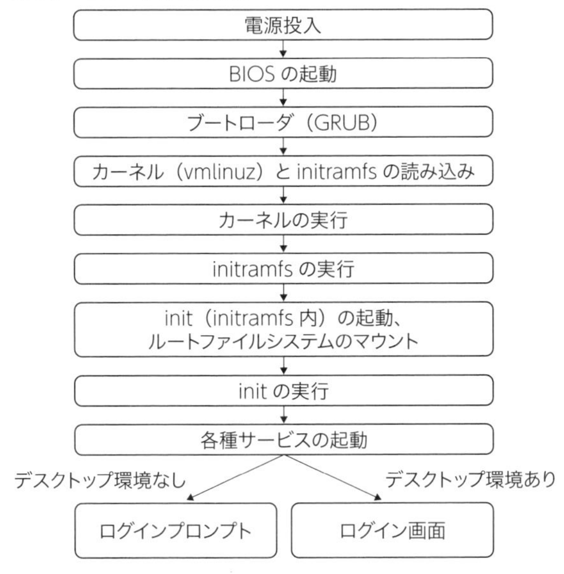

上図は、SysV initのブートシーケンスです。電源を投入すると、BIOS（BasicInput OutputSystem）が起動します。BIOSは、ハードディスクの先頭領域に書き込まれたブートローダをメモリに読み込み、起動させます。そしてブートローダは、ハードディスクに保存された/boot以下にあるvmlinuzファイル（圧縮されたカーネルコードが格納されているファイル）からカーネルコードをメモリに読み込みます。

カーネルは自身を解凍して初期化処理を行います。カーネルは自身の初期化の最終段階で1番目のユーザプロセスであるinit（プロセスIDは1）を生成します。実行されるプログラムは/sbin/initです。initはAT&Tが1983年にリリースしたUNIX System Vで最初に採用されたため、SysV initと呼ばれています。

initは起動すると/etc/inittabファイルを読み込みます。/etc/inittabにはシステムのランレベルとinitが起動するプログラムが記述されています。

ランレベルとはシステムの動作モードのことで、停止、再起動、稼働時のサービスの提供／享受などを定義します。ランレベル3のときは、mingettyと呼ばれるプログラムがコンソールにログインプロンプトを表示します。また、ランレベル5のときはディスプレイマネージャがログイン画面を表示します。

なお、最近のシステムでは以下の構成が一般的です。

- PCファームウェアはBIOSに代わりUEFIを採用
- ブートローダはGRUBに代わりGRUB2を採用
- 最初のユーザプロセスはinitに代わりsystemdを採用

この場合のブートシーケンスは以下の図のようになります。
網掛けした箇所が変更点です。

図：最近のシステムでのブートシーケンス

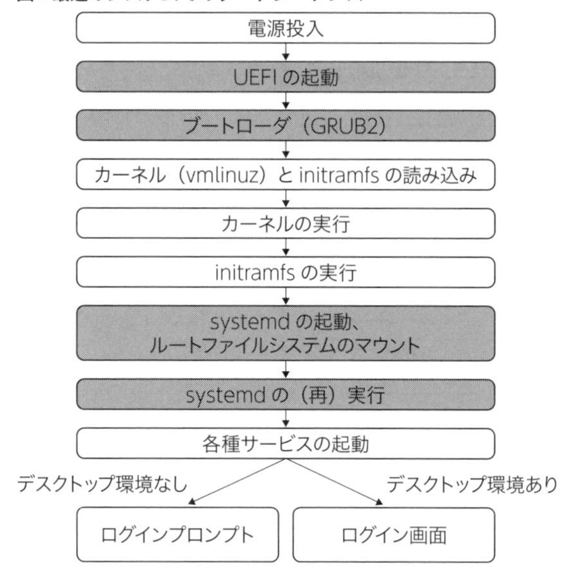

解答 C

問題 5-8

重要度 ★★★

UEFIの説明として適切なものはどれですか？　2つ選択してください。

A. 大容量ディスクからブートできる
B. ブートローダの優先順位は変更できない
C. 特定のプロセッサに依存しない
D. 最初に検知したデバイスのローダを起動する

解説　PCの電源投入後、BIOSあるいはUEFIがLinuxのブートローダを読み込んで起動します。

表：BIOSとUEFI

起動プログラム	説明
BIOS	ディスクの先頭ブロック（MBR）に書き込まれたブートローダをメモリにロードする
UEFI	UEFIブートエントリで指定されたEFIシステムパーティション中のブートローダをメモリにロードする

BIOS（Basic Input/Output System）は、PCのハードウェアに組み込まれている不揮発性メモリ（NVRAM：Non Volatile RAM）に格納されたプログラム（ファームウェア）です。PCの電源を投入すると、BIOSは設定されたデバイスの優先順位に従ってディスクの先頭ブロックにあるMBR（Master Boot Record）内のブートローダを検索し、最初に検知したデバイスのローダを起動します。

一方、EFI（Extensible Firmware Interface）はBIOSに代わるファームウェア規格で、大容量ディスクへの対応（GPT：GUID Partition Table）、セキュリティの強化（Secure Boot）、ネットワークを介したリモート診断など、機能が拡張されています。UEFIはx86、x86-64、ARMなど様々なアーキテクチャのマイクロプロセッサに対応しています。

インテル社によって開発され、現在はUnified EFI Forumによって管理されています。名前もUEFI（Unified Extensible Firmware Interface）と変わりましたが、一般的にEFIもUEFIも同じ意味を指すものとして使用されています。

UEFIからOSをブートするときは、NVRAMに設定された優先順位に従って、ディスクのEFIパーティション（EFI System Partition）に格納されているブートローダを起動します。この点がMBR内のブートローダを起動するBIOSの場合と異なります。

なお、BIOSにおける起動デバイスの優先順位、あるいはUEFIにおけるデバイス／ブートローダの優先順位は、電源投入後のBIOSあるいはUEFIの設定画面で設定できます。ほとんどのPCモデルでは、電源投入後にファンクションキー［F2］を押すと、設定画面が表示されます。

解答 A、C

問題 5-9

重要度 

GPT（GUID Partition Table）の説明で正しいものはどれですか？　3つ選択してください。

A. EFI 規格の中の機能の 1 つである
B. パーティション情報はディスクの先頭セクタに格納される
C. パーティションの開始と終了位置は CHS（Cylinder/Head/Sector）で指定される
D. ディスクには GUID が割り当てられる
E. パーティションには GUID が割り当てられる

解説 BIOS 環境の場合、ハードディスクのブートローダは MBR（Master Boot Record）と呼ばれるディスクの先頭ブロックに書き込まれています。ブートローダの役割は、BIOS から呼び出されてカーネルをメモリにロードし、カーネルに制御を渡すところまでです。

GPT（GUID Partition Table）は MBR（Master Boot Record）に代わるハードディスクのパーティションの規格であり、EFI（Extensible Firmware Interface）の機能の 1 つです。大容量ハードディスクに対応する規格としてインテル社が提唱しました。したがって、選択肢 A は正解です。

図：MBR と GPT の比較

MBR（Master Boot Record）
MBR (512Byte)
BootLoader（446Byte）
Entry1 (16Byte) | Entry2 (16Byte) | Entry3 (16Byte) | Entry4 (16Byte)
Boot signature（2Byte）
Partition 1
Partition 2
…

GPT（GUID Partition Table）
Protective MBR（512Byte）
GPT Header（512Byte）
Entry1 (128Byte) | Entry2 (128Byte) | Entry3 (128Byte) | Entry4 (128Byte)
Entry5～128
Primary GPT Header & Entries
Partition 1
Partition 2
…

MBR の場合、基本パーティションは 4 個であり、パーティション情報はディスクの先頭セクタに格納されています。各エントリには基本パーティションの先頭セクタと最終セクタの位置がそれぞれ 3 バイトの領域に CHS（Cylinder/Head/Sector）で格納されています。この構造によりセクタサイズが 512 バイトの場合は最大 2TiB の容量を管理できます。

GPT の場合、パーティション情報はディスクの 2 番目のセクタの GPT ヘッダと、3 番目のセクタから始まる 32 個（デフォルト）のセクタに格納されています。2

番目のセクタのGPTヘッダにはエントリの個数（デフォルト：128個）とサイズ（デフォルト：128バイト）が格納されています。3番目のセクタからは各パーティションに対応するエントリが配置されます。各エントリにはパーティションの先頭セクタと最終セクタの位置がそれぞれ8バイトの領域にLBA（Logical Block Address）で格納されています。したがって、選択肢Bと選択肢Cは誤りです。

この構造によりデフォルトで128個のパーティションを構成でき、セクタサイズが512バイトの場合は最大8ZiB（9.4ZB）の容量を管理できます。GPTヘッダにはディスクのGUID（Globally Unique Identifier）が、各エントリにはパーティションのタイプを表すGUIDと、パーティションを識別するGUIDが格納されていて、これがGPTの名前の由来です。したがって、選択肢Dと選択肢Eは正解です。

ディスクの最後にGPTヘッダとエントリがセカンダリ（バックアップ用）として格納されています。

解答 A、D、E

問題 5-10

重要度 ★★☆

独立したパーティションにすべきディレクトリとして適切なものはどれですか？4つ選択してください。

A. /etc　　B. /home
C. /var　　D. /lib
E. /tmp　　F. /opt

解説 1台の物理的なディスクを複数の領域に分割し、それぞれの領域を独立した論理的なディスクとして扱えるようにする操作がパーティショニングです。分割された領域をパーティションと呼びます。パーティションを分けることで、パーティション単位の効率的なバックアップや、ファイルシステム単位での障害修復が可能となります。

図：パーティションの分け方

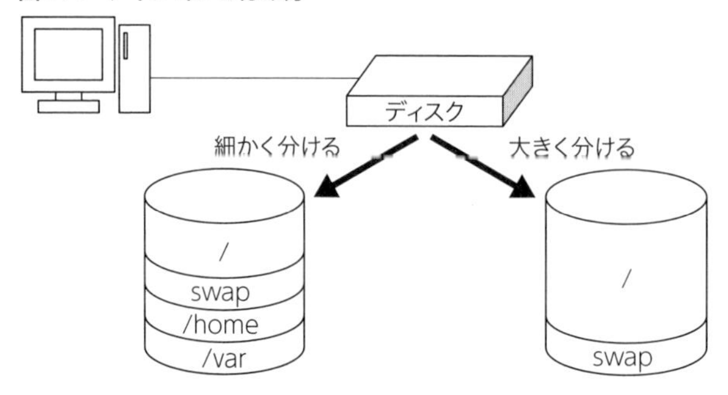

パーティションを細かく分けることで、パーティションごとにファイルを分類して格納できるため、ファイルの管理が容易になります。しかし、パーティションのサイズより大きなファイルは作成できないため注意が必要です。また、パーティションを大きく分けることで管理単位は大きくなりますが、個々のパーティションの容量制限を受けることなく使用できるというメリットがあります。パーティションの分割は、インストール前にある程度見通しを立てておきます。

図：パーティショニング

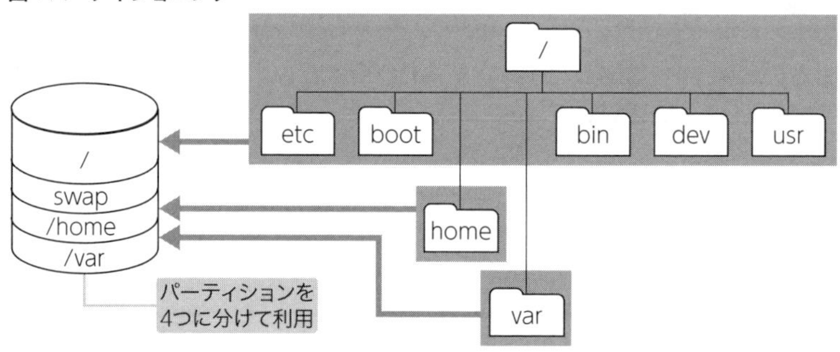

パーティションは、目的に応じて自由に分割することが可能ですが、次の表に一般的な考え方を記載します。

表：パーティション

主なパーティション	説明
/ パーティション	ルートディレクトリが格納される領域。/etc、/bin、/sbin、/lib、/dev のディレクトリは必ず配置
/boot パーティション	システム起動時に必要なブートローダ関連のファイルや、カーネルイメージを配置
/usr パーティション	他ホストと共有できるデータ（静的で共有可能なデータ）を配置。容量が大きくなる可能性があるため、独立したパーティションにする場合が多い
/home パーティション	ユーザのホームディレクトリ（可変データ）を配置。容量が大きくなりやすく、バックアップ頻度も高いため、独立したパーティションにする場合が多い
/opt パーティション	Linux をインストール後、追加でインストールしたパッケージ（ソフトウェア）を配置するため、容量の大きなパッケージを入れる可能性がある場合、独立したパーティションにする
/var パーティション	システム運用中にサイズが変化するファイル（可変データ）を配置。急激なファイルサイズの増大によるディスクフルなどの危険性を考慮し、独立したパーティションにする場合が多い
/tmp パーティション	誰でも読み書き可能な共有データを配置。一般ユーザの利用の仕方による危険性を考慮し、独立したパーティションにする場合が多い
swap パーティション	実メモリに入りきらないプロセスを退避させる領域。swap は、パーティションもしくはファイルで確保する方法がある

上記の表により、問題文の解答は /home、/opt、/var、/tmp です。また、Linux では一般的にスワップというパーティションを作成します。これは、ハードディスク上に作成する仮想的なメモリ領域です。Linux を使用していて、実メモリが不足した場合、ハードディスクに作成されたスワップ領域（仮想メモリ）が使用されます。一般的には、実メモリと同容量から 2 倍の領域で十分ですが、サーバの製品仕様、使用目的によって異なります。

解答 B、C、E、F

問題 5-11

重要度 ★★★

LVM の説明として適切なものはどれですか？　2 つ選択してください。

A. ファイルシステムを動的に作成、削除ができる
B. ファイルシステムを拡張できる
C. 複数あるファイルシステムの 1 つである
D. RAID の機能がある

解説 LVM（Logical Volume Manager）は複数のディスクパーティションからなる、パーティションの制限を受けない伸縮可能な論理ボリューム（LV）を構成します。

この論理ボリューム上にファイルシステムを作成できます。

ボリューム（volume）とは一般的には本、容量、体積といった意味ですが、コンピュータのストレージの文脈で使われる場合は、プログラムやデータを格納する単位となる領域のことです。DVD/CD-ROM、USBメモリ、ハードディスクのパーティションなどはボリュームになります。ハードディスクのパーティションは、pvcreateコマンドを実行することでLVMの物理ボリュームになります。

図：LVMの概要

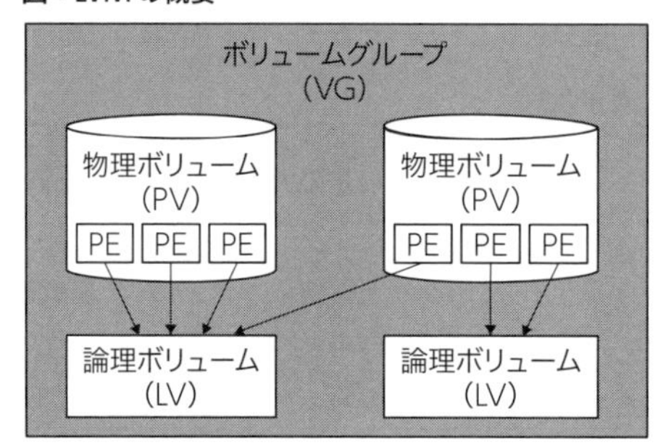

表：LVMの構成要素

構成要素	説明
物理ボリューム (PV：Physical Volume)	PEの集合を保持するボリューム。ディスクパーティション、ディスク、ファイル、メタデバイスから初期化される
物理エクステント (PE：Physical Extent)	LVに割り当てられる単位。PEサイズはVG作成時に決められる
ボリュームグループ (VG：Volume Group)	PVとLVを含む。PVの集合から任意サイズのLVを作成できる
論理ボリューム (LV：Logical Volume)	VGから作成されるパーティションの制限を受けないボリューム。LV上にファイルシステムを作成する

Linuxがディスクのパーティションにインストールされている場合、容量不足などの理由により、ある特定のパーティションのサイズを拡張したり、あるいは新規にパーティションを作成したくても、他のパーティションも変更しなければならないため、通常はできません。それに対してLVMの論理ボリュームは、物理エクステントと呼ばれる小さな単位から構成されるため、物理エクステントの個数の増減により論理ボリュームのサイズの伸縮が可能です。以上により、選択肢A、Bは正しいです。

LVMはファイルシステムの1つではないため、選択肢Cは誤りです。また、LVMはRAIDで構成されたディスク上にボリュームグループ（VG）を作成できます。しかしLVM自体にはRAID機能はないので選択肢Dは誤りです。

また、LVMでは、論理ボリュームのスナップショットを取ることができます。論理ボリュームのスナップショットは、実行した時点での元データの状態を取得し、その後に更新されたデータのみを保存します。スナップショット実行の時点では元データを参照する情報のみの取得であるため、瞬時に実行できます。元データをコピーするわけではないので、バックアップとは異なります。

解答 A、B

問題 5-12

重要度 ★☆☆

サーバやアプリケーションから大量のログが出ると予想されるため、ディスクを増設して新しく大容量のパーティションを割り当てることにしました。このパーティションを適用するディレクトリとして適切なものはどれですか？　1つ選択してください。

A. /home　　B. /opt
C. /usr　　D. /var
E. /etc

解説　/var には、システムの運用中にサイズが変化するファイルを格納します。代表的なものとしては、ログファイルやメールキュー、印刷キューなどがあります。

ログファイルは、一般的には /var/log ディレクトリに配置されますが、ディストリビューションや使用するアプリケーションによって異なります。以下は代表的なログファイルです。

表：主なログファイル

ファイル名	説明
/var/log/messages	主要なシステムログ情報が格納される重要なログファイル
/var/log/dmesg	起動時にカーネルより出力されるメッセージログ。検出されたハードウェアや起動シーケンスなどが含まれる
/var/log/cron	スケジューリングサービスを提供する cron の履歴情報が含まれる

このように、/var ディレクトリ以下は、日々ファイルサイズが増えるファイルが数多く配置されるため、ディスクの使用状況を定期的に確認する必要があります。ディスクの使用状況を調査する方法については、本章後半で確認します。

解答 D

問題 **5-13**

重要度 ★★☆

2番目のポート（Port1）に接続されたハードディスクの3番目のパーティションのデバイスファイル名として適切なものはどれですか？　1つ選択してください。

A. /dev/sdb3　　B. /dev/sda2
C. /dev/disk2　　D. /dev/disk3

解説　デバイスファイルは、デバイス（周辺機器）を操作するためのファイルです。デバイスを追加すると、/dev以下に検出されたデバイスへアクセスするためのデバイスファイルが作成されます。

図：デバイスとデバイスファイル

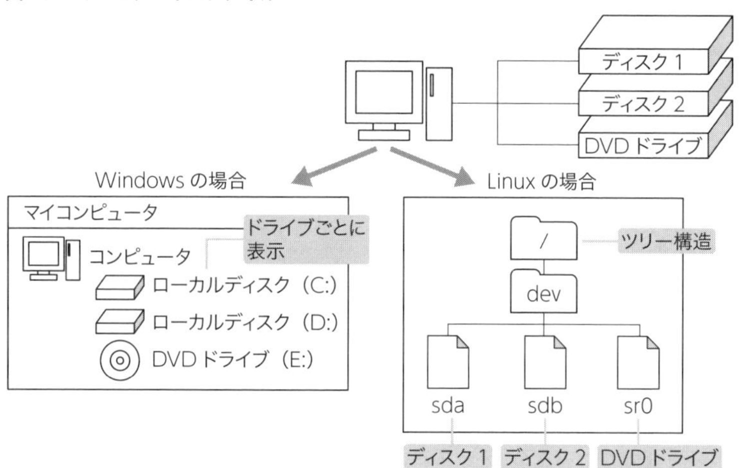

ハードディスクには、SCSI、SATA、IDE/ATA（PATA）、USBなどいくつかの規格があります。SATA、IDE/ATA（PATA）、USBの場合はカーネル内のSCSIサブシステムのSCSIエミュレーションにより、デバイスファイル名はSCSIと同じく、/dev/sd○として作成され、○には、1台目からa、b、c、……と付与されます。

SATAディスクの場合は1本のSATAケーブルでコントローラ上のポートと接続します。1番目のSATAディスクは/dev/sda、2番目のSATAディスクは/dev/sdbとなります（ディスクがport0とport1に、あるいはport0とport2に接続されていた場合は、いずれの場合もport0に接続された1台目が/dev/sda、2台目が/dev/sdbとなります）。

図：デバイスファイル名

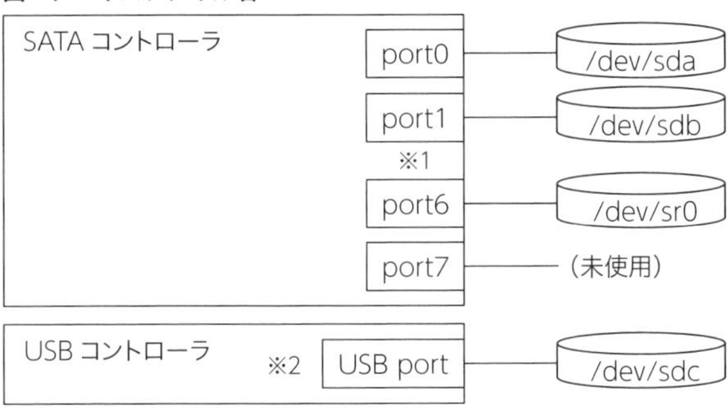

※1 portX は一部掲載し、他は省略しています。
※2 USB のポート番号は、USB ハブごとに番号が付与されています。
実行例（「SATA ポートと SATA デバイスの接続情報の表示例」）を参照してください。

SATA ディスクの接続ポートや SCSI エミュレーションの情報は、lsscsi コマンドや lshw コマンドで表示できます。

以下は SATA ポートの表示例です。この例では SATA コンローラに 8 個のポートがあります。

実行例（SATA ポートの表示例）

```
# lsscsi --transport --host --verbose |grep ata
[1]    ahci             sata:                                    Port0
  device dir: /sys/devices/pci0000:00/0000:00:17.0/ata1/host1
[2]    ahci             sata:                                    Port1
  device dir: /sys/devices/pci0000:00/0000:00:17.0/ata2/host2
[3]    ahci             sata:
....（途中省略）.....
[8]    ahci             sata:                                    Port7
  device dir: /sys/devices/pci0000:00/0000:00:17.0/ata8/host8
```

以下は接続された SATA デバイスと USB デバイスの表示例です。

実行例（SATA デバイスと USB デバイスの表示例）

```
# lsscsi                                                   USB SDカード
[0:0:0:0]    disk    Generic- SD/MMC CRW       1.00  /dev/sdc
[1:0:0:0]    disk    ATA      SAMSUNG SSD PM87 3D0Q  /dev/sda
[2:0:0:0]    disk    ATA      HGST HTS721010A9 A490  /dev/sdb
[7:0:0:0]    cd/dvd  HL-DT-ST DVD+-RW GU90N    A1C3  /dev/sr0
                                                        SATA DVD
                                                        SATA HDD
                                                        SATA SSD
```

以下は SATA ポートと SATA デバイスの接続情報の表示例です。

実行例（SATA ポートと SATA デバイスの接続情報の表示例）

```
# lsscsi --transport --verbose
[0:0:0:0]    disk    usb: 2-9:1.0          /dev/sdc
  dir: /sys/bus/scsi/devices/0:0:0:0  [/sys/devices/pci0000:00/0000:
00:14.0/usb2/2-9/2-9:1.0/host0/target0:0:0/0:0:0:0] ―― USB Hub2/port9
[1:0:0:0]    disk    sata:                 /dev/sda
  dir: /sys/bus/scsi/devices/1:0:0:0  [/sys/devices/pci0000:00/0000:
00:17.0/ata1/host1/target1:0:0/1:0:0:0] ―― SATA port0
[2:0:0:0]    disk    sata:                 /dev/sdb
  dir: /sys/bus/scsi/devices/2:0:0:0  [/sys/devices/pci0000:00/0000:
00:17.0/ata2/host2/target2:0:0/2:0:0:0] ―― SATA port1
[7:0:0:0]    cd/dvd  sata:                 /dev/sr0
  dir: /sys/bus/scsi/devices/7:0:0:0  [/sys/devices/pci0000:00/0000:
00:17.0/ata7/host7/target7:0:0/7:0:0:0] ―― SATA port6
```

次に示すのは、2 台の SATA ディスクを持つ例です。ディスク 1(sda) はパーティションを 3 つに分け、ディスク 2（sdb）はパーティションを 2 つに分けています。/dev 以下を確認すると、該当するデバイスファイルが配置されていることがわかります。

各パーティションのデバイスファイル名には、そのディスクの何番目のパーティションかを示す整数値が付けられます。例えば、/dev/sda の先頭のパーティションのデバイスファイル名は、/dev/sda1 となります。

図：デバイスファイルの例

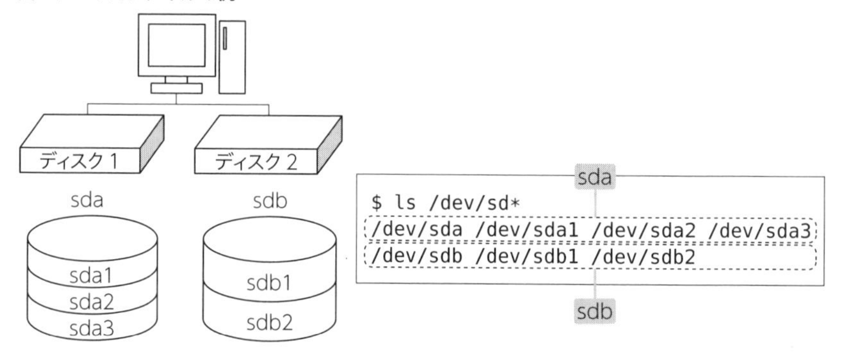

上記により、本問題の正解は選択肢 A となります。

A

問題 5-14

重要度 ★★★

udev の説明として適切なものはどれですか？　2つ選択してください。

A. udevd は /dev/MAKEDEV の記述に従って /dev の下にデバイスファイルを作成するデーモンである
B. udevadm は udevd の起動と停止を行う管理コマンドである
C. udevd はカーネルの udev イベントを受け取り、ルールに従ってデバイスファイルを動的に作成／削除するデーモンである
D. udevadm は udev イベントのモニタやカーネルへの udev イベントのリクエストなどの機能を持つ管理コマンドである

解説　udev はデバイスにアクセスするための /dev の下のデバイスファイルを動的に作成、削除する仕組みを提供します。カーネルはシステム起動時あるいは稼働中に接続あるいは切断を検知したデバイスを /sys の下のデバイス情報に反映させ、uevent を udevd デーモンに送ります。udevd デーモンは uevent を受け取ると /sys の下のデバイス情報を取得し、/etc/udev/rules.d と /lib/udev/rules.d の下の .rules ファイルに記述されたデバイス作成ルールに従って /dev の下のデバイスファイルを作成あるいは削除します。したがって、選択肢 C は正しいです。

udevd が /dev/MAKEDEV を参照することはないので、選択肢 A は誤りです。カーネルのデバイス検知に伴うこの自動的なデバイスファイルの作成・削除の仕組みにより、管理者はデバイスファイルを手作業で作成や削除をする必要がありません。

udevd デーモンは SysV init 環境では /etc/rc.sysinit から、systemd 環境では systemd-udevd.service から起動されます。udevadm には udevd を起動・停止をする機能はなく、udev イベントのモニタやカーネルへの udev イベントのリクエストなどの機能を持つ管理コマンドです。したがって、選択肢 B は誤り、選択肢 D は正解です。

図：udev の概要

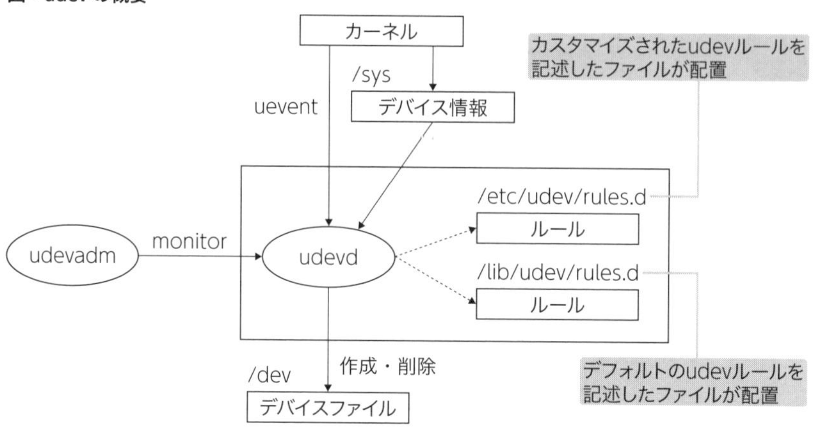

解答 C、D

問題 5-15

重要度 ★☆☆

パーティションテーブルがMBR形式の場合、ハードディスクの基本パーティションは最大いくつまで作成可能ですか？　数値を記述してください。

解説　前述のとおり、ハードディスクは任意の数にパーティショニングすることが可能です。パーティションテーブルが MBR 形式の場合、パーティションにはいくつかの種類があります。

表：パーティションの種類

種類	説明
基本パーティション	1 台のディスクに必ず 1 つ以上存在するパーティション。最大で **4 つ**作成することができ、1 ～ 4 までの番号が割り当てられる
拡張パーティション	基本パーティションのうち、1 つのみ拡張パーティションとして使用可能。直接ファイルシステムを作成するのではなく、論理パーティションを作成するために使用される
論理パーティション	拡張パーティションの中に複数作成することができるパーティション。パーティション番号は 5 以上が割り当てられる

基本パーティションは最大 4 つですが、論理パーティションを作成する場合は、基本パーティションは 3 つまでとなり、1 つを拡張パーティションに割り当てる必要があります。

図：パーティショニング

sda
基本パーティション（sda1）
基本パーティション（sda2）
基本パーティション（sda3）
論理パーティション（sda5）
論理パーティション（sda6）
⋮
拡張パーティション（sda4）

なお、GPT は MBR のような基本・拡張パーティションのような区別はなく、最大 128 個までパーティションを作成することができます。

解答 4

問題 5-16

重要度 ★★☆

/dev/sda の作成済みのパーティションテーブルを表示するためのコマンドラインとして、適切なものはどれですか？　1 つ選択してください。

A. df /dev/sda　　**B.** df -l /dev/sda
C. fdisk /dev/sda　　**D.** fdisk -l /dev/sda

まず、ハードディスクの新規追加手順を確認します。

①ハードディスクをマシンに接続する
②追加したハードディスクのデバイスファイルが作成されていることを確認する（問題 5-13 の解説参照）
③パーティションをいくつに分けるか検討する（問題 5-15 の解説参照）
④ハードディスクにパーティションを作成する（fdisk コマンド）
⑤各パーティションにファイルシステムを作成する（本章後半で紹介）
⑥作成したファイルシステムをディレクトリツリーにマウントする（本章後半で紹介）

本問題では、手順４について確認します。fdisk コマンドはパーティションの作成、削除、変更、情報の表示が可能です。このコマンドを実行するには、root 権限が必要です。なお、fdisk コマンドは MBR で使用していたため、fdisk コマンドのバージョンが古い場合は、警告メッセージが表示されます。最新バージョンでは、GPT に対応しています。

構文 **fdisk [オプション] デバイスファイル名**

-l オプションを使用すると、作成済みのパーティションテーブルを表示します。

パーティションテーブルとは、各パーティションのオフセットやサイズなどの情報が格納されたテーブルです。ブートローダやカーネルは、パーティションテーブルを読み取ることでハードディスクのパーティションを認識します。パーティションテーブルはハードディスクの先頭の位置に保存されています。

パーティションテーブルの表示

```
# fdisk -l /dev/sda
デバイス     ブート    始点      終点    ブロック     Id    システム
/dev/sda1   *          1        63    506047+     83    Linux
/dev/sda2             64      1045    7887915     8e    Linux LVM
    ①        ②        ③        ④        ⑤         ⑥       ⑦
```

①パーティションのデバイスファイル名
②ブートフラッグやブートローダを可能にするパーティションを「*」で表示
③パーティションの開始シリンダ番号
④パーティションの終了シリンダ番号
⑤パーティションの総ブロック数
⑥パーティションのタイプ（数値）。タイプは多数あり、82 は Linux スワップ・パーティション、83 は Linux データ・パーティション、8e は Linux LVM・パーティションを指す
⑦パーティションのタイプ（タイプ名）

fdisk コマンドは、-l オプションを使用せずに実行すると、パーティションへの操作を対話しながら行うことが可能です。

実行例

```
# fdisk /dev/sdb
.....（途中省略）.....
コマンド（mでヘルプ）：m ― メニュー表示
コマンドの動作
.....（途中省略）.....
m このメニューを表示する
n 新たに領域を作成する
o 新たに空のDOS領域テーブルを作成する
p 領域テーブルを表示する
.....（途中省略）.....
コマンド（mでヘルプ）：n ― 新規作成
コマンドアクション
e 拡張
p 基本パーティション（1-4）
.....（以下省略）.....
```

表：fdisk コマンドで使用する主なサブコマンド

d	領域を削除
l	パーティションのタイプを表示
m	利用可能なメニューの表示
n	新規パーティションの作成
p	パーティションテーブルの表示
q	変更を保存せずに終了
t	パーティションのタイプを変更
w	テーブルをディスクに書き込み、終了

これも重要！

実行例「パーティションテーブルの表示」の⑥で紹介している、代表的なパーティションのタイプは把握しておきましょう。なお、上記の実行例にあるfdisk実行中に使用できるサブコマンド「l」により、パーティションのタイプを一覧で表示することができます。

解答 D

問題 5-17

重要度 ★★★

GPTパーティションを構成するコマンドとして適切なものはどれですか？　1つ選択してください。

A. mount　　B. gdisk
C. mkfs　　D. xfs

□□□

解説　gdiskコマンドは、fdiskと同様の機能を持つGPTパーティション用のコマンドです。-lオプションでパーティションを一覧表示します。partedコマンドも、パーティションテーブルを作成したり操作したりするためのコマンドで、GNOMEのGUIによるパーティションエディタであるgpartedも提供されています。

構文 **gdisk [オプション] デバイス名**

実行例

```
# gdisk -l /dev/sda
GPT fdisk (gdisk) version 1.0.3

Partition table scan:
    MBR: protective
    BSD: not present
    APM: not present
    GPT: present ―― GPTを検知
.....（以下省略）.....
```

構文 **parted [オプション] デバイス名**
構文 **gparted [デバイス名]**

CentOS 7での各コマンドのパッケージは次のようになっています。

表：各コマンドのパッケージ名

コマンド	パッケージ
fdisk	標準パッケージ util-linux
gdisk	標準パッケージ gdisk
parted	標準パッケージ parted
gparted	EPEL リポジトリのパッケージ gparted

gdisk、parted、gparted の各コマンドは MBR にも対応しています。

解答 B

問題 5-18

重要度 ★★☆

ファイルシステムの説明として適切なものはどれですか？　2 つ選択してください。

A. ext3 は ext2 と後方互換性はない
B. ext3 にはジャーナル機能がある
C. xfs は i ノードの動的な割り当てをサポートしている
D. vfat は Windows 専用のファイルシステムである

解説　パーティションを作成した後、各パーティションにファイルシステムを作成します。これにより、パーティション内にディレクトリ階層構造を作りデータをファイルとして保存することが可能となります。Linux では、たくさんのファイルシステムタイプをサポートしています。次の表は、ext、ext2、ext3、ext4 ファイルシステムの特徴です。

表：ext/ext2/ext3/ext4 ファイルシステムの特徴

ファイルシステム	リリース時期	カーネルバージョン	最大ファイルサイズ	最大ファイルシステムサイズ	説明
ext	1992 年 4 月	0.96	2GB	2GB	Minix ファイルシステムを拡張した Linux 初期のファイルシステムである。2.1.21 以降のカーネルではサポートされていない
ext2	1993 年 1 月	0.99	2TB	32TB	ext からの拡張 ・可変ブロックサイズ ・3 種類のタイムスタンプ（ctime/mtime/atime） ・ビットマップによるブロックと i ノードの管理 ・ブロックグループの導入
ext3	2001 年 11 月	2.4.15	2TB	32TB	ext2 にジャーナル機能を追加。ext2 と後方互換性がある
ext4	2008 年 12 月	2.6.28	16TB	1EB	ext2/ext3 からの拡張 ・extent の採用によるパフォーマンスの改良 ・ナノ秒単位のタイムスタンプ ・デフラグ機能 ext2/ext3 と後方互換性がある

上記ファイルシステムの他、Linux 環境で使用される主なファイルシステムは以下のとおりです。

表：ファイルシステム

主なファイルシステム	説明
reiserfs	ジャーナル機能を持ったファイルシステム。ディスクの使用効率が良く、クラッシュからの高速な回復機能がある。i ノードの動的な割り当てをサポート
xfs	ジャーナル機能を持ったファイルシステム。SGI が開発。巨大なファイルを容易に扱える。i ノードの動的な割り当てをサポート
jfs	ジャーナル機能を持ったファイルシステム。IBM が開発。巨大なファイルを容易に扱える。i ノードの動的な割り当てをサポート
vfat	Windows と Linux の両方で読み書き可能なファイルシステム
exfat	vfat の拡張。最大ファイルサイズ（16EiB）対応
btrfs	ファイルシステムの木構造に B-Tree を採用し、データ領域の割り当てにエクステントを採用している。複数のディスクパーティションから 1 つのファイルシステムを構成でき、ファイルシステムのスナップショット機能がある

上記表内にあるジャーナル機能とは、ファイルシステムのデータの更新を記録する機能です。不意な電源切断があった場合など、変更履歴をチェックして管理データの再構築ができるため、ファイルシステムチェック（ファイルシステムの整合性の確認）を短縮することができます。

ext3 は、ext2 にジャーナル機能を追加したファイルシステムで、ext と後方互換性があります。よって選択肢 A は誤りであり、選択肢 B は正しいです。また、

xfsはジャーナル機能を持ったファイルシステムで、iノードの動的な割り当てをサポートしています。よって選択肢Cは正しいです。vfatは、WindowsとLinuxの両方で読み書き可能なファイルシステムであるため、選択肢Dは誤りです。

ext2、ext3、ext4では、ファイルシステムの初期化時に用意されるiノードの個数が、作成できるファイルの数の上限となります。

実行例

```
$ df -i /dev/sdb2
Filesystem Inodes IUsed IFree IUse% マウント位置
/dev/sdb2   93888    11 93877    1% /task
$   ①        ②       ③   ④       ⑤   ⑥
$ touch myFile                               ファイルを新規に作成
$ df -i /dev/sdb2
Filesystem Inodes IUsed IFree IUse% マウント位置
/dev/sdb2   93888    12 93876    1% /task    iノードが1つ使用される
$ ls -il
15 -rw-rw-r--. 1 yuko yuko 0 5月11 00:56 2020 fileA
17 -rw-rw-r--. 3 yuko yuko 0 5月11 00:56 2020 fileX
17 -rw-rw-r--. 3 yuko yuko 0 5月11 00:56 2020 fileY  ハードリンクなので同じiノード番号
17 -rw-rw-r--. 3 yuko yuko 0 5月11 00:56 2020 fileZ
iノード番号
```

①ファイルシステム
②総iノード数
③使用済みiノード数
④使用可能iノード数
⑤使用率
⑥マウント先

dfコマンドを使用し、/dev/sdb2パーティションのiノードの使用率を調査しています。

上記例では、touchコマンドでmyFileを作成したことでiノードが1つ消費したことが確認できます。また、「ls -il」コマンドで各ファイルのiノードを表示しています。

解答 B、C

問題 5-19

重要度 ★★★

Linux のルートファイルシステムとして使用できるファイルシステムタイプはどれですか？　2 つ選択してください。

A. ntfs　　B. ext3
C. xfs　　D. vfat

解説 ntfs（NT File System）は、Windows NT 系の標準ファイルシステムです。また、vfat は、Linux と Windows の両方で読み書き可能なファイルシステムであるため、Linux と Windows でデータを共有するためのパーティションに使用されるファイルシステムです。

ntfs は Linux で読むことはできますが、作成することはできません。vfat は Linux で作成することはできますが、ファイルシステムサイズ（最大 4GB）やファイルのアクセス権などの属性がルートファイルシステムとして使用するには不十分です。

このため、Linux のインストーラでは ntfs はサポートしておらず、vfat もルートファイルシステムのファイルシステムタイプに指定することはできません。

解答 B、C

問題 5-20

重要度 ★★★

/dev/sdc1 に ext3 ファイルシステムを作成（初期化）するためのコマンドラインとして適切なものはどれですか？　2 つ選択してください。

A. mkfs /dev/sdc1　　B. mkfs -t ext3 /dev/sdc1
C. mkfs -j /dev/sdc1　　D. tune2fs -j /dev/sdc1

解説 ファイルシステムの作成（初期化）には、mkfs コマンドや mke2fs コマンドを使用します。

構文 `mkfs -t` ファイルシステムタイプ デバイスファイル名

選択肢 B のように、mkfs コマンドの -t オプションの後にファイルシステムのタイプを指定し、続けてデバイスファイル名を指定します。-t オプションを指定しなかった場合は、ext2 ファイルシステムを作成します。

また、-j オプションを使用するとジャーナルが有効となり ext3 ファイルシステムとして作成します。

上記により、選択肢 C にある「mkfs -j　<dev ファイル名 >」にて ext3 ファイルシステムを作成します。

また、ext2 ファイルシステムを作成するコマンドとして、mke2fs があります。

構文 **mke2fs [オプション] デバイスファイル名**

mkfs コマンドと同様に、-j オプションを使用するとジャーナルが有効となり ext3 ファイルシステムとして作成します。

mkfs コマンドに -V オプション（Verbose）を付けて実行すると、実行するコマンドとオプションを確認できます。

実行例

```
# mkfs -V -j /dev/sdc1
mkfs from util-linux 2.23.2
mkfs.ext2 -j /dev/sdc1 ―― 「mkfs.ext2 -j」が実行されていることがわかる
mke2fs 1.42.9 (28-Dec-2013)
.....（以下省略）.....
# man mkfs.ext2
.....（途中省略）.....
-j     Create the filesystem with an ext3 journal. ―― 「-j」でext3を作成
.....（以下省略）.....
```

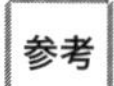

ファイルシステムの初期化には、いくつかのコマンドが提供されています。例えば、以下は/dev/sdb1をext3に初期化する例です。

```
例1）mke2fs -j /dev/sdc1
例2）mkfs -t ext3 /dev/sdc1
例3）mkfs -j /dev/sdc1
例4）mkfs.ext3 /dev/sdc1
```

例4）のmkfs.ext3の他、mkfs.ext2、mkfs.ext4はmke2fsコマンドにハードリンク（あるいはシンボリックリンク）されています。
結果として、「mke2fs -j <デバイスファイル名>」も「mkfs -j <デバイスファイル名>」もext3にて初期化が行われます。

B、C

問題 5-21

重要度 ★☆☆

ext4 ファイルシステムを作成する際、スーパーユーザにデフォルトで与えられる予約ブロックはファイルシステム全体の何 % ですか？　適切なものを 1 つ選択してください。

A. なし　　B. 2%
C. 5%　　D. 10%
E. 50%

スーパーユーザしか書き込めない予備領域のデフォルト値はファイルシステム全体の 5% です。実際の使用領域が 95% を越えると root 権限を持つプログラム以外はディスクに書き込みができなくなります。

以下の例は、/dev/sdc1 を ext4 でファイルシステムを作成しています。

実行例

```
# mkfs -t ext4 /dev/sdc1   ← /dev/sdc1 を初期化
mke2fs 1.42.9 (28-Dec-2013)
.....（途中省略）.....
13094 blocks (5.00%) reserved for the super user   ← デフォルト5%で確保される
.....（以下省略）.....
```

なお、この領域を 10% にする等、明示的に指定する場合は「mkfs -t ext4 -m 10 /dev/sdc1」というように -m オプションを使用します（この例では 10%）。

解答　C

問題 5-22

重要度 ★★☆

スワップとしてあらかじめ用意したパーティションもしくはファイルに対して、スワップ領域を初期化するコマンドとして適切なものはどれですか？　1 つ選択してください。

A. initswap　　B. mkswap
C. swapon　　D. swap

mkswap コマンドは、デバイス上またはファイル上に確保されたスワップ領域の初期化を行います。スワップ領域は、専用のパーティションを割り当てることが

一般的ですが、特定のファイルをスワップ領域として利用することも可能です。

構文 mkswap [オプション] [デバイスファイル名 | ファイル名]

表：オプション

主なオプション	説明
-c	不良ブロックのチェックを行う
-L ラベル名	ラベルを指定し、そのラベルで swapon できるようにする
-v0	古い形式のスワップ領域を初期化する
-v1	新しい形式のスワップ領域を初期化する

以下の例は、fdisk コマンドであらかじめ用意したパーティションにスワップ領域の初期化を行います。

mkswap を使用したスワップ領域の作成

```
# mkswap /dev/sdb3 ―― スワップ領域の初期化
スワップ空間バージョン1を設定します、サイズ = 2586460 KiB
ラベルはありません, UUID=6593460e-1ff6-4141-9075-5132cdd79240
# swapon /dev/sdb3 ―― スワップ領域を有効にする
# swapon -s ―― スワップの使用状況の表示
Filename                Type        Size      Used   Priority
/dev/sdb3               partition   2586456   0      -2
# swapoff /dev/sdb3 ―― スワップ領域を無効にする
# swapon -s                                          /dev/sdb3がなくなる
Filename                Type        Size      Used   Priority
```

mkswap コマンドでスワップ領域を初期化後、swapon コマンドで有効にします。

構文 swapon [オプション] [デバイスファイル名 | ファイル名]

表：オプション

主なオプション	説明
-a	/etc/fstab 中で swap マークが付いているデバイスをすべて有効にする
-L ラベル名	指定されたラベルのパーティションを有効にする
-s	スワップの使用状況をデバイスごとに表示する。「cat /proc/swaps」と等しい

swapoff コマンドは、指定したデバイスやファイルのスワップ領域を無効にします。

構文 swapoff [オプション] [デバイスファイル名 | ファイル名]

表：オプション

主なオプション	説明
-a	/proc/swaps または /etc/fstab 中のスワップデバイスやファイルのスワップ領域を無効にする

/etc/fstab の詳細は本章後半で確認します。

解答 B

問題 5-23

重要度 ★★☆

ファイルシステムの使用率を確認するためのコマンドとして適切なものはどれですか？　1つ選択してください。

A. ls　　B. disk
C. du　　D. df

解説　ファイルシステムの情報を確認する重要なコマンドとして、「df コマンド」と「du コマンド」があります。

表：コマンド

コマンド	説明
df コマンド	ファイルシステムの使用状況の表示
du コマンド	ファイル、ディレクトリの使用容量の表示

以下の例は /boot が使用するパーティションの使用状況を調べます。

実行例

```
$ df    /boot
Filesystem    Size      Used     Avail   Use%    マウント位置
/dev/sda1    495844    32903    438146     7%    /boot
(デバイス名)  (最大サイズ) (使用サイズ) (ディスク残量) (使用率) (マウント先)

$ df -h /boot    -hで表示を変更
Filesystem    Size      Used     Avail   Use%    マウント位置
/dev/sda1     485M       33M      428M     7%    /boot

$ df -i /boot    -iでiノードの使用状況を表示
Filesystem   Inodes    IUsed     IFree   IUse%   マウント位置
/dev/sda1    128016       38    127978     1%    /boot
(デバイス名)  (使用可能なiノード数) (使用済みiノード数) (iノード残量) (使用率) (マウント先)
```

構文 **df [オプション] [デバイスファイル名|ディレクトリ名]**

表：オプション

主なオプション	説明
-k	キロバイト単位で表示する
-h	容量に合わせた適切な単位で表示する。M は 1,048,576 バイトを表す
-i	inode の使用状況をリスト表示する

/dev/sda1の使用状況を見てみると、最大サイズ（495844）が使用サイズ（32903）＋ディスク残量（438146）と同じではありません。これは、問題5-21で確認したルート専用の領域（この例では5%）で予約されているからです。ファイルシステムのデータ領域のうち、この領域を使い切るとdfの使用率の表示は100%となり、一般ユーザは書き込みができなくなりますが、rootはこの領域を使って作業ができます。

図：root領域

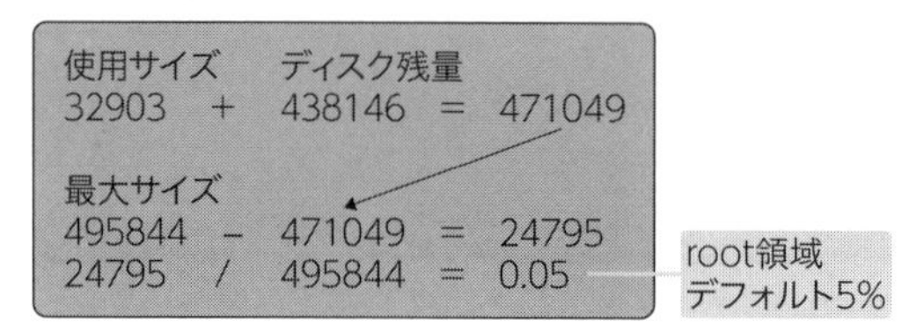

また、以下の例はduコマンドで/home/yuko/tmpディレクトリのサイズを調べます。

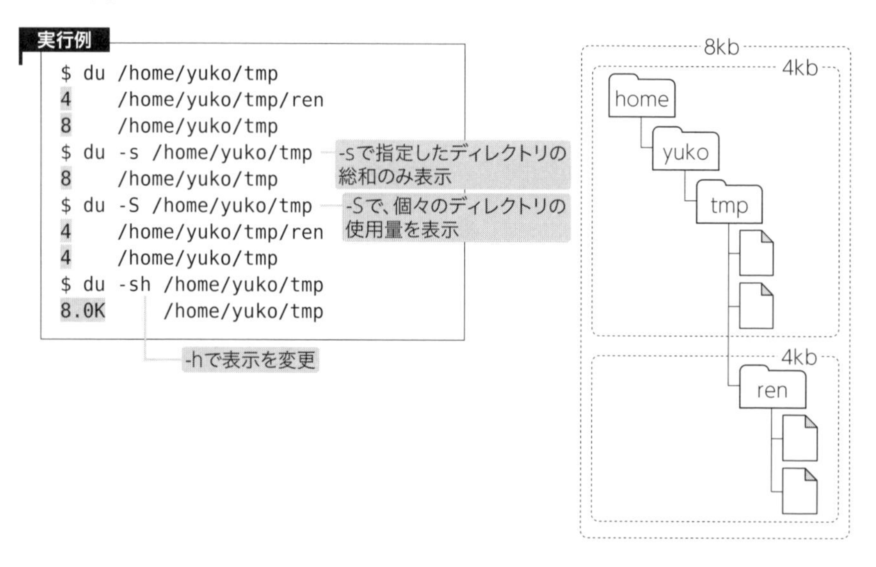

実行例
$ du /home/yuko/tmp
4 /home/yuko/tmp/ren
8 /home/yuko/tmp
$ du -s /home/yuko/tmp
8 /home/yuko/tmp
$ du -S /home/yuko/tmp
4 /home/yuko/tmp/ren
4 /home/yuko/tmp
$ du -sh /home/yuko/tmp
8.0K /home/yuko/tmp
-sで指定したディレクトリの総和のみ表示
-Sで、個々のディレクトリの使用量を表示
-hで表示を変更
8kb
4kb
home
yuko
tmp
4kb
ren

構文 **du ［オプション］［ディレクトリ名|ファイル名］**

表：オプション

主なオプション	説明
-a	ディレクトリだけでなく、すべてのファイルについて容量を表示する
-h	容量に合わせた適切な単位で表示する。Mは1,048,576バイトを表す
-s	指定されたファイル、ディレクトリの使用量の総和を表示する
-S	サブディレクトリの使用量を含めずに、個々のディレクトリの使用量を分けて表示する

 D

問題 5-24

重要度 ★☆☆

パーティションの使用状況をキロバイト単位で表示するコマンドラインとして適切なものはどれですか？　１つ選択してください。

A. df -h　　B. du -h
C. df -k　　D. du -k

解説　df コマンドは、パーティションごとの使用状況も調べることが可能です。また、オプションを指定せずに表示するとキロバイト表示となりますが、明示的に -k オプションの使用も可能です。なお、-h はサイズに適した単位となるため、メガバイト表示等も含まれる可能性があるので正しくありません。

実行例

```
$ df /dev/sda1 ──── オプションなし
Filesystem     1K-ブロック    使用  使用可  使用%  マウント位置
/dev/sda1          495844   32903 437341     7%  /boot
$ df -k /dev/sda1 ──── -kオプション
Filesystem     1K-ブロック    使用  使用可  使用%  マウント位置
/dev/sda1          495844   32903 437341     7%  /boot
$ df -h /dev/sda1 ──── -hオプション
Filesystem      Size  Used  Avail  Use%  マウント位置
/dev/sda1       485M   33M   428M    7%  /boot
```

解答 C

問題 5-25

重要度 ★★★

デバイスファイル /dev/cdrom を /media にマウントするコマンドとして適切なものはどれですか？　１つ選択してください。

A. mount /media /dev/cdrom　　B. mount /dev/cdrom /media
C. mnt /media /dev/cdrom　　D. mnt /dev/cdrom /media

本章の前半で新しく接続されたハードディスクにファイルシステムを作成する手順を確認しました。

①ハードディスクをマシンに接続する
②追加したハードディスクのデバイスファイルが作成されていることを確認する
③パーティションをいくつに分けるか検討する
④ハードディスクにパーティションを作成する
⑤各パーティションにファイルシステムを作成する（mkfs、mke2fs コマンド）
⑥作成したファイルシステムをディレクトリツリーにマウントする

本問では、6番目の手順であるマウントについて確認します。マウントとは、あるディレクトリにファイルシステムのルートディレクトリを接続する作業のことです。

図：マウントの概要

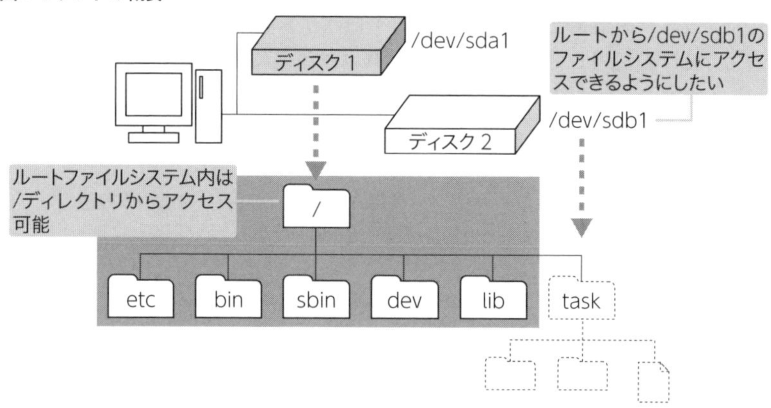

前述の例のように、/task ディレクトリに /dev/sdb1 ファイルシステムをマウントする（接続する）ことで、/（ルート）から /dev/sdb1 ファイルシステムにアクセスできるようになります。ファイルシステムをマウントするには、接続するディレクトリ（マウントポイント）を事前に作成し、mount コマンドを実行します。

構文 **mount ［オプション］［デバイスファイル名（ファイルシステム）］［マウントポイント］**

表：オプション

主なオプション	説明
-a	/etc/fstab ファイルに記載されているファイルシステムをすべてマウントする
-r	ファイルシステムを読み取り専用でマウントする。-o ro と同意
-w	ファイルシステムを読み書き可能なモードでマウントする（デフォルト）。-o rw と同意
-t	ファイルシステムタイプを指定してマウントする
-o	マウントオプションを指定する
--bind	サブツリーをどこか他の場所に再マウントする

mount コマンドを実行する際は、デバイスファイル名（ファイルシステム）とマウントポイントを指定します。また、UUID や LABEL を持つファイルシステムを指定することも可能です。

以下の例は、ext4 で作成した /dev/sdb1 ファイルシステムを /task ディレクトリにマウントしている例です。

実行例

```
# mkdir /task ①
# df -h ②
ファイルシス                    サイズ  使用  残り 使用% マウント位置
.....（途中省略）.....
/dev/sda1                       1014M  221M  794M   22% /boot
tmpfs                            184M   12K  184M    1% /run/user/42
tmpfs                            184M     0  184M    0% /run/user/1000
# mount /dev/sdb1 /task ③
# df -h ④
ファイルシス                    サイズ  使用  残り 使用% マウント位置
.....（途中省略）.....
/dev/sda1                       1014M  221M  794M   22% /boot
tmpfs                            184M   12K  184M    1% /run/user/42
tmpfs                            184M     0  184M    0% /run/user/1000
/dev/sdb1                        991M  2.6M  922M    1% /task ⑤
```

①マウントポイントの作成
②現在のマウント情報を表示
③/dev/sdb1 を /task にマウント
④再度、マウント情報を表示
⑤追加されている

現在のマウント情報は df コマンドでも確認できますが、mount コマンドをオプションや引数を指定せずに実行しても可能です。また、mount や df コマンドに -t オプションでファイルシステムのタイプを指定して実行すると、該当するファイルシステムのマウント情報のみ表示することができます。

実行例

```
# mount ――現在のマウント情報を表示
.....（途中省略）.....
/dev/sda1 on /boot type xfs (rw,relatime,seclabel,attr2,inode64,no
quota)
/dev/sdb1 on /task type ext4 (rw,relatime,seclabel,data=ordered)
.....（以下省略）.....
# mount -t ext4 ――-tオプションを使用
/dev/sdb1 on /task type ext4 (rw,relatime,seclabel,data=ordered)
# df -t ext4 ――-tオプションを使用
ファイルシス    1K-ブロック   使用  使用可 使用% マウント位置
/dev/sdb1        1014680   2564 943356    1% /task
```

解答 B

問題 5-26

重要度 ★★☆

ある特定のディレクトリを、マウント（サブツリーをどこか他の場所に再マウント）したいと考えています。ここでは、/task/mydoc ディレクトリを /mydoc にマウントする場合、下線部に入るオプションはどれですか？ 1つ選択してください。

実行例

```
# mount ________ /task/mydoc/ /mydoc
```

A. -a
B. -d
C. -dir
D. --bind

解説 問題 5-25 の解説のとおり、mount は、通常はデバイスファイル名を指定してマウントします。mount コマンドに「--bind」オプションを使用することで、ディレクトリをマウントできます。

実行例

```
# df -t ext4 ①
ファイルシス      1K-ブロック   使用   使用可  使用% マウント位置
/dev/sdb1        1014680  2568 943352    1% /task
# ls -ld /task/mydoc/ ②
drwxr-xr-x. 2 root root 4096  4月 16 15:33 /task/mydoc/
# ls -ld /mydoc ③
drwxr-xr-x. 2 root root 4096  4月 16 15:33 /mydoc
# mount /task/mydoc/ /mydoc ④
mount:  /task/mydoc is not a block device
# mount --bind /task/mydoc/ /mydoc ⑤
# touch /mydoc/memo ⑥
# ls -la /mydoc/memo ⑦
-rw-r--r--. 1 root root 0  4月 16 15:37 /mydoc/memo
# ls -la /task/mydoc/memo ⑧
-rw-r--r--. 1 root root 0  4月 16 15:37 /task/mydoc/memo
```

①/dev/sdb1 のマウントポイント（/task）の表示
②/task 以下に mydoc ディレクトリが存在する
③/ 以下に別の mydoc ディレクトリが存在する
④/task/mydoc を /mydoc にマウントを試みるがエラーとなる
⑤--bind を使用すると、マウントができる
⑥/mydoc 以下に memo ファイルを作成する
⑦/mydoc 以下に memo ファイルがあることを確認
⑧/task/mydoc 以下からでも memo ファイルにアクセスが可能

解答 D

問題 5-27

重要度 ★☆☆

利用可能なブロックデバイスの一覧を表示するコマンドとして適切なものはどれですか？ 1つ選択してください。

A. blkdv　　B. blk -show
C. ls --blk　　D. lsblk

解説　問題 5-13 の解説のとおり、Linux では、デバイス（周辺機器）をデバイスファイルとして管理しています。デバイスファイルのうち、ブロック単位でデータを転送するものをブロックデバイスと呼びます。

以下の実行例は、/dev/sdb1 と /dev/sr0 を、ls -al コマンドで表示しています。パーミッションの先頭に b が表示されており、ブロックデバイスであることがわかります。

実行例

```
# ls -al /dev/sdb1 /dev/sr0
brw-rw----. 1 root disk   8, 17  4月 16 15:03 /dev/sdb1
brw-rw----+ 1 root cdrom 11,  0  4月 16 10:45 /dev/sr0
```

ブロックデバイスを調査するコマンドがあります。lsblkコマンドは、利用可能なブロックデバイスの一覧を表示します。デバイス名（NAME）や、デバイスのマウント先（MOUNTPOINT）を表示します。

また、blkidコマンドは利用可能なブロックデバイスに関する情報を表示します。UUID（Universally Unique Identifier）、ファイルシステムのタイプ（TYPE）、ボリュームラベル（LABEL）などの属性を表示します。

実行例

```
# lsblk
NAME                          MAJ:MIN RM  SIZE RO TYPE MOUNTPOINT
sda                             8:0    0   10G  0 disk
tqsda1                          8:1    0    1G  0 part /boot
mqsda2                          8:2    0    9G  0 part
  tqcentos_centos7--1-root 253:0    0    8G  0 lvm  /
  mqcentos_centos7--1-swap 253:1    0    1G  0 lvm  [SWAP]
sdb                             8:16   0    1G  0 disk
mqsdb1                          8:17   0 1023M  0 part /task
sdc                             8:32   0    1G  0 disk
mqsdc1                          8:33   0 1023M  0 part
sr0                            11:0    1 55.3M  0 rom  /run/media/user
01/VBox_GAs_5.2.18
# blkid /task
# blkid /dev/sdb1
/dev/sdb1: UUID="6e2e9c02-e979-429b-8ef3-0c16322e44fe" TYPE="ext4"
```

解答 D

問題 5-28

重要度 

ディレクトリにマウントされているファイルシステムをアンマウントするために使用するコマンドを記述してください。

□□□

解説　特定のファイルシステムをルートファイルシステムから切り離す（アンマウントする）には、umountコマンドを使用します。

図：アンマウントの概要

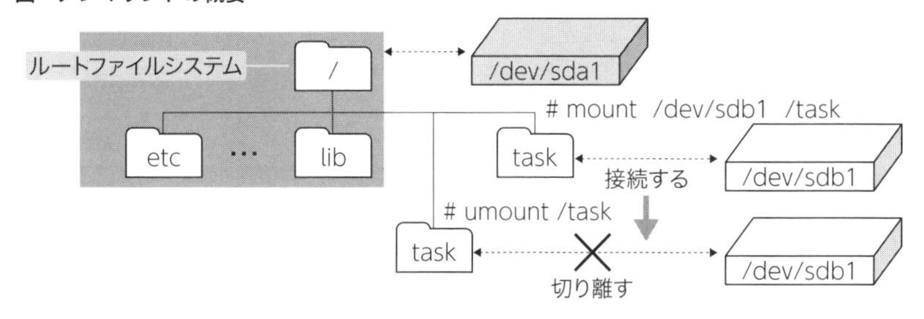

構文 **umount [オプション] マウントポイント|デバイスファイル名（ファイルシステム）**

表：オプション

主なオプション	説明
-a	/etc/fstab ファイルに記載されているファイルシステムをすべてアンマウントする
-r	アンマウントが失敗した場合、読み取り専用での再マウントを試みる
-t	指定したタイプのファイルシステムのみに対してアンマウントする

アンマウントすると、そのファイルシステムに存在するファイルやディレクトリにルートファイルシステムからアクセスできません。次の実行例は /task をアンマウントしています。

実行例

```
# df /dev/sdb1 ―― ①
ファイルシス          1K-ブロック   使用  使用可 使用% マウント位置
/dev/sdb1               1014680   2568 943352    1% /task
# ls /task ―― ②
mydoc
# umount /task ―― ③
# ls /task ―― ④
```

① マウントされているか確認する
② /task ディレクトリ以下に mydoc ディレクトリがあることを確認する
③ アンマウントは、「umount /dev/sdb1」でも OK
④ /task ディレクトリ自体は存在するが /dev/sdb1 とは切り離されているため、mydoc ディレクトリは表示されない

システムがランレベル 3 あるいはランレベル 5 で稼働中でもそのファイルシステムが使用されていなければ、アンマウントが可能です。使用中というのは主に以下のような場合です。

- ユーザがファイルシステムのファイルにアクセスしている
- ユーザがファイルシステムのディレクトリに移動している
- プロセスがファイルシステムのファイルにアクセスしている

解答 umount

問題 5-29

重要度 ★★★

マウントポイントである /work をアンマウントしようとしたところ、「umount: /work: target is busy.」のメッセージが表示され、アンマウントできませんでした。考えられる対処として適切なものはどれですか？　1つ選択してください。

A. root ユーザで umount コマンドを実行する
B. システムを再起動してから umount コマンドを実行する
C. mount コマンドを実行してから umount コマンドを実行する
D. ユーザにアンマウントするディレクトリ以下へのアクセスをやめてもらう

問題 5-28 の解説にあるとおり、ユーザやプロセスがマウントしているディレクトリにアクセスしている間は、アンマウントできません。したがって、選択肢 D が正しいです。以下の実行例は、/work をアンマウントしている例です。

実行例

```
# pwd ――①
/work
# umount /work ――②
umount: /work: target is busy. ――③
        (In some cases useful info about processes that use
         the device is found by lsof(8) or fuser(1))
# cd / ――④
# pwd ――⑤
/
# umount /work ――⑥
```

①現在、/work ディレクトリで作業をしていることを確認
②/work のアンマウントを試みる
③エラーメッセージが表示されアンマウントが失敗する
④ルート（/）に移動
⑤ルート（/）にいることを確認
⑥/work のアンマウントを行い成功する

 D

問題 5-30

重要度 ★★☆

/etc/fstab に記述されている内容として適切なものはどれですか？　1つ選択してください。

A. パーティションテーブルの情報が記述されている
B. 定期的に実行させたいプログラムを記述している
C. ホスト名やゲートウェイなどネットワークの設定情報を記述している
D. デバイスとマウントポイント、ファイルシステムについて記述されている

解説　/etc/fstab ファイルには、選択肢 D のとおり、マウント情報が記述されています。なお、選択肢 A については、fdisk コマンドでパーティション情報を確認することができます。選択肢 B は /etc/crontab ファイル、選択肢 C は /etc ディレクトリ以下のネットワーク設定ファイルの説明です。

マウントするには、主に 3 通りあります。

①デバイスとディレクトリを指定して手動でマウントする
② /etc/fstab を参照して手動でマウントする
③ Linux の起動時にマウントする

①は問題 5-25 の解説で扱った方法です。②は、「mount -a」を実行することで /etc/fstab ファイルを参照して、ファイル内のオプションフィールドが auto のエントリをすべてマウントします。オプションフィールドについては、問題 5-31 を参照してください。③は Linux 起動時に実行される systemd もしくは、rc.sysinit スクリプトによって mount コマンドが呼び出されファイルシステムをマウントします。なお、その際も /etc/fstab ファイルを参照しています。つまり、CD-ROM のように時々使用するような場合は、①のように必要なときだけマウントすればよいですが、よく利用するファイルシステムは /etc/fstab に記述しておくことで、起動時にマウントされることになります。

解答　D

問題 5-31

重要度 ★★★

あるファイルシステムを、root ユーザだけでなく、一般ユーザもマウントできるようにしたい場合、/etc/fstab に書くマウントオプションとして適切なものはどれですか？　1つ選択してください。

A. all　　B. anyuser
C. user　　D. cdrom
E. rw

解説

/etc/fstab ファイルには、マウントするファイルシステムとマウントポイント、マウント時に指定するオプションなど mount コマンドの実行に必要な情報を記述します。以下は /etc/fstab ファイルの例です。

/etc/fstab の設定例

```
/dev/sda2  /      ext4  defaults      1  1
/dev/sda1  /boot  ext4  defaults      1  2
/dev/sda3  swap   swap  defaults      0  0
（途中省略）
/dev/sdb2  /task  ext3  user,noauto   0  0
   ①        ②     ③       ④          ⑤  ⑥
```

①デバイスファイル名（デバイスファイル名、ラベル名、UUID）
②マウントポイント
③ファイルシステムの種類
④マウントオプション
⑤バックアップの指定
⑥ファイルシステムのチェック

上記の例の④は、どのような設定でマウントするか、マウントオプションを指定します。マウントオプションに user を指定すると、一般ユーザもマウントが可能となるため、選択肢 C が正解です。また、複数のオプションを設定する際は、カンマで区切ります。

設定できる主なオプションは以下のとおりです。

表：マウントオプション

主なマウントオプション	説明
async	ファイルシステムの書き込みを非同期で行う
sync	ファイルシステムの書き込みを同期で行う
auto	-a が指定されたときにマウントされる
noauto	-a が指定されたときにマウントされない
dev	ファイルシステムに格納されたデバイスファイルを利用可能にする
exec	ファイルシステムに格納されたバイナリファイルの実行を許可する
noexec	ファイルシステムに格納されたバイナリファイルの実行を禁止する
suid	SUID および SGID の設定を有効にする※1
nosuid	SUID および SGID の設定を無効にする
ro	ファイルシステムを読み取り専用でマウントする
rw	ファイルシステムを読み書き可能なモードでマウントする
user	一般ユーザにマウントを許可する。アンマウントはマウントしたユーザのみ可能。同時に noexec、nosuid、nodev が指定されたことになる
users	一般ユーザにマウントを許可する。アンマウントはマウントしたユーザ以外でも可能。同時に noexec、nosuid、nodev が指定されたことになる
nouser	一般ユーザのマウントを禁止する
owner	デバイスファイルの所有者だけにマウント操作を許可する
usrquota	ユーザに対してディスクのリソース割り当てを行う
grpquota	グループに対してディスクのリソース割り当てを行う
defaults	デフォルトのオプション rw、suid、dev、exec、auto、nouser、async を有効にする

※1 実行ファイル（プログラムやスクリプト）は通常、そのファイルを実行したユーザの権限で動作します。しかし、SUID が設定されている場合は、実行ファイルの所有者のユーザ権限で実行されます。また、SGID が設定されている場合は、実行ファイルの所有グループに設定されているグループ権限で実行されます。

⑤は、dump コマンドによるバックアップの周期を日単位で指定します。どのファイルシステムが dump すべき日数を経過したかは「dump -w」コマンドで確認できます。「0」を指定するとバックアップ対象から除外されます。

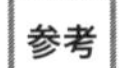

dumpコマンドは、ext2/ext3ファイルシステムのコマンドであるため、他のファイルシステムで「1」を指定してもバックアップされません。なお、ext4ファイルシステムでのdumpコマンドの対応・未対応は使用するディストリビューションおよびそのバージョンによって異なります。

⑥は、Linux 起動時の fsck による整合性チェックの順番を 1...n で指定します。通常は、ルートファイルシステムに「1」を指定し、それ以外のファイルシステムに「2」以上の数字を指定します。「0」を指定するとチェックが行われません。同じ順番のエントリが複数ある場合は fsck は並列にチェックを行います。

なお、ext2/ext3/ext4 ファイルシステムの起動時には、/etc/fstab に登録されたファイルシステムの clean フラッグをチェックし、フラッグが立っている場合は fsck は実行されません（正しく sync が実行されることなくシステムがシャットダウンされたときでも、ジャーナルにより補正が行われた場合は clean フラッグを立てます）。clean フラッグが立っている場合でも軽微な不整合が生じている場合があり、fsck に「f」（force）オプションを付けることで fsck を実行できます。clean フラッグが立っていない場合は fsck が実行されます。一方、xfs はシステム起動時にチェックまたは修復は行いません。したがって、修復を行う場合は、xfs_repair コマンドを実行します。

これも重要！

xfs ファイルシステムの修復には、xfs_repair コマンドを使用します。

解答 C

問題 5-32

「mount -a」を実行した際に参照するファイル名を絶対パスを含めて記述してください。

解説 問題 5-30 の解説にあるとおり、「mount -a」を実行すると /etc/fstab ファイル内のオプションフィールドが auto のエントリをすべてマウントします。

実行例

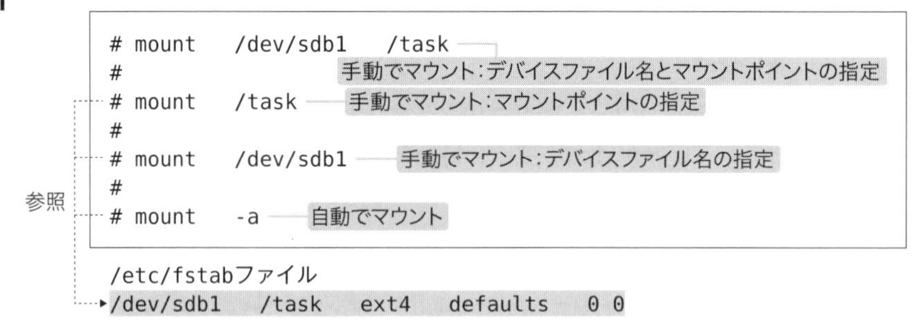

解答 /etc/fstab

問題 5-33

重要度 ★★☆

/etc/fstab の第 1 フィールドに指定できるものはどれですか？　3 つ選択してください。

A. HOME　　B. UUID
C. LABEL　　D. NAME
E. ID　　F. デバイスファイル名

解説　問題 5-31 の解説のとおり、/etc/fstab の第 1 フィールドには、デバイスファイル名の他、UUID（Universally Unique Identifier）と呼ばれるデバイスの一意な識別子と、LABEL（任意で命名できる名前）の指定が可能です。UUID は「UUID=」、LABEL は「LABEL=」と指定します。以下は、/dev/sdb1 に LABEL を付与し、/etc/fstab で使用している例です。この例ではわかりやすいように、マウントポイントに合わせて、使用する名前の先頭に「/」を付けています。

- デバイスファイル名：/dev/sdb1
- LABEL 名：/task_label
- マウントポイント：/task

参考

```
# e2label /dev/sdb1 ―― ①

# e2label /dev/sdb1 /task_label ―― ②
# e2label /dev/sdb1 ―― ③
/task_label
# vi /etc/fstab ―― ④
.....（以下1行を最終行に追加）.....
LABEL=/task_label /task                    ext4    defaults        0 0
.....（/etc/fstabファイルを保存して終了）.....
# mount -a ―― ⑤
# mount -t ext4 ―― ⑥
/dev/sdb1 on /task type ext4 (rw,relatime,seclabel,data=ordered)
```

①e2label コマンドを使用して、LABEL が付与されているか確認。現在は未設定
②/task_label として LABEL 名を設定
③再度、e2label コマンドを使用して、LABEL が付与されているか確認。設定済み
④/etc/fstab を編集
⑤-a オプションを使用して、/etc/fstab ファイルを読み込みマウントする
⑥/dev/sdb1 が /task にマウントされていることを確認

解答 B、C、F

問題 5-34

重要度 ★★★

現在マウントされているファイルシステムをすべて表示するコマンドはどれですか？　2つ選択してください。

A. cat /proc/filesystems　　B. cat /proc/self/mounts
C. mount　　D. mount -all

問題 5-25 の解説のとおり、現在マウントされているファイルシステムとマウントオプションを調べるには、引数を付けずに mount コマンドを実行します。または /proc/mounts ファイルと /proc/self/mounts ファイルにも現在のマウント状態が格納されています。なお、/proc/mounts は /proc/self/mounts へのシンボリックリンクです。

実行例

```
$ cat /proc/self/mounts
.....（途中省略）.....
/dev/mapper/VolGroup-lv_root / ext4 rw,seclabel,relatime,barrier=1,
data=ordered 0 0
none /selinux selinuxfs rw,relatime 0 0
devtmpfs /dev devtmpfs rw,seclabel,relatime,size=499972k,nr_inodes=
124993,mode=755 0 0
/proc/bus/usb /proc/bus/usb usbfs rw,relatime 0 0
/dev/sda1 /boot ext4 rw,seclabel,relatime,barrier=1,data=ordered 0
0
.....（以下省略）.....
```

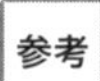

/proc/selfは現行プロセスのプロセスID（/proc/プロセスID）へのシンボリックです。マウント名前空間（mount namespace）が異なる場合は、格納されている内容も異なる場合があります。例えば、デスクトップ環境でudisks 2.xデーモンによって/run/media以下に自動マウントされたファイルシステムは、ユーザごとにマウント名前空間が異なるため、/proc/self/mountsの内容も異なります。あるユーザのデスクトップ環境で自動マウントされたファイルシステムは、別のユーザからは見えません。

これも重要！

/proc/self/mountsは絶対パスで記述できるようにしておきましょう。

解答 B、C

6章

模擬試験

問題 1

sshを使用する場合、known_hostsファイルに格納されるものは何ですか？　1つ選択してください。

A. sshのサーバIPアドレス
B. sshのクライアントIPアドレス
C. sshのログインユーザ名
D. sshのサーバIPアドレスとクライアントIPアドレス

問題 2

sshコマンドを使用するためにユーザが作成する、あるいは自動的に作成される、ホームディレクトリ下のディレクトリは何ですか？　ディレクトリ名を記述してください。

問題 3

公開鍵によるユーザ認証で、クライアントが鍵のペアを作成した後にすることはどれですか？　1つ選択してください。

A. クライアントに公開鍵を置く
B. サーバに公開鍵を置く
C. サーバとクライアントともに公開鍵を置く
D. サーバとクライアントともに秘密鍵を置く

問題 4

sshリモートホストにログインして作業をした後、接続を切断する適切な方法はどれですか？　2つ選択してください。

A. ローカルホストをシャットダウンする
B. exitコマンドを実行する
C. showdownコマンドを実行する
D. [Ctrl] キーと [d] キーを同時に押す

問題 5

ハイパーバイザーによる仮想化で、ゲスト OS についての説明で正しいものはどれですか？　2つ選択してください。

A. ホスト OS とゲスト OS は同じ OS でなければならない
B. CPU とメモリはホスト OS のリソースを共有する
C. ホスト OS の VM である
D. ホスト型のみエミュレーションの利用が可能である

問題 6

コンテナによる仮想化の特徴として正しいものはどれですか？　3つ選択してください。

A. VM より起動が速い
B. コンテナ内のプロセスはホスト OS のプロセスとして稼働する
C. 仮想マシンに比べて、サイズが大きい
D. Linux カーネルを使用したホスト OS で、Windows コンテナを動かすことができる
E. ホスト OS 上ではコンテナごとに隔離された空間である

問題 7

稼働しているコンテナの一覧を取得するために docker コマンドの後に指定するサブコマンドは何ですか？　サブコマンドを記述してください。

問題 8

コンテナを停止するコマンドとして正しいものはどれですか？　1つ選択してください。

A. docker terminate
B. docker shutdown
C. docker stop
D. docker exit

問題 9

「systemctl get-default」を実行したときの説明で正しいものはどれですか？ 1つ選択してください。

A. デフォルトで起動するターゲット一覧を表示
B. デフォルトで起動するターゲットを表示
C. デフォルトで起動するターゲットを rescue.target に変更
D. デフォルトで起動するターゲットを default.target に変更

問題 10

レスキューモードに移行するコマンドとして正しいものはどれですか？ 1つ選択してください。

A. systemctl rescue
B. systemctl sysinit
C. systemctl 1
D. systemctl single

問題 11

1分後にホストをシャットダウンするコマンドとして正しいものはどれですか？ 2つ選択してください。

A. shutdown -r 1
B. shutdown
C. shutdown +1
D. shutdown -1

問題 12

ホストをただちにシャットダウンおよび電源をオフにするコマンドとして正しいものはどれですか？ 1つ選択してください。

A. shutdown
B. shutdown -0
C. shutdown -now
D. shutdown -h now

問題 13

誤って［Ctrl］キーと［z］キーを同時に押しました。プロセスを再開するコマンドとして正しいものはどれですか？　1つ選択してください。

A. fg
B. jobs
C. &
D. もう一度［Ctrl］キーと［z］キーを同時に押す

問題 14

以下のような実行例があります。

実行例

```
$ ps -ef | grep ssh
root      1152     1  0 11:30 ?        00:00:00 /usr/sbin/sshd -D
ryo       2593  2456  0 12:04 ?        00:00:00 /usr/bin/ssh-agent
.....（途中省略）.....
root      4041  1152  0 12:18 ?        00:00:00 sshd: root@pts/1
ryo       4141  4089  0 12:19 pts/1    00:00:00 grep --color=auto ssh
```

上記にあるとおり、「ps -ef | grep ssh」を実行したところ、PIDが4141のgrepも結果に含まれてしまいました。
次の実行結果を得るように、プロセス名を指定して、プロセス名をプロセスIDと一緒に表示するコマンドは何ですか？　下線部に入るコマンドを記述してください。

実行例

```
$ ____________ -l ssh
1152 sshd
2593 ssh-agent
4041 sshd
```

問題 15

以下のような実行例があります。

実行例

```
F S   UID   PID  PPID  C PRI  NI ADDR SZ WCHAN  TTY          TIME CMD
4 S  1000  4089  4088  0  80   0 - 29117 do_wai pts/1    00:00:00 bash
0 R  1000  4285  4089  0  80   0 - 38337 -      pts/1    00:00:00 ps
```

実行したコマンドとして正しいものはどれですか？　1つ選択してください。

A. pstree
B. top
C. ps -l
D. job

問題 16

X アプリケーションの転送を以下の環境で行いたいと思っています。

ローカルホスト：X クライアント（localhost）
リモートホスト：X サーバ（remotehost）

DISPLAY 変数を設定する説明として正しいものはどれですか？　1つ選択してください。

A. localhost 側で、「export DISPLAY=remotehost:0.0」を実行する
B. localhost 側で、「export DISPLAY=localhost:0.0」を実行する
C. remotehost 側で、「export DISPLAY=remotehost:0.0」を実行する
D. remotehost 側で、「export DISPLAY=localhost:0.0」を実行する

問題 17

ファイルの所有者とグループをまとめて変更するコマンドラインとして正しいものはどれですか？　1つ選択してください。

A. chown user group ファイル名
B. chown user;group ファイル名
C. chown user:group ファイル名
D. chown user|group ファイル名

問題 18

次の test ファイルの説明として誤っているのはどれですか？　1つ選択してください。

```
-rwxr-xr-x. 1 ryo ryo 312  5月 31 12:18 test
```

A. 所有者はファイルを修正できる
B. 誰でも実行できる
C. 所有者と所有グループのユーザのみ実行できる
D. その他は書くことができない
E. 所有グループは読むことができる

問題 19

ファイルを新規作成したとき、「rw-------」パーミッションになる umask 値として適切なものはどれですか？　1つ選択してください。

A. 0640
B. 0600
C. 0067
D. 0068

問題 20

ファイル管理を行うコマンドとして適切なものはどれですか？　3つ選択してください。

A. cp
B. mv
C. copy
D. move
E. mkdir

問題 21

tar ファイルを gzip で圧縮した file.tar.gz を解凍、展開するコマンドラインはどれですか？　2つ選択してください。

A. tar zvf file.tar.gz
B. tar zxvf file.tar.gz
C. gzip -cd file.tar.gz
D. gzip -cd file.tar.gz | tar xvf -

問題 22

find コマンドで、ファイル名を指定して検索するオプションはどれですか？　1つ選択してください。

A. -name
B. -f
C. -n
D. -file

問題 23

リンクについての説明で正しいものはどれですか？　1つ選択してください。

A. オリジナルファイルを削除するとシンボリックリンクファイルも削除される
B. オリジナルファイルを削除するとハードリンクファイルも削除される
C. ハードリンクは別のパーティションのファイルにリンクできない
D. シンボリックリンクが使用するｉノード番号は、オリジナルファイルと同じ番号である

問題 24

以下のような実行例があります。

実行例

```
$ ls -li
   78780 drwxrwxr-x. 2 ryo ryo 6  5月 31 15:20 dirB
13832775 -rw-rw-r--. 2 ryo ryo 0  5月 31 15:20 fileA
13832778 lrwxrwxrwx. 1 ryo ryo 5  5月 31 15:21 fileC -> fileA
13832775 -rw-rw-r--. 2 ryo ryo 0  5月 31 15:20 fileD
13832779 -rw-rw-r--. 1 ryo ryo 0  5月 31 15:22 fileE
```

オリジナルファイルである fileA に対するシンボリックリンクと、ハードリンクのファイルは次のどれですか？　1つ選択してください。

A. dirB と fileC
B. dirB と fileD
C. fileC と fileD
D. fileC と fileE
E. fileD と fileE

問題 25

ps コマンドのマニュアルの場所を表示するコマンドラインとして正しいものはどれですか？　1 つ選択してください。

A. whereis ps　　B. which ps
C. ls ps　　D. ps -m

問題 26

FHS に準拠し、Linux のドキュメントを置くディレクトリはどこですか？　1 つ選択してください。

A. /var/doc　　B. /tmp/doc
C. /sbin/share/doc　　D. /usr/share/doc

問題 27

設定されたシェルとそのシェルで起動したプログラムが使用する変数を作成するコマンドラインとして正しいものはどれですか？　1 つ選択してください。

A. env TEST="SE"　　B. TEST="SE"
C. export TEST="SE"　　D. set TEST="SE"

問題 28

現在のディレクトリを表示するコマンドラインとして正しいものはどれですか？　2 つ選択してください。

A. echo $WD　　B. pwd
C. echo $PWD　　D. echo $pwd

問題 29

以下のような実行例があります。

実行例

```
$ TEST=ABC
$ echo $TEST
ABC
```

変数 TEST を削除するコマンドラインとして正しいものはどれですか？　1 つ選択してください。

A. unset TEST
B. unset=TEST
C. TEST =
D. TEST=''

問題 30

bash のコマンド実行履歴の保持件数を設定する環境変数はどれですか？　1 つ選択してください。

A. HIST
B. HISTSIZE
C. HISTORY
D. HISTFILE

問題 31

以下の中で誤ったコマンドの使い方はどれですか？　1 つ選択してください。

A. uniq file.txt
B. split file.txt
C. od file.txt
D. cut file.txt

問題 32

タブを複数の空白文字に変換するコマンドは何ですか？　記述してください。

問題 33

行頭に # がある行を削除するのはどれですか？　1 つ選択してください。

A. sed '/^#/' file
B. sed '/^#/d' file
C. cat -s -h file
D. cat -s file

問題 34

commandの出力を表示するとともにファイルfileにも格納するために下線部に入るコマンドは何ですか？　記述してください。

command | _______ file

問題 35

COMMAND1の実行結果をCOMMAND2の標準入力に渡すコマンドラインとして正しいものはどれですか？　1つ選択してください。

A. COMMAND1　COMMAND2
B. COMMAND1 ; COMMAND2
C. COMMAND1 > COMMAND2
D. COMMAND1 | COMMAND2

問題 36

以下のような実行例があります。

実行例
```
$ ls /bin >> file1
```

説明として正しいものはどれですか？　1つ選択してください。

A. file1に「ls /bin」の標準出力を上書きする
B. file1に「ls /bin」の標準出力を追記する
C. file1に「ls /bin」の標準エラー出力を上書きする
D. file1に「ls /bin」の標準エラー出力を追記する

問題 37

lsコマンドの標準出力と標準エラー出力をdataファイルに格納するコマンドラインはどれですか？　1つ選択してください。

A. ls data
B. ls 2> data
C. ls >& data
D. ls < stdout > data
E. ls data 2> /dev/null

問題 38

abc.txt が該当しない正規表現はどれですか？　3 つ選択してください。

A. [abc][abc][abc].txt
B. [a-c][a-c][a-c].txt
C. a*c.txt
D. a?c.txt
E. [abc].txt

問題 39

以下のような実行例があります。

実行例

```
$ cat sample
abcd
6789
```

「grep '[ab]' sample」を実行したときの結果として正しいものはどれですか？　1 つ選択してください。

A. a
B. ab
C. abcd
D. abcd
6789

問題 40

vi エディタで、行末に移動するコマンドはどれですか？　1 つ選択してください。

A. $
B. ^
C. 0
D. G

問題 41

vi エディタで、dd コマンドの説明として正しいものはどれですか？　1 つ選択してください。

A. カーソル行をコピー
B. カーソル行を削除
C. カーソル上の 1 文字をコピー
D. カーソル上の 1 文字を削除

問題 42

インストール可能なすべてのパッケージを一覧表示するコマンドラインとして正しいものはどれですか？　1つ選択してください。

A. apt-cache show
B. apt-cache pkgnames
C. apt-get list
D. apt-get show

問題 43

現在インストールされている全パッケージを更新するコマンドラインとして正しいものはどれですか？　1つ選択してください。

A. apt-get install
B. apt-get update
C. apt-get upgrade
D. apt-get dist-upgrade

問題 44

/usr/sbin/sshd ファイルを含むパッケージを表示するコマンドラインとして正しいものはどれですか？　1つ選択してください。

A. apt-find search /usr/sbin/sshd
B. apt-file search /usr/sbin/sshd
C. apt-search /usr/sbin/sshd
D. apt-get search /usr/sbin/sshd

問題 45

設定ファイルは残して、パッケージを削除するコマンドはどれですか？　1つ選択してください。

A. dpkg --purge
B. dpkg --delete
C. dpkg --rm
D. dpkg --remove

問題 46

BIND 関連のパッケージを検索するコマンドラインとして正しいものはどれですか？　1つ選択してください。

A. yum select BIND
B. yum search BIND
C. yum query BIND
D. yum show BIND

問題 47

yum コマンドを利用した次の選択肢の操作のうち、リポジトリを参照しないものはどれですか？　1 つ選択してください。

A. /etc/yum.repos.d/ の下に repo ファイルを作成
B. /etc/yum.conf に RPM ファイルを含むエントリを作成
C. yum install を実行
D. yum localinstall を実行

問題 48

指定したパッケージの詳細情報を表示するコマンドラインとして正しいものはどれですか？　1 つ選択してください。

A. yum info パッケージ名
B. yum -d パッケージ名
C. yum -info パッケージ名
D. yum -verbose パッケージ名

問題 49

rpm パッケージ sample.rpm に含まれているファイルの一覧を表示するコマンドはどれですか？　1 つ選択してください。

A. rpm -ql sample.rpm
B. rpm -qpl sample.rpm
C. rpm -qp sample.rpm
D. rpm -qpf sample.rpm

問題 50

UEFI についての説明で正しいものはどれですか？　2 つ選択してください。

A. グラフィカルな画面表示
B. UEFI は x86 アーキテクチャのマイクロプロセッサのみ対応
C. 単一の OS を起動
D. 2TiB 以上のディスクを使用可能

問題 51

システムのすべての PCI バスと、接続されているデバイスに関する情報を表示するコマンドは何ですか？　記述してください。

問題 52

モジュールの削除を行うコマンドはどれですか？　2つ選択してください。

A. lsmod -r
B. modprobe -r
C. rmmod
D. delmod

問題 53

ディスクパーティションの表示、変更を行うコマンドは何ですか？　1つ選択してください。

A. parted
B. partition
C. part
D. diskpart

問題 54

GPT ディスクのパーティションを設定するコマンドはどれですか？　1つ選択してください。

A. gpt
B. disk
C. fdisk
D. gdisk

問題 55

ルートファイルシステムに使用できないファイルシステムはどれですか？　1つ選択してください。

A. ext3
B. XFS
C. vfat
D. ext4

問題 56

udev についての説明で誤っているのはどれですか？　1つ選択してください。

A. .rules ファイルを参照する
B. 動的にデバイスファイルを作成する
C. /sys 以下を参照する
D. デバイスのためのカーネルの再構成は必要ない
E. 事前にデバイスファイルを作成しておくことでデバイスを認識する

問題 57 □□□

一般ユーザにマウントを許可するオプションはどれですか？　1つ選択してください。

A. user　　B. auto
C. rw　　D. async

問題 58 □□□

オプションを指定せずに mount コマンドを実行した際の説明として正しいものはどれですか？　1つ選択してください。

A. root で実行しないとエラーとなる
B. USB や CD-ROM などユーザがマウント可能な情報のみ表示
C. auto オプションが付与されたマウント情報を表示
D. 現在のマウント情報を表示

問題 59 □□□

「mount -a」を実行した際の説明として正しいものはどれですか？　1つ選択してください。

A. async オプションを使用したマウント
B. noauto オプションを使用したマウント
C. auto オプションを使用したマウント
D. ルートファイルシステムのみマウント
E. 基本パーティションのみマウント

問題 60 □□□

現在マウントされているファイルシステムをすべて表示するために、下線に入るファイル名を記述してください。

cat /proc/___________

模擬試験の解答と解説

問題 1

ssh クライアントのホームディレクトリ以下の .ssh ディレクトリ以下に配置される known_hosts（~/.ssh/known_hosts）ファイルには、ssh サーバのホスト名、IP アドレス、公開鍵が格納されます。

解答 A

問題 2

ssh コマンドで初めてサーバに接続するとき、サーバから送られてきた公開鍵のフィンガープリント（fingerprint：指紋）の値が表示され、それを認めるかどうかの確認のメッセージが表示されます。yes と答えると、サーバが正当であると認めたことになり、サーバのホスト名、IP アドレス、公開鍵が known_hosts ファイルに格納されます。
known_hosts ファイルは、デフォルトでは、クライアントのホームディレクトリの .ssh ディレクトリ以下に保存されます。

解答 .ssh

問題 3

公開鍵によるユーザ認証では、ssh-keygen コマンドでクライアントが公開鍵ペアを生成した後、クライアントの公開鍵を ssh サーバにコピーしておく必要があります。

解答 B

問題 4

ssh 接続のログアウトは、exit コマンドを実行する他、[Ctrl] キーと [d] キーを同時に押すことでも可能です。

解答 B、D

問題 5

解説 ハイパーバイザーによる仮想化の特徴は以下のとおりです。

- ハイパーバイザーによる仮想化で稼働する仮想環境を VM（仮想マシン）と呼ぶ
- ハイパーバイザーで稼働するゲスト OS は、各 VM ごとに異なる OS を利用することが可能である
- ハイパーバイザーで稼働するゲスト OS は、ホスト OS のリソース（CPU やメモリなど）を共有する

したがって、選択肢 B、C が正しいです。ホスト OS が CentOS でゲスト OS が Ubuntu というように、異なる OS を利用することが可能であるため、選択肢 A は誤りです。また、ハイパーバイザーは、ベアメタル型、ホスト型とタイプがありますが、ともにエミュレーションを提供しているため、選択肢 D も誤りです。

解答 B、C

問題 6

解説 コンテナによる仮想化の特徴は以下のとおりです。

- ホスト OS のカーネルを共有し、完全に隔離されたアプリケーション実行環境を構築する
- VM（仮想マシン）に比べ、起動／停止が速い
- コンテナ内のプロセスはホスト OS のプロセスとして稼働する
- コンテナには、ホスト OS と異なる OS をインストールすることはできない

したがって、選択肢 A、B、E が正しいです。コンテナではカーネルをホスト OS と共有するため、カーネルが必要ない分、容量が小さくなります。したがって、選択肢 C は誤りです。ホスト OS とゲスト OS は異なる OS を利用することはできませんが、異なる Linux ディストリビューションを利用することはできます。

解答 A、B、E

問題 7

解説 「docker ps」とすると、稼働しているコンテナ一覧を表示します。なお、「docker ps -a」とすると、停止しているコンテナも含めて一覧表示します。

解答 ps

問題 8

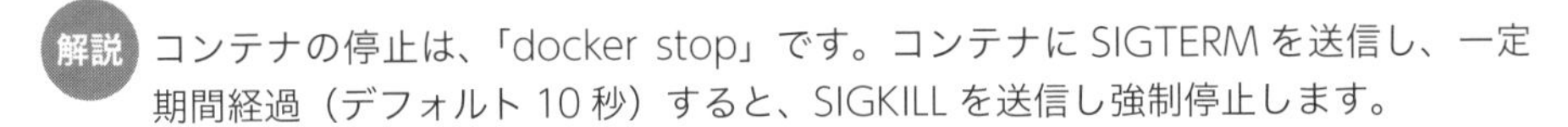

解説 コンテナの停止は、「docker stop」です。コンテナに SIGTERM を送信し、一定期間経過（デフォルト 10 秒）すると、SIGKILL を送信し強制停止します。

解答 C

問題 9

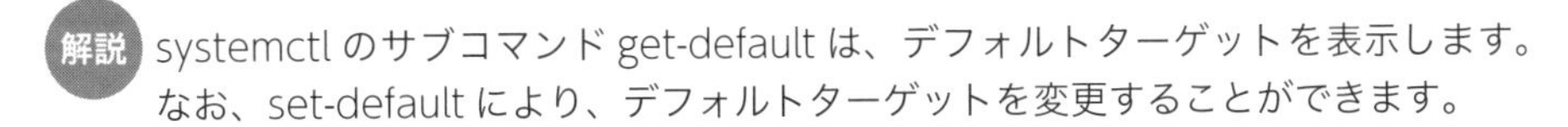

解説 systemctl のサブコマンド get-default は、デフォルトターゲットを表示します。なお、set-default により、デフォルトターゲットを変更することができます。

解答 B

問題 10

解説 通常、現在のターゲットの変更を行う際は、「systemctl isolate ターゲット」としますが、現在のターゲットを変更し、直ちにレスキューモードへ移行する場合は、「systemctl isolate rescue.target」、「systemctl isolate rescue」の他、「systemctl rescue」でも可能です。

解答 A

問題 11

解説 shutdown コマンドで、マシンのシャットダウンを行うことができます。「+m」による現在時刻からの分単位での指定が可能です。したがって、選択肢 C は正しいです。また、停止時間を指定しなかった場合のデフォルトは 1 分後となるため、選択肢 B も正しいです。

解答 B、C

問題 12

解説 ホストをただちにシャットダウンする場合は、「shutdown +0」、「shutdown now」とします。また、電源をオフにする場合は、あわせて「-h」オプションを指定します。

解答 D

問題 13

解説 [Ctrl] キーと [z] キーを同時に押すと、実行しているジョブを一時停止にします。再開するには、bg コマンドもしくは fg コマンドを実行します。

解答 A

問題 14

解説 pgrep コマンドは、現在実行中のプロセスを調べてプロセス情報を表示します。-l オプションを付与することで、プロセス名をプロセス ID と一緒に表示します。

実行例

```
$ ps -ef | grep ssh
root      1152     1  0 11:30 ?        00:00:00 /usr/sbin/sshd -D
ryo       2593  2456  0 12:04 ?        00:00:00 /usr/bin/ssh-agent
.....（途中省略）.....
root      4041  1152  0 12:18 ?        00:00:00 sshd: root@pts/1
ryo       4141  4089  0 12:19 pts/1    00:00:00 grep --color=auto ssh
$ pgrep -l ssh
1152 sshd
2593 ssh-agent
4041 sshd
```

解答 pgrep

問題 15

解説 問題文の実行結果は、「ps -l」を実行した表示内容です。-l オプションを指定すると、プロセスの優先度（PRI、NI）を含めた長いフォーマットで表示します。以下は、-l オプションを指定しない場合と指定した場合の実行例です。

実行例

```
$ ps
  PID TTY          TIME CMD
 4089 pts/1    00:00:00 bash
 4318 pts/1    00:00:00 ps
$ ps -l
F S   UID   PID  PPID  C PRI  NI ADDR SZ WCHAN  TTY          TIME CMD
4 S  1000  4089  4088  0  80   0 - 29117 do_wai pts/1    00:00:00 bash
0 R  1000  4319  4089  0  80   0 - 38337 -      pts/1    00:00:00 ps
```

選択肢A、Bともにプロセス情報を表示しますが、実行結果が異なります（実行結果は、第1章を参照)。また選択肢Dは、バックグラウンドジョブと一時停止中のジョブを表示するコマンドです。

解答 C

問題 16

解説 Xアプリケーションの転送では、Xクライアント側で環境変数DISPLAYで送り先のXサーバを指定します。
DISPLAY変数の書式は以下のとおりです。

書式 **DISPLAY=サーバ名:ディスプレイ番号.スクリーン番号**

Xクライアントであるlocalhostが､適切にDISPLAY変数の設定を行っているのは、選択肢Aです。

解答 A

問題 17

解説 chownコマンドは、指定されたファイルの所有者とグループを変更します。chownコマンドで所有者とグループを同時に変更する場合は､「変更後の所有者名.変更後のグループ名」と指定します。グループ名の前にはドット「.」もしくはコロン「:」を指定してください。

解答 C

問題 18

問題文の test ファイルのパーミッションは「rwxr-xr-x」です。ユーザ（所有者）、グループ（所有グループ）、その他に付与されている権限は以下のとおりです。

・ユーザ（rwx）：読み取り権、書き込み権、実行権
・グループ（r-x）：読み取り権、実行権
・その他（r-x）：読み取り権、実行権

以上により、選択肢 C の説明は誤りです。

解答 C

問題 19

ファイルであれば 666、ディレクトリであれば 777 のパーミッションから umask 値の否定との論理積がデフォルトのパーミッションとなります。作成したファイルのパーミッションが 600（rw-------、110 000 000）になる umask の値は、以下の 8 通りがあります。

066(000 110 110)、067(000 110 111)、076(000 111 110)、077(000 111 111)、
166(001 110 110)、167(001 110 111)、176(001 111 110)、177(001 111 111)

したがって選択肢 C が正しいです。なお、umask 値は 8 進数表記のため、選択肢 D は範囲外となります。

解答 C

問題 20

選択肢 A はファイルやディレクトリのコピー、選択肢 B はファイルやディレクトリの移動、選択肢 E はディレクトリの作成を行います。

解答 A、B、E

問題 21

file.tar.gz のソースを解凍・展開する主な方法として、次のものがあります。

①tar xvf file.tar.gz
tar コマンドは圧縮形式を自動判定して解凍・展開するので、gzip 形式を解凍する z オプションを指定しなくてもできます。

②tar zxvf file.tar.gz
tar コマンドに gzip 形式を解凍する z オプションを付けて、解凍・展開します。

③gunzip -c file.tar.gz | tar xvf -
gunzip コマンドは gzip 形式を解凍します。解凍したデータを -c オプションの指定により標準出力に出力し、パイプを介して tar コマンドに渡します。ハイフンを指定することで明示的に標準入力として受け取ります。

④gzip -cd file.tar.gz | tar xvf -
圧縮コマンド gzip に -d（decompress）オプションを付けても解凍できます。

したがって、選択肢 B、D が正しいです。
類似問題対策として、表示のみの場合は t オプションを使用します。例えば「tar tvf file.tar.gz」であれば、内容表示を行います。

B、D

問題 22

find コマンドは、指定したディレクトリ以下で、指定した検索条件に合致するファイルを検索します。ファイル名を指定して検索するには、-name オプションを使用します。

A

問題 23

ハードリンクの特徴は以下のとおりです。

- リンクファイルが使用する i ノード番号はオリジナルファイルと同じ番号
- ディレクトリを基にリンクファイルを作成することはできない
- i ノード番号は同一ファイルシステム内でユニークな番号なので、異なるパーティションのハードリンクを作成することはできない

シンボリックリンクの特徴は以下のとおりです。

・リンクファイルが使用するｉノードはオリジナルファイルと異なる番号
・ディレクトリを基にリンクファイルを作成可能
・オリジナルファイルと別のパーティションにリンクファイルを作成可能
・パーミッションの先頭は、ファイルタイプとしてシンボリックリンクファイルを表す「l」が表示される

シンボリックリンクおよびハードリンクいずれも、オリジナルファイルを削除した場合、自動的にリンクファイルが削除されることはありません。したがって選択肢A、Bは誤りです。異なるパーティションのハードリンクを作成することはできません。したがって選択肢Cは正しいです。ｉノード番号がオリジナルファイルと同じなのは、ハードリンクであるため、選択肢Dは誤りです。

C

問題 24

解説 fileCは「リンク名 -> オリジナルファイル名」と表示され、パーミッションの先頭はファイルタイプとして「l」が表示されているため、シンボリックリンクファイルです。また、オリジナルファイルのｉノード番号は「13832775」です。fileDは、同じｉノード番号であるため、ハードリンクファイルであることがわかります。したがって、選択肢Cが正しいです。

C

問題 25

解説 指定されたコマンドのバイナリ・ソース・マニュアルページの場所を表示するには、whereisコマンドを使用します。

実行例

```
$ whereis ps
ps: /usr/bin/ps /usr/share/man/man1/ps.1.gz /usr/share/man/man1p/
ps.1p.gz
```

A

問題 26

解説 問題 25 にあるようにコマンドのマニュアルは、/usr/share/man ディレクトリ以下に配置されます。/usr/share ディレクトリには、アーキテクチャに依存しない共有（shared）データが配置されます。したがってソフトウェアをインストールしたとき、そのソフトウェアに関するドキュメントは /usr/share/doc に配置するのが一般的です。

解答 D

問題 27

問題文では、設定されたシェルとそのシェルで起動したプログラムが使用する変数を作成すると指示があるため、環境変数を定義します。環境変数は、export コマンドにより定義を行うため、選択肢 C が正しいです。

解答 C

問題 28

PWD 変数にはカレントディレクトリの絶対パスが格納されています。echo コマンドに $ 変数名（または ${ 変数名 }）とすることで、現在の作業ディレクトリを絶対パスで表示できます。変数名は、大文字・小文字を区別します。また、pwd コマンドは現在の作業ディレクトリを絶対パスで表示します。

解答 B、C

問題 29

定義済みの変数を削除するには、unset コマンドを使用します。引数には変数名を指定します。したがって選択肢 A は正しいです。選択肢 B は null 文字列で上書きとなり、選択肢 D は空白文字で上書きとなります。なお、選択肢 C は、変数の値は空になりますが、変数自体は定義として残ります。

参考 選択肢Aと選択肢Cの違いを以下の実行例を用いて示します。

実行例

```
$ TEST=ABC ――TEST変数を定義
$ echo $TEST ――TEST変数に格納された値を表示
ABC
$ set | grep TEST ――setで定義済の変数を表示(grepで絞り込み)
TEST=ABC ――TEST変数の定義を表示
$ unset TEST ――unsetでTEST変数を削除
$ echo $TEST
    ――TEST変数は削除されているため、表示されない
$ set | grep TEST ――setで確認しても、表示されない
$
$ TEST=ABC ――再度、TEST変数を定義
$ echo $TEST ――TEST変数に格納された値を表示
ABC
$ TEST= ――変数の値を空で上書きする
$ echo $TEST
    ――TEST変数に格納された値は表示されない
$ set | grep TEST
TEST= ――setコマンドを実行するとTEST変数自体は残っていることがわかる
```

解答 A

問題 30

解説 コマンド実行履歴の保持件数はHISTSIZE変数で定義されています。デフォルトは1000です。なお、選択肢DのHISTFILE変数には、コマンド実行履歴の保存先が定義されています。デフォルトは~/.bash_historyです。

解答 B

問題 31

解説 uniqコマンドは、並び替え済みのファイルから重複した行を削除します。splitコマンドは、ファイルを決まった大きさに分割します。デフォルトでは、入力元ファイルを1,000行ずつ分割し、出力ファイルに書き込みます。odコマンドは、ファイルの内容を指定された基数で表示するコマンドです。以下実行例にあるとおり、引数にファイルを指定して実行が可能です。

実行例

```
$ uniq file.txt
linux01
linux02
linux03
$ od file.txt
0000000 064554 072556 030170 005061 064554 072556 030170 005062
0000020 064554 072556 030170 005062 064554 072556 030170 005063
0000040
$ split file.txt
$ ls
file.txt  xaa  xab
```


cutコマンドは、ファイル内の行中の特定部分のみ取り出しますが、取り出す位置や、区切り文字をオプションで指定する必要があります。したがって、選択肢Dは誤った使い方です。

実行例

```
$ cut file.txt
cut: バイト, 文字, もしくはフィールドのリストを指定してください
Try 'cut --help' for more information.
```

D

問題 32

引数で指定されたファイル内にあるタブをスペースに変換するには、expandコマンドを使用します。逆にスペースをタブに変換するには、unexpandコマンドを使用します。

expand

問題 33

sedコマンドに編集コマンドとしてdを指定すると、パターンに合致する行を削除することができます。問題文では「先頭に#がある行」という指定なので、パターンは「^#」となります。したがって選択肢Bが正しいです。

実行例

```
$ cat file
linux01
#linux02
linux03
$ sed '/^#/d' file
linux01
linux03
```

解答 B

問題 34

解説 tee コマンドは、標準入力から読み込んだデータを標準出力とファイルの両方に出力します。なお、-a オプションを使用すると、ファイルに上書きせず、追記します。

解答 tee

問題 35

解説 パイプ（|）を使用することで、コマンドの処理結果（標準出力）を次のコマンドの標準入力に渡してさらにデータを加工することができます。選択肢 B のセミコロン（;）はコマンドを順々に実行します。また、選択肢 C はリダイレクションです。

解答 D

問題 36

解説 ファイル記述子は省略可能で、省略した場合は 1 番（標準出力）となります。また、「コマンド > ファイル」とするとコマンドの標準出力がファイルに上書きされ、「コマンド >> ファイル」とするとコマンドの標準出力がファイルに追記されます。

解答 B

問題 37

解説 コマンドを実行した結果の標準出力、標準エラー出力の両方をファイルに格納するには、選択肢 C のように記述します。なお、「>&」は「&>」としても同様の結果を得ることができます。

C

問題 38

解説 [abc] により、「a、b、c のいずれか」という意味になり、それを 3 つ続けている選択肢 A は該当します。[a-c] は範囲を指定しているので、これも「a、b、c のいずれか」という意味になり選択肢 B は該当します。「*」は直前の文字が 0 回以上の繰り返しに一致、「?」は直前の文字が 0 回もしくは 1 回の繰り返しに一致を意味するため、選択肢 C、D は該当しません。選択肢 E は、[abc].txt としているため、例えば a.txt であれば該当しますが、abc.txt は該当しません。

実行例

```
$ ls
$ echo abc.txt | grep ^[abc][abc][abc].txt
$ abc.txt
$ echo abc.txt | grep ^[a-c][a-c][a-c].txt
$ abc.txt
$ echo abc.txt | grep ^a*c.txt
$ echo abc.txt | grep ^a?c.txt
$ echo abc.txt | grep ^[abc].txt
```

C、D、E

問題 39

解説 文字グループを使用した検索です。[ab] とすることで、a、b いずれかの文字が含まれている行を検索します。

実行例

```
$ cat sample
abcd
6789
$ grep '[ab]' sample
abcd
```

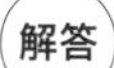
C

問題 40

・選択肢 A：「$」は、現在の行の末尾へ移動します。
・選択肢 B：「^」は、空白文字を除く先頭の文字に移動します。
・選択肢 C：「0」は、現在の行の先頭へ移動します。
・選択肢 D：「G」は、最終行へ移動します。

解答 A

問題 41

dd は、カーソル行を削除します。なお、カーソル行のコピーには yy を使用します。

B

問題 42

apt-cache コマンドは、deb パッケージ情報の検索、表示に使用します。pkgnames サブコマンドを使用すると、インストール可能な deb パッケージを一覧表示します。

B

問題 43

アップグレードを行うサブコマンドとして「dist-upgrade」と「upgrade」があります。
「dist-upgrade」は、必要であれば不要なパッケージは削除し、最新の状態にアップグレードします。「upgrade」は、現在インストール中のパッケージに新しいバージョンがあれば更新しますが、現在インストール中のパッケージの削除は行いません。したがって、あるパッケージにおいて、新しいバージョンが提供されていても、依存先パッケージが更新できないため、現在のバージョンのままとなる場合があります。

D

問題 44

指定したパターン（ファイル名など）を基にパッケージの検索を行うコマンドとして、apt-file が提供されています。search アクションでパターンの指定を行います。

実行例
```
$ apt-file search /usr/sbin/sshd
openssh-server: /usr/sbin/sshd
```

B

問題 45

dpkg コマンドでインストールした deb パッケージを削除する際に、設定ファイルを残して削除する場合は、-r（--remove）オプションを使用します。なお、設定ファイルも含めて完全に削除する場合は、-P（--purge）オプションを使用します。

D

問題 46

yum の search サブコマンドは、指定したキーワードで rpm パッケージを検索し、結果を表示します。以下は、試験問題において、出題率の高いサブコマンドです。

表：検索・表示に関するサブコマンド

主なサブコマンド	説明
list	利用可能な全 rpm パッケージ情報を表示
list installed	インストール済みの rpm パッケージを表示
info	指定した rpm パッケージの詳細情報を表示
search	指定したキーワードで rpm パッケージを検索し結果を表示
deplist	指定した rpm パッケージの依存情報を表示
list updates	インストール済みの rpm パッケージで更新可能なものを表示
check-update	インストール済みの rpm パッケージで更新可能なものを表示

B

問題 47

・選択肢 A：/etc/yum.repos.d/ 以下には、リポジトリサーバの設定情報が記述されたファイルが保存されています。
・選択肢 B：/etc/yum.conf には、yum 実行時のログファイルの指定など基本設定情報が記述されています。
・選択肢 C：yum install により、リポジトリからパッケージをインストールします。
・選択肢 D：指定した rpm ファイルもしくは、http もしくは ftp の URL を指定してパッケージをインストールします。

したがって、リポジトリを参照しないものは選択肢 D です。

D

問題 48

問題 46 の解説の表にあるとおり、指定した rpm パッケージの詳細情報を表示するには、info サブコマンドを使用します。

A

問題 49

検索のため「-q」、インストールされた rpm パッケージではなく指定した rpm パッケージファイルの情報を表示するため「-p」、指定したパッケージに含まれるすべてのファイルを表示するため「-l」の各オプションを指定します。

B

問題 50

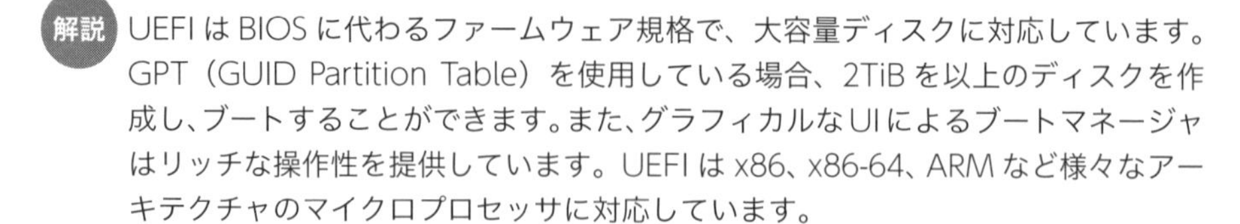

UEFI は BIOS に代わるファームウェア規格で、大容量ディスクに対応しています。GPT（GUID Partition Table）を使用している場合、2TiB を以上のディスクを作成し、ブートすることができます。また、グラフィカルな UI によるブートマネージャはリッチな操作性を提供しています。UEFI は x86、x86-64、ARM など様々なアーキテクチャのマイクロプロセッサに対応しています。

解答 A、D

問題 51

解説 lspci コマンドはシステムのすべての PCI バスと、接続されているデバイスに関する情報を表示します。なお、-s オプションで、特定のバス、デバイス、ファンクションを指定できます。あわせて -v オプションで詳細情報を表示することができます。

解答 lspci

問題 52

解説 modprobe は、指定されたモジュールの依存関係を確認し、必要なモジュールを自動的に追加、もしくは削除します。-r オプションでモジュールを削除します。また、rmmod コマンドはモジュールの削除の専用のコマンドです。

解答 B、C

問題 53

解説 parted コマンドは、MBR・GPT いずれかのパーティションテーブルを作成したり操作したりするためのコマンドです。

解答 A

問題 54

解説 gdisk コマンドは、GPT パーティション用のコマンドです。fdisk も最新バージョンでは、GPT に対応していますが、古いバージョンでは、警告メッセージが表示される場合があります。したがって、本問題の解答としては、選択肢 D が適切です。

解答 D

問題 55

解説 vfat は、Linux と Windows の両方で読み書き可能なファイルシステムであるため、Linux と Windows でデータを共有するためのパーティションに使用されるファイルシステムです。ルートファイルシステムのファイルシステムタイプに指定することはできません。

解答 C

問題 56

解説 udevd デーモンは uevent を受け取ると /sys の下のデバイス情報を取得し、.rules ファイルに記述されたデバイス作成ルールに従って /dev の下のデバイスファイルを動的に作成あるいは削除します。よって、選択肢 A、B、C は正しく、選択肢 E は誤りです。なお、デバイスの追加によるカーネルの再構成といったことは不要です。したがって選択肢 D も正しいです。

解答 E

問題 57

解説

- 選択肢 A：user は、一般ユーザにマウントを許可します。アンマウントはマウントしたユーザのみ可能です。
- 選択肢 B：auto は、「mount -a」が指定されたときにマウントされます。
- 選択肢 C：rw は、ファイルシステムを読み書き可能なモードでマウントします。
- 選択肢 D：async は、ファイルシステムの書き込みを非同期で行います。

解答 A

問題 58

解説 mount コマンドをオプションや引数を指定せずに実行すると、現在のマウント情報を表示します。

解答 D

問題 59

問題 57 の解説にもあるように、「mount -a」を実行すると、/etc/fstab ファイルで auto オプションが付与されたデバイスをマウントします。

C

問題 60

/proc/mounts ファイルと /proc/self/mounts ファイルに現在のマウント状態が格納されています。なお、/proc/mounts は /proc/self/mounts へのシンボリックリンクです。

mounts

第2部 102試験

1章

シェルおよびスクリプト

本章のポイント

▶シェル環境のカスタマイズ

コマンドプロンプトに対して入力されたコマンドを解釈実行するbashシェルの環境は、ユーザごとにカスタマイズができます。シェル変数や環境変数を表示したり、各変数を設定したりするコマンドや、ユーザのログイン時あるいはログイン後のbash起動時に自動的に読み込まれる環境設定のためのファイルについて理解します。

重要キーワード

ファイル：/etc/profile、~/.bash_profile、~/.bash_login、~/.profile、~/.bashrc
コマンド：set、function、declare、export、env、alias
その他：||、&&

▶シェルスクリプト

シェルは変数や条件分岐、繰り返し処理などの制御構造を持っていて、これらの機能を使ってプログラムを書くことができます。これをシェルスクリプトと呼びます。シェルスクリプトはシェルがインタプリタとして解釈実行するので、コンパイルせずにそのまま実行でき、また多様なLinuxコマンドを利用できるので、容易に高機能なプログラムを作ることができます。ここでは基本的な機能を持ったシェルスクリプトの作成の仕方について理解します。

重要キーワード

コマンド：if then fi、for do done、while do done、exit、case
その他：$#、$?

問題 1-1

重要度 ★★★

bash シェル環境のカスタマイズに使用されるものはどれですか？　4 つ選択してください。

A. ~/.bash_profile　B. ~/.bash_login
C. ~/.profile　D. ~/.bashrc
E. ~/.bash_conf

ユーザがログインしたときに最初に起動するシェルをログインシェルと呼びます。

ユーザのログインシェルは /etc/passwd ファイルの最後のフィールド（7 番目のフィールド）で指定されています。ユーザのホームディレクトリは /etc/passwd の 6 番目のフィールドで指定されています。

/etc/passwd のユーザ yuko のエントリの例

```
yuko:x:500:500:Yuko:/home/yuko:/bin/bash
```

bash はログインシェルとして起動すると、/etc/profile、~/.bash_profile、~/.bash_login、~/.profile の順番で各ファイルをログイン時に一度だけ読み込んで実行します。

ユーザがログインした後に、ターミナルエミュレータを開くことで起動するシェルを実行したり、コマンドラインから別のシェルを起動したりすることも可能です。これを非ログインシェルと呼びます。

bash は非ログインシェルとして起動した場合、~/.bashrc ファイルがあれば起動のたびにこれを読み込んで実行します。

したがって、ログインシェル起動時に読み込まれる ~/.bash_profile、~/.bash_login、~/.profile と、非ログインシェル起動時に読み込まれる ~/.bashrc が正解です。

なお、これらのファイルがない場合は単に実行されないだけで、エラーとはなりません。

図：bash の設定ファイル

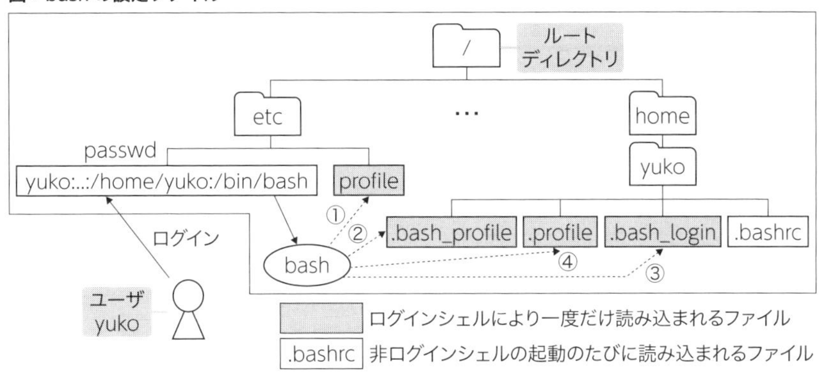

bash の設定ファイルには上記の他に /etc/bash.bashrc があります。/etc/bash.bashrc は各ユーザが非ログインシェルとして bash を起動した場合に最初に実行され、次に各ユーザの ~/.bashrc が実行されます。ただし、/etc/bash.bashrc はログイン時には実行されません。ログイン時にも実行したい場合は、/etc/profile に「. /etc/bash.bashrc」を記述するなどの設定を行います。この設定は Ubuntu のデフォルトです。

なお、ディストリビューションによって、以下の表のとおり /etc/bash.bashrc を使用できるものとできないものがあります。

表：/etc/bash.bashrc の使用可 / 不可

ディストリビューション	使用の可 / 不可
Ubuntu	使用可
SLES	使用可
CentOS	使用不可
Fedora	使用不可

この使用の可 / 不可の違いは、bash のソースコード中のマクロ定義「#define SYS_BASHRC "/etc/bash.bashrc"」の記述行を有効にしたか無効にしたかによるもので、有効にしてコンパイルしたディストリビューションでは使用可、無効にしてコンパイルしたディストリビューションでは使用不可となっています。

参考 ログインシェルとしてのbashが終了するときは、~/.bash_logoutが実行されます。また、試験範囲外ですが、bashあるいはsh(Bourneシェル)以外のシェルとして、csh(Cシェル)やcshの機能を拡張したtcshがあります。cshの場合はログイン時に実行するファイルは~/.login、非ログインシェル起動時に実行するファイルは~/.cshrcなど、bashとは異なります。

解答 A、B、C、D

問題 1-2

重要度 ★★★

bashをログインシェルとするすべてのユーザが共通して使用可能な変数と値を設定する場合に適切なものはどれですか？　1つ選択してください。

A. /etc/bash_profile　　B. /etc/profile
C. /etc/bash_login　　D. /etc/skel/.bash_logout

bashをログインシェルとするユーザがログインすると、bashは最初に/etc/profileを読み取って実行します。このため、/etc/profileですべてのユーザに共通する環境の設定を行うことができます。

/etc/profileの例

```
USER="`id -un`"
LOGNAME=$USER
MAIL="/var/spool/mail/$USER"
```

最近のディストリビューションでは、ユーザに共通する環境の設定をカスタマイズする場合は/etc/profile.dディレクトリの下に.shをサフィックスとするスクリプトを追加して行うことが推奨されています（102試験範囲には記載がなく、試験の重要度は低いです）。

RedHat系のディストリビューションでは、非ログインシェル起動時にどのユーザにも共通した設定を行うファイルとして/etc/bashrcが使われています。/etc/bashrcはbashが直接読み込むファイルではなく、.bashrcの中で次のように記述することにより読み込まれるようになっています。

.bashrcの抜粋

```
if [ -f /etc/bashrc ]; then
        . /etc/bashrc
fi
```

 B

問題 1-3

重要度 ★★☆

bash をログインシェルとするユーザがログインすると、どの順番で設定ファイルを読み取りますか？　1つ選択してください。

A. .bashrc → .bash_profile
B. /etc/profile → .bash_profile → .bash_login → .profile
C. /etc/bashrc → .bash_profile
D. .bash_profile → .bash_login → .profile → /etc/profile

bash はログインシェルとして起動すると、/etc/profile、~/.bash_profile、~/.bash_login、~/.profile の順番で各ファイルを読み込んで実行します。

ファイル名だけでなく、読み取られる順番についても注意してください。

解答 B

問題 1-4

重要度 ★★★

~/.bash_profile の説明で正しいものはどれですか？　2つ選択してください。

A. ~/.bash_profile ファイルのパーミッションには実行権が必要である
B. ~/.bash_profile ファイルのパーミッションには読み取り権が必要である
C. このホームディレクトリの所有者であるユーザは読み書き権限を持つ
D. 先頭行には「#!」で始まるインタプリタの指定が必要である

~/.bash_profile は bash が読み取って実行するファイルなので、読み取り権が必要ですが、実行権は必要ありません。したがって、選択肢 A は誤り、B は正解です。

~/.bash_profile はユーザが自分の環境をカスタマイズするためのファイルでもあるので、ユーザの読み書き権限が設定されています。したがって、選択肢 C は正解です。

~/.bash_profile はユーザのログイン時に bash が読み取って実行する設定ファイルなので、通常のスクリプトのように先頭行に「#!」で始まるインタプリタの指定は必要ありません。したがって選択肢 D は誤りです。

解答 B、C

問題 1-5

重要度 ★☆☆

コマンド cmd の実行結果をシェル変数 var に格納するコマンドラインはどれですか？　2 つ選択してください。

A. var=$((cmd))
B. var=$(cmd)
C. var=`cmd`
D. var="exec cmd"
E. var='$cmd'

解説　コマンドの実行結果をシェル変数に代入するには、以下の 2 通りの方法があります。

① コマンドを $() で囲んで、その結果をシェル変数に代入する
② コマンドをバッククォート「`」で囲んで、その結果をシェル変数に代入する

したがって、①に該当する選択肢 B と②に該当する選択肢 C が正解です。
二重括弧「(())」は、コマンドの実行ではなく算術演算で使用します。

実行例

```
$ echo $((1+2))
3
```

したがって、選択肢 A は誤りです。
exec は bash の組み込みコマンドで、子プロセスを生成するのではなく、現行プロセスを引数で指定したコマンドに入れ替えて実行します。したがって選択肢 D は、選択肢 C と同じくバッククォート「`」で囲めば正解ですが、ダブルクォート「"」で囲んでいるため、「exec cmd」が文字列としてそのまま変数 var に格納されるので誤りです。
選択肢 E はシングルクォート「'」で囲んでいるため、「$cmd」が文字列としてそのまま変数 var に格納されるので誤りです。

解答 B、C

問題 1-6

重要度 ★★★

以下のようなシェルスクリプト script.sh を作成しました。

```
#!/bin/bash
export ABC=123
```

「$ bash script.sh」を実行したところ、環境変数が設定されません。どうすれば環境変数が設定されますか？　2 つ選択してください。

A. script.sh を「/home/ユーザ名/script.sh」のように絶対パスで実行する
B. script.sh に実行権を設定し「./script.sh」を実行する
C.「source script.sh」を実行する
D.「. script.sh」を実行する

解説　「bash script.sh」として実行した場合は、子シェルを生成してその中で実行します。実行が終了すると子シェルは消滅するので、現在のシェルに環境変数 ABC は残りません。選択肢 A および B はいずれも 1 行目で「#!/bin/bash」として指定されたシェルを子シェルとして生成して実行するので、同様に環境変数 ABC は現在のシェルには残りません。

選択肢 C「source script.sh」あるいは選択肢 D「. script.sh」として、script.sh を現在のシェルの中で実行することにより、環境変数は設定されます。

問題 1-14 の解説も参照してください。

解答　C、D

問題 1-7

重要度 ★★★

実行すると "Hello" と表示する関数 myfunc を定義したい場合、適切なものを 1 つ選択してください。

A. function myfunc(){ echo Hello;}
B. func() myfunc{ echo Hello}
C. function myfunc[echo Hello;]
D. func() myfunc[echo Hello]

解説 組み込みコマンド function により、シェル内部に関数を定義することができます。定義された関数はシェル内部で実行され、シェルスクリプトのように子プロセスを生成することはありません。

構文 `function 関数名 () { 実行するコマンドのリスト }`

実行例

```
$ function myfunc(){ echo Hello;}
$ myfunc
Hello
```

解答 A

問題 1-8

重要度 ★★☆

シェル内のすべてのシェル変数と環境変数および関数を表示するにはどうすればよいですか？　3文字のコマンドを記述してください。

解説 シェル内のすべてのシェル変数と環境変数および関数を表示するには set コマンドあるいは declare コマンドを実行します。この問題では 3 文字のコマンドと指定されているので set が正解です。

set コマンドの実行例（抜粋）

```
$ set
ARCH=x86_64
BASH=/bin/bash
func1 ()
{
      echo Hello
}
```

declare は -f オプションを付けると関数のみ表示します。

declare -f の実行例（抜粋）

```
$ declare -f
func1 ()
{
      echo Hello
}
```

解答 set

問題 1-9

重要度 ★★☆

aliasの目的として適切なものはどれですか？　1つ選択してください。

A. 入力するコマンドラインを短くするため
B. コマンドの検索を素早く行うため
C. 環境変数を設定するため
D. テキストファイルに別名を設定するため

□□□

解説 aliasはコマンドに任意の別名を付け、別名でコマンドを実行できるようにします。例えばコマンドとオプションを1つにまとめ短い別名を付けておくことで、タイピング量を減らすことができます。

実行例

```
$ alias                              引数を指定せずに実行すると現在設定されている
alias l.='ls -d .* --color=auto'     別名が一覧で表示される
alias ll='ls -l --color=auto'
<以下省略>                            現在lsコマンドを実行すると、ファイル名と
$ ls                                 ディレクトリ名のみ表示される
dir_a  file_a                        aliasコマンドで、lsを実行した際には、
$ alias ls='ls -la'                  ls -laが実行されるように設定する
$ ls   再度lsコマンドを実行すると、ls -laが実行される
drwxrwxr-x.  3 yuko yuko 4096 4月 18 06:12  .
drwx------. 29 yuko yuko 4096 4月 18 04:42  ..
drwxrwxr-x.  2 yuko yuko 4096 4月 18 04:46  dir_a
-rw-rw-r--.  1 yuko yuko    0 4月 18 06:12  file_a
```

コマンドとオプションを1つにまとめて別名を付ける場合は、シングルクォーテーション（'）で囲みます。また、別名を削除する場合は、unaliasコマンドを使用します。

解答 A

問題 1-10

重要度 ★☆☆

ls の alias を一時的に解除して実行する方法は次のうちどれですか？　1 つ選択してください。

A. \ls　　B. ls --noalias
C. unset alias ls　　D. unalias ls

解説　\ をコマンドに付けて実行すると、一時的に alias を解除します。次のコマンドからはまた alias 設定が有効になります。

選択肢 D のように unalias コマンドを実行すると alias 設定が削除されます。再設定しないとそれ以降は alias 設定は使えません。

選択肢 B のような --noalias オプションは存在しません。

選択肢 C の unset コマンドで alias を解除することはできません。

解答 A

問題 1-11

重要度 ★★★

bash のプロンプトで次のコマンドを実行すると何が表示されますか？　1 つ選択してください。

```
echo $#
```

A. シェルの PID　　B. 最後に実行したコマンドの終了値
C. 引数の個数　　D. すべての引数
E. 実行ファイル名

解説　シェル変数 $# には引数の個数が格納されています。$# の他にも、シェルやその引数の情報を格納する特殊な変数が定義されています。

表：特殊なシェル変数

特殊なシェル変数	説明
$$	シェルの PID
$?	最後に実行したコマンドの終了値
$#	引数の個数
$@ または $*	区切り文字 (デフォルトは空白文字) で区切られたすべての引数
$0	実行ファイル名
$1, $2, ...	1 番目の引数 , 2 番目の引数 , ...

 C

1-12

重要度 ★☆☆

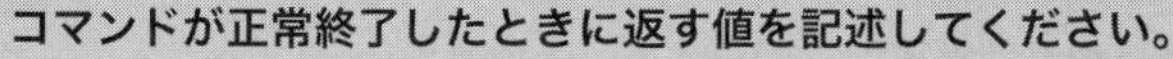

コマンドが正常終了したときに返す値を記述してください。

コマンドが終了値として返す値はそれぞれのコマンドの中で指定されています。

POSIX（Portable Operating System Interface）ではコマンド成功の場合は 0 を返し、失敗の場合は 0 以外を返すと定められていて、POSIX 準拠の Linux コマンドはこれに従っています。コマンドの返り値は「man コマンド名」で調べることができます。

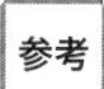

プログラムを作成するときに終了値をPOSIX準拠にするにはヘッダファイル/usr/include/stdlib.hのマクロを利用することが推奨されています。
POSIXはIEEEによって定められたオペレーティングシステム間の互換性のための規格です。システムコール、ライブラリ、シェル、ユーティリティなど、多岐にわたって定義しています。IEEEとOpenGROUPのWebサイトに掲載されています（参考URL：https://pubs.opengroup.org/onlinepubs/9699919799/）。

stdlib.h の抜粋

```
#define EXIT_FAILURE    1       /* Failing exit status.  */
#define EXIT_SUCCESS    0       /* Successful exit status.  */
```

コマンドの終了値については、問題1-23と問題1-25の解説も参照してください。

 0

問題 1-13

重要度 ★★★

bash シェルスクリプトの 1 行目にはどのように書かれていますか？　1 つ選択してください。

A. !#/bin/bash　　　B. #!/bin/bash
C. #/bin/bash　　　D. !/bin/bash

解説　シェルスクリプトではファイルの 1 行目は #! で始まり、その後にプログラムを解釈実行するインタプリタのパスを書きます。これをシバン（shebang）と呼びます（これはスクリプトをコマンドとして実行した場合です。シェルの引数として与えられた場合は、解釈実行するのはそのシェル自身であり、#! で始まる 1 行目はコメントとして無視されます）。

bash シェルスクリプトの場合は、「#!/bin/bash」と書きます。

シェルスクリプトだけでなく他の言語のスクリプトの場合も同様の記述でインタプリタを指定します。

表：スクリプト 1 行目の例

インタプリタ	1 行目の記述
Bourne シェル	#!/bin/sh
bash	#!/bin/bash
perl	#!/usr/bin/perl
python	#!/usr/bin/python

解答 B

問題 1-14

重要度 

シェルスクリプトの 1 行目には #! の次にバイナリコマンドのフルパスが書いてあります。このバイナリコマンドはどのような役割をしていますか？　1 つ選択してください。

A. スクリプトを解釈して実行する
B. スクリプトをコンパイルする
C. スクリプトをコンパイルして実行する
D. スクリプトが生成するバイナリのパスを指定する

解説 スクリプトをコマンドとして実行した場合は、1行目の #! の次に書かれたコマンドがスクリプトを解釈実行するインタプリタとなります。

子シェルを生成して、子シェルにスクリプトを解釈実行させることもできます。ドット「.」あるいは source コマンドの引数にシェルスクリプトのファイル名を指定して、自身のシェルの内部で解釈実行させることもできます。

実行例

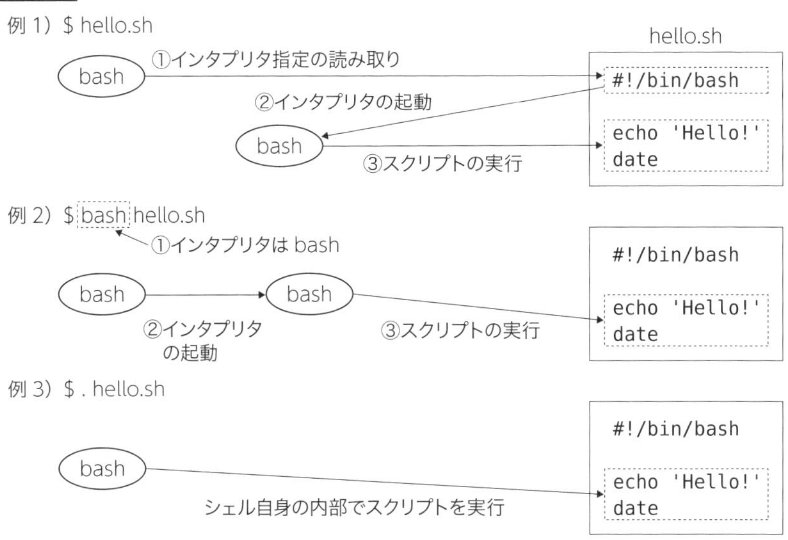
例1) $ hello.sh
hello.sh
bash
①インタプリタ指定の読み取り
#!/bin/bash
②インタプリタの起動
bash
echo 'Hello!'
date
③スクリプトの実行
例2) $ bash hello.sh
①インタプリタは bash
#!/bin/bash
bash
bash
echo 'Hello!'
date
②インタプリタの起動
③スクリプトの実行
例3) $. hello.sh
#!/bin/bash
bash
echo 'Hello!'
date
シェル自身の内部でスクリプトを実行

解答 A

問題 1-15

重要度 ★★☆

一般ユーザが自分のホームディレクトリ下に作成したシェルスクリプト sample.sh を「bash sample.sh」として実行するために最小限必要な権限はどれですか？ 1つ選択してください。

A. 読み込み権と書き込み権　　B. 読み込み権と実行権
C. 読み込み権　　D. 実行権

解説 バイナリ形式のコマンドは実行権のみで実行できますが、シェルスクリプトの場合は読み込み権もないと実行できません。

なお、シェルスクリプトの場合は、「bash sample.sh」のようにしてシェルの引数として指定すれば、実行権がなくても読み込み権さえあれば実行できます。

解答 C

問題 1-16

重要度 ★★★

次のシェルスクリプト script-args.bash を「./script-args.bash a b c」として実行したときに表示される結果はどれですか？　1つ選択してください。

script-args.bash

```
#!/bin/bash
echo $0 $1 $2
```

A. ./script-args.bash a b　　B. ./script-args.bash a b c
C. a b　　D. a b c

解説　問題 1-11 の解説の表のとおり、$0 には実行ファイル名が、$1 には 1 番目の引数が、$2 には 2 番目の引数が、$N には N 番目の引数が入ります。したがって、選択肢 A が正解です。

$3 には c が入りますが、シェルスクリプトの中の echo コマンドの引数には指定されていないので表示されません。したがって、選択肢 B は誤りです。

解答 A

問題 1-17

重要度 ★★★

次のシェルスクリプトは、実行ユーザのホームディレクトリの下に .bashrc があるかどうかを調べて、存在すれば、「~/.bashrc exists!」と表示するプログラムです。下線部に当てはまる制御文を記述してください。

シェルスクリプト

```
if [ -f ~/.bashrc ]; then
    echo  '~/.bashrc exists!'
______________________
```

この問題ではif文の中で「[」コマンドにより通常ファイル~/.bashrcが存在するかどうかを調べて、あればechoコマンドにより「~/.bashrc exists!」と表示します。

if文を使うと条件分岐ができます。

if構文
```
if コマンド1
  コマンド2
fi
```

コマンド1の実行結果によって、コマンド2の実行の有無が判定されます。ifに続くコマンド1を実行し、終了値が0であればコマンド2を実行します。終了値が0でなければコマンド2は実行されずにif文を終了します。

この問題のように、ifに続くコマンド1には条件判定のために「[」コマンド(/usr/bin/[)を使用することができます。

構文 **[条件式]**

「[」コマンドの条件式では、値の比較やファイルの存在の有無を調べることができます。

表：条件式

主な条件式	説明
-d ファイル名	ファイルが存在し、ディレクトリファイルなら真
-e ファイル名	ファイルが存在すれば真
-f ファイル名	ファイルが存在し、通常ファイルなら真
-x ファイル名	ファイルが存在し、実行可能なら真
-n 文字列	文字列の長さが0より大きければ真
-z 文字列	文字列の長さが0であれば真
文字列1 = 文字列2	文字列1と文字列2が等しければ真
文字列1 != 文字列2	文字列1と文字列2が等しくなければ真
整数1 -eq 整数2	整数1と整数2が等しければ真
整数1 -ge 整数2	整数1が整数2より大きいか等しければ真
整数1 -gt 整数2	整数1が整数2より大きければ真
整数1 -le 整数2	整数1が整数2より小さいか等しければ真
整数1 -lt 整数2	整数1が整数2より小さければ真
整数1 -ne 整数2	整数1と整数2が等しくなければ真

実行例
```
$ [ "Linux" = "Unix" ]
$ echo $?
1
$ [ "Linux" != "Unix" ]
$ echo $?
0
```

コマンドの終了値については、問題1-12と問題1-23の解説を参照してください。

条件式の判定には、「[」コマンドの他にtestコマンド(/usr/bin/test)も利用できます。ただし、testコマンドは102試験の範囲外となっています。

解答 fi

問題 1-18

重要度 ★★★

2つの値の比較に用いる比較演算子はどれですか？　2つ選択してください。

A. -z
B. -f
C. -lt
D. -eq

解説

-zは文字列の長さが0かどうかをテストする演算子なので、選択肢Aは誤りです。

-fはファイルが存在し、かつ通常ファイルかどうかをテストする演算子なので、選択肢Bは誤りです。

-ltは左辺の値が右辺の値より「less than」であるかどうかを比較する演算子なので、選択肢Cは正解です。

-eqは左辺の値と右辺の値が「equal」であるかどうかを比較する演算子なので、選択肢Dは正解です。

問題1-17の条件式の表を参照してください。

解答 C、D

問題 1-19

重要度 ★★☆

次のようなファイル /dev/sda1 とシェルスクリプト myprog があります。「./myprog /dev/sda1」を実行するとどのように表示されますか？　1つ選択してください。

/dev/sda1

```
$ ls -l /dev/sda1
brw-rw---- 1 root disk 8, 1  4月  5 11:37 /dev/sda1
```

myprog

```
#!/bin/bash
if [ -d $1 ];then
    echo "-d is true";exit
elif [ -f $1 ];then
    echo "-f is true";exit
elif [ -e $1 ];then
    echo "-e is true"
fi
```

A.「-d is true」と表示される　　B.「-f is true」と表示される
C.「-e is true」と表示される　　D. 何も表示されない

「./myprog /dev/sda1」を実行するとシェルスクリプト myprog の $1 には /dev/sda1 が代入されます。この後、/dev/sda1 に対して以下の順で条件を満たしているかどうかのチェックが行われます。

1. [-d /dev/sda1]
2. [-f /dev/sda1]
3. [-e /dev/sda1]

/dev/sda1 はブロックデバイスファイルなので、問題 1-17 の解説の条件式の表にあるとおり、「[-d /dev/sda1]」および「[-f /dev/sda1]」の結果は false（偽）となり、「[-e /dev/sda1]」は true（真）となります。したがって、選択肢 C が正解です。

解答 C

問題 1-20

重要度 

次のシェルスクリプトの中で、下線部に必要なものを記述してください。

シェルスクリプト

```
#!/bin/sh
for i in 1 2 3 4 5
____________
        echo $i
done
```

for 文を使うとコマンドを繰り返し実行できます。

for 構文
```
for シェル変数 in 値のリスト
do
  コマンド
done
```

in の後のリストの要素が順番に for の後のシェル変数に格納され、そのたびにコマンドが実行されます。次のリストの要素がなくなると for ループは終了します。したがってリストの要素の数だけ繰り返しが行われます。

この問題では正解の do が指定されていれば、次のように処理が行われます。

1 回目のループではシェル変数 i に 1 が格納されて、echo $i の実行により 1 が表示されます。2 回目のループではシェル変数 i に 2 が格納されて、echo $i の実行により 2 が表示されます。同じように 3 回目、4 回目のループが実行され、5 回目のループで最後の要素 5 が表示され、その後、for ループは終了します。

解答 do

問題 1-21

重要度 ★★★

以下のコマンドによる処理はどのような出力を生成しますか？　1つ選択してください。

シェルスクリプト

```
n=1
while [ $n -le 5 ]
do
    echo -n $n
    let "n=n+1"
done
```

A. 12345　　B. 23456
C. 1234　　D. 何も表示されない

解説 while文を使うとコマンドを繰り返し実行できます。

while構文

```
while コマンド1
do
  コマンド2
done
```

コマンド1が終了値0を返す間はコマンド2を繰り返し実行します。

問題のスクリプトでは、シェル変数nに初期値1を設定した後、コマンド[$n -le 5]が終了値0を返す間は「echo -n $n;let "n=n+1"」を繰り返します。

nの値が5まではコマンド[$n -le 5]の終了値は0ですが、nの値が6になると終了値1を返すのでwhileループは終了します。

次の実行例は問題文のコマンド1の、nの値が5の場合と6の場合の終了値を表示しています。

実行例

```
$ [ 5 -le 5 ];echo $?
0
$ [ 6 -le 5 ];echo $?
1
```

したがって、問題文の処理を実行すると12345が表示されることになります。echoの-nは改行を出力しないオプションです。letコマンドは与えられた引数を計算式として評価します。

実行例

```
$ let n=1+2;echo $n
3
```

解答 A

問題 1-22

重要度 ★★★

以下は引数として入力された 1 文字を判定するシェルスクリプトです。下線部に入るコマンドを記述してください。

```
______ "$1" in
  a) echo "char is a.";;
  b) echo "char is b.";;
  c) echo "char is c.";;
  *) echo "not a, not b, not c";;
esac
```

解説 本問は case 文を使って入力された 1 文字を判定する問題です。case 文では判定する値（変数、文字列）を複数のパターンと比較し、一致したパターンの処理を実行します。

case 構文

```
case 値 in
  パターン1) 処理1 ;;
  パターン2) 処理2 ;;
  ...
  パターンn) 処理n ;;
esac
```

以下は本問のシェルスクリプト（script.sh）を実行する例です。

実行例

```
$ cat script.sh
#!/bin/bash
case "$1" in   1番目の引数$1の値を判定する
  a) echo "char is a.";;   文字がaの場合の処理
  b) echo "char is b.";;   文字がbの場合の処理
  c) echo "char is c.";;   文字がcの場合の処理
  *) echo "not a, not b, not c";;   文字がa、b、c以外の場合の処理
esac   case文の終わりにはcaseのスペルの逆順のesacを置く

$ ./script.sh a
char is a.
$ ./script.sh b
char is b.
$ ./script.sh c
char is c.
$ ./script.sh d
not a, not b, not c
```

解答 case

問題 1-23

重要度 ★★☆

bash スクリプトの中でコマンドが正常終了したことを確認したい場合、適切な方法はどれですか？　2 つ選択してください。

A. $exit を確認　　B. $status を確認
C. $? の値を確認　　D. 終了値 0 を確認
E. 終了値 1 を確認

解説　最後に実行したコマンドの終了値は、bash など Bourne シェル互換のシェルではシェル変数 $? に格納されています。終了状態は、$? の値を調べて確認することができます。

C 言語プログラムの中では、exit 関数の引数に終了値を指定することができます。

シェルスクリプトの中では、exit コマンドの引数に終了値を指定することができます。

POSIX（Portable Operating System Interface）ではコマンド成功の場合は 0 を返し、失敗の場合は 0 以外を返すと定められていて、POSIX 準拠の Linux コマンドはこれに従っています。問題 1-12 の解説も参照してください。

次の実行例は、true および false コマンドを実行してその終了値を確認しています。true コマンドは 0 を返します。

実行例

```
$ true
$ echo $?
0
```

false コマンドは 1 を返します。

実行例

```
$ false
$ echo $?
1
```

bash に exit というシェル変数はないので選択肢 A は誤りです。なお、プロセスを終了する組み込みコマンドである exit はあります。

status は C シェルのシェル変数であり、bash にはないので選択肢 B は誤りです。

解答 C、D

問題 1-24

重要度 ★★☆

コマンド cmd1 を実行後、コマンド cmd2 を実行する際、cmd1 の実行結果により cmd2 を実行するものはどれですか？　2 つ選択してください。

A. cmd1 ; cmd2
B. cmd1 && cmd2
C. cmd1 || cmd2
D. cmd1 > cmd2
E. cmd1 < cmd2

コマンドを連続実行する際に「;」、「&&」、「||」を使用します。リダイレクションと間違わないように気を付けてください。

構文

例 1）コマンド 1、コマンド 2 を順々に実行する

$ コマンド1 ; コマンド2

; の前のコマンドの終了ステータスにかかわらず、; の後のコマンドを実行する

例 2）コマンド 1 が実行できれば、次のコマンド 2 を実行する

$ コマンド1 && コマンド2

&& の前のコマンドの終了ステータスが 0 ならば、&& の後のコマンドを実行する

例3）コマンド1が実行できなければ、次のコマンド2を実行する

$ コマンド1 || コマンド2

|| の前のコマンドの終了ステータスが0以外ならば、|| の後のコマンドを実行する

実行したコマンドが成功した場合、終了ステータスの値が0となります。また、成功しなかった場合は、終了ステータスの値は0以外の数値となります。終了ステータスの値は、「echo $?」で確認ができます。

実行例

```
$ ls file1 ―― file1 はカレントディレクトリに存在するファイル
file1
$ echo $?
0 ―― 終了ステータスは0が返る
$ ls fileX ―― fileX はカレントディレクトリに存在しないファイル
ls: cannot access fileX: そのようなファイルやディレクトリはありません
$ echo $?
2 ―― 終了ステータスは0以外の数値が返る
```

解答 B、C

問題 1-25

重要度 

以下のように＊を使った場合、シェルは＊をどのように解釈しますか？　適切な答えを1つ選択してください。

実行例1

```
echo *
```

実行例2

```
for i in *
   do echo $i
done
```

実行例3

```
(以下のシェルスクリプトscript.shを作成し、「./script.sh *」を実行する)
#!/bin/bash
exit $#
```

A. 実行例1では＊が、実行例2では1が、実行例3では＊が表示される
B. 実行例1では＊が、実行例2では停止するまで＊が繰り返し表示され、実行例3では1が表示される
C. 実行例1ではカレントディレクトリ下にあるファイル名、ディレクトリ名が、実行例2では1が、実行例3では＊が表示される
D. いずれの実行例でも＊はカレントディレクトリ下にあるファイル名、ディレクトリ名に置き換わる

解説　実行例1～3のように、文字列あるいはファイル名（パス名）の指定ができる場所で＊を使用した場合、＊はカレントディレクトリ下にあるファイルの名前の中の任意の文字列にマッチングします。

実行例

```
$ ls
fileAA  fileAB  fileC  script.sh
$ echo *
fileAA fileAB fileC script.sh
$ echo f*A*
fileAA fileAB
```

問題の中の実行例2では、次のようになります。

実行例

```
$ for i in *; do echo $i; done
fileAA
fileAB
fileC
script.sh
```

問題の中の実行例3では、引数となるファイルの個数が4個なので、返り値は4になります。

実行例

```
$ ./script.sh *
$ echo $?
4
```

実行例3は問題1-12で解説したようなPOSIX準拠にはなりませんが、このような使い方もできます。

解答 D

第2部 102試験

2章 ネットワークの基礎

本章のポイント

▶インターネットプロトコルの基礎

IPアドレス、ネットマスク、プレフィックスとホストアドレスの計算方法、ポート番号とサービス名の対応など、TCP/IPの基礎的内容と、IPv6の概要とアドレスフォーマットについて理解します。

重要キーワード

その他：IP、TCP、UDP、プライベートアドレス、ネットマスク、プレフィックス、ポート番号、サービス名

▶基本的なネットワーク構成

ネットワークI/Fの設定方法、デフォルトルートやエントリの追加と削除などのルーティングテーブルの設定方法を理解します。

重要キーワード

ファイル：`/etc/hosts`
コマンド：`ifup`、`ifconfig`、`ip`
その他：ゲートウェイ、デフォルトルート

▶基本的なネットワークの問題解決

ss、ping、traceroute、nmapコマンドなどのモニタコマンドによりネットワークの状態把握や問題を解決する方法を理解します。

重要キーワード

コマンド：`ss`、`ping`、`traceroute`、`tracepath`、`nc(ncat)`、`nmap`、`netstat`、`route`
その他：`icmp`

▶クライアント側のDNS設定

DNSクライアントの設定方法とDNSの問い合わせコマンドの使用方法について理解します。

重要キーワード

コマンド：`dig`、`host`、`getent`
ファイル：`/etc/resolv.conf`、`/etc/hosts`、`/etc/nsswitch.conf`

問題 2-1

重要度 ★★★

IP アドレス 172.16.1.192/26 を取得し、そのうち 1 つをルータに割り当てました。ホストに割り振ることができる残りのアドレスの個数を記述してください。

解説

IP（Internet Protocol）はインターネットおよびローカルネットワークでのホスト間の通信プロトコルです。IP により異なったネットワーク上にあるホスト間での通信を行うことができます。現在広く使われているのが IPv4（Internet Protocol version 4）で 32 ビットの IP アドレスを持ちます。その後継として普及しつつある IPv6（Internet Protocol version 6）は 128 ビットの IP アドレスを持ちます。

IPv4 の 32 ビットの IP アドレスはネットワーク部とホスト部から構成されます。ネットワーク部とホスト部の構成により次の A、B、C、D のクラスがあります（クラス E は将来の使用のために予約されています）。

IP アドレスは 1 バイトごとに「.」で区切って 10 進数で表記します。

表：ネットワークのクラス

クラス	アドレス	ネットワーク部（N）とホスト部（H）の構成	備考
A	0.0.0.0 - 127.255.255.255	N.H.H.H	ネットワーク部 1 バイト、ホスト部 3 バイトの大規模ネットワーク
B	128.0.0.0 - 191.255.255.255	N.N.H.H	ネットワーク部 2 バイト、ホスト部 2 バイトの中規模ネットワーク
C	192.0.0.0 - 223.255.255.255	N.N.N.H	ネットワーク部 3 バイト、ホスト部 1 バイトの小規模ネットワーク
D	224.0.0.0 - 239.255.255.255	-	マルチキャスト用
E	240.0.0.0 - 255.255.255.255	-	予約

1 バイト目の値でクラスを分類します。

アドレスの例

```
[Aクラスの例]
10.0.0.1 ―― 1バイト目の値が0-127の範囲内なのでAクラス
[Bクラスの例]
172.16.0.1 ―― 1バイト目の値が128-191の範囲内なのでBクラス
[Cクラスの例]
192.168.1.1 ―― 1バイト目の値が192-223の範囲内なのでCクラス
```

ネットワーク部を拡張して複数のサブネットに分割することができます。このとき、どこまでをネットワーク部とするかを指定するのがネットマスクです。ネットマスクは10進数あるいは16進数で表記します。

ネットワーク部はまた、プレフィックスで表すこともできます。プレフィックスはIPアドレスの後ろに「/ネットワーク部のビット数」を指定します。

次は、Bクラスのネットワークを、3バイト目までをネットワーク部とするサブネットに分割する例です。

表：サブネット化の例

Bクラスの例

	1バイト目(ネットワーク部)	2バイト目(ネットワーク部)	3バイト目(ホスト部)	4バイト目(ホスト部)	プレフィックス
IPアドレス1	172	16	1	1	/16
IPアドレス2	172	16	2	1	/16
ネットマスク	255	255	0	0	
	↑ ネットワーク部のビットは1。オールビット1なので255	↑ ネットワーク部のビットは1。オールビット1なので255	↑ ホスト部は0	↑ ホスト部は0	

上記をサブネット化した例

	1バイト目(ネットワーク部)	2バイト目(ネットワーク部)	3バイト目(ネットワーク部)	4バイト目(ホスト部)	プレフィックス
IPアドレス1	172	16	1	1	/24
IPアドレス2	172	16	2	1	/24
ネットマスク	255	255	255	0	
	↑ ネットワーク部のビットは1。オールビット1なので255	↑ ネットワーク部のビットは1。オールビット1なので255	↑ このバイトをネットワーク部で使用。オールビット1なので255	↑ ホスト部は0	

サブネット化することで、ネットワークのトラフィックが分散し、管理単位も小さくなります。

図：サブネット化

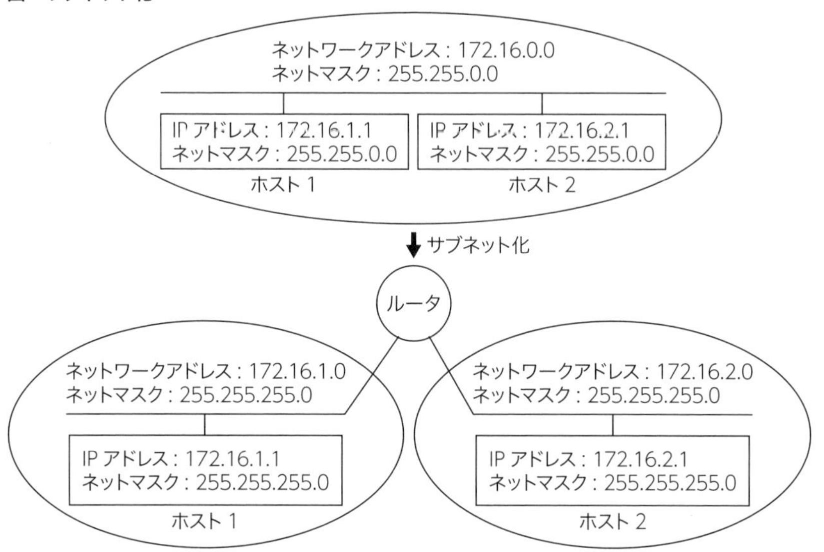

ネットマスクあるいはプレフィックスはビット単位で設定できます。

この問題では、プレフィックスが/26となっているのでネットワーク部を26ビットとしたネットワークが割り当てられています。

表：IP アドレス 32 ビットの構成

ネットワーク部	ホスト部
26 ビット	6 ビット

32 ビット－26 ビット（ネットワーク部）でホスト部は 6 ビットになります。2^6=64 で 64 個のホストアドレスが使えますが、ホスト部のすべてのビットが 0 のアドレスはネットワーク自身を表すアドレス、ホスト部のすべてのビットが 1 のアドレスはネットワーク内のすべてのホストを宛先とするブロードキャストアドレスとして使用されます。

この 2 つのアドレスはホストアドレスとして使えないので残りの個数は 64-2=62 ですが、さらにルータ分を 1 つ引くと 61 個となります。

解答 61

問題 2-2

重要度 ★★☆

次のネットマスクの場合、ネットワーク部は何ビットですか？　1つ選択してください。

255.255.0.0

A. 8　　B. 16
C. 24　　D. 32

解説　問題2-1の解説のとおり、ネットマスクのビットが1の部分がネットワーク部です。ネットマスクの値が255.255.0.0の場合は上位2バイトがネットワーク部となります。

したがって、8ビット（1バイト）×2=16で、ネットワーク部は16ビットです。

解答 B

問題 2-3

IANAで定められているIPv4のプライベートアドレスはどれですか？　3つ選択してください。

A. 1.0.0.10/8　　B. 10.255.0.1/8
C. 172.17.1.10/16　　D. 192.168.10.1/24
E. 224.0.0.10/24

解説　プライベートアドレスとはファイアウォール内部（組織の内部ネットワーク）で使うアドレスのことです。

それに対して、インターネット上で使うアドレスがグローバルアドレスです。

プライベートアドレスはIANAによって予約され、RFC1918で以下のとおり規定されています。

表：プライベートアドレス

クラス	アドレス
A	10.0.0.0 - 10.255.255.255
B	172.16.0.0 - 172.31.255.255
C	192.168.0.0 - 192.168.255.255

グローバルアドレスはNIC（Network Information Center）によって管理される重複のないアドレスですが、プライベートアドレスは内部ネットワークで自由に割り当てて使うことができます。内部ネットワークからインターネットに出て行くときは、プライベートアドレスはグローバルアドレスに変換され、インターネットから内部ネットワークに入って来るときは、グローバルアドレスからプライベートアドレスに変換されます。

IANA(Internet Assigned Numbers Authority)はインターネットプロトコルに関連した番号やシンボルの割り当てを管理している組織です。プライベートアドレスや「WELL KNOWN PORT NUMBERS」と呼ばれるサービスに対応して予約されたポート番号の割り当てなどを行っています。IANAについてはRFC1700で記述されています。

解答 B、C、D

問題 2-4

重要度 ★★★

IPv6のアドレスの説明で正しいものはどれですか？　3つ選択してください。

- **A.** IPv6のアドレスは128ビットのアドレス空間を持つ
- **B.** グローバルユニキャストアドレスはインターネットで使用できる一意のアドレスである
- **C.** リンクローカルアドレスは同一サイト内の異なったサブネット間での通信に使用できる
- **D.** アドレス表記においてビットがすべて0のフィールドが連続している場合、その間の0を省略して「::」と表記できる

解説　IPv6は、インターネットの普及にともないIPv4の32ビットアドレスの不足を解決するために開発された128ビットのアドレス空間を持つプロトコルです。Linuxカーネルは2.2からIPv6に対応しています。またDNS、メール、Webなどの主要なネットワークアプリケーションの多くもIPv6に対応しています。

IPv6のアドレスには複数の種類とスコープ（有効範囲）があり、通常はグローバルユニキャストアドレス（GUA）とリンクローカルアドレス（LLA）が使われます。

グローバルユニキャストアドレスはインターネット上で使用するアドレスです。リンクローカルアドレスは同一リンク上でのみ有効なアドレスです。

また2005年には、RFC4193によりIPv4のプライベートアドレスに相当する、サイト内で使用するローカルなアドレスとして、ユニークローカルユニキャストアドレス（ULA）が定義されました。アドレス中に一部ランダムな値を取り入れることで、他サイトのULAとのアドレス重複を回避するよう意図されています。

アドレスフォーマットは、GUAはRFC3587、LLAはRFC4291、ULAはRFC 4193にて、それぞれ次のように規定されています。

図：IPv6アドレスフォーマット

グローバルユニキャストアドレス

先頭の3ビットが“001”、プレフィックスは2000::/3

リンクローカルアドレス

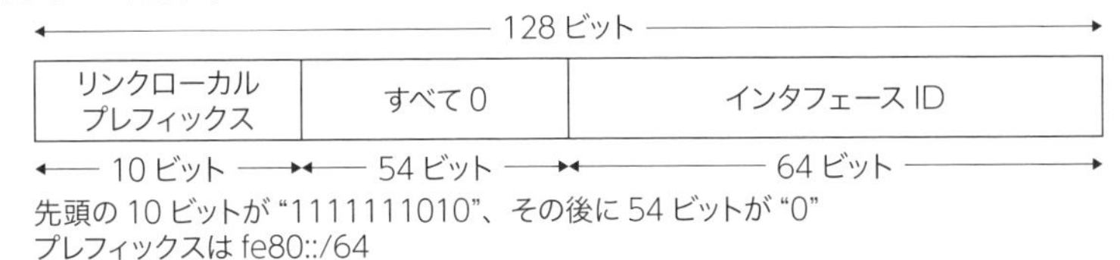

先頭の10ビットが“1111111010”、その後に54ビットが“0”
プレフィックスはfe80::/64

ユニークローカルユニキャストアドレス

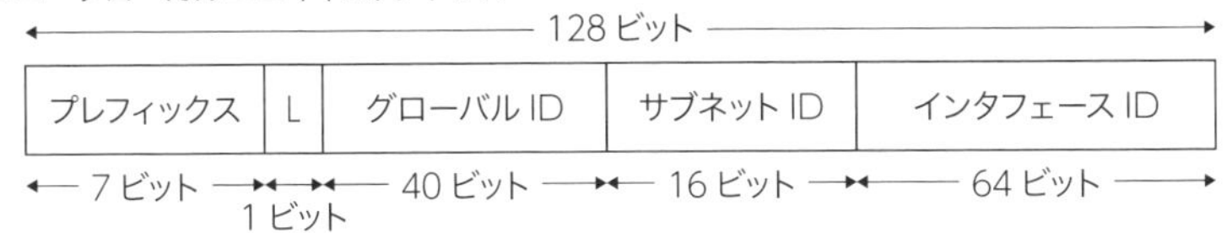

先頭の7ビットが“1111110”、プレフィックスはfc00/7。
続く1ビット（L）が“1”→ローカルに定義、“0”→未定義（将来用）。
グローバルIDは乱数で生成

64ビットのインタフェースIDはIPv4のホスト部に該当します。インタフェースIDは、イーサネットの場合は通常、48ビットのイーサネットアドレスから64ビットのインタフェースIDを生成します。

IPv6のアドレスは128ビットを16ビットごとにコロン「:」で区切り、8つのフィールドに分けて16進数で表記します。

次の場合は表記の省略ができます。

- **フィールドの先頭に0が連続する場合は省略できる**
  例）0225 → 225
- **0のみが連続するフィールドで全体で一箇所だけ「::」と省略できる**
  例）fe80:0000:0000:0000:0225:64ff:fe49:ee2f → fe80::225:64ff:fe49:ee2f

以下はIPv6アドレスの指定や表示の例です。

実行例

IPv6対応のping6コマンドでリンクローカルアドレスから応答があるか調べる。
-Iオプションで使用するネットワークI/Fを指定する

```
$ ifconfig eth0
eth0      Link encap:Ethernet  HWaddr 00:25:64:49:EE:2F
          inet addr:172.16.210.195  Bcast:172.16.255.255  Mask:255.255.0.0
          inet6 addr: fe80::225:64ff:fe49:ee2f/64 Scope:Link
$ ping6 -I eth0 fe80::225:64ff:fe49:efbc
PING fe80::225:64ff:fe49:efbc(fe80::225:64ff:fe49:efbc) from fe80::225:64ff:
fe49:ee2f eth0: 56 data bytes
64 bytes from fe80::225:64ff:fe49:efbc: icmp_seq=1 ttl=64 time=1.41 ms
64 bytes from fe80::225:64ff:fe49:efbc: icmp_seq=2 ttl=64 time=0.823 ms

$ dig a.root-servers.net AAAA
;; ANSWER SECTION:
a.root-servers.net.    603621    IN    AAAA    2001:503:ba3e::2:30
$ dig www.google.co.jp AAAA
;; ANSWER SECTION:
www.google.co.jp.      300       IN    AAAA    2404:6800:4008:c01::5e
```

ifconfigコマンドでネットワークI/Fの状態を調べる

設定されているリンクローカルアドレス

アドレスタイプにAAAAを指定してDNSルートサーバa.root-servers.netのIPv6アドレスを調べる

返されたIPv6アドレス

アドレスタイプにAAAAを指定してGoogleのWebサーバwww.google.co.jpのIPv6アドレスを調べる

返されたIPv6アドレス

参考 IPv6普及・高度化推進協議会の調査（https://v6pc.jp/jp/spread/ipv6spread_02.phtml）によると、2020年5月時点でのインターネットバックボーンのIPv6対応率は日本で約40%、世界で約20%となっています。

解答 A、B、D

問題 2-5

重要度 ★★★

IPv6 の正しいアドレス表示はどれですか？　2 つ選択してください。

A. 2001:503:ba3e::2:30　　**B.** 2001::ba3e::2:30
C. 2001%240%2401%59c7%226%5eff%fe44%3fda
D. 127.0.0.1　　**E.** ::1

解説 選択肢 A は表記中に「::」があり、4、5、6 番目のフィールドにゼロが連続する、正しい IPv6 のアドレス表記です。したがって、選択肢 A は正解です。

選択肢 B は「::」が 2 箇所あり、誤った表記です。選択肢 C の区切りは、「:」でなければならないところが「%」となっているので誤った表記です。選択肢 D は IPv4 のローカルアドレスの表記なので誤りです。選択肢 E は IPv6 のローカルアドレスの表記なので正解です。

解答 A、E

問題 2-6

重要度 ★★☆

IPv6の説明で正しいものはどれですか？　3つ選択してください。

A. TCP、UDP、IP、ICMPのプロトコル番号はIPv4もIPv6も同じである
B. ポートの機能はIPv4もIPv6も同じである
C. IPv4アドレスを持つノードがIPv6アドレスを持つノードと直接通信できる
D. ブロードキャストをサポートしない
E. マルチキャストをサポートしない

解説　プロトコル番号は上位層を識別するための番号でIPパケットのヘッダに書き込まれています。IPv4もIPv6も同じ番号が使用されます。したがって選択肢Aは正解です。プロトコル番号は/etc/protocolsに記載されています。

/etc/protocols（抜粋）

```
ip      0    IP          # internet protocol, pseudo protocol number
icmp    1    ICMP        # internet control message protocol
tcp     6    TCP         # transmission control protocol
udp    17    UDP         # user datagram protocol
```

ポートの機能もポート番号もIPv4とIPv6で変わりはありません。したがって選択肢Bは正解です。サービス名とポート番号の一覧は/etc/servicesに記載されています。

IPv4とIPv6ではアドレス長などのフォーマットやIPヘッダのフォーマットが異なっているため互換性がありません。IPv4アドレスを持つノードがIPv6アドレスを持つノードと通信するためには、IPv4からIPv6への変換を行うトランスレータ、IPv6からIPv4への変換を行うトランスレータなどの仕組みが必要であり、直接通信することはできません。したがって選択肢Cは誤りです。

また、選択肢Cの正誤には直接関係しませんが、ホストにIPv4とIPv6のアドレスの両方を設定してどちらでも使用できるようにするデュアルスタックという方式もあります。Linuxはデュアルスタックをサポートしています。また、IPv4ノード同士がIPv6ネットワークを介して通信、あるいはIPv6ノード同士がIPv4ネットワークを介して通信するトンネリングという方式もあります。

IPv6ではブロードキャストはなくなり、必要な場合はマルチキャストを使用します。したがって選択肢Dは正解、選択肢Eは誤りです。

解答 A、B、D

問題 2-7

重要度 ★★☆

下記の内容が記述されているファイル名はどれですか？　1つ選択してください。

ファイル内容（抜粋）

```
ssh       22/tcp          # The Secure Shell (SSH) Protocol
ssh       22/udp          # The Secure Shell (SSH) Protocol
smtp      25/tcp    mail
smtp      25/udp    mail
```

A. /etc/hosts.conf
B. /etc/protocols
C. /etc/services
D. /etc/hosts.deny

解説　ネットワークを介したプロセス間の通信はプロセスが生成したTCPポートあるいはUDPポート同士を接続することにより行われます。

サーバ（プロセス）は提供するサービスごとに決められているTCPポートあるいはUDPポートの番号のポートを生成して、クライアントからのリクエストを受け付けます。

サービスを受けるクライアント（プロセス）は、サービスを提供するサーバ（プロセス）が待ち受けているTCPポートあるいはUDPポートの番号を指定してリクエストを送信します。

図：ポートの概要

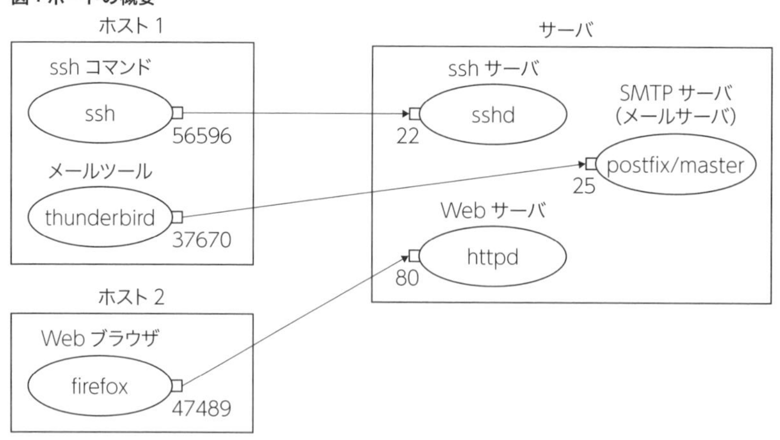

クライアント側のポート番号はOSにより空きポート番号が自動的に割り当てられます。

/etc/servicesファイルにはサービス名とポート番号の対応が記述されています。

ローカルネットワーク内のSMTPサーバ(メールサーバ)では前掲の図のように25番ポートを使用します。インターネット上のSMTPサーバ(メールサーバ)ではほとんどの場合にユーザからのメール送信の受け付けはサブミッションポート(多くの場合、587番)で行い、25番ポートはSMTPサーバ間のメール送受信に使われます。

書式 サービス名 ポート番号/プロトコル 別名

以下は/etc/servicesの主なサービス/ポート番号の記述行です。これらのポート番号は試験に出題される頻度が高いのでよく覚えておいてください。

/etc/services(抜粋)

```
ssh             22/tcp                          # The Secure Shell (SSH) Protocol
ssh             22/udp                          # The Secure Shell (SSH) Protocol
smtp            25/tcp          mail
smtp            25/udp          mail
domain          53/tcp                          # name-domain server
domain          53/udp
http            80/tcp          www www-http    # WorldWideWeb HTTP
http            80/udp          www www-http    # HyperText Transfer Protocol
ntp             123/tcp
ntp             123/udp                         # Network Time Protocol
https           443/tcp                         # http protocol over TLS/SSL
https           443/udp                         # http protocol over TLS/SSL
```

よく使われるサービス名とポート番号の対応は、RFC1700に「Well Known Ports」として記載されています。「Well Known Ports」の詳細は問題2-10の解説を参照してください。

ポート番号の範囲は16ビットで表現される0〜65535(2^{16}-1)です。

サーバプログラムやクライアントプログラムは一般にgetservbyname()関数によって/etc/servicesファイル(あるいはネームサービス)を参照して、サービスに対応したポート番号を取得し、またgetservbyport()関数によって/etc/servicesファイル(あるいはネームサービス)を参照して、ポート番号に対応したサービス名を取得します。ただしプログラムによっては/etc/servicesを参照せず、プログラム中で直接ポート番号を指定するものもあります。

 C

問題 2-8

重要度 

コネクションレスの、データ信頼性の低いトランスポート層のプロトコルを大文字3文字で記述してください。

解説　IPとともに使用されるIPの上位のプロトコルには、TCP（Transmission Control Protocol）とUDP（User Datagram Protocol）があります。

TCPとUDPの特徴はそれぞれ、次のとおりです。

TCP

- コネクションを確立し、確立した通信路で転送を行う（コネクション型）
- 受信側でパケットの喪失を検知すると、送信側は喪失パケットの再送を行う
- 受信パケットを正しい順番で並び替える（パケットのシーケンス制御）
- 受信データのエラー訂正機能がある
- 上記の機能のためのオーバーヘッドが生じる

UDP

- コネクションを確立しない（コネクションレス型）
- TCPのような、喪失パケットの再送、シーケンス制御、エラー訂正機能はない
- 上記によりTCPのようなオーバーヘッドがない

したがって、正解は「UDP」です。

解答　UDP

問題 2-9

重要度 ★★★

UDPを使用するサービスは次のうちどれですか？　3つ選択してください。

A. DNS　　**B.** SSH
C. NTP　　**D.** HTTP
E. DHCP

解説　UDPはTCPのようにコネクションを確立してシーケンス制御を行うようなオーバーヘッドがないので、小さなデータをやりとりするサービスに適しています。このような特徴により、DNS、NTP、DHCPはUDPを使用しています。

SSHとHTTPはTCPを使用し、確立した通信路を使用してデータの転送を行い

ます。

解答 A、C、E

問題 2-10

重要度 ★★★

ポート番号の値についての説明で正しいものはどれですか？　2つ選択してください。

A. ポート番号の範囲は0から65535の範囲である
B. IANAが割り当てた「Well Known Ports」はIANAの許可なしに使用することはできない
C. 非特権ユーザが使用できるポート番号の最小値は1024である
D. 特権ユーザが使用するポート番号は0番である

解説　問題2-7の解説のとおり、ポート番号の範囲は0から65535です。なおポート番号0はIANAによって予約されています。したがって選択肢Aは正解です。

「Well Known Ports」のサービスとポート番号の登録は、定められた手順によりIANAに対して行わなければなりませんが、ポートを使用する上でIANAの許可を得る必要はありません。したがって選択肢Bは誤りです。

「Well Known Ports」はRFC1700で規定された0～1023番の範囲のポートで、IANAによってサービスに対応するポート番号が割り当てられています。「System Ports」とも呼ばれ、特権ユーザのみアクセス可能とされています。

「Registered Ports」はRFC1700に掲載されている1024～49151番の範囲のポートで、IANAによってサービスに対応するポート番号がコミュニティの便宜に供する目的で掲載されています。ただし「Well Known Ports」と異なり、IANAがポート番号の割り当てを管理しているわけではありません。

参考　「Registered Ports」の範囲はRFC1700(October 1994)では1024～65535と記載されていますが、RFC6335(August 2011)では1024～49151と記載されています。本書ではRFC6335に従って1024～49151としてあります。
「Registered Ports」は「User Ports」とも呼ばれ、非特権ユーザもアクセス可能とされています。

したがって選択肢Cは正解、選択肢Dは誤りです。

解答 A、C

問題 2-11

重要度 

実行結果が以下のように表示されるコマンドは何ですか？　記述してください。

```
PORT    STATE SERVICE
22/tcp  open  ssh
53/tcp  open  domain
111/tcp open  rpcbind
631/tcp open  ipp
```

解説　nmapコマンドにより、ネットワーク上のホストのオープンしているポートを調べて、その状態を表示することができます。このような機能を持つプログラムをポートスキャナと呼びます。

nmapはOSの種類やバージョンを推測することもできます。

構文 **nmap [オプション] ホスト名|IPアドレス**

表：オプション

主なオプション	説明
-sT	TCPポートのスキャン。デフォルト
-sU	UDPポートのスキャン。このオプションはroot権限が必要
-p port_ranges	調べるポート範囲の指定（例：-p22; -p1-65535; -p53,123）
-O	OS検出を行う

実行例①では、ホストlx01のTCPポートをスキャンしています。

実行例①

```
# nmap lx01
Starting Nmap 5.51 ( http://nmap.org ) at 2020-05-31 23:15 JST
Nmap scan report for lx01 (172.16.100.1)
Host is up (0.00073s latency).
rDNS record for 172.16.100.1: lx01.localdomain
Not shown: 994 closed ports
PORT    STATE SERVICE
22/tcp  open  ssh
25/tcp  open  smtp
53/tcp  open  domain
80/tcp  open  http
143/tcp open  imap
587/tcp open  submission
```

（22/tcp〜587/tcpの行：オープンしているポート）

スキャンした1000個のTCPポートのうち、6個がオープンしていることがわかります。実行例②では、ホストlx02のUDPポート53番と123番を調べています。

実行例②

```
# nmap -sU -p 53,123 lx02
Starting Nmap 5.51 ( http://nmap.org ) at 2020-05-31 23:15 JST
Nmap scan report for lx02 (172.16.210.195)
Host is up (0.000053s latency).
Other addresses for lx02 (not scanned): 172.16.210.195
PORT     STATE  SERVICE
53/udp   closed domain ―― ポート53/udpは閉じている
123/udp open   ntp ―― ポート123/udpは開いている
```

解答 nmap

問題 2-12

重要度 ★★★

ホスト名を host01.example.com に変更したい場合、下線部に適切なコマンド名を記述してください。

＿＿＿＿＿＿＿ host01.example.com

設定するホスト名を引数に指定して hostname コマンドを実行することで、ホスト名の設定、変更ができます。ホスト名はカーネル内の変数 kernel.hostname に保存されます。システム起動時には、設定ファイルから読み込まれたホスト名が hostname コマンドの実行により設定されます。

ホスト名を格納している設定ファイルはディストリビューションやバージョンにより異なり、/etc/sysconfig/network、/etc/hostname、/etc/HOSTNAME などがあります。

hostname コマンドを引数なしに実行すると、カーネル内の変数 kernel.hostname に保持されているホスト名を表示します。

解答 hostname

問題 2-13

重要度 

/etc/hosts のエントリの正しい記述はどれですか？　2つ選択してください。

A. 2401:2500:102:1101:133:242:128:165　server1.mylinuc.com
B. server1.mylinuc.com　2401:2500:102:1101:133:242:128:165
C. 133:242:128:165　server2.mylinuc.com
D. server2.mylinuc.com　133.242.128.165
E. 133.242.128.165　server2.mylinuc.com　www.mylinuc.com
F. server2.mylinuc.com　www.mylinuc.com　133.242.128.165

解説　/etc/hosts ファイルは IP アドレスとホスト名の対応情報を格納するファイルです。

書式 **IPアドレス　ホスト名　別名　...**

正しい書式に従っているのは選択肢 A、C、E ですが、選択肢 C は 1 バイトごとの区切りが「.」となるべきところが「:」となっているので誤りです。したがって選択肢 A と選択肢 E が正解です。

選択肢 B、D、F は第 1 フィールドがホスト名、第 2 フィールドが IP アドレスとなっており、書式が誤っています。

解答 A、E

問題 2-14

重要度 ★★★

ネットワークインタフェースカード eth0 のアドレスを 172.16.0.1 に設定し、かつアクティブにするために使用する下線部に入るコマンドを記述してください。

__________ eth0 172.16.0.1 up

ifconfig コマンドはネットワーク I/F の設定、表示をすることができます。

実行例

```
# ifconfig eth0 172.16.0.1 up ―― ①
# ifconfig ―― ②
eth0      Link encap:Ethernet  HWaddr 00:25:64:49:EE:2F
          inet addr:172.16.0.1  Bcast:172.16.255.255  Mask:255.255.0.0
          inet6 addr: fe80::225:64ff:fe49:ee2f/64 Scope:Link
          UP BROADCAST RUNNING MULTICAST  MTU:1500  Metric:1
          RX packets:67366 errors:0 dropped:0 overruns:0 frame:0
          TX packets:55302 errors:0 dropped:0 overruns:0 carrier:0
          collisions:0 txqueuelen:1000
          RX bytes:49630696 (47.3 MiB)  TX bytes:9086672 (8.6 MiB)
          Interrupt:16

lo        Link encap:Local Loopback
          inet addr:127.0.0.1  Mask:255.0.0.0
          inet6 addr: ::1/128 Scope:Host
          UP LOOPBACK RUNNING  MTU:16436  Metric:1
          RX packets:13 errors:0 dropped:0 overruns:0 frame:0
          TX packets:13 errors:0 dropped:0 overruns:0 carrier:0
          collisions:0 txqueuelen:0
          RX bytes:832 (832.0 b)  TX bytes:832 (832.0 b)
# ifconfig eth0 down ―― ③
```

①ネットワーク I/F eth0 の IP アドレスを 172.16.0.1 に設定し、I/F を up（動作状態）しています。
②ネットワーク I/F の状態を表示しています。1 枚目の I/F である eth0 と、ループバック I/F である lo の状態が表示されています。
「inet addr:172.16.0.1」の表示によって I/F eth0 の IP アドレスが 172.16.0.1 に設定されていることがわかります。
③ネットワーク I/F eth0 を down（停止状態）にしています。

また、ip コマンドおよび ifup、ifdown コマンドでもネットワーク I/F の up と down ができます。ip コマンドについては、問題 2-18 を参照してください。
以下は ifup コマンドによりネットワーク I/F eth0 を up する例です。

実行例

```
# ifup eth0
アクティブ接続の状態: アクティベート中
アクティブ接続のパス: /org/freedesktop/NetworkManager/ActiveConnection/2
状態: アクティベート済み
接続はアクティベート済み
```

以下は ifdown コマンドによりネットワーク I/F eth0 を down する例です。

実行例

```
# ifdown eth0
デバイスの状態: 3 (切断済み)
```

　ネットワークI/Fをdownすると、そのI/Fを使用しているルーティングテーブルのエントリは削除されるので注意してください。再びI/Fをupしたときには、ルーティングテーブルのエントリも追加する必要があります。

解答 ifconfig

問題 2-15

重要度 ★★☆

ネットワーク172.16.0.0にあるホストで、ネットワークアドレス172.17.0.0、ネットマスク255.255.0.0を宛先とするパケットをゲートウェイ172.16.255.254に送るルーティングテーブルのエントリを追加したいと思います。実行すべきコマンドを1つ選択してください。なお、ネットワークI/Fはeth0だけがあるものとします。

A. route -add 172.17.0.0 255.255.0.0 gw 172.16.0.0
B. route -add 172.17.0.0 255.255.0.0 gw 172.16.255.254
C. route add -net 172.17.0.0 netmask 255.255.0.0 gw 172.16.0.0
D. route add -net 172.17.0.0 netmask 255.255.0.0 gw 172.16.255.254

解説 routeコマンドはルーティングテーブルの設定と表示を行います。

構文 表示：**route [-n]**
追加：**route add { -net | -host } 宛先(destination) [netmask ネットマスク] gw ゲートウェイ(gateway) [インタフェース名]**
削除：**route del { -net | -host } 宛先(destination) [netmask ネットマスク] gw ゲートウェイ(gateway) [インタフェース名]**

表：オプション

主なオプションと引数	説明
add	エントリの追加
del	エントリの削除
-net	宛先をネットワークとする
-host	宛先をホストとする
宛先	宛先となるネットワーク、またはホスト。ルーティングテーブルの表示での Destination に該当する
netmask	宛先がネットワークのときに、宛先ネットワークのネットマスクを指定する
gw ゲートウェイ	到達可能な次の送り先となるゲートウェイ
インタフェース	使用するネットワーク I/F。gw で指定されるゲートウェイのアドレスから通常は I/F は自動的に決定されるので指定は省略できる

図：ルーティング

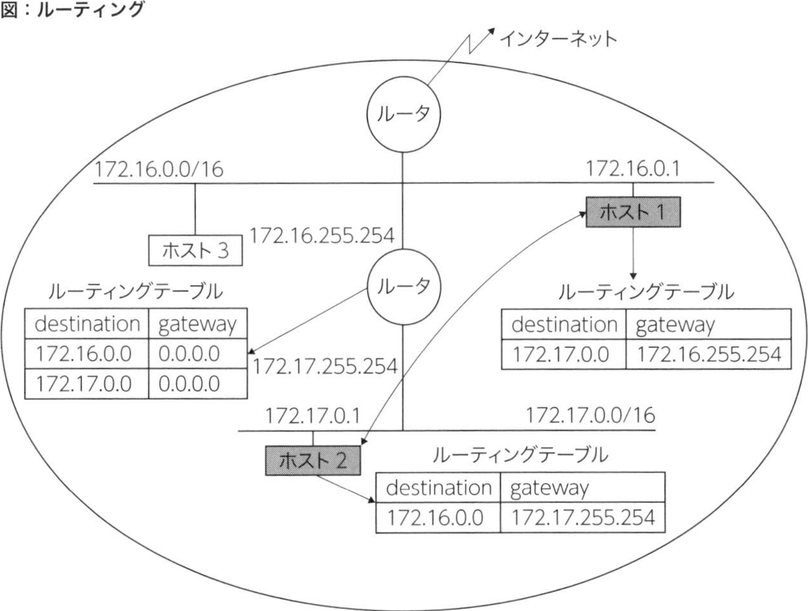

次の実行例は上記図のホスト 1（172.16.0.0 のネットワーク）からルータを介してホスト 2（172.17.0.0 のネットワーク）への経路を追加、表示、削除している例です。

実行例

```
# route add -net 172.17.0.0 netmask 255.255.0.0 gw 172.16.255.254 ──①

# route ──②
Destination     Gateway          Genmask         Flags Metric Ref    Use Iface
172.16.0.0      *                255.255.0.0     U     1      0        0 eth0
172.17.0.0      router.mydomain 255.255.0.0     UG    0      0        0 eth0

# route -n ──③
Destination     Gateway          Genmask         Flags Metric Ref    Use Iface
172.16.0.0      0.0.0.0          255.255.0.0     U     1      0        0 eth0
172.17.0.0      172.16.0.254     255.255.0.0     UG    0      0        0 eth0

# route del -net 172.17.0.0 netmask 255.255.0.0 gw 172.16.255.254 ──④
```

①宛先ネットワーク 172.17.0.0（netmask 255.255.0.0）へのルータに 172.16.255.254 を指定してエントリを追加します。
②ルーティングテーブルを表示します。
③ルーティングテーブルを -n オプションにより数値で表示します。
④エントリの削除は追加したときの add を del に変えて実行します。

route コマンドで表示されるルーティングテーブルのエントリの各フィールドの意味は次のとおりです。

なお、「netstat -r」コマンドでも同様にルーティングテーブルを表示できます。

表：ルーティングテーブルのフィールド名

フィールド名	説明
Destination	宛先ネットワークまたは宛先ホスト
Gateway	ゲートウェイ（ルータ）。直結されたネットワークでゲートウェイなしの場合は 0.0.0.0（または「*」と表示）
Genmask	宛先ネットワークのネットマスク。デフォルトルートの場合は0.0.0.0（または「*」と表示）
Flags	主なフラグは以下のとおり U：経路は有効（Up）、H：宛先はホスト（Host）、G：ゲートウェイ（Gateway）を通る、!：経路を拒否（Reject）
Metric	宛先までの距離。通常はホップカウント（経由するルータの数）
Ref	この経路の参照数（Linux カーネルでは使用しない）
Use	この経路の参照回数
Iface	この経路で使用するネットワーク I/F

Linuxをルータにするにはルーティングテーブルの設定の他に、1つのネットワークI/Fから別のネットワークI/Fへのパケットのフォワーディングを許可する設定が必要になります。
フォワーディングはカーネル変数ip_forwardの値を1にすることでオンになり、0にすることでオフになります。
ip_forwardの値の変更や表示は、次のようにカーネル情報を格納している/procファイルシステムの中の/proc/sys/net/ipv4/ip_forwardにアクセスすることによりできます。

実行例

```
# cat /proc/sys/net/ipv4/ip_forward ―― ①
0
# echo 1 > /proc/sys/net/ipv4/ip_forward ―― ②
# cat /proc/sys/net/ipv4/ip_forward ―― ③
1
```

①ip_forwardの値を表示します。値は0となっているので、フォワーディングはオフの状態です。
②ip_forwardに1を書き込みます。
③ip_forwardの値を表示します。値は1となっているので、フォワーディングはオンの状態です。

sysctlコマンドでも、ip_forwardの値の設定や表示ができます。

実行例

```
# sysctl net.ipv4.ip_forward ―― ①
net.ipv4.ip_forward = 0
# sysctl -w net.ipv4.ip_forward=1 ―― ②
net.ipv4.ip_forward = 1
```

①ip_forwardの値を表示します。値は0となっています。
②ip_forwardに1を書き込みます。

上記のコマンドによる変更はカーネルのメモリ中の変更なので、システムを再起動すると0になります。/etc/sysctl.confに設定することにより、システム起動時にip_forwardの値を設定できます。

/etc/sysctl.conf の抜粋

```
net.ipv4.ip_forward = 1
```

D

問題 2-16

デフォルトゲートウェイとして 172.16.255.253 を追加するコマンドはどれですか？　以下の選択肢から 1 つ選んでください。

A. route -net gw 172.16.255.253
B. route gw default 172.16.255.253
C. route add default gw 172.16.255.253
D. route default gw 172.16.255.253
E. route net default gw 172.16.255.253

デフォルトルートを指定する場合は、routeコマンドの実行時に、宛先を「default」とします。

構文 **`route add default gw ゲートウェイ(gateway) [インタフェース名]`**

問題 2-15 の解説のとおり、インタフェース名は通常は省略できます。

図：デフォルトルート

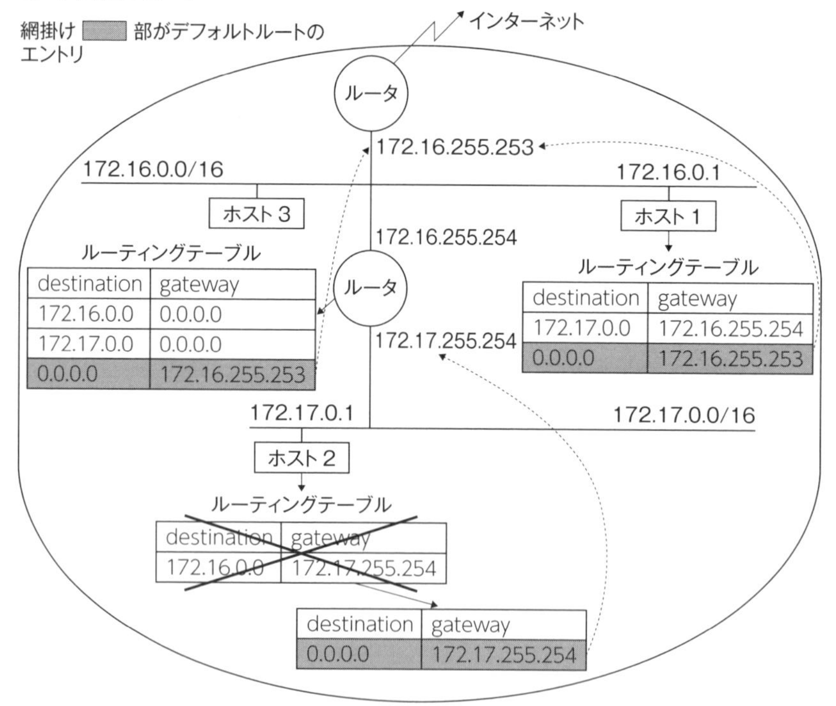

デフォルトルートはルーティングテーブルに該当するエントリがない場合の送り先（gateway）を指定するものです。

ネットワークへの出入口が1つだけのときのルータ、インターネットへの出入口となるルータなどをデフォルトルータ（ゲートウェイ）に指定します。

上記実行例のホスト2の場合、ホスト1と通信するためにホスト1のネットワークである172.16.0.0を宛先とするエントリを作成せず、172.17.255.254をゲートウェイとするデフォルトルートのエントリだけを作成しています。このエントリ1つだけで、どのネットワークへの経路にもなります。

ホスト1の場合は、インターネットへの経路となる172.16.255.253をゲートウェイとするデフォルトルートのエントリに加えて、ホスト2のネットワークである172.17.0.0への経路となる172.16.255.254をゲートウェイとするエントリを作成する必要があります。

解答 C

問題 2-17

重要度 ★★☆

デフォルトルートについての説明で正しいものはどれですか？　1つ選択してください。

A. デフォルトルートを設定すると他のエントリは無効となる
B. デフォルトルートを設定しないと他のエントリは無効となる
C. ルーティングテーブルのどのエントリにも一致しないときに参照される
D. ルーティングテーブルのどのエントリよりも優先する

解説 デフォルトルートを設定してもしなくても他のエントリが無効になることはないので、選択肢Aと選択肢Bは誤りです。問題2-16の解説のとおり、デフォルトルートは「ルーティングテーブルのどのエントリにも一致しないときに参照される」ので選択肢Cは正解、選択肢Dは誤りです。

解答 C

問題 2-18

重要度 ★★★

ipコマンドの説明で正しいものはどれですか？　2つ選択してください。

A. ネットワークインタフェースの表示と設定を行う
B. リモートホストとの間の疎通確認を行う
C. リモートホストに到達するまでの経路を表示する
D. ルーティングテーブルの表示やエントリの追加と削除を行う

解説

ipコマンドはifconfigコマンドに代わる新しいコマンドです。ルーティングテーブルやARPキャッシュの管理などのifconfigコマンドにはない多様な機能があります。システム起動時の設定でもipコマンドが使用されています。

次の構文は、ネットワークインタフェースのupおよびdownを行います。

構文 **ip link set { up | down } dev インタフェース名**

なお、以下のようにup、downは末尾に付けることもできます。

構文 **ip link set dev インタフェース名 { up | down }**

以下はネットワークインタフェースeth0をupする例です。

実行例
```
# ip link set up dev eth0
```

次の構文は、ネットワークインタフェースのIPアドレスの追加と削除を行います。

構文 **ip addr { add | del } IPアドレス/プレフィックス dev インタフェース名**

実行例
```
# ip addr add 172.16.0.2/16 dev eth0 ―― ①
# ip addr del 172.16.0.2/16 dev eth0 ―― ②
```

①インタフェースeth0にIPアドレス172.16.0.2/16を追加します。「/16」でネットワーク部のビット数を16ビットに指定しています。
②インタフェースeth0からIPアドレス172.16.0.2/16を削除します。

次の構文は、ネットワークインタフェースのIPアドレスを表示します。

構文 **ip addr show [インタフェース名]**

実行例

```
# ip addr show eth0
2: eth0: <BROADCAST,MULTICAST,UP,LOWER_UP> mtu 1500 qdisc mq state UP qlen 1000
    link/ether 00:25:64:49:ef:bc brd ff:ff:ff:ff:ff:ff
    inet 172.16.0.1/16 brd 172.16.255.255 scope global dynamic eth0
       valid_lft 565892sec preferred_lft 565892sec
    inet6 fe80::225:64ff:fe49:efbc/64 scope link
       valid_lft forever preferred_lft forever
```

表示の1行目の「state UP」によりeth0が稼働状態であることがわかります。eth0のIPv4アドレスが「inet 172.16.0.1/16」として表示されています。eth0のIPv6のリンクローカルアドレスが「inet6 fe80::225:64ff:fe49:efbc/64」として表示されています。

次の構文は、ルーティングテーブルの表示を行います。

構文 **ip route show**

実行例

```
$ ip route show
default via 192.168.122.1 dev eth0 proto dhcp metric 100
192.168.122.0/24 dev eth0 proto kernel scope link src 192.168.122.
60 metric 100
```

showを省略し、「ip route」でも表示できます。

次の構文は、ルーティングテーブルのエントリの追加と削除を行います。

構文 **ip route { add | del } 宛先 via ゲートウェイ**

実行例

```
# ip route add 172.17.0.0/16 via 172.16.255.254 ―― ①
# ip route del 172.17.0.0/16 via 172.16.255.254 ―― ②
```

①ゲートウェイを172.16.255.254として、宛先ネットワーク172.17.0.0/16のエントリを追加しています。

②宛先ネットワーク172.17.0.0/16のエントリを削除しています。

次の構文は、デフォルトルートのエントリの追加と削除を行います。

構文 **ip route { add | del } default via ゲートウェイ**
ip route del default

デフォルトルートの削除は「ip route del default」として「via ゲートウェイ」を省略してもできます。

実行例

```
# ip route add default via 172.16.255.254 ―― ①
# ip route del default ―― ②
```

①ゲートウェイを 172.16.255.254 として、デフォルトルートのエントリを追加しています。
②デフォルトルートのエントリを削除しています。

したがって選択肢 A と選択肢 D は正解です。リモートホストとの疎通確認やリモートホストまでの経路を表示する機能はないので、選択肢 B と選択肢 C は誤りです。

 A、D

問題 2-19

重要度 ★★★

以下はネットワークインタフェース eth0 に IP アドレス 192.168.1.1/24 を割り当てるコマンドです。下線部を記述してください。

ip addr ______ 192.168.1.1/24 dev eth0

□□□

解説　ip コマンドでネットワークインタフェースに IP アドレスを割り当てることができます。この場合の構文は以下のとおりです。

構文 **ip addr add IPアドレス/プレフィックス dev インタフェース名**

解答 add

問題 2-20

重要度 ★★★

IP アドレス 192.168.1.254 のホストをデフォルトゲートウェイに指定する正しい ip コマンドはどれですか？　1 つ選択してください。

A. ip route set default via 192.168.1.254
B. ip route add default via 192.168.1.254
C. ip route set default gw 192.168.1.254
D. ip route add default gw 192.168.1.254

□□□

解説　ip コマンドでデフォルトゲートウェイを指定する場合の構文は以下のとおりです。

構文 `ip route add default via デフォルトゲートウェイのIPアドレス`

B

2-21

重要度 

下線部に適切なコマンド名を記述してください。

______ コマンドは、アクティブなネットワークの情報とUNIXドメインソケット接続、ルーティングテーブルを表示できる

netstatコマンドは、TCPとUDPのサービスポートの状態、UNIXドメインソケットの状態、ルーティング情報などを表示します。

構文 `netstat [オプション]`

表：オプション

主なオプション		説明
-a	--all	すべてのプロトコル（TCP、UDP、UNIXソケット）を表示。ソケットの接続待ち（LISTEN）を含めすべて表示
-l	--listening	接続待ち（LISTEN）のソケットを表示
-n	--numeric	ホスト、ポート、ユーザなど名前を解決せず、数字のアドレスで表示
-p	--program	ソケット／ポートをオープンしているプログラムのPIDと名前を表示
-r	--route	ルーティングテーブルを表示
-s	--statistics	統計情報を表示
-t	--tcp	TCPソケットを表示
-u	--udp	UDPソケットを表示
-x	--unix	UNIXソケットを表示

オプションなしで実行した場合は、TCPポートのLISTEN（待機）以外のESTABLISHED（接続確立）などの状態とUNIXドメインソケットの状態を表示します。

実行例

```
$ netstat
Active Internet connections (w/o servers)
Proto Recv-Q Send-Q Local Address           Foreign Address         State
tcp        0      0 host01:48142            host02:ssh              ESTABLISHED

Active UNIX domain sockets (w/o servers)
Proto RefCnt Flags       Type       State         I-Node Path
unix  4      [ ]         STREAM     CONNECTED     1306   /tmp/.X11-unix/X0
.....（以下省略）.....
```

TCP、UDPのフィールド

表：TCP、UDP の各フィールド名

フィールド名	説明
Proto	ソケットが使用するプロトコル
Recv-Q	ソケットに接続しているプロセスに渡されなかったデータのバイト数
Send-Q	リモートホストが受け付けなかったデータのバイト数
Local Address	ローカル側の IP アドレスとポート番号。名前解決によってホスト名とサービス名に変換されて表示される
Foreign Address	リモート側の IP アドレスとポート番号。名前解決によってホスト名とサービス名に変換されて表示される
State	ソケットの状態。主な状態は以下のとおり ESTABLISHED：コネクションが確立 LISTEN：リクエストの到着待ち（待機状態） CLOSE_WAIT：リモート側のシャットダウンによるソケットのクローズ待ち

「Active Internet connections」では、ローカルの host01 から ssh でリモートの host02 にログインして、コネクションが確立（ESTABLISHED）されていることを表しています。

「Active UNIX domain sockets」に表示されている unix とは、同じローカルホスト上のサーバプロセスとクライアントプロセスがソケットファイルを介して行うプロセス間通信の仕組みを指します。

ソケットファイルは X サーバなどがクライアントプログラムと通信するためのファイルで、/tmp の下に作られることが多いです。

ソケットファイルは ls -l で表示したとき、最初の文字が s と表示されます。

実行例

```
$ ls -l /tmp/.X11-unix/X0
srwxrwxrwx  1 root root 0 12月 23 08:48 /tmp/.X11-unix/X0
```

また、netstat コマンドは -r オプションを付けて「netstat -r」あるいは「netstat -nr」を実行することにより、ルーティングテーブルを表示できます。

解答 netstat

問題 2-22

重要度 ★★★

netstat コマンドと同様にソケットの状態や統計情報を表示する netstat の後継のコマンドはどれですか？　1 つ選択してください。

A. ping
B. nmap
C. ip
D. ss

解説 ssコマンドは、netstatコマンドと同様にソケットの統計情報を表示します。netstatコマンドの後継として提供されており、オプションもnetstatと類似したものが提供されています。オプションを指定しない場合は、接続が確立（ESTABLISHED）しているものを表示します。

構文 **ss ［オプション］**

表：ssコマンドのオプション

オプション		説明
-n	--numeric	サービス名の名前解決をせず、数値で表示
-r	--resolve	アドレスとポートの名前解決を行う
-a	--all	listening（待機）状態も含めて、すべてのソケットを表示
-l	--listening	listening（待機）状態のソケットだけを表示
-p	--processes	ソケットを使用しているプロセスを表示
-t	--tcp	TCPソケットを表示
-u	--udp	UDPソケットを表示
-x	--unix	Unixドメインソケットを表示

以下はssコマンドをオプションなしで実行した場合の表示例（抜粋）です。

実行例

```
$ ss
Netid  State  Recv-Q  Send-Q                Local Address:Port      Peer Address:Port
u_str  ESTAB  0       0       /run/dbus/system_bus_socket 852017              * 852012
u_str  ESTAB  0       0                /run/user/1000/bus 850699              * 850698
.....(途中省略).....
tcp    ESTAB  0       0                 192.168.101.30:ssh     192.168.101.1:46704
tcp    ESTAB  0       0               192.168.101.30:59406  172.16.255.112:http
```

Unixドメインソケットの場合はNetidが「u_str」と表示されます。TCPソケットの場合はNetidが「tcp」と表示されます。UDPソケットはコネクション型でないため、-lオプションを指定しないと表示されません。

解答 D

問題 2-23

重要度 ★★★

「ss -tn」コマンドを実行すると何が表示されますか？　1つ選択してください。

A. TCP、UDP、Unixドメインソケットの情報が表示される
B. UDPの待機ポートがIPアドレスとポート番号で表示される
C. TCPのコネクションがIPアドレスとポート番号で表示される
D. TCPの待機ポートがIPアドレスとポート番号で表示される

解説 -t オプションを指定した場合は TCP ソケットを表示するので、選択肢 A と B は誤りです。-l あるいは -a オプションを指定しない場合は待機ポートは表示されないので、選択肢 D は誤りです。-n オプションを指定した場合はサービス名ではなくポート番号で表示されるので、選択肢 C は正解です。なお、-r を指定しない場合はホスト名ではなく IP アドレスが表示されます。

以下は ss コマンドを -tn オプションを指定して実行した場合の表示例（抜粋）です。

実行例

```
$ ss -tn
State  Recv-Q  Send-Q   Local Address:Port      Peer Address:Port
ESTAB  0       0       192.168.101.30:22       192.168.101.1:46704
ESTAB  0       0       192.168.101.30:59406  172.16.255.112:80
```

解答 C

問題 2-24

重要度 ★★★

ss コマンドを実行したところ、次のように表示されました（以下は全表示内容です）。

```
State  Recv-Q  Send-Q  Local Address:Port   Peer Address:Port
ESTAB  0       0             host01:ssh           host02:46704
users:(("sshd",pid=21617,fd=5),("sshd",pid=21586,fd=5))
ESTAB  0       0             host01:59406    www-server:http
users:(("firefox",pid=32084,fd=72))
```

指定したオプションは何ですか？ 1つ選択してください。

A. -tr
B. -trp
C. -tn
D. -t
E. -a

解説 Local および Peer（接続相手）のアドレスにホスト名（host01、host02、www-server）が表示されているので、-r オプションが指定されたことがわかります。Port にサービス名（ssh、http）が表示されているので、-n オプションは指定されていないことがわかります。各行の最後にプロセスのプログラム名（sshd、firefox）が表示されているので、-p オプションが指定されたことがわかります。また State に ESTAB（Establish：接続確立）が表示されているので、-t か -a オプションが指定されたか、オプションが何も指定されていないかであることがわかります。ただし、表示内容にはUnixドメインソケットが表示されていないので、-aオプションは指定されていないことがわかります。

したがって、選択肢Bは正解、選択肢A、C、D、Eは誤りです。

解答 B

問題 2-25

重要度 ★☆☆

NetworkManagerについての説明で正しいものはどれですか？　2つ選択してください。

A. ネットワークI/Fの自動設定ができる
B. 手動によるネットワークI/F設定ファイルは無視する
C. デフォルトルートの自動設定ができる
D. DNS名前解決の手動設定はできない

解説

NetworkManagerはEthernet、Wi-Fi、ブリッジといったネットワークデバイスと、デバイスによるネットワーク接続およびデフォルトルート、DNS名前解決を自動的に管理します。I/F設定ファイルに特別な記述がない限り、DHCPを利用します。したがって、選択肢Aと選択肢Cは正解です。

また、NetworkManagerの導入以前に採用されていた手動によるネットワーク設定ファイルの管理もすることができます。したがって、選択肢Bと選択肢Dは誤りです。

NetworkManagerサービスはNetworkManagerデーモンによって提供されます。

NetworkManagerサービスはsystemdあるいはSysV initより起動／停止、有効／無効の設定が行われます。

実行例：systemdの場合

```
# systemctl start NetworkManager      起動
# systemctl stop NetworkManager       停止
# systemctl enable NetworkManager     有効
# systemctl disable NetworkManager    無効
```

実行例：SysV initの場合

```
# /etc/init.d/NetworkManager start    起動
# /etc/init.d/NetworkManager stop     停止
# chkconfig NetworkManager on         有効
# chkconfig NetworkManager off        無効
```

NetworkManagerの設定は、以下のツールで行うことができます。

- Gnome Control Center：GNOME環境で提供されるツール
- nmtui：cursesベースのツール
- nmcli：コマンドラインツール

A、C

問題 2-26

重要度 ★★☆

nmcliの第1引数として指定するものはどれですか？　3つ選択してください。

A. device　　B. connection
C. wifi　　D. ethernet
E. general

解説　nmcliはNetworkManagerの制御を行うコマンドラインツールです。構文は以下のとおりです。

構文
```
nmcli [オプション] {general | device | connection | networking} [コマンド] [引数]
```

nmcliの第1引数には、操作の対象となるgeneral、device、connection、networkingなどを指定します。操作の対象はオブジェクトと呼ばれます。オブジェクトにはこの他に、radio、agent、monitor、helpがあります。

表：主なオブジェクト

オブジェクト	説明
general	NetworkManagerの状態表示および管理
device	デバイスの表示と管理
connection	接続の管理
networking	ネットワークの状態表示、有効／無効の設定

Wi-Fiにより公共のサービスを提供するポータルサイトにアクセスしたとき、認証前は「portal」に、認証後は「full」になります。Wi-Fiによりアクセスポイントに接続する前は「limited」に、接続後は「full」になります。

したがって、選択肢A、B、Eは正解です。

wifi、ethernetはデバイスのタイプであって、オブジェクトではないので誤りです。

以下はgeneralオブジェクトによりホスト名を設定する例です。

実行例

```
# nmcli general hostname centos.localdomain
# nmcli general hostname
centos.localdomain
```

ホスト名の表示

ホスト名をcentos.localdomainに設定

ホスト名は hostname コマンドでも設定、表示ができます。問題 2-12 を参照してください。

以下は device オブジェクトにより、デバイス（DEVICE）のタイプ（TYPE)、状態（STATUS)、接続名（CONNECTION）を表示する例です。

実行例

```
# nmcli device
DEVICE      TYPE      STATE     CONNECTION
br0         bridge    接続済み  ブリッジ br0
wlp2s0      wifi      接続済み  My-WiFi
enp3s0f1    ethernet  接続済み  System enp3s0f1
```

以下は connection オブジェクトにより、接続名（NAME)、接続 UUID（UUID)、タイプ（TYPE)、デバイス（DEVICE）を表示する例です。

実行例

```
# nmcli connection
NAME              UUID                                  TYPE      DEVICE
System enp3s0f1   b0a308d1-bd90-60af-eb7c-0183bb425a1a  ethernet  enp3s0f1
My-Wifi           6c0a97ba-d76a-4176-93e3-081e29fe87d2  wifi      wlp2s0
ブリッジ br0      d2d68553-f97e-7549-7a26-b34a26f29318  bridge    br0
```

「networking connectivity」コマンドにより、ネットワークの connectivity（接続性）の状態を表示できます。connectivity には以下の状態があります。

表：connectivity が表示する状態

状態	説明
none（なし）	どのネットワークにも接続していない
portal（ポータル）	認証前により、インターネットに到達できない
limited（制限付き）	ネットワークには接続しているが、インターネットへアクセスできない
full（完全）	ネットワークに接続しており、インターネットへアクセスできる
unknown（不明）	ネットワークの接続が確認できない

以下は「networking connectivity」コマンドの実行例です。

実行例

```
# nmcli networking connectivity
full
```

解答 A、B、E

問題

2-27

ホストをネットワークに接続しました。このホストとローカルホスト間でIPレベルで接続されているかどうかを確認する一般的なコマンドはどれですか？1つ選択してください。

A. netstat　　B. ping
C. ifconfig　　D. ssh

pingコマンドはICMPというプロトコルを使用したパケットをホストに送信し、その応答を調べることにより、IPレベルでのホスト間の接続性をテストします。

構文　ping [オプション] 送信先ホスト

表：オプション

主なオプション	説明
-c 送信パケット個数 (count)	送信するパケットの個数を指定。指定された個数を送信するとpingは終了する。デフォルトでは[Ctrl] + [C]で終了するまでパケットの送信を続ける
-i 送信間隔（interval）	送信間隔を指定（単位は秒）。デフォルトは1秒

実行例

```
$ ping host01 ①
PING host01 (172.16.0.1) 56(84) bytes of data.
64 bytes from host01 (172.16.0.1): icmp_seq=1 ttl=64 time=1.03 ms
64 bytes from host01 (172.16.0.1): icmp_seq=2 ttl=64 time=0.532 ms
^C
--- host01 ping statistics ---
2 packets transmitted, 2 received, 0% packet loss, time 1552ms
rtt min/avg/max/mdev = 0.532/0.784/1.036/0.252 ms

$ ping -c 1 host01 ②
PING examhost (172.16.0.1) 56(84) bytes of data.
64 bytes from host01 (172.16.0.1): icmp_seq=1 ttl=64 time=0.555 ms

--- host01 ping statistics ---
1 packets transmitted, 1 received, 0% packet loss, time 0ms
rtt min/avg/max/mdev = 0.555/0.555/0.555/0.000 ms

$ ping -c 1 host02 ③
PING 172.16.210.148 (172.16.0.2) 56(84) bytes of data.
From 172.16.210.195 icmp_seq=1 Destination Host Unreachable

--- 172.16.0.2 ping statistics ---
1 packets transmitted, 0 received, +1 errors, 100% packet loss, time
3001ms
```

①「2 packets transmitted, 2 received, 0% packet loss」のメッセージから、2個のパケットに対して応答があり、パケットの喪失（packet loss）はゼロであることがわかります。pingを中止するときは［Ctrl］＋［c］を押します。
②「-c 1」オプションの指定により、パケットを1個だけ送信しています。
③「Destination Host Unreachable」および「100% packet loss」のメッセージから、host02から応答がないことがわかります。

IPv6アドレスを指定する場合はping6コマンドを使用します。構文はpingコマンドと同じです。

実行例

```
$ ping6 -c 1 www.google.co.jp
PING www.google.co.jp(kix03s02-in-x03.1e100.net) 56 data bytes
64 bytes from kix03s02-in-x03.1e100.net: icmp_seq=1 ttl=53 time=214 ms

--- www.google.co.jp ping statistics ---
1 packets transmitted, 1 received, 0% packet loss, time 0ms
rtt min/avg/max/mdev = 214.780/214.780/214.780/0.000 ms
```

リンクローカルアドレスを指定する場合は-Iオプションを付けて「-I インタフェース」として実行する必要があります。リンクローカルアドレスを指定した場合の実行例は問題2-4の解説を参照してください。

解答 B

問題 2-28

重要度 ★★☆

pingコマンドが利用しているプロトコルはどれですか？　1つ選択してください。

A. SNMP　　**B.** TFTP
C. IGMP　　**D.** ICMP

解説 ICMP（Internet Control Message Protocol）はデータ転送時の異常を通知する機能や、ホストやネットワークの状態を調べる機能を提供するプロトコルでIPとともに実装されます。

pingコマンドはICMPを利用します。ICMPの「echo request」パケットを相手ホストに送信し、相手ホストからの「echo reply」パケットの応答により、接続性を調べます。

pingコマンドはシステムコールsocket()を発行してRAWソケットによりICMP

ECHOパケットを生成します。RAWソケットを使用するとIPヘッダをはじめ、TCP、UDP、ICMPのヘッダの内容を自由に定義してパケットを生成できるので、セキュリティ上、その使用はカーネルによるroot権限か、ケーパビリティと呼ばれる権限を持つプロセスのみに制限されます。このため、一般ユーザがpingコマンドを使えるように、pingコマンドには、SUIDか、RAWソケットにアクセスするためのケーパビリティが設定されています。

解答 D

問題 2-29

重要度 ★★★

ICMPメッセージの内容で正しいものはどれですか？　3つ選択してください。

A. 不正なアドレス（Invalid IP Address）
B. エコー要求（Echo Request）、エコー応答（Echo Reply）
C. 宛先到達不能（Destination Unreachable）
D. 時間超過（Time Exceeded）
E. 再送要求（Retransmit Request）

ICMPパケットはタイプ、コード、チェックサムからなる4バイトのヘッダと、その後に続くデータ（ICMPメッセージ）で構成されています。

表：ICMPパケットの構成

タイプ（1バイト）	メッセージのタイプ
コード（1バイト）	タイプごとの機能
チェックサム（2バイト）	誤り検出符号
データ（可変長）	メッセージ

主なタイプには以下のものがあります。

表：メッセージのタイプ

タイプ	説明
0	Echo Reply（エコー応答）
3	Destination Unreachable（宛先到達不能）
8	Echo Request（エコー要求）
11	Time Exceeded（時間超過）

「エコー要求」とそれに対する応答である「エコー応答」は疎通確認のためにpingコマンドなどで使われます。「宛先到達不能」はネットワーク、ホスト、ポートなどへの到達が不能なときに送信元に送られます。「時間超過」は経路途中に経由するルータの個数がTTL（Time To Live）の値を超えたときに送信元に送られ

ます。traceroute コマンドはこの「時間超過」メッセージを利用して経路を検知します。

したがって、選択肢 B、C、D は正解です。

メッセージに「不正なアドレス」「再送要求」といった内容はないので、選択肢 A と E は誤りです。

解答 B、C、D

問題 2-30

重要度 ★★☆

IPv4 の環境でデフォルトゲートウェイを設定しましたが、インターネット上のサーバにアクセスできません。経路のどこに問題があるかを UDP および ICMP パケットを送信して調べたいと考えています。実行するコマンドを記述してください。

□□□

解説 traceroute コマンドは、IP パケットが最終的な宛先ホストにたどり着くまでの経路をトレースして表示します。

traceroute コマンドは宛先ホストに対して送信パケットの TTL（Time To Live）の値を 1、2、3……とインクリメントしながらパケットの送信を繰り返します。経由したルータの数が TTL の値を超えると経路中のルータ / ホストは ICMP のエラーである TIME_EXCEEDED を返します。このエラーパケットの送信元アドレスを順にトレースすることで経路を特定します。

traceroute がパケット送信に使用するデフォルトのプロトコルは UDP です。経路中のホストのアプリケーションによって処理されないように、通常使用されないポート番号を宛先とします。送信パケットと応答パケットの対応付けのため、パケットを送信するたびに宛先 UDP ポート番号は +1 されます。宛先 UDP ポートのデフォルトの初期値は 33434 番です。

-I オプションを付けることにより ICMP パケットを送信することもできます。この場合、RAW ソケットにより ICMP ECHO パケットを生成するので、実行するには問題 2-28 の解説のとおり、root 権限かケーパビリティと呼ばれる権限が必要なため、-I オプションは root ユーザしか使用できません。

構文 `traceroute [オプション] 送信先ホスト`

表：オプション

主なオプション	説明
-I	ICMP ECHO パケットを送信。デフォルトは UDP パケット
-f TTL 初期値	TTL（Time To Live）の初期値を指定。デフォルトは 1

実行例

```
$ traceroute host03
traceroute to host03 (172.17.0.1), 30 hops max, 60 byte packets
 1  router.localdomain (172.16.255.254)  0.231 ms  0.201 ms  0.173 ms
 2  host03 (172.17.0.1)  0.552 ms  0.541 ms  0.408 ms
```

ローカルホストからルータ router.localdomain（172.16.255.254）を経由して宛先の host03 に到達したことがわかります。

IPv6 アドレスを指定する場合は traceroute6 コマンドを使用します。構文は traceroute コマンドと同じです。

実行例

```
$ traceroute6 www.google.co.jp
traceroute to www.google.co.jp (2404:6800:400a:805::2003), 30 hops
max, 80 byte packets
 1  2001:240:2401:8ace:a612:42ff:fe98:7048 (2001:240:2401:8ace:a61
2:42ff:fe98:7048)  9.069 ms  8.971 ms  9.372 ms
 2  2001:240:2401:8ace:0:12:7b60:9040 (2001:240:2401:8ace:0:12:7b6
0:9040)  237.853 ms  237.782 ms  238.047 ms
.....（途中省略）.....
13  2001:4860::1:0:ab2f (2001:4860::1:0:ab2f)  97.678 ms  98.377 ms
99.328 ms
14  2001:4860:0:1::683 (2001:4860:0:1::683)  98.448 ms  99.382 ms
118.521 ms
15  kix03s02-in-x03.1e100.net (2404:6800:400a:805::2003)  84.147 ms
104.703 ms  101.394 ms
```

また traceroute に類似したコマンドに tracepath があります。tracepath は traceroute よりも機能が少なく、特権を必要とする RAW パケットを生成するオプションもありません。

構文 **tracepath ［オプション］ 送信先ホスト**

tracepath がパケット送信に使用するプロトコルは UDP です。送信先ホストに IPv6 アドレスを指定する場合は tracepath6 コマンドを使用します。

解答 traceroute

問題 2-31

重要度 ★★★

ncコマンドの機能にないものはどれですか？　1つ選択してください。

A. クライアント / サーバ機能　　B. データ転送機能
C. スクリプトによるリモートサービスのテスト機能
D. ポートスキャン機能　　E. パケットモニタ機能

解説　ncコマンドには次のような、クライアント / サーバ機能、データ転送機能、スクリプトによるリモートサービスのテスト機能、ポートスキャン機能があります。ncコマンドはncatあるいはnetcatという名前でも呼ばれています。

また、ncコマンドにはいくつかのバージョンがあり、少し機能が異なります。Ubuntu/CentOS 6ではOpenBSD版が、CentOS 7/8ではnmap版（ncはnmapの機能の一部）が採用されています。本問ではOpenBSD版として解きます。

図：クライアント / サーバ機能

サーバ lx01
（ポート4321でListen）

```
$ nc -l 4321
Hello! <= "Hello!" が表示される
```

クライアント lx02
（lx01のポート4321にconnect）

```
$ nc lx01 4321
Hello! <= "Hello!" を入力
```

nc　ポート4321　←　接続　nc

図：データ転送機能

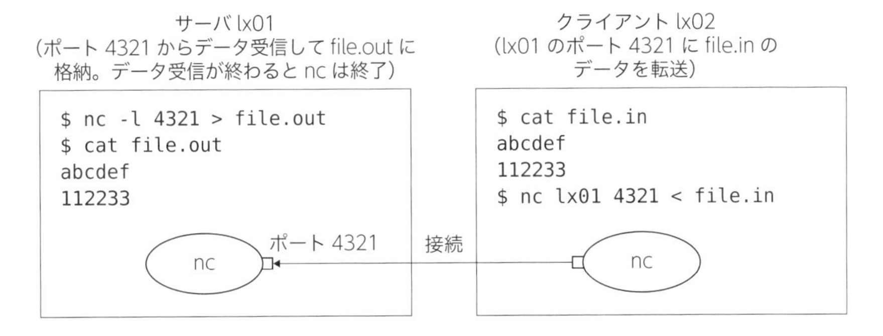
サーバ lx01
（ポート4321からデータ受信してfile.outに格納。データ受信が終わるとncは終了）
$ nc -l 4321 > file.out
$ cat file.out
abcdef
112233
nc
ポート4321
接続
クライアント lx02
（lx01のポート4321にfile.inのデータを転送）
$ cat file.in
abcdef
112233
$ nc lx01 4321 < file.in
nc

図：スクリプトによるリモートサービスのテスト機能

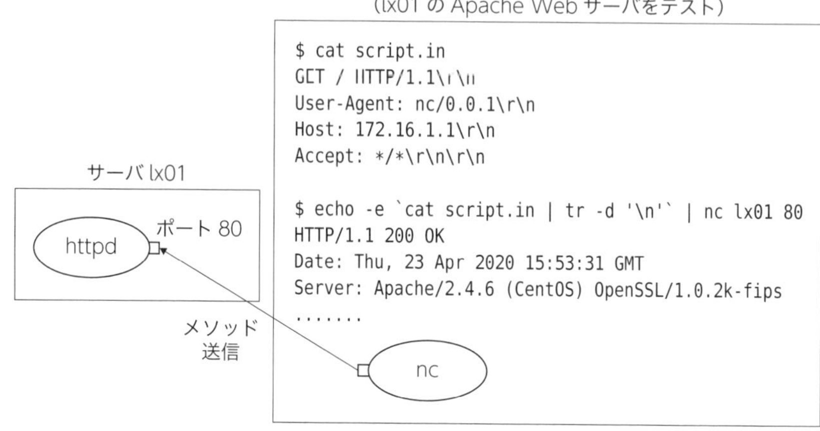

注）nc コマンドに渡すスクリプトファイルの内容は 102 試験範囲外です。

telnet コマンドでも標準入力から入力してサーバをテストすることができますが、nc コマンドのようにスクリプトファイルを利用した対話的なテストはできません。

ポートスキャン機能

```
$ nc -z 172.16.1.1 1-100
Connection to 172.16.1.1 22 port [tcp/ssh] succeeded!
Connection to 172.16.1.1 80 port [tcp/http] succeeded!
```

-z オプションにより、指定した範囲のポートをスキャンしてオープンポートを報告します。「ポートスキャン機能」の例ではホスト 172.16.1.1 の 1 ～ 100 番のポートをスキャンし、22 番と 80 番のポートがオープンしているのがわかります。
注）nmap 版の nc コマンドにはポートスキャンの機能はありません。

nc コマンドにパケットモニタ機能はありません。したがって選択肢 E が正解です。

解答 E

問題 2-32

重要度 ★★★

DNS クライアントホスト上で、問い合わせる DNS サーバを指定するファイルの名前を絶対パスで記述してください。

DNS（Domain Name System）はホスト名とIPアドレスの対応情報を提供するサービスです。

ホスト名とIPアドレスとの対応情報はゾーンと呼ばれる単位で分散管理され、ゾーンは階層型に構成されます。DNSはインターネット上にある全世界のホストのホスト名とIPアドレスを管理できます。また、LAN内の閉じられたシステムとして構築することもできます。ゾーンの情報を管理、提供するのがDNSサーバです。

DNSサーバが提供するサービスを受けるのがDNSクライアントですが、DNSサーバへのアクセスはネットワークアプリケーションに組み込まれているリゾルバと呼ばれるライブラリルーチンが/etc/resolv.confに記述されたDNSサーバのIPアドレスを得て行います。

DNSサービスはネットワークアプリケーション（メールツール、Webブラウザ、FTPなど）の引数などにホスト名を指定したときに利用されます。また、IPアドレスをホスト名に変換して表示するようなプログラム（netstat、tcpdumpなど）を実行したときにもDNSのサービスが利用されます。

この他に、DNSはMXレコードと呼ばれるメールの転送先の情報も提供します。MXレコードはメールの配送プログラム（MTA）から利用されます。

以下の図では、knowd.co.jpドメイン内のホストがwww.linux.orgのIPアドレスを解決する例を引いて、DNSの仕組みを説明しています。

図：DNSの仕組み

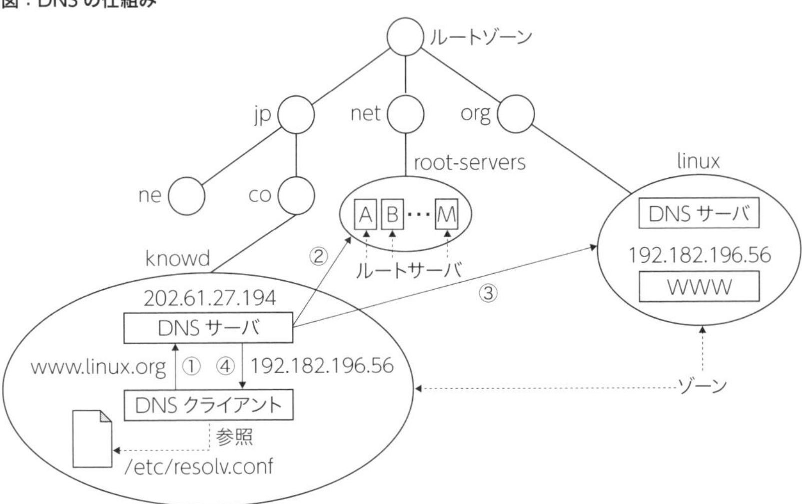

①DNSクライアントは/etc/resolv.confに書かれたDNSサーバにwww.linux.orgのIPアドレスを問い合わせます。

②クライアントから問い合わせを受けたDNSサーバはroot-servers.net内にある、A～Mまでのいずれかのルートサーバに問い合わせをして、linux.orgのDNSサーバの情報を得ます。

③クライアントから問い合わせを受けたDNSサーバはlinux.orgのDNSサーバに問い合わせをして、www.linux.orgのIPアドレス192.182.196.56を得ます。
④クライアントから問い合わせを受けたDNSサーバはクライアントにIPアドレス192.182.196.56を返します。
問い合わせの結果はサーバのメモリ空間にキャッシュされ、次に同じ問い合わせがあったときに、参照されます。

このようにDNSクライアントホストでサービスを受けるDNSサーバのIPアドレスを/etc/resolv.confファイルに記述します。

書式
```
domain ローカルドメイン名
search 検索ドメイン1 検索ドメイン2 ...
nameserver DNSサーバのIPアドレス
```

表：オプション

主なオプション	説明
domain	ローカルドメイン名を指定する。ドメイン名を含まないホスト名を検索する場合、このドメイン内を検索する
search	ドメイン名を含まないホスト名を検索する場合の検索するドメインを指定する。ドメインは複数指定できる。複数指定した場合、左から右に向かって見つかるまで検索し、最初に見つけた値を返す
nameserver	問い合わせをするDNSサーバのIPアドレスを指定する。通常は最大3台まで指定できる。複数指定した場合は最初の行のサーバが応答しなかった場合、次のサーバに問い合わせる。このオプションを指定しなかった場合はローカルホストのDNSサーバに問い合わせる

domainとsearchはどちらか片方を指定します。両方指定した場合は後の方が有効になります。

記述例1
```
domain mylinuc.com
nameserver 172.16.0.1
```

記述例2
```
search mylinuc.com kwd-corp.com
nameserver 172.16.0.1
nameserver 202.61.27.194
```

参考 単語としての正しいスペルはresolveと最後にeが付きますが、ファイル名には最後にeが付かないので注意してください。

解答 /etc/resolv.conf

問題 2-33

重要度 ★★☆

DNS サービスを利用するために、適切なファイルに DNS サーバの IP アドレスを正しく指定しましたが、ネットワークアプリケーションが名前解決できません。考えられる原因は何ですか？　1 つ選択してください。

A. /etc/hosts に localhost が定義されていない
B. ネットワークインタフェースの IP アドレスが正しく設定されていない
C. named を走らせていない
D. /etc/nsswitch.conf の hosts: の行に dns の指定がない
E. /etc/named.conf ファイルの記述に誤りがある

ネットワークアプリケーションはネームサービススイッチと呼ばれる名前解決の設定ファイル /etc/nsswitch.conf を参照します。

図：名前解決の仕組み

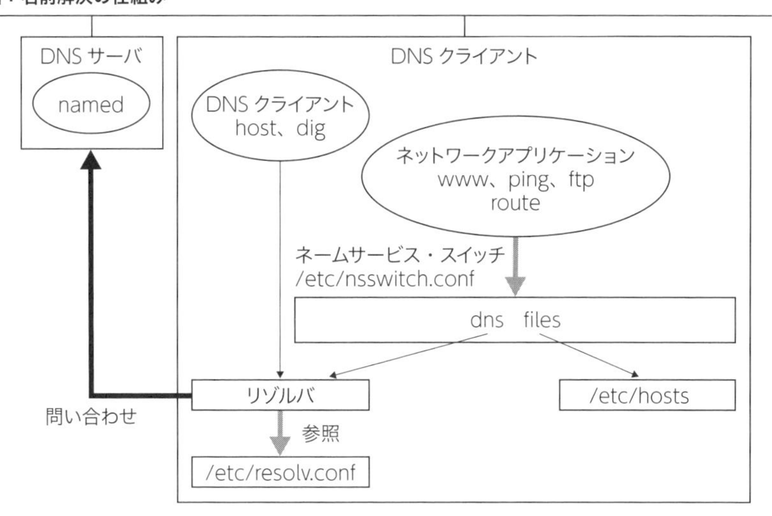

/etc/nsswitch.conf の hosts エントリに dns があれば、DNS サーバに問い合わせを行います（問題 2-35 で解説する host コマンドと dig コマンドは /etc/nsswitch.conf を参照しません）。

/etc/nsswitch.conf の抜粋

```
hosts: files dns
```

エントリは左から右に向かって参照されます。前述の /etc/nsswitch.conf の記述例では「hosts:files dns」とあるため files（/etc/hosts）で解決できなければ

dns（DNS のサービス）を受けます。

hosts:のエントリのfilesとdnsは名前解決で重要な設定なので記述できるようにしてください。

解答 D

問題 2-34

次のような内容の /etc/resolv.conf があります。この記述内容の説明で正しいものはどれですか？　1つ選択してください。

/etc/resolv.conf

```
search mylinuc.com
nameserver 172.16.1.1
nameserver 192.168.20.1
```

A. 常に mylinuc.com を検索する
B. ドットがないホスト名は mylinuc.com を検索する
C. nameserver で指定されたサーバにはラウンドロビンで交互に問い合わせをする
D. nameserver で指定されたサーバには並列に問い合わせを行い早い方の応答を採用する

解説　/etc/resolv.conf に search の指定を行った場合、ドットがないホスト名については search で指定したドメインを検索します。したがって、選択肢 A は誤り、選択肢 B は正解です。

nameserver を複数指定した場合は上位に指定されたサーバから順に問い合わせを行い、応答がなくタイムアウトした場合は次の下位のサーバに問い合わせを行います。したがって、選択肢 C と選択肢 D は誤りです。nameserver の指定は最大 3 台までできます。

解答 B

問題 2-35

重要度 ★★★

DNSのサービスを利用して、ホスト名に対応したIPアドレスを取得したい場合に使用するコマンドについての説明で、適切なものはどれですか？　2つ選択してください。

A. hostコマンドにより対応したIPアドレスを取得できる
B. digコマンドにより対応したIPアドレスを取得でき、またデバッグのための詳細情報も取得できる
C. hostnameコマンドにより対応したIPアドレスを取得できる
D. dnsdomainnameコマンドにより対応したIPアドレスとDNSサーバの情報を取得できる

DNSサーバへの問い合わせコマンドとしては、hostとdigがあります。

hostコマンドの構文 **host [オプション] [-t 問い合わせタイプ] ドメイン名 [DNSサーバ]**

以下は、apache.orgのメールサーバhermes.apache.orgのIPアドレスおよびホスト名を問い合わせる例です。

hostコマンドの実行例

```
$ host hermes.apache.org ――①
hermes.apache.org has address 207.244.88.153
$ host 207.244.88.153 ――②
153.88.244.207.in-addr.arpa domain name pointer hermes.apache.org.
```

① hermes.apache.orgのIPアドレスを問い合わせて、207.244.88.153を得ます（正引き）。
② 207.244.88.153のホスト名を問い合わせて、hermes.apache.orgを得ます（逆引き）。

digコマンドの構文 **dig [@DNSサーバ] ドメイン [問い合わせタイプ]**

+shortオプションを指定すると、hostコマンドと同じように短い回答を得ます。-xオプションを指定すると、IPアドレスに対するホスト名を問い合わせる逆引きとなります。

問い合わせタイプは「-t タイプ」オプションにより指定することもできます。タイプには、A（Address）、NS（Name Server）、SOA（Start of Authority）、MX（Mail Exchanger）などがあります。タイプは大文字でも小文字でも指定できます。タイプを指定しないときのデフォルトはA（Address）です。

digコマンドの実行例

```
$ dig hermes.apache.org +short ―― ①
207.244.88.153
$ dig -x 207.244.88.153 +short ―― ②
hermes.apache.org.
```

①hermes.apache.orgのIPアドレスを問い合わせて、207.244.88.153を得ます（正引き）。
②207.244.88.153のホスト名を問い合わせて、hermes.apache.orgを得ます（逆引き）。

+shortオプションを付けない場合は、詳細な情報が表示されます。DNSの調査やデバッグのときに利用します。

以下は、digコマンドによりwww.example.comのIPアドレスを問い合わせる例です。

実行例

```
$ dig -t a www.example.com ―― www.example.comのAレコードを問い合わせ（「dig www.example.com」と同じ）
; <<>> DiG 9.9.4-RedHat-9.9.4-72.el7 <<>> -t a www.example.com ―― 実行したdigコマンドの引数は「-t a www.example.com」
;; global options: +cmd
;; Got answer:
;; ->>HEADER<<- opcode: QUERY, status: NOERROR, id: 5745
;; flags: qr rd ra ad; QUERY: 1, ANSWER: 1, AUTHORITY: 0, ADDITIONAL: 1

;; OPT PSEUDOSECTION:
; EDNS: version: 0, flags:; udp: 512
;; QUESTION SECTION: ―― 問い合わせセクション
;www.example.com.               IN      A ―― 「-t a www.examle.com」（www.example.comのAレコードを問い合わせ）

;; ANSWER SECTION: ―― 回答セクション
www.example.com.        315     IN      A       93.184.216.34 ―― www.example.comのIPアドレスは93.184.216.34

;; Query time: 6 msec ―― 問い合わせてから回答が返るまでの時間
;; SERVER: 8.8.8.8#53(8.8.8.8)
;; WHEN: 土  5月 30 16:53:21 JST 2020
;; MSG SIZE  rcvd: 60
```

hostnameコマンドはホスト名の設定と表示をするコマンドであり、DNSサービスを参照しての名前解決はできないので選択肢Cは誤りです。dnsdomainnameコマンドはシステムのDNSドメイン名を表示するコマンドであり、DNSサービスを参照しての名前解決はできないので選択肢Dは誤りです。

A、B

問題 2-36

重要度 ★★★

dig コマンドの説明で正しいものはどれですか？　2つ選択してください。

A. dig コマンドは詳細な情報を表示するので DNS の調査やデバッグに利用できる
B.「dig www.example.com @192.168.1.1」の実行時、問い合わせるサーバは 192.168.1.1 となる
C. dig コマンドは /etc/nsswitch.conf を参照する
D. dig コマンドは /etc/hosts を参照する

dig コマンドは問題 2-35 で解説したとおり、詳細な情報を表示するので DNS の調査やデバッグに利用できます。したがって、選択肢 A は正解です。

dig コマンドで問い合わせるサーバを指定する場合は「@ サーバの IP アドレス」とします。したがって、選択肢 B は正解です。

dig コマンドは DNS のクライアントコマンドなので、一般的なネットワークアプリケーション（ssh、ping など）とは異なり、/etc/nsswitch.conf や /etc/hosts は参照しません。したがって、選択肢 C と D は誤りです。

解答 A、B

問題 2-37

重要度 ★★★

/etc/hosts、DNS と LDAP のサービスを受けている場合に「getent hosts ホスト名」コマンドを実行するとどのようになりますか？　2つ選択してください。

A. /etc/hosts のエントリのみを表示する
B. DNS サーバに登録されたエントリのみを表示する
C. /etc/hosts、DNS、LDAP に登録されたエントリを表示する
D. IP アドレスとホスト名が表示される

getent コマンドは、ネームサービススイッチ（/etc/nsswitch.conf）の設定に従い、引数で指定したデータベースの内容を表示します。

構文 `getent` データベース名 キー名

/etc/nsswitch.conf に次のような記述がある場合に「getent hosts ホスト名」

あるいは「getent hosts IP アドレス」を実行すると、/etc/nsswitch.conf の設定に従い、/etc/hosts、LDAP、DNS に登録されたエントリ（IP アドレス、ホスト名）を表示します。

```
hosts: files ldap dns
```

なお、以下のように「getent hosts」としてキー名を指定しない場合は、/etc/hosts の全エントリが表示されます。

実行例

```
$ getent hosts
127.0.0.1       localhost localhost.localdomain localhost4
localhost4.localdomain4
192.168.101.1   host01 host01.localdomain
192.168.101.30  host02 host02.localdomain
```

以下は DNS にのみエントリがある場合（例：kernel.org）の実行例です。

実行例

```
$ host -t a kernel.org
kernel.org has address 198.145.29.83
$ getent hosts kernel.org
198.145.29.83   kernel.org
```

解答 C、D

第2部 102試験

3章 システム管理

本章のポイント

▶アカウント管理

ユーザの登録、変更、削除の方法、ユーザをグループ化して管理する方法、およびアカウントのロックとアンロックの方法を理解します。

重要キーワード

ファイル：/etc/passwd、/etc/shadow、/etc/skel、/etc/group、/etc/default/useradd

コマンド：useradd、usermod、userdel、passwd、getent、groupadd、groupdel

▶ジョブスケジューリング

指定した時刻に特定のコマンドを定期的に実行するcrondデーモンによるジョブスケジューリングと、指定した時刻に特定のコマンドを1回だけ実行するatdデーモンによるジョブスケジューリングの利用方法を理解します。

重要キーワード

ファイル：/var/spool/cron、/etc/cron.allow、/etc/cron.deny、/etc/at.allow、/etc/at.deny

コマンド：crontab、at

▶ローカライゼーションと国際化

プログラムコードを変更することなく多様な文字セットや地域に対応させる国際化（Internationalization、i18n：インターナショナリゼーション）と、特定の地域の文字セットや地域に対応させる地域化（Localization、L10n：ローカリゼーションまたはローカライゼーション）について理解します。

重要キーワード

コマンド：iconv

その他：LANG（環境変数）、LC_*（ロケール変数）

問題 3-1

重要度 ★★★

ユーザを新規に登録するために使用するコマンドはどれですか？　1つ選択してください。

A. newgrp　　B. usermod
C. useradd　　D. passwd

新規にユーザを登録するには useradd コマンドを使用します。
useradd コマンドにより、/etc/passwd と /etc/shadow へのエントリの作成とホームディレクトリを作成できます。
また、登録時にユーザのホームディレクトリにファイルを配ることもできます（問題 3-3 を参照）。

図：useradd で新規ユーザを登録

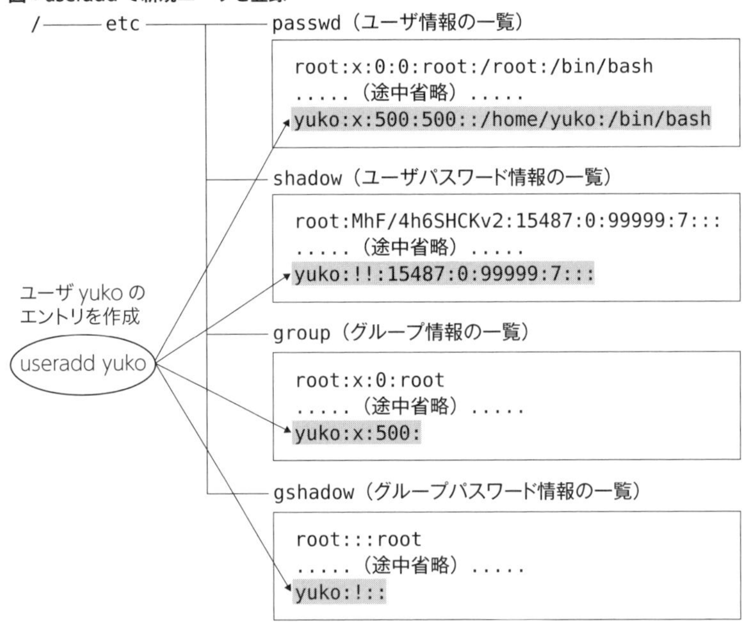

useradd コマンドを実行すると /etc 以下にある各ファイルにアカウント情報が追加されます。

構文 `useradd [オプション] ユーザ名`

表：オプション

主なオプション	説明
-c	コメントの指定
-d	ホームディレクトリの指定
-e	アカウント失効日の指定
-f	パスワードが失効してからアカウントが使えなくなるまでの日数
-g	1次グループの指定
-G	2次グループの指定
-k	skelディレクトリの指定
-m	ホームディレクトリを作成する（/etc/login.defsで「CREATE_HOME yes」が設定されていれば、-mオプションなしでも作成する）
-M	ホームディレクトリを作成しない
-s	ログインシェルの指定
-u	UIDの指定
-D	デフォルト値の表示あるいは設定

オプションを省略すると/etc/default/useraddファイルの設定がデフォルト値として使用されます。

/etc/default/useradd

```
GROUP=100 ①
HOME=/home ②
INACTIVE=-1
EXPIRE=
SHELL=/bin/bash
SKEL=/etc/skel
CREATE_MAIL_SPOOL=yes
```

①GROUPで指定される数値は、/etc/login.defsの中のUSERGROUPS_ENABの値によります。

- **USERGROUPS_ENABが「yes」の場合**
  グループ名はユーザ名と同じ名前になります。
  グループIDはユーザIDと同じ値になります。グループIDの値がすでに使用されている場合は/etc/login.defsの中のGID_MINとGID_MAXの範囲で現在使用されている値+1が使われます。

- **USERGROUPS_ENABが「no」の場合**
  グループIDはGROUPの値になります。

②HOMEの値で指定されたディレクトリの下にユーザ名のディレクトリが作成されホームディレクトリとなります。

参考 ユーザIDは/etc/login.defsのUID_MINとUID_MAXの範囲で現在使用されている値+1が使われます。
/etc/login.defsファイルについては102試験範囲には記載がなく、試験の重要度は低いです。

以下は yuko ユーザを作成しています。

実行例

```
# useradd yuko
```

上記コマンドを実行した後、/etc/passwd は次のようになります。

図：/etc/passwd

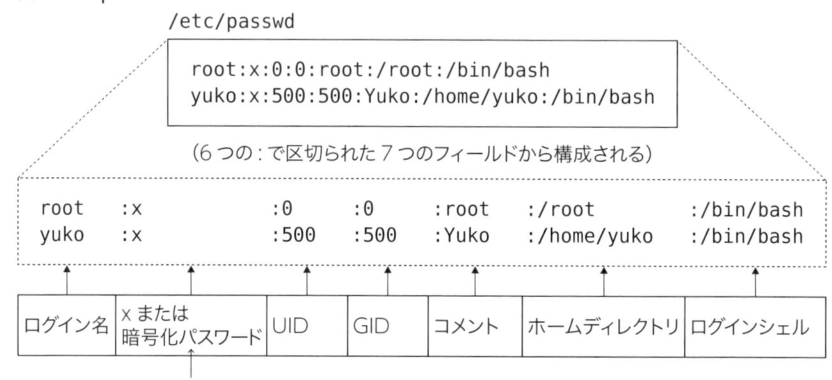

次の表は、ユーザ管理コマンドとそれぞれの重要度を示しています。

表：ユーザ管理コマンドと重要度

コマンド	説明	試験の重要度
useradd	ユーザの登録	★★★
usermod	ユーザ情報の変更	★★★
userdel	ユーザの削除	★★★
groupadd	グループの登録	★★★
groupmod	グループ情報の変更	★☆☆
groupdel	グループの削除	★☆☆
passwd	パスワードの設定	★★★
chage	アカウント失効日の設定と表示	★★☆
chsh	ログインシェルの変更	★☆☆

解答 C

問題 **3-2**

重要度 ★☆☆

/etc/passwd ファイルのパスワード欄が x と表示され、/etc/shadow ファイルのパスワード欄が「!!」と表示された新規登録ユーザがいます。このユーザに対して次に行わなければならないことは何ですか？　1つ選択してください。

A. passwd コマンドでパスワードを設定する
B. このユーザはアカウントロックされているので何もしなくてもよい
C. pwconv コマンドでシャドウパスワードに変換する
D. ハッシュ化されたパスワードを持つ新規登録ユーザに passwd コマンドで新しいパスワードを与える

ユーザを新規登録するために useradd コマンドを実行すると、/etc/passwd と /etc/shadow の最終行に次のようなエントリが作成されます。

/etc/passwd の例

```
[/etc/passwd]
yuko:x:500:500::/home/yuko:/bin/bash
```

/etc/shadow の例

```
[/etc/shadow]
yuko:!!:15487:0:99999:7:::
```

アカウントは作成したがパスワードは設定していない場合、/etc/shadow の 2 番目のフィールドは「!!」となっています。次に行うべきことは passwd コマンドでユーザのパスワードを設定することです。

root ユーザは passwd コマンドの引数に指定した任意のユーザのパスワードを設定、変更できます。一般ユーザは自分のパスワードの変更しかできません。

以下は、root ユーザによるユーザのパスワード設定を行っています。

実行例

```
# passwd yuko
ユーザ yuko のパスワードを変更。
新しいパスワード:
新しいパスワードを再入力してください:
passwd: 全ての認証トークンが正しく更新できました。
```

参考 一般ユーザの場合、passwdコマンドでは以下のとおり、自分のパスワードしか設定できません。
RedHat系のpasswdコマンドでは引数を指定することはできません。
Debian系のpasswdコマンドでは引数に自分のユーザ名しか指定することはできません。
以下はyukoユーザが自身のパスワード設定を行っています。

実行例

```
$ passwd
ユーザ yuko のパスワードを変更。
yuko 用にパスワードを変更中
現在のUNIXパスワード:
新しいパスワード:
新しいパスワードを再入力してください:
passwd: 全ての認証トークンが正しく更新できました。
```

passwd コマンド実行後のエントリは次のようになります。

/etc/passwd の例

```
[/etc/passwd]
yuko:x:500:500::/home/yuko:/bin/bash
```

/etc/shadow の例

```
[/etc/shadow]
yuko:xY25/dQXQxX46:15488:0:99999:7:::
```

/etc/shadow の第 2 フィールドが「!!」から暗号化されたパスワードに変更されています。なお、/etc/passwd ファイルのエントリに変更はありません。

図：ユーザのパスワードを設定

/etc/shadow

```
root:MhF/4h6SHCKv2:15487:0:99999:7:::
.....（途中省略）.....
yuko:!!:15487:0:99999:7:::
```

passwd yuko

ユーザ yuko の
パスワードを設定

/etc/shadow

```
root:MhF/4h6SHCKv2:15487:0:99999:7:::
.....（途中省略）.....
yuko:xY25/dQXQxX46:15488:0:99999:7:::
```

第 2 フィールドと第 3 フィールド（網掛け）が更新されます。

A

問題 3-3

重要度 ★★★

「useradd -m」コマンドによるユーザ登録時に自動的にユーザのホームディレクトリの下にbinディレクトリを作りたい場合、どうすればよいですか？　1つ選択してください。

A. /etc/profileにディレクトリを作成するようにmkdirコマンドを記述しておく
B. /etc/skelディレクトリの下にbinディレクトリを作っておく
C. useraddのオプションでbinディレクトリを作成するように指定する
D. 自動的にbinディレクトリを作成することはできない

解説　/etc/skelディレクトリの下に置かれているファイルあるいはディレクトリは、useraddコマンドでユーザを作成したときに自動的にユーザのホームディレクトリに配られます。

/etc/login.defsに「CREATE_HOME yes」が設定されていれば-mオプションなしでもホームディレクトリは作成されます。この設定の有無はディストリビューションによって異なります。

システム管理者がユーザに標準的な「.bash_profile」や「.bashrc」などの初期化ファイルを配るときに利用します。ユーザはそれらのファイルを自分でカスタマイズできます。

図：初期化ファイルの自動配布

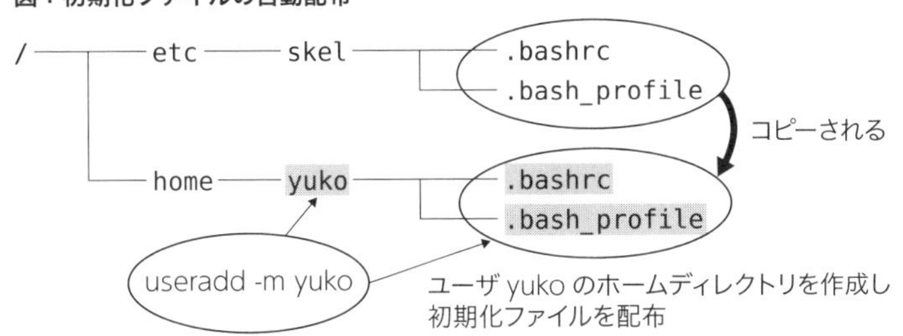

これも重要！

useraddコマンドは、ユーザアカウントの作成、ユーザのホームディレクトリの作成、/etc/skelの下のファイルとディレクトリのホームディレクトリへのコピーを1回で行います。
ディレクトリ名/etc/skelは記述できるようにしておきましょう。

解答　B

問題 3-4

重要度 ★☆☆

/etc/passwd の第 2 フィールドには、ほとんどのユーザの場合は x が入っています。しかし数人のユーザだけは 13 文字に暗号化されたパスワードが入っています。システムが正しく機能するためにはどうすればよいですか？ 1 つ選択してください。

A. pwconv コマンドを実行する
B. 暗号化パスワードの入っているユーザだけ、passwd コマンドでパスワードを再設定する
C. 暗号化パスワードの入っているユーザだけ、アカウントを削除してから作り直す
D. 何もしなくてもシステムは正常に動作する

解説 ユーザ認証を行う PAM の pam_unix.so モジュールは、/etc/passwd の第 2 フィールドに x が入っていた場合は /etc/shadow を参照します。それ以外は暗号化パスワードと見なして処理します。したがって、第 2 フィールドに暗号化パスワードが入っているエントリと x が入っているエントリが混在していても、特に何も設定しなくてもシステムは正常に動作します。

なお、pam_unix.so による /etc/passwd の第 2 フィールドの処理の詳細は次のようになります。

値が「x」か「## ログイン名」の場合は /etc/shadow ファイルの第 2 フィールドを暗号化パスワードと見なします。値の 1 文字目が「*」か「!」の場合はログインを拒否します。それ以外の値の場合は /etc/passwd の第 2 フィールドを暗号化パスワードと見なし、暗号化アルゴリズムを判定します。

解答 D

問題 3-5

重要度 ★☆☆

/etc/pam.d ディレクトリ以下にあるファイルの設定を変更し、パスワード暗号化のアルゴリズムを MD5 に変更しました。システム管理者はこの後どうすればよいですか？　1 つ選択してください。

A. /etc/passwd、/etc/shadow のすべてのアカウントを作り直す
B. /etc/shadow のすべてのアカウントのパスワードを設定し直す
C. MD5 以外のアルゴリズムで暗号化してあるパスワードを MD5 で設定し直す
D. 何もしなくてもよい

解説　passwd コマンドでユーザのパスワードを設定、変更するとき、PAM の設定ファイルである system-auth 内にある password タイプのエントリに記述されている暗号化アルゴリズム（ハッシュ関数）が使われます。

/etc/pam.d/system-auth の抜粋

```
password    sufficient    pam_unix.so sha512 shadow nullok try_first_pass
use_authtok
```

この例ではパスワードを設定するときの暗号化アルゴリズムを sha512 に指定しています。

この暗号化アルゴリズムの指定を変更してパスワードを設定した場合は、異なったアルゴリズムで暗号化されたエントリが混在することになります。

/etc/shadow の抜粋

```
yuko:6T8WuPkMsoywE:15488:0:99999:7:::
ryo:$1$VrSFRz2Y$Vds0t4H.QFu737Iv0RAnV1:15488:0:99999:7:::
mana:$6$jB8NEI69$A06ws6q169ot65RAkakgqVHhxp6NqG3mUyyLJmEZF2zOYc7E5
IQr1hlCMfeJsjL73ybyadxLOZGqTnasSFe3D1:15488:0:99999:7:::
```

yuko のパスワードは DES、ryo のパスワードは MD5、mana のパスワードは SHA-512 で暗号化されています。

ユーザのログイン時などに PAM による認証を受けるときは、pam_unix.so モジュールが GNU のライブラリ glibc2 の crypt() 関数により暗号化パスワードを調べ、使われている暗号化アルゴリズムに応じた処理を行うので、システム管理者は特に何も設定を変更する必要はありません。

参考　暗号化パスワードが入った第2フィールドの構成は「idsalt$encrypted」となります。$で囲まれたidが暗号化アルゴリズムを表します。その後にsalt（ソルト）と呼ばれるランダムなデータを付加された暗号化文字列が続きます。
CentOSもUbuntuも、PAM設定での暗号化アルゴリズムのデフォルトはSHA-512です。

表：暗号化アルゴリズムの判別

第2フィールドの先頭3文字	暗号化アルゴリズム
id の指定なし	Big-Crypt（DESを利用したハッシュ関数の改良版。PAMでDESを指定するとこれになる）
1	MD5
5	SHA-256
6	SHA-512
$2a$	Blowfish（ブロック暗号Blowfishを利用したハッシュ関数）

解答 D

問題 3-6

重要度 ★★★

ユーザのプライマリーグループを登録するファイルはどれですか？　1つ選択してください。

A. /etc/passwd　　B. /etc/shadow
C. /etc/group　　D. /etc/gshadow

解説　ユーザのプライマリーグループ（1次グループ）は /etc/passwd の第4フィールドに登録されます。

解答 A

問題 3-7

重要度 ★★★

ユーザの所属する2次グループを登録するファイルは何ですか？　絶対パスで記述してください。

解説　ユーザの所属する2次グループは /etc/group ファイルに登録されています。

/etc/group の書式　**グループ名:グループのパスワード:グループID番号:所属するユーザ名のリスト**

以下は /etc/group の例です。

実行例

```
$ cat /etc/group
root:x:0:
bin:x:1:
daemon:x:2:
.....（途中省略）.....
yuko:x:1001:
ryo:x:1002:
mana:x:1003:
```

参考　グループのパスワードはgpasswdで設定します。ユーザが自分の登録されていないグループに所属するためにnewgrpコマンドを実行したときに参照されます。近年の主要なLinuxディストリビューション（例：CentOS 7/8、Ubuntu 18）では、グループのパスワードは/etc/gshadowの第2フィールドに格納されています。
なお、gpasswd、newgrp、/etc/gshadowは102試験の範囲外です。

実行例

```
# cat /etc/gshadow
root:::
bin:::
daemon:::
.....（途中省略）.....
yuko:$6$brR/S/UYYwD.....（以降省略）.....::   ――「gpasswd yuko」でパスワードを設定した例
ryo:!::
mana:!::
```

解答　/etc/group

問題 3-8

重要度 ★★★

/etc/groupに含まれるものはどれですか？　3つ選択してください。

A. グループ名　　B. パスワード
C. ユーザのリスト　　D. グループのホームディレクトリ

解説　/etc/groupに含まれるものは、グループ名、パスワード、グループID、ユーザ名のリストです。グループにホームディレクトリはないので、選択肢Dは誤りです。

解答　A、B、C

問題 3-9

重要度 ★★★

システムへのグループの登録と削除のコマンドについての説明で正しいものはどれですか？　2つ選択してください。

A. groupcreate でグループを登録する
B. groupadd でグループを登録する
C. grouprm でグループを削除する
D. groupdel でグループを削除する

root ユーザは groupadd コマンドで新しいグループを登録できます。

構文 **groupadd [-g gid] グループ名**

GID は -g オプションで指定します。-g オプションを指定しない場合、現在使用されている最大値＋1 が設定されます。

新しいグループのエントリは /etc/group の最終行に追加されます。

実行例

```
# groupadd developer
# tail -1 /etc/group
developer:x:1004:
```

root ユーザは groupdel コマンドでグループを削除できます。

構文 **groupdel グループ名**

groupdel コマンドの引数にはグループ名を指定します。グループ ID の指定はできません。

解答 B、D

問題 3-10

重要度 ★★★

グループにユーザを登録 / 追加するコマンドはどれですか？　1つ選択してください。

A. groupmod　　B. usermod
C. passwd　　D. chsh

usermodコマンドでユーザ情報の変更を行います。例えば、ログイン名の変更は「usermod -l 新ログイン名 旧ログイン名」とします。

グループにユーザを登録する、あるいはグループからユーザを削除するには -g（1次グループの変更）オプション、-G（2次グループの変更）オプションを使用します。

グループ（2次グループ）にユーザを登録する構文は以下のとおりです。

構文 **usermod -G 2次グループのリスト**

「usermod -G」コマンドで2次グループに指定しなかったグループからユーザは削除されます。

実行例

```
# grep yuko /etc/passwd
yuko:x:1001:1001::/home/yuko:/bin/bash  ── ユーザyukoは1次グループ
                                            yuko(gid1001)に所属
# grep yuko /etc/group
yuko:x:1001:

# usermod -G ryo,mana yuko  ── yukoを2次グループryoとmanaに登録
# grep yuko /etc/group
yuko:x:1001:
ryo:x:1002:yuko  ── yukoは2次グループryoに所属
mana:x:1003:yuko  ── yukoは2次グループmanaに所属

# usermod -G mana yuko  ── yukoを2次グループmanaに登録
# grep yuko /etc/group      (2次グループryoから削除)
yuko:x:1001:
mana:x:1003:yuko
```

なお、groupmodはグループIDあるいはグループ名の変更はできますが、所属するユーザを変更することはできません。

groupsコマンドにより、ユーザが所属する1次グループと2次グループを表示することができます。
なお、groupsコマンドは102試験の範囲外です。

実行例

```
# groups yuko
yuko : yuko mana
```

B

問題 3-11

重要度 ★★★

ユーザアカウント yuko と、yuko のホームディレクトリを削除するコマンドはどれですか？　2つ選択してください。

A. userdel yuko　　B. userdel -m yuko
C. userdel -r yuko　　D. userdel --force --remove yuko

解説　ユーザアカウントを削除するには userdel コマンドを使用します。userdel コマンドに -r あるいは --remove オプションを指定することで、ユーザのホームディレクトリを削除することができます。-r あるいは --remove オプションを指定しないと /etc/passwd と /etc/shadow のエントリだけが削除されて、ホームディレクトリはそのまま残されます。また、-f あるいは --force オプションを指定するとユーザがログインしている場合でもアカウントを削除します。

userdel をオプションなしで実行した場合はアカウントのみ削除し、ホームディレクトリは削除しないので選択肢 A は誤りです。-m オプションはないので選択肢 B は誤りです。

構文 `userdel [オプション] ログイン名`

解答 C、D

問題 3-12

重要度 ★★★

「getent passwd」コマンドを実行するとどのようになりますか？　1つ選択してください。

A. システムの全ユーザの暗号化パスワードが表示される
B. コマンドを実行したユーザの暗号化パスワードが表示される
C. コマンドを実行したユーザの新しいパスワードの入力を要求される
D. システムの全ユーザのアカウントが表示される

解説　getent コマンドは、ネームサービススイッチ（/etc/nsswitch.conf）の設定に従い、引数で指定したデータベースの内容を表示します。

構文 `getent データベース名 キー名`

データベース名には、passwd、hosts など、/etc/nsswitch.conf のエントリを指定します。キー名にはデータベースのキーを指定します。キー名を指定しなかった場合はデータベースの全内容が表示されます。キー名を指定した場合はデータベースの中のキーに対応したデータの内容が表示されます。

例えば、/etc/nsswitch.conf の passwd のエントリが次のようになっていた場合、

/etc/nsswitch.conf の設定例（抜粋表示）

```
# cat /etc/nsswitch.conf
passwd: files ―― 「files」は/etc/passwdの参照
```

本問のように「getent passwd」を実行すると、/etc/passwd の全内容が表示されます。これは「cat /etc/passwd」を実行したときと同じです。「getent passwd user01」を実行すると、/etc/passwd 中の user01 のエントリが表示されます。

getent コマンドの実行例

```
# getent passwd
root:x:0:0:root:/root:/bin/bash
bin:x:1:1:bin:/bin:/sbin/nologin
daemon:x:2:2:daemon:/sbin:/sbin/nologin
adm:x:3:4:adm:/var/adm:/sbin/nologin
.....（途中省略）.....
user01:x:1000:1000:User01:/home/user01:/bin/bash

# getent passwd user01
user01:x:1000:1000:User01:/home/user01:/bin/bash
```

したがって、選択肢 A、B、C は誤り、選択肢 D が正解です。

「getent passwd」コマンドは主にLDAPサーバやActive Directory（AD）などと連携した場合のアカウントの確認に利用されます。
以下は、ADに参加した場合のローカルアカウントとADアカウントを表示している例です。

getent コマンドによるローカルアカウントと AD アカウントの表示例

```
# cat /etc/nsswitch.conf
passwd: files sss ―― 「sss」はsssdデーモンによるSystem Security Serviceの参照

# getent passwd
root:x:0:0:root:/root:/bin/bash
bin:x:1:1:bin:/bin:/sbin/nologin
daemon:x:2:2:daemon:/sbin:/sbin/nologin
adm:x:3:4:adm:/var/adm:/sbin/nologin
.....（途中省略）.....
user01:x:1000:1000:User01:/home/user01:/bin/bash                ADアカウント
administrator:*:16777216:16777221::/home/MY-DOMAIN/administrator:/bin/bash ┘
guest:*:20000:16777221::/home/MY-DOMAIN/guest:/bin/bash ―― ADアカウント
krbtgt:*:20001:16777221::/home/MY-DOMAIN/krbtgt:/bin/bash ―― ADアカウント
```

解答 D

問題 3-13

重要度 ★☆☆

ユーザ yuko のアカウント自体は有効なままにして、対話的なログインをできないようにしたい場合、適切な方法を 2 つ選択してください。

A. userdel yuko
B. usermod -u uid yuko
C. usermod -s /sbin/nologin yuko
D. usermod -s /bin/false yuko

解説 ログインシェルに /bin/false を指定することにより、対話的なログインを禁止することができます。false コマンドは何もせずに単に返り値 1（false: 偽）を返すコマンドです。ユーザはログインすると false コマンドが実行されるため、ログアウトさせられます。

また、ログインシェルを /sbin/nologin に設定することもできます。nologin コマンドはアカウントが現在使えない旨のメッセージを表示するコマンドです。ユーザがログインすると nologin コマンドが実行されて「This account is currently not available.」のメッセージが表示された後、ログアウトさせられます。

ログインシェルの変更には usermod コマンドを使用します。したがって、選択肢 C と選択肢 D が正解です。

構文 usermod -s ログインシェル ユーザ名

以下の例では usermod コマンドでユーザ yuko のログインシェルを /sbin/nologin に、ユーザ ryo のログインシェルを /bin/false に変更しています。

実行例

```
# usermod -s /sbin/nologin yuko
# grep yuko /etc/passwd
yuko:x:1000:1000::/home/yuko:/sbin/nologin

# usermod -s /bin/false ryo
Changing shell for ryo.
chsh: Warning: "/bin/false" is not listed in /etc/shells.

# grep ryo /etc/passwd
ryo:x:1001:1001::/home/ryo:/bin/false
```

/bin/falseが/etc/shellsに登録されていない場合は警告が出る

examhost ホストに ssh で yuko と ryo がログインを試みます。パスワード入力後、強制的に切断されていることがわかります。

実行例

```
$ ssh examhost -l yuko
yuko@examhost's password:
This account is currently not available.
Connection to examhost closed.

$ ssh examhost -l ryo
ryo@examhost's password:
Connection to examhost closed.
```


userdel コマンドはアカウントを削除するコマンドなので選択肢 A は誤りです。「usermod -u」で uid を変更してもログインはできるので選択肢 B は誤りです。

参考 ログインシェルの変更はchsh(change shell)でもできます。

構文 **chsh -s ログインシェル ユーザ名**

chshはログインシェルを変更するための専用コマンドですが、102試験の範囲外です。

解答 C、D

問題 3-14

重要度 ★☆☆

ユーザのアカウントを削除はせずに、ログインできないようにロックする手順を以下の選択肢から 1 つ選んでください。

A. passwd -d ユーザ名
B. エディタで /etc/shadow ファイルの最後のフィールドを削除する
C. エディタで /etc/passwd の最初の : の後に * を挿入する
D. userdel ユーザ名

解説 /etc/shadow ファイルを使っているか否かにかかわらず、/etc/passwd の第 2 フィールドに * あるいは ! を指定すると、PAM の認証モジュール pam_unix.so は /etc/shadow の参照や暗号化パスワードとしての処理をせず、その時点でログインを拒否します。

ログイン時に表示されるメッセージはパスワードを間違えたときと同じになります。

解答 C

問題 3-15

重要度 ★★★

特定ユーザのアカウントをロックすることができるコマンドラインはどれですか？　適切なコマンドを2つ選択してください。

A. usermod -l ユーザ名　　B. usermod -u ユーザ名
C. usermod -L ユーザ名　　D. usermod -U ユーザ名
E. passwd -l ユーザ名　　F. passwd -u ユーザ名

□□□

「usermod -l」は正しい構文は「usermod -l 新ログイン名 ユーザ名」となり、ログイン名を変更します。したがって、選択肢Aは誤りです。

「usermod -u」は正しい構文は「usermod -u 新UID ユーザ名」となり、ユーザIDを変更します。したがって、選択肢Bは誤りです。

「usermod -L」あるいは「passwd -l」コマンドでアカウントをロックできます。したがって、選択肢Cと選択肢Eが正解です。

「usermod -L」は暗号化されたパスワードの先頭に '!' を追加してロックします。「usermod -U」は暗号化されたパスワードの先頭の '!' を削除してアンロックします。「passwd -l」は、暗号化されたパスワードの先頭に '!!' を追加してロックします。「passwd -u」は暗号化されたパスワードの先頭からの連続した '!' を削除してアンロックします。

ロックされたときのログイン時に表示されるメッセージはパスワードを間違えたときと同じになります。

解答 C、E

問題 3-16

重要度 ★☆☆

root以外のuid1000未満のアカウントはどのような目的で用意されていますか？　1つ選択してください。

A. デーモンやディレクトリの所有者として利用するシステムアカウント
B. root以外のシステム管理者のアカウント
C. ネットワークを介して利用するリモートユーザのアカウント
D. 権限のない一般ユーザのアカウント

□□□

root 以外の uid1000 未満のアカウントはデーモンやディレクトリの所有者として利用するシステムアカウントとして用意されています。ディストリビューションによって、システムアカウントの uid は 100 未満、500 未満、1000 未満など、異なっていることもあります。

以下、/etc/passwd ファイルに登録されているシステムアカウントの例です。

bin、daemon、adm、lp はログインアカウントではないので最終フィールドに /sbin/nologin が設定されています。デーモンやシステムディレクトリの所有者として利用されます。

/etc/passwd ファイルの例

```
root:x:0:0:root:/root:/bin/bash
bin:x:1:1:bin:/bin:/sbin/nologin
daemon:x:2:2:daemon:/sbin:/sbin/nologin
adm:x:3:4:adm:/var/adm:/sbin/nologin
lp:x:4:7:lp:/var/spool/lpd:/sbin/nologin
.....（以下省略）.....
```

解答 A

問題 3-17

決められた時刻に定期的に特定のコマンドを実行するデーモンは何ですか？ 2つ選択してください。

A. cron　　B. crond
C. crontab　　D. at

解説 決められた時刻に特定のコマンドを定期的に実行する機能は cron と呼ばれるジョブスケジューラによって提供されます。Linux で採用されている cron は Paul Vixie 氏が開発した Vixie cron がベースになっています。cron 機能を提供するデーモンは RedHat 系では crond（/usr/sbin/crond）、Debian 系では cron（/usr/sbin/cron）です。

したがって、選択肢 A と B が正解です。

ユーザは crontab コマンドによって定期的に実行するコマンドと時刻を設定します。crontab コマンドによって作成された設定ファイルは /var/spool/cron ディレクトリの下に crontab を実行したユーザ名をファイル名として格納されます。指定した時刻になると crond デーモン（あるいは cron デーモン）によって指定したコマンドが実行されます。

システムの保守にも cron 機能は利用されます。locate コマンドから参照されるファイル検索データベースの定期的な更新や、ログファイルの定期的なローテーションなど、システム保守のためのコマンドの定期実行は crond（あるいは cron）から起動される anacron により行われます。

また、/etc/crontab ファイルに記述することによってもシステムジョブを定期実行できます。crond（あるいは cron）が /etc/crontab を参照して実行します。ただし、最近の主要なディストリビューション（例：CentOS、Ubuntu）のインストール時のデフォルト設定では /etc/crontab によるいかなるシステムジョブの実行も行われません。

at コマンドは指定したコマンドを 1 回だけ実行します。at コマンドについては問題 3-25 を参照してください。

Vixie cronは1987年にPaul Vixie氏が開発し、1993年にバージョン3がリリースされました。その後、Paul Vixie氏などのメンバによって設立されたISC（InternetSoftware Consortium。現在はInternet Systems Consortium）からISC cronの名前でバージョン4.1がリリースされました。
2007年、バージョン4.1からcronieプロジェクトのcronが派生しました。RedHat系ではcronieプロジェクトのcronが、Debian系ではVixie cronバージョン3が使われています。

解答 A、B

問題 3-18

重要度 ★★★

anacron が参照する、実行するジョブを記述したファイルは何ですか？　絶対パスで記述してください。

anacron はシステムの保守のためのコマンドを定期的に実行します。CentOS の場合、anacron は crond デーモンが /etc/cron.hourly/0anacron スクリプトを実行することによって起動されます。Ubuntu の場合、anacron は systemd によって起動されます。

anacron は /etc/anacrontab の設定に従い、/etc/cron.daily、/etc/cron.weekly、/etc/cron.monthly ディレクトリにあるコマンドを実行します。

/etc/anacrontab は、実行環境を定義する変数の指定とジョブ記述行から構成されます。

主な変数には以下のものがあります。

表：変数

変数名	説明
RANDOM_DELAY	実行開始までのランダムな遅延時間の最大値を分単位で指定
START_HOURS_RANGE	実行開始可能な時間の範囲を指定

ジョブ記述行の書式は以下のとおりです。

書式 **実行間隔（日単位）　遅延時間（分単位）　ジョブID　コマンド**

「実行間隔（period）」は整数値あるいはマクロ（@daily、@weekly、@monthly）として定義します。@daily は整数の1、@weekly は整数の7と同じです。@monthly は月の日数に関係なく、毎月1回の実行を指定します。

「遅延時間（delay）」はジョブを実行開始するまでの遅延時間です。

以下は CentOS の anacrontab の例です。

/etc/anacrontab の設定例（抜粋）

```
# the maximal random delay added to the base delay of the jobs
RANDOM_DELAY=45
# the jobs will be started during the following hours only
START_HOURS_RANGE=3-22

#period in days  delay in minutes  job-identifier  command
1                5                 cron.daily      nice run-parts
/etc/cron.daily
7                25                cron.weekly     nice run-parts
/etc/cron.weekly
@monthly         45                cron.monthly    nice run-parts
/etc/cron.monthly
```

/etc/cron.daily の下のコマンドは1日ごとに実行します。/etc/cron.weekly の下のコマンドは1週間ごとに実行します。/etc/cron.monthly の下のコマンドは1か月ごとに実行します。

anacron プロセスは常駐するのではなく、コマンド実行後は終了します。

解答 /etc/anacrontab

問題 3-19

重要度 ★★★

/etc/anacrontab で実行可能な時間帯を指定する変数は何ですか？　1つ選択してください。

A. RANDOM_DELAY　　B. START_HOURS_RANGE
C. @daily　　D. @monthly

解説

実行可能な時間帯を指定する変数は START_HOURS_RANGE です。

例えば「START_HOURS_RANGE=3-22」と指定した場合は、3時から22時の間で実行開始可能となります。

anacrontabの102試験での重要度は高いので、START_HOURS_RANGEは記述できるようにしておいてください。

 B

問題 3-20

重要度 ★★☆

コマンドを定期的に実行するためにcrontabの設定を行う場合、実行するコマンドを必要なオプションも付けて記述してください。

□□□

解説 crontabを設定するにはcrontabコマンドに-eオプションを付けて実行します。これにより編集のためのエディタが起動します。

表：crontabコマンドのオプション

オプション	説明
-e	crontabの編集
-l	crontabの表示
-r	crontabの削除

デフォルトのエディタはviですが、環境変数VISUALまたはEDITORに別のエディタを指定することもできます。

実行例

```
$ export EDITOR=gedit
$ crontab -e
```

上記を実行するとgeditが起動します。

crontabの設定ファイルは/var/spool/cronディレクトリの下にコマンドを実行したユーザ名をファイル名として作成されます。

/var/spool/cronディレクトリはrootユーザしかアクセスできないため、crontabコマンドにはSUIDビットが設定されています（SUIDについては、「第1部 101試験」の2章を参照してください）。

編集が終了しcrontabコマンドが終了すると、/var/spool/cronディレクトリを監視しているcrondは変更を検知し、新しいファイルをリロードします。

編集する内容については問題3-21と問題3-22の解説を参照してください。

crontabの設定内容は-lオプションを付けて実行することで表示できます。

実行例
```
$ crontab -l
0 1 * * * command
```

crontab の設定ファイルは -r オプションを付けて実行することで削除できます。

実行例
```
$ crontab -r
$ crontab -l
no crontab for user01
```

解答 crontab -e

問題 3-21

重要度 ★★★

cron 機能を利用して command を毎日 1 回夜中の午前 1 時に実行する場合、crontab の記述で正しいものを 1 つ選択してください。

A. 1 * * * * command
B. 0 1 * * * command
C. 0 0 1 * * command
D. 0 0 0 1 * command

解説 crontab のエントリは 6 つのフィールドからなっています。

表：crontab の書式

フィールド	説明
分	0-59
時	0-23
日	1-31
月	1-12
曜日	0-6（0 が日曜）
コマンド	実行するコマンドを指定

第 1 ～第 5 フィールドで * を指定するとすべての数字に一致します。
したがって、この問題の答えは次のようになります。

答え
```
分    時    日    月    曜日    コマンド
0     1     *     *     *       command
```

解答 B

問題 **3-22**

重要度 ★★★

毎週月曜日から金曜日の 17 時 30 分にコマンド command を実行する crontab のエントリはどれですか？　1 つ選択してください。

A. 30 17 * * 0-4 command
B. 30 17 * * 1-5 command
C. command 0-4 17 30 * *
D. command 1-5 17 30 * *

第 1 フィールドから第 5 フィールドは次の指定が使えます。

表：様々な指定方法

フィールド表記	説明
*	すべての数字に一致
-	範囲の指定 例）「時」に 15-17 を指定すると、15 時、16 時、17 時を表す。「曜日」に 1-4 を指定すると、月曜、火曜、水曜、木曜を表す
,	リストの指定 例）「分」に 0,15,30,45 を指定すると、0 分、15 分、30 分、45 分を表す
/	数値による間隔指定 例）「分」に 10-20/2 を指定すると 10 分から 20 分の間で 2 分間隔を表す。「分」に */2 を指定するとその時間内で 2 分間隔を表す

したがって選択肢 B が正しい記述です。

解答 B

問題 **3-23**

重要度 ★★★

crontab の説明で正しいものはどれですか？　2 つ選択してください。

A. ユーザの crontab 設定ファイルのエントリのフィールド数は 7 である
B. crontab 設定ファイルのエントリで間隔を指定する場合は「*/ 間隔」と記述する
C. ユーザの crontab ファイルは /var/spool/cron ディレクトリの下にユーザ名のファイルとして作成される
D. システムの crontab は /var/lib/crontab である

解説 問題3-21で解説したとおり、ユーザのcrontabのフィールドの数は6です。したがって選択肢Aは誤りです。問題3-22で解説したとおり、間隔の指定は「*/間隔」（例：分のフィールドで「*/2」とすれば2分間隔）とします。したがって選択肢Bは正解です。問題3-20で解説したとおり、ユーザのcrontabファイルは/var/spool/cronディレクトリの下にユーザ名のファイルとして作成されます。したがって選択肢Cは正解です。問題3-17で解説したとおり、システムのcrontabは/etc/crontabです。したがって選択肢Dは誤りです。

解答 B、C

問題 3-24

ユーザがcrontabコマンドを実行しようとしたところ権限がありませんでした。ある設定ファイルからそのユーザ名を削除することによって実行できるようにしたい場合、変更すべきファイルを絶対パスで記述してください。

/etc/cron.allowファイルと/etc/cron.denyファイルでcronを利用するユーザを制限できます。

- **cron.allowがある場合、ファイルに記述されているユーザがcronを利用できる**
- **cron.allowがなくcron.denyがあるとき、cron.denyに記述されていないユーザがcronを利用できる（cron.denyに何も記述がなければ、すべてのユーザが利用できる）**
- **cron.allowとcron.denyが両方ともない場合の動作は、ディストリビューションによって異なる**
  CentOSの場合：rootユーザだけがcronを利用できる
  Ubuntuの場合：すべてのユーザがcronを利用できる

これも重要！

/etc/cron.allowに何も記述がない場合、一般ユーザはcrontabは作成できず、/etc/cron.denyの記述の有無にかかわらずrootユーザのみがcrontabを作成できます。

解答 /etc/cron.deny

問題 3-25

重要度 

指定したコマンドを 1 回だけ実行するように設定するコマンドはどれですか？適切なものを 1 つ選択してください。

A. at　　B. atq
C. cron　　D. crond

指定した時刻に指定したコマンドを 1 回だけ実行するには、at コマンドを使用します。at コマンドによってキューに入れられたジョブは atd（/usr/sbin/atd）デーモンによって実行されます。

構文 at ［オプション］ 時間

atq は at コマンドによってキューに入ったジョブを表示するコマンドなので誤りです。

表：オプション

主なオプション	同等のコマンド	説明
-l	atq	実行ユーザのキューに入っているジョブ（未実行のジョブ）を表示する。root が実行した場合はすべてのユーザのジョブを表示する
-c	atc	ジョブの内容を表示する
-d	atrm	ジョブを削除する（atrm コマンドのエイリアス）
-r	atrm	ジョブを削除する（atrm コマンドのエイリアス）

次のような時間や日付の指定ができます。

表：時間や日付の指定

主な時間指定	説明
HH:MM	例）10:15 とすると 10 時 15 分に実行する
midnight	真夜中（深夜 0 時）
noon	正午
teatime	午後 4 時のお茶の時間
am、pm	例）10am とすると午前 10 時に実行する

主な日付指定	説明
MMDDYY、MM/DD/YY、MM.DD.YY	例）060119 とすると 2019 年 6 月 1 日
today	今日
tomorrow	明日

以下は明日の 10:00 に、ターミナル /dev/pts/1 へ、"The meeting starts!!" と表示する例です。

実行例

```
$ at 10:00 tomorrow
at> echo "The meeting starts!!" > /dev/pts/1
at> ^D <EOT>
job 5 at Thu Apr 30 10:00:00 2020
```

at コマンドを実行し、at> プロンプトでの設定が終了したら [Ctrl]+[d] で終了します。

解答 A

問題 3-26

重要度 ★★★

at コマンドの説明で誤っているものはどれですか？　1 つ選択してください。

A.「at -q」でキューに入っている実行待ちのジョブを表示
B.「atq」でキューに入っている実行待ちのジョブを表示
C.「at -r」でキューに入っている実行待ちのジョブを削除
D.「at -d」でキューに入っている実行待ちのジョブを削除
E.「atrm」でキューに入っている実行待ちのジョブを削除

解説

問題 3-25 の解説のとおり、at コマンドで登録されたジョブは指定した時間が来るまで実行待ちのキュー（Queue：待ち行列）に入り、時間になると atd デーモンによって実行され、キューからは削除されます。

実行待ちのキューに入っているジョブを表示するには atq コマンド、あるいは「at -l」コマンドを実行します。-q はキューに入っているジョブを「-q キュー」として指定するためのオプションなので、選択肢 A が唯一、誤っています。

実行例

```
$ at -l
5       Thu Apr 30 10:00:00 2020 a yuko
```

問題 3-25 の解説のとおり、実行待ちのキューに入れられたジョブを削除するには atrm コマンドを実行します。または atrm コマンドのエイリアスである「at -r」コマンドか「at -d」コマンドでも削除することができます。引数にはジョブ番号を指定します。

実行例

```
$ atrm 5
```

 A

問題 3-27

重要度 ★★★

特定のユーザの at コマンドの使用を禁止したい場合、禁止するユーザを追加して編集するファイルの名前を絶対パスで記述してください。

解説　/etc/at.allow に登録されたユーザは、at コマンドの実行を許可されます。/etc/at.deny に登録されたユーザは、at コマンドの実行を拒否されます。

解答 /etc/at.deny

問題 3-28

重要度 ★★★

現在設定されているロケール情報を表示するコマンドは何ですか？　記述してください。

解説　ロケール（locale）とは言語や国・地域ごとに異なる単位、記号、日付、通貨などの表記規則の集合であり、ソフトウェアはロケールで指定された方式でデータの表記や処理を行います。ロケール情報の表示は locale コマンドで行います。

構文 `locale [オプション]`

表：オプション

主なオプション	説明
-a	利用可能なロケールをすべて表示
-m	利用可能なエンコーディングをすべて表示

　locale コマンドを引数なしに実行すると、現在設定されているロケール情報をすべて表示します。ロケールは次のフォーマットで指定します。

ロケールの書式 `language(_territory)(.encoding)(@modifier)`

表：ロケールの構成項目

項目	説明
language	言語の指定。日本語の場合は ja（japanese）
territory	国 / 地域の指定。日本の場合は JP（Japan）
encoding	エンコーディング（文字の符号化方式）の指定
modifier	修飾子の指定　例）ユーロ通貨を @euro のように指定

言語が日本語、国が日本、エンコーディングがUTF-8の場合は「ja_JP.UTF-8」となります。次の実行例はlocaleコマンドにより現在のロケール情報を表示しています。

実行例

```
$ locale
.....（以下抜粋）.....
LANG=ja_JP.UTF-8
LC_CTYPE="ja_JP.UTF-8"
LC_TIME="ja_JP.UTF-8"
LC_MONETARY="ja_JP.UTF-8"
LC_MESSAGES="ja_JP.UTF-8"
LC_TELEPHONE="ja_JP.UTF-8"
```

以下は主なロケール変数の意味です。

表：ロケール変数

主なロケール変数	説明
LC_CTYPE	文字の種類
LC_NUMERIC	数値
LC_TIME	時刻
LC_MONETARY	通貨
LC_MESSAGES	メッセージ
LC_TELEPHONE	電話番号フォーマット

デフォルトのロケールはC(POSIX)です。問題3-29の解説を参照してください。

解答 locale

問題 3-29

重要度 ★★★

以下のコマンドのうち、/etc/bash_profileに追加することで国際化されたプログラムのメッセージ言語を、日本語（ja）に変更することができるものはどれですか？　正しいコマンドを3つ選択してください。

A. export MESSAGE="ja_JP.UTF-8"
B. export LANG="ja_JP.UTF-8"
C. export LC_MESSAGES="ja_JP.UTF-8" LC_CTYPE="ja_JP.UTF-8"
D. export ALL_MESSAGES="ja_JP.UTF-8"
E. export LC_ALL="ja_JP.UTF-8"

解説 環境変数LC_ALLに設定された値は、すべてのロケール変数（LC_*）に設定され、日本語にローカライズされたメッセージが表示されます。したがって、選択肢Eは正解です。

環境変数LANGの値をja_JP.UTF-8とすると、その値はLC_ALL以外のすべてのロケール変数（LC_*）に設定され、日本語にローカライズされたメッセージが表示されます。したがって、選択肢Bは正解です。

環境変数LC_ALLが設定されていない場合、環境変数LC_MESSAGESとLC_CTYPEの値をja_JP.UTF-8とすると、日本語にローカライズされたメッセージが表示されます。したがって、選択肢Cは正解です。

LC_ALLとLANGが異なった値に設定されている場合はLC_ALLの値が優先します。

以上のように環境変数の設定を行うと、bashの中でsetlocale()関数の実行によりロケール変数の設定が行われます。

環境変数LANGを削除するとデフォルトのロケールであるPOSIXとなります。

POSIXロケールはロケール書式language(_territory).(encoding)に従わない特別なロケールです。エンコーディングはASCIIで、日時、通貨等の書式は英語です。CロケールはPOSIXロケールと同じです。

実行例

```
$ unset LANG
$ locale
LANG=          ── LANGが削除されている
.....（以下抜粋）.....
LC_CTYPE="POSIX"
LC_TIME="POSIX"
LC_MONETARY="POSIX"
LC_MESSAGES="POSIX"
$ date
Mon May  4 09:42:53 JST 2020 ── 日付は英語となる
$ ls xxxx ── 存在しないファイルを指定
ls: cannot access xxxx: No such file or directory ── エラーメッセージは英語となる
```

これも重要！

LC_ALL、LANG、その他のロケール変数LC_*では、優先順位は「LC_ALL ＞ LANG ＞ ロケール変数」となって、LC_ALLの設定が最優先されます。

なお、本問ではロケールの設定は~/.bash_profileの中で環境変数の設定により行っていますが、CentOS 7などの最近のディストリビューションでは、新しい設定ファイル/etc/locale.confを使用して設定を行っているものがあります。
上記で解説したLANG、LANGUAGE、LC_CTYPE、LC_MESSAGES、LC_MONETARY、LC_TELEPHONEなどのパラメータにより設定します。ただし、LC_ALLはlocale.confの設定では使用しないので、注意してください。
以下はCentOS 7のデフォルトの設定です。

/etc/locale.confの設定例

```
LANG=ja_JP.utf8
```

解答 B、C、E

問題 3-30

重要度 ★★★

ファイルに格納された文字のエンコードを変換するコマンドはどれですか？1つ選択してください。

A. iconv　　**B.** locale
C. tzselect　　**D.** tzconfig

iconvコマンドはファイルのエンコードを変換します。-f(from)オプションで現在のエンコードを指定し、-t(to)で目的のエンコードを指定します。以下の例は、Shift_JISで書かれたファイルをUTF-8に変換しています。iconvには文字コードの種類を表示する機能がないので、nkfコマンドにより確認しています。

実行例

```
$ nkf -g sjis_file.txt
Shift_JIS
$ iconv -f Shift_JIS -t UTF-8 sjis_file.txt > utf8_file.txt
$ nkf -g utf8_file.txt
UTF-8
```

①nkfコマンドでファイルに使われている現在の文字コードを確認する
②iconvコマンドで文字コードを変換し、変換後をutf8_file.txtファイルに出力する
③変換後の文字コードを確認する

localeコマンドは、現在のロケールの設定情報や使用可能なロケールの一覧を表示するコマンド、tzselectコマンドは環境変数TZの設定値を対話的な指示に従って表示するコマンド、tzconfigコマンドは対話的な指示に従ってタイムゾーンを/etc/localtimeに設定するコマンドです。したがって選択肢B、C、Dは誤りです。なお、最近の主要なディストリビューションではtzconfigコマンドは提供されていません。

 A

第2部 102試験

4章

重要なシステムサービス

本章のポイント

▶ システム時刻の管理

Linux システムの時刻を管理するシステムクロックとハードウェアクロックの設定、ネットワーク上で時刻の同期を取る NTP について理解します。

重要キーワード

ファイル：/etc/ntp.conf、/etc/chrony.conf、/etc/localtime、/usr/share/zoneinfo

コマンド：ntpd、chronyd、date、hwclock、ntpdate、ntpq

そ の 他：システムクロック、ハードウェアクロック、リファレンスクロック

▶ システムのログ

カーネルやアプリケーションのログを管理する仕組みを理解します。

重要キーワード

ファイル：/etc/rsyslog.conf

コマンド：rsyslogd、systemd-journald、journalctl、systemd-cat、logger、logrotate

▶ メール配送エージェント（MTA）の基本

メールサーバの概要と主要なプログラム、メールスプールやメールキューの管理、およびメールの別名設定と一般ユーザによるメール転送の設定方法について理解します。

重要キーワード

ファイル：/etc/aliases、~/.forward

コマンド：mailq、newaliases

そ の 他：SMTP、MTA、Postfix、Exim

問題 4-1

重要度 ★★☆

システムクロック（system clock）が管理する時刻を表示するコマンドは何ですか？　1つ選択してください。

A. date　　B. time
C. hwclock　　D. clock

Linux システムの時刻はシステムクロック（system clock）によって管理されています。システムクロックは Linux カーネルのメモリ上に次の 2 つのデータとして保持され、インターバルタイマーの割り込みにより、時計を進めます。

- **1970 年 1 月 1 日 0 時 0 分 0 秒からの経過秒数**
- **現在秒からの経過ナノ秒数**

xclock のような時計のアプリケーションや、i ノードに記録されるファイルへのアクセス時刻、サーバプロセスやカーネルがログに記録するイベント発生の時刻などはすべてシステムクロックの時刻が参照されます。このシステムクロックの時刻を表示するのが date コマンドです。

実行例

```
$ date
2020年  5月 30日 土曜日 15:19:02 JST
```

時刻の表示には UTC（協定世界時）とローカルタイム（地域標準時）の 2 種類があります。

UTC（Coordinated Universal Time）は原子時計を基に定められた世界共通の標準時で、天体観測を基にした GMT（グリニッジ標準時）とほぼ同じです。

ローカルタイムは国や地域に共通の地域標準時であり、日本の場合は JST（Japan Standard Time：日本標準時）となります。UTC と JST では 9 時間の時差があり、JST が UTC より 9 時間進んでいます。

この時差情報は /usr/share/zoneinfo ディレクトリの下に、ローカルタイムごとにファイルに格納されています。Linux システムのインストール時に指定するタイムゾーンによって、対応するファイルが /etc/localtime ファイルにコピーされて使用されます。

タイムゾーンに「アジア／東京」を選んだ場合は、/usr/share/zoneinfo/Asia/Tokyo が /etc/localtime にコピーされ、ローカルタイムは JST となります。システムクロックは UTC を使用しています。上記の例のように JST で表示する場合は、/etc/localtime の時差情報を基に UTC を JST に変換して表示します。

なお、ディストリビューションやバージョンによっては、/etc/localtime は

/usr/share/zoneinfo ディレクトリの下のタイムゾーンファイルへのシンボリックリンクになっている場合もあります。

date コマンドは日時を様々な形式で表示することもできます。date コマンドで UTC のまま表示することもできます。

実行例

```
$ date --utc
2020年  5月 30日 土曜日 06:19:56 UTC
```

また、date コマンドでシステムクロックの設定ができます。ただし設定できるのは root ユーザのみです。

以下の例では日付を 2020 年 5 月 31 日 10 時 5 分に設定しています。

実行例

```
# date 0531100520
2020年  5月 31日 日曜日 10:05:00 JST
```

引数に月日時分年を 2 桁ずつ（MMDDhhmmYY）で指定します。MM は月、DD は日、hh は時間、mm は分、YY は年であり、年は西暦の下 2 桁です。

現在と同じ年であれば、年の指定は省略できます。これにより /etc/localtime を参照し、ローカルタイムを UTC に変換してシステムクロックが設定されます。

したがって、選択肢 A は正解です。

time コマンドはコマンドの実行時間やリソース使用状況を測定するコマンドなので、選択肢 B は誤りです。

hwclock はハードウェアクロック（CMOS clock）を設定、表示するコマンドなので、選択肢 C は誤りです。

clock コマンドは CentOS では hwclock へのシンボリックリンク、Ubuntu では clock というコマンドはありません。したがって、選択肢 D は誤りです。

解答 A

問題 4-2

重要度 ★★☆

コマンド実行時にタイムゾーンを変更して時刻を表示する方法はどれですか？3 つ選択してください。

A. TZ=New_York date　　**B.** TZ=UTC date
C. date --New_York　　**D.** date --utc

解説 変数TZでタイムゾーンを指定できます。選択肢Aではタイムゾーンをローカルタイムの New_York に指定して date コマンドを実行しています。選択肢Bではタイムゾーンを UTC に指定して date コマンドを実行しています。したがって選択肢Aと選択肢Bは正解です。なお、子プロセスに引き継ぐためには TZ を環境変数にします。

date コマンドのオプションでタイムゾーンを指定できるのは、-u、--utc、--universal の3通りだけです。したがって選択肢Cは誤り、選択肢Dは正解です。

なお、TZ に設定する値は、tzselect コマンドで選択および表示することができます。以下は、日本標準時に設定する値を表示する例です。

実行例

```
$ tzselect
Please identify a location so that time zone rules can be set correctly.
Please select a continent or ocean.
 1) Africa
 2) Americas
 3) Antarctica
 4) Arctic Ocean
 5) Asia
.....（以下省略）.....
#? 5 ―― Asiaを選択
Please select a country.
 1) Afghanistan          18) Israel            35) Palestine
 2) Armenia              19) Japan             36) Philippines
.....（以下省略）.....
#? 19 ―― Japanを選択

.....（途中省略）.....
Therefore TZ='Asia/Tokyo' will be used.
Local time is now:     Sat May 30 15:29:39 JST 2020.
Universal Time is now: Sat May 30 06:29:39 UTC 2020.
Is the above information OK?
1) Yes
2) No
#? 1 ―― Yesを選択

You can make this change permanent for yourself by appending the line
        TZ='Asia/Tokyo'; export TZ ―― TZの値が表示される
to the file '.profile' in your home directory; then log out and log in again.
.....（以下省略）.....
```

解答 A、B、D

問題 4-3

重要度 

/etc/localtime についての説明で正しいものはどれですか？　2つ選択してください。

A. Japan、London、New_York などのタイムゾーン名が記述されたプレーンテキストファイルである
B. Japan、London、New_York などのタイムゾーンファイルのコピーかシンボリックリンクである
C. UTC の時刻を持つシステムクロックからローカルタイムへ変換するための時差情報が格納されている
D. ローカルタイムの時刻を持つシステムクロックである

解説　問題 4-1 の解説のとおり、/etc/localtime にはシステムクロックの時刻からローカルタイムへ変換するための時差情報が格納されています。したがって、選択肢 C は正解、選択肢 D は誤りです。

Linux のインストール時に指定したタイムゾーンに対応する /usr/share/zoneinfo の下のファイルがコピーされます。なお、ディストリビューションやバージョンによってはシンボリックリンクとして作成される場合もあります。したがって、選択肢 B は正解、選択肢 A は誤りです。

解答 B、C

問題 4-4

重要度 ★☆☆

NTP によりシステム時刻を正しく設定しました。ハードウェアクロック（RTC）もこのシステム時刻に合わせたい場合、下線部に入る適切なコマンドを記述してください。

＿＿＿＿＿ -u --systohc

解説　ハードウェアクロックは、マザーボード上の IC によって提供される時計です。この IC はバッテリーのバックアップがあるので、PC の電源を切っても時計が進みます。RTC（Real Time Clock）あるいは CMOS クロックとも呼ばれます。

hwclock コマンドによって、ハードウェアクロックをシステムクロックに、またシステムクロックをハードウェアクロックに合わせることができます。

- **ハードウェアクロックをシステムクロックに合わせるには --systohc または -w オプションを指定する**
- **システムクロックをハードウェアクロックに合わせるには --hctosys または -s オプションを指定する**

ハードウェアクロックの時刻は Linux システム立ち上げ時に hwclock コマンドで読み取られ、システムクロックに設定されます。また、システムの停止時に、hwclock コマンドによってシステムクロックの時刻がハードウェアクロックに設定されます。

問題にある -u オプションは utc の指定です。

図：Linux の時刻管理

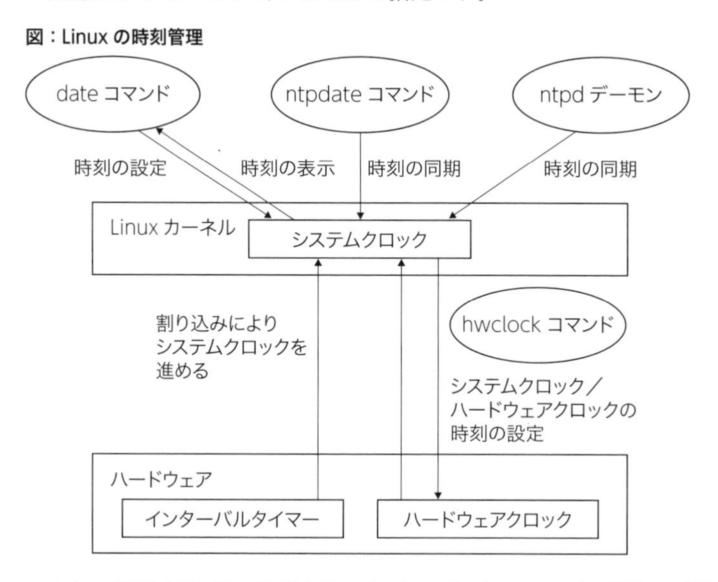

なお、NTP は時刻の同期を取るためのプロトコルです。詳細は問題 4-6 以降で解説します。

hwclock

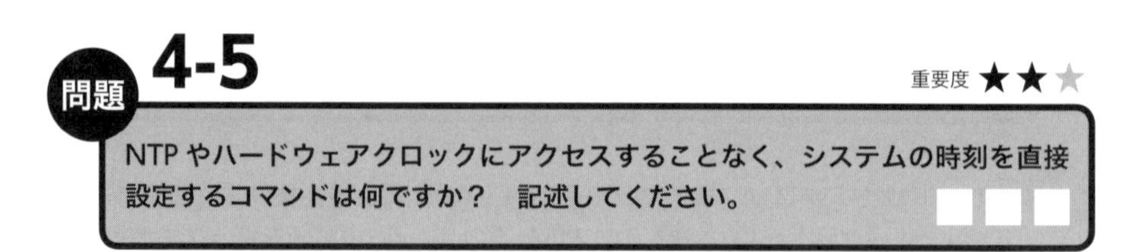

問題
4-5
重要度 ★★★
NTP やハードウェアクロックにアクセスすることなく、システムの時刻を直接設定するコマンドは何ですか？　記述してください。

解説　問題 4-1 で解説したとおり、root ユーザは date コマンドでシステムクロックの時刻を設定できます。

システムクロックをハードウェアクロックに合わせるコマンドは「hwclock --hctosys」ですが、date コマンドは直接システムクロックを設定します。

解答 date

問題 4-6

重要度 

NTP についての説明で正しいものはどれですか？　3つ選択してください。

A. NTP の stratum は 16 が最上位層で最も精度が高く、0 が最下位層である
B. stratum0 を時刻源とする NTP サーバは stratum1 となる
C. date コマンドは NTP を参照してシステムクロックを設定することができる
D. NTP によりシステムクロックを設定することができる
E. ハードウェアクロック（CMOS クロック）の時刻設定には NTP を利用する
F. 時刻のずれがある場合は徐々に合わせる。ただしずれが大きい場合は 1 回で合わせる

解説 問題 4-4 の図にあるとおり、NTP（Network Time Protocol）を利用してシステムクロック（system clock）の時刻を設定できます。

NTP はコンピュータが、ネットワーク上の他のコンピュータの時刻を参照して時刻の同期を取るためのプロトコルです。NTP では時刻を stratum と呼ばれる階層で管理します。原子時計、GPS、標準電波が最上位の階層 stratum0 になり、それを時刻源とする NTP サーバが stratum1 となります。stratum1 の NTP サーバから時刻を受信するコンピュータ（NTP サーバあるいは NTP クライアント）は stratum2 となります。最下位の階層 stratum16 まで階層化できます。

図：NTP による時刻の階層

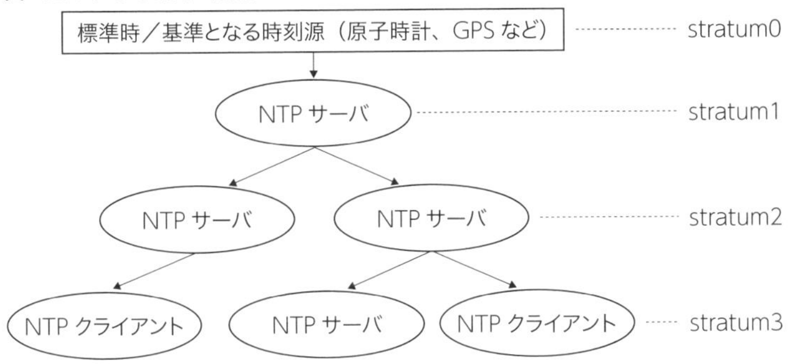

上記のとおり、選択肢Aは誤り、選択肢Bは正解です。

dateコマンドでシステムクロックを設定する場合は時刻を手入力します。したがって、選択肢Cは誤りです。

NTPのデーモン（ntpd、chronyd）やコマンド（ntpdate、chronyc）によりシステムクロックを設定できます。したがって、選択肢Dは正解です。

ハードウェアクロックの時刻設定にはhwclockを使用します。したがって、選択肢Eは誤りです。

時刻のずれを合わせる方法は2つあります。

- **slew（スルー）**
  NTPサーバとの時刻のずれを段階的に修正していきます。同期が取れるまでに時間がかかります。時刻のずれが小さいときの同期方式です。

- **step（ステップ）**
  NTPサーバとの時刻のずれを1回で修正します。時刻のずれが大きいときの同期方式です。

通常の運用では定期的に時刻を合わせているのでずれは小さく、slew（スルー）で合わせます。ただし、システム起動時などで時刻のずれが大きい場合は、step（ステップ）で合わせます。したがって、選択肢Fは正解です。

解答 B、D、F

問題 4-7

重要度 ★★★

NTPクライアント（ntp client）プログラムについての説明で正しいものはどれですか？　2つ選択してください。

A. NTPクライアントはリファレンスクロックを参照してシステムクロックの時刻を修正する
B. NTPクライアントによるNTPサーバとの時刻同期にはroot権限が必要である
C. ntpdateはNTPクライアントプログラムであり、NTPサーバの機能はない
D. ntpdはNTPクライアントプログラムであり、NTPサーバの機能はない

解説 問題4-6の解説のとおり、原子時計（セシウムクロック）、原子時計を持つ人工衛星からのGPS受信機、標準電波（日本では情報通信研究機構：NICTが運用）の受信機がNTPのリファレンスクロック（reference clock）で、stratum0とな

ります。それを時刻源とするのがstratum1のNTPサーバです。したがって選択肢Aは誤りです。

NTPクライアントによるNTPサーバとの時刻同期にはroot権限が必要です。したがって選択肢Bは正解です。

ntpdateは外部NTPサーバの時刻を参照して時刻同期を行うコマンドですが、コマンド自体にはNTPサーバの機能はないので選択肢Cは正解です。

ntpdはRFC1305で規定されたNTPバージョン3互換のデーモンです。stratum上位の外部NTPサーバの時刻を参照してシステムクロックの時刻同期を行い、このシステムクロックにより外部ホストに対して時刻同期のサービスを提供するNTPサーバとなります。したがって選択肢Dは誤りです。

解答 B、C

問題 4-8

重要度 

NTPサーバの時刻を参照してシステムの時刻を設定するコマンドは何ですか？記述してください。

問題4-7の解説のとおり、ntpdateコマンドでNTPを利用した時刻の設定ができます。コマンドの引数にNTPサーバを指定します。

構文 **ntpdate [オプション] NTPサーバのリスト**

実行例

```
# ntpdate ntp.nict.jp
31 May 02:04:39 ntpdate[5313]: step time server 133.243.238.243
offset -1.286623 sec
```

上記の実行例は、NTPサーバに情報通信研究機構（NICT）の公開サーバを指定しています。

実行結果にある「133.243.238.243」はNTPサーバのIPアドレスです。

「offset -1.286623 sec」は補正された時間です。負の値で表示されているので、元の時刻の進んでいた約1.3秒を減じられたことになります。

ntpdateは引数に複数のNTPサーバを指定することもできます。この場合、ntpdateの選定アルゴリズムにより最善のサーバを参照します。

以下の例では引数に「0.centos.pool.ntp.org 1.centos.pool.ntp.org ntp.nict.jp」として3台のホストを指定しています。その結果、参照したサーバはそのIPアドレスからntp.nict.jpであることがわかります。

実行例

```
# ntpdate 0.centos.pool.ntp.org 1.centos.pool.ntp.org ntp.nict.jp
 7 Jul 17:58:07 ntpdate[19369]: adjust time server 133.243.238.163
offset -0.004527 sec

# host ntp.nict.jp
.....（途中省略）.....
ntp.nict.jp has address 133.243.238.163
```

公開NTPサーバは、一般的に、複数のサーバによるDNSラウンドロビン（正引きの問い合わせのたびに順繰りに異なったIPアドレスを返す）によってサーバの負荷分散を行っています。この仕組みのため、NTPサーバの指定では、IPアドレスではなく、上記の例のようにホスト名を指定することが推奨されています。

ntp.nict.jp の例

```
$ host ntp.nict.jp
ntp.nict.jp has address 133.243.238.163
ntp.nict.jp has address 133.243.238.164
ntp.nict.jp has address 133.243.238.243
ntp.nict.jp has address 133.243.238.244
.....（以下省略）.....
```

解答 ntpdate

問題 4-9

重要度 ★★☆

NTPサーバ（ntp.nict.jp）を使ってシステム時計（システムクロック）を設定する前に、システム時計の時刻が正しいかどうかを確認するための下線部に入るコマンドを、オプションも付けて記述してください。

______ ntp.nict.jp

NTPサーバとシステム時計の差分（offset）を確認するには、ntpdateコマンドに-qオプションを付けます。

-qオプションを付けると、問い合わせ（Query）のみを行い、時計の設定は行いません。

実行例

```
# ntpdate -q ntp.nict.jp
31 May 02:19:09 ntpdate[5393]: step time server 133.243.238.243
offset 99.535574 sec
```

実行例のとおり、offset 99.535574 sec と補正すべき時間が正の値で表示されているので、システムクロックは約 99 秒遅れていることになります。

解答 ntpdate -q

問題 4-10

重要度 ★★★

NTP デーモンが参照する設定ファイルの名前は何ですか？　絶対パスで記述してください。

解説　NTP デーモン（ntpd）は NTP により時刻の同期を取るデーモンです。設定ファイル /etc/ntp.conf で指定された 1 台以上のサーバに、指定された間隔で問い合わせを行い、メッセージを交換することにより時刻の同期を取ります。また NTP クライアントに時刻を配信します。

NTPによる時刻同期を行うプログラムとして、多くのディストリビューションでは従来のntpdデーモン、ntpdateコマンドに代わり、機能およびパフォーマンスを改善したchronydデーモン、chronycコマンドが採用されています。
chronyd、chronycについては問題4-15を参照してください。

解答 /etc/ntp.conf

問題 4-11

NTP デーモンが外部 NTP サーバのサービスを受けるために、設定ファイルの中で外部 NTP サーバを指定するコンフィグレーションコマンドはどれですか？ 1 つ選択してください。

A. driftfile　　B. restrict
C. server　　D. iburst

解説　NTP デーモンが参照するファイルは /etc/ntp.conf です。
/etc/ntp.conf の第 1 フィールドはコンフィグレーションコマンドで、第 2 フィールド以降がそのコマンドの引数になります。
コンフィグレーションコマンド「server」の引数に参照する外部 NTP サーバを指定します。

/etc/ntp.confの抜粋

```
driftfile /var/lib/ntp/drift
#
restrict default kod nomodify notrap nopeer noquery
restrict 127.0.0.1
#
server 0.rhel.pool.ntp.org ―― 外部NTPサーバを指定
server 1.rhel.pool.ntp.org ―― 外部NTPサーバを指定
server 2.rhel.pool.ntp.org ―― 外部NTPサーバを指定
#
server 127.127.1.0     # local clock
```

表：コンフィグレーションコマンド

主なコンフィグレーションコマンド	説明
driftfile	ntpdデーモンが計測した、NTPサーバの参照時刻からのインターバルタイマーの発振周波数のずれ（drift：ドリフト）をPPM（parts-per-million：0.0001%）単位で記録するファイルの名前を指定する
restrict	access control list（ACL）の指定。アドレス（最初のフィールド）がdefaultと書かれている行がデフォルトのエントリで、restrict行の最初のエントリとなる。defaultの右に禁止フラッグを指定する。アドレスがローカルホスト127.0.0.1と指定されたエントリのように、フラッグを指定しない場合はすべてのアクセスを許可する
server	リモートサーバのIPアドレスかDNS名、あるいは参照クロックのアドレス（127.127.x.x）を指定する

iburstはコンフィグレーションコマンドのオプションなので、選択肢Dは誤りです。

外部NTPサーバのプールを指定する場合は、serverコマンドの他にpoolコマンドを使用することができます。poolコマンドはDNS問い合わせで返されたプール中のサーバのリストの中から「pool automatic server discovery scheme」により参照するサーバを選択します。プールについては問題4-13の解説を参照してください。

C

問題 4-12

重要度 ★☆☆

/etc/ntp.conf に記載する iburst オプションについての説明で正しいものはどれですか？　2つ選択してください。

A. restrict コマンドのオプションとして指定する
B. すべてのホストのアクセスを許可する
C. server コマンドのオプションとして指定する
D. NTP サーバとの初期の同期にかかる時間を短縮する

解説　iburst は NTP サーバとの初期の同期にかかる時間を短縮するオプションです。server コマンドのオプションとして指定します。

したがって、選択肢 A と B は誤り、選択肢 C と D は正解です。

iburst を指定しない通常の場合は、64 秒間隔でポーリングしますが、iburst オプションを指定すると NTP サーバとの初期の同期時に 2 秒間隔で 8 個のパケットを送信して同期を取ります。このため、通常より早く同期を取ることができます。

実行例：server コマンドに iburst オプションを付加（抜粋表）

```
# vi /etc/ntp.conf
server 0.centos.pool.ntp.org iburst
server 1.centos.pool.ntp.org iburst
```

解答　C、D

問題 4-13

重要度 ★★★

pool.ntp.org についての説明で正しいものはどれですか？　1つ選択してください。

A. stratum1 の NTP サーバの集まりである
B. 利用する場合はサーバの IP アドレスで指定する
C. 利用する場合は pool の名前の先頭に 0 ～ 3 の数字をピリオドで区切って付加する
D. 利用するプールの名前を /etc/hosts、DNS、LDAP 等で名前解決できるように設定しておく
E. プールは国ごとに作成されているので、pool の前には国名を指定しなければならない

解説 pool.ntp.orgはNTP Pool Projectにより提供されるNTPサーバのプールです。世界全体、国、地域ごとのプールにNTPサーバがまとめられています。2020年5月の時点で、世界全体では約3,000台、日本国内では約20台のサーバが参加しており、指定したプールの中からサーバが割り当てられます。

参考URL

・https://www.ntppool.org/zone
・https://www.pool.ntp.org/zone/jp

また、プロジェクトやディストリビューションごとに用意されたプールもあります。

参加しているサーバにはstratum 1あるいは2のもの、およびそれ以下のstratumのサーバもあります。

プールの名前はpool.ntp.orgの前にピリオドで区切って、以下のようなDNSに登録された国、地域、プロジェクトなどの名前を付けます。

・国名や地域名の例：jp、us、asia、north-america
・プロジェクト名やディストリビューション名の例：rhel、centos、fedora、ubuntu、debian

プールを指定する場合は、次のようにプール名の前にピリオドで区切って0～3の数値を指定します。

ntp.confの設定例：世界全体のプールを指定

```
server 0.pool.ntp.org
server 1.pool.ntp.org
server 2.pool.ntp.org
server 3.pool.ntp.org
```

ntp.confの設定例：日本国内のプールを指定

```
server 0.jp.pool.ntp.org
server 1.jp.pool.ntp.org
server 2.jp.pool.ntp.org
server 3.jp.pool.ntp.org
```

CentOSおよびUbuntuの場合、プール名はインストール時のデフォルトとして次のように指定されています。

CentOSの場合

```
0.centos.pool.ntp.org
1.centos.pool.ntp.org
2.centos.pool.ntp.org
3.centos.pool.ntp.org
```

Ubuntu の場合

```
0.ubuntu.pool.ntp.org
1.ubuntu.pool.ntp.org
2.ubuntu.pool.ntp.org
3.ubuntu.pool.ntp.org
```


解答 C

問題 4-14

重要度 ★★★

あるコマンドに -p オプションを付けて実行したところ、次のような結果を得ました。実行したコマンドの名前を記述してください。

```
$ ______ -p
     remote           refid      st t when poll reach   delay   offset  jitter
==============================================================================
+tama.paina.net  131.113.192.40   2 u   25   64    1  35.390   -4.788  13.288
*ntp-a2.nict.go. .NICT.           1 u   24   64    1  45.335    0.336   9.730
 ntp.kiba.net    .INIT.          16 u    -   64    0   0.000    0.000   0.000
+30-213-226-103- .PPS.            1 u   21   64    1  67.846   -4.982  11.161
```

解説 ntpq（ntp query）コマンドは、設定ファイル ntp.conf で指定した複数の NTP サーバの稼働状態を問い合わせるプログラムです。「ntpq -p（--peers）」を実行すると、アクセス先の NTP サーバのリストとその稼働状態を表示します。また、引数を付けずに単に「ntpq」とすると対話的な実行ができます。

表：「ntpq -p」で表示される主な列名

列名	説明
remote	アクセス先（peer）の NTP サーバのホスト名（または IP アドレス）
st	アクセス先（peer）の NTP サーバの stratum
poll	ポーリング間隔（秒単位）
offset	ローカルホストの時刻を基準としたリモートサーバのオフセット（ミリ秒単位）。 正数であればローカルホストの時刻は遅れている 負数であればローカルホストの時刻は進んでいる

リモートホスト名の先頭に付く「*」「+」「-」には以下の意味があります。

- ＊：参照サーバとしてローカルホストと同期している
- ＋：参照サーバとしての候補
- -：クラスタリングアルゴリズムにより候補から外された

解答 ntpq

問題 4-15

重要度 ★★☆

ntpdに代わる新しいNTPデーモンの名前は何ですか？　デーモン名を記述してください。

解説　NTPによる時刻同期を行うプログラムとして、多くのディストリビューションでは従来のntpdデーモン、ntpdateコマンドに代わり、機能およびパフォーマンスを改善したchronydデーモン、chronycコマンドが採用されています。chronyd、chronycはともにchronyパッケージで提供されます。

chronydデーモン

chronydは、NTPにより時刻の同期を取るクライアントかつサーバデーモンです。ntpdと同様に上位のNTPサーバから時刻の同期を受けるクライアント機能と、NTPクライアントに時刻を配信するサーバ機能を持っています。
設定ファイルは/etc/chrony.conf（RedHat系）、あるいは/etc/chrony/chrony.conf（Debian系）です。どちらも書式は同じです。
主な設定ディレクティブは以下のとおりです。

表：主なディレクティブ

ディレクティブ	説明	例
server ホスト名	時刻源として使用するNTPサーバを指定する。オプション「iburst」を指定した場合は起動後の最初の4回の問い合わせは2秒間隔で行う。起動後の同期を早くするために有効	例1) server 0.centos.pool.ntp.org iburst 例2) server ntp.nict.jp iburst
pool プール名	時刻源として使用する複数のNTPサーバのプールを指定する。オプション「maxsources」を指定した場合は、使用するサーバの最大台数は指定した値となる	例1) pool ntp.ubuntu.com iburst maxsources 4 例2) pool ntp.nict.jp iburst
makestep 閾値 回数	時刻のずれが閾値（単位：秒）より大きかった場合は指定した問い合わせ回数まではステップで同期する	makestep 1.0 3
rtcsync	定期的にハードウェアクロックの同期を取る	rtcsync
rtcfile	ドリフトファイルにより時刻を補正する	rtcfile
driftfile ファイル	システムクロックとハードウェアクロックのずれを記録するドリフトファイルを指定する	driftfile /var/lib/chrony/drift

/etc/chrony.confの設定例（CentOS 7）

```
# vi /etc/chrony.conf
# Use public servers from the pool.ntp.org project.
# Please consider joining the pool (http://www.pool.ntp.org/join.
html).
# server 0.centos.pool.ntp.org iburst
# server 1.centos.pool.ntp.org iburst      使用しないサーバは行頭に#を
# server 2.centos.pool.ntp.org iburst      付けてコメント行にする
# server 3.centos.pool.ntp.org iburst

server ntp.nict.jp iburst    この行を追加

# Record the rate at which the system clock gains/losses time.
driftfile /var/lib/chrony/drift

# Allow the system clock to be stepped in the first three updates
# if its offset is larger than 1 second.
makestep 1.0 3

# Enable kernel synchronization of the real-time clock (RTC).
rtcsync

.....（以下省略）.....
```


chronycコマンド

chronycはchronydの制御コマンドです。コマンドラインにサブコマンドを指定して実行することも、引数を付けずに実行してプロンプト「chronyc>」に対してサブコマンドを入力し、対話的に実行することもできます。

構文 **chronyc [オプション] [サブコマンド]**

表：chronycコマンドのサブコマンド

主なサブコマンド	説明
sources	時刻源の情報を表示する
tracking	システムクロックのパフォーマンス情報を表示する
makestep 閾値 回数	時刻のずれが閾値（単位：秒）より大きかった場合は指定した問い合わせ回数まではステップで同期する。引数を指定せずに実行した場合は直ちに時刻を合わせる

実行例

```
# chronyc
chronyc> makestep ――ステップで直ちに時刻を合わせる
200 OK

chronyc> sources ――時刻源の情報を表示
210 Number of sources = 1
MS Name/IP address         Stratum Poll Reach LastRx Last sample
===============================================================================
^* ntp-b2.nict.go.jp             1   6   377    64   -2466ns[ -118
us] +/- 2970us ――時刻源のサーバはntp-b2.nict.go.jp、
                 stratumは1であることがわかる
chronyc> tracking ――システムクロックのパフォーマンス情報を表示
Reference ID    : 85F3EEA3 (ntp-b2.nict.go.jp)
Stratum         : 2
Ref time (UTC)  : Sat May 30 06:43:35 2020
System time     : 0.000125775 seconds fast of NTP time ――
Last offset     : +0.000127110 seconds システムクロックは0.000125775秒
RMS offset      : 0.001854485 seconds 進んでいる
Frequency       : 4.894 ppm slow
Residual freq   : -0.566 ppm
Skew            : 0.399 ppm
Root delay      : 0.005937717 seconds
Root dispersion : 0.000542941 seconds
Update interval : 64.4 seconds
Leap status     : Normal
chronyc> quit
```

解答 chronyd

問題 4-16

重要度 ★☆☆

システムログを収集するソフトウェアについての説明で正しいものはどれですか？　3つ選択してください。

A. syslog は Syslog プロトコルに従ってシステムログを収集する
B. rsyslog の設定ファイル rsyslog.conf は syslog の設定ファイル syslog.conf と後方互換性がある
C. syslog-ng の設定ファイル syslog-ng.conf は syslog の設定ファイル syslog.conf と後方互換性がある
D. systemd journal は rsyslog などの他の syslog ソフトウェアと連携して使用することもできる

システムログを収集するLinuxのソフトウェアとして、syslog、rsyslog、syslog-ng、systemd journalがあります。

syslogはこの4種類の中で最も古くから使用されてきました。1980年代にEric Allman氏（Sendmailの開発者）が開発し、その後、BSD UNIXで発展してきました。これを基にRFC3164としてまとめられ、その後に追加された機能を含めて2009年にRFC5424によってSyslogプロトコルとして標準化されました。この中にはログメッセージの定義としてファシリティ（facility）、プライオリティ（priority）などが含まれています。したがって選択肢Aは正解です。

rsyslogはRainer Gerhards氏が主開発者であるrsyslogプロジェクトによって2004年から開発が始まりました。Syslogプロトコルをベースとして、TCPの利用、マルチスレッド対応、セキュリティの強化、各種データベース（MySQL、PostgreSQL、Oracle他）への対応などの特徴があります。rsyslogプロジェクトのホームページ（http://www.rsyslog.com/）によると、rsyslogは「Rocket-fast SYStem for LOG processing」の意とされています。設定ファイルrsyslog.confはsyslogの設定ファイルsyslog.confと後方互換性があります。したがって選択肢Bは正解です。

syslog-ngはBalázs Scheidler氏が主開発者であるsyslog-ngプロジェクトによって1998年から開発が始まりました。バージョン3.0からはRFC5424のSyslogプロトコルに対応し、TCPの利用やメッセージのフィルタリング機能などの特徴があります。主設定ファイルであるsyslog-ng.confは、syslogの設定ファイルsyslog.confとは書式が異なるため互換性はありません。したがって選択肢Cは誤りです。

systemd journalはsystemdが提供する機能の1つであり、systemdを採用したシステムでは、システムログの収集はsystemd journalのデーモンであるsystemd-journaldが行います。systemd-journaldはカーネル、サービス、アプリケーションから収集したログを不揮発性ストレージ（/var/log/journal/machine-id/*.journal）、あるいは揮発性ストレージ（/run/log/journal/machine-id/*.journal）に構造化したバイナリデータとして格納します。不揮発性ストレージではシステムを再起動してもファイルは残りますが、揮発性ストレージでは再起動すると消えてしまいます。

systemdを採用したシステムでは、揮発性ストレージとして利用される/runにはtmpfsがマウントされています。tmpfsはカーネルの内部メモリキャッシュ領域に作成され、時にスワップ領域も使用されます。揮発性あるいは不揮発性ストレージのどちらに格納するかは、設定ファイルjournald.confの中でパラメータStorageにより指定します。

参考 CentOSやUbuntuなどの主要なディストリビューションでは下図のとおり、「Storage=auto」がデフォルトの設定です。「Storage=auto」の場合は/var/log/journalディレクトリがあるかどうかを判定し、ある場合は/var/log/journal以下に、ない場合は/run/log/journal以下に格納されます。
Ubuntuの場合は/var/log/journalの下に、CentOSの場合は/run/log/journalの下に格納されます。

格納されたログは、journalctl コマンドにより様々な形で検索と表示ができます。journalctl コマンドについては問題 4-23 の解説を参照してください。

systemd journal は Syslog プロトコル互換のインタフェース /dev/log も備えています。また、収集したシステムログを rsyslogd デーモンに転送して格納する構成にすることもできます。したがって、選択肢 D は正解です。

図：systemd-journald によるロギング

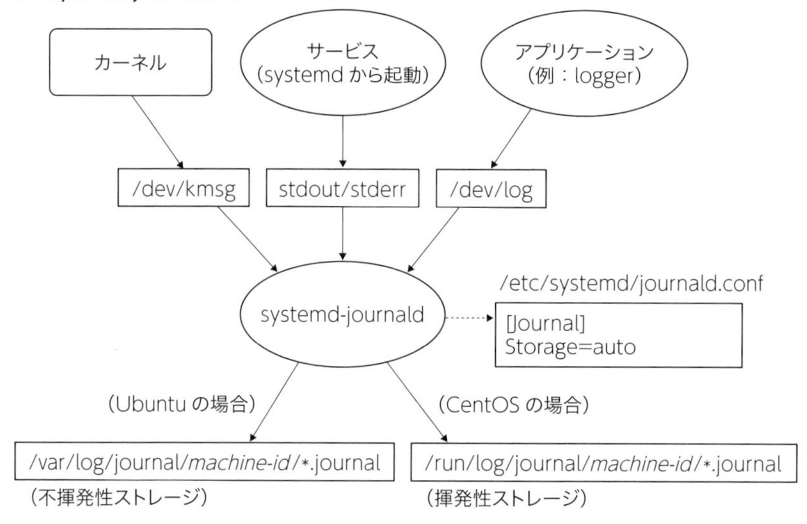

図：systemd-journald と rsyslogd によるロギング

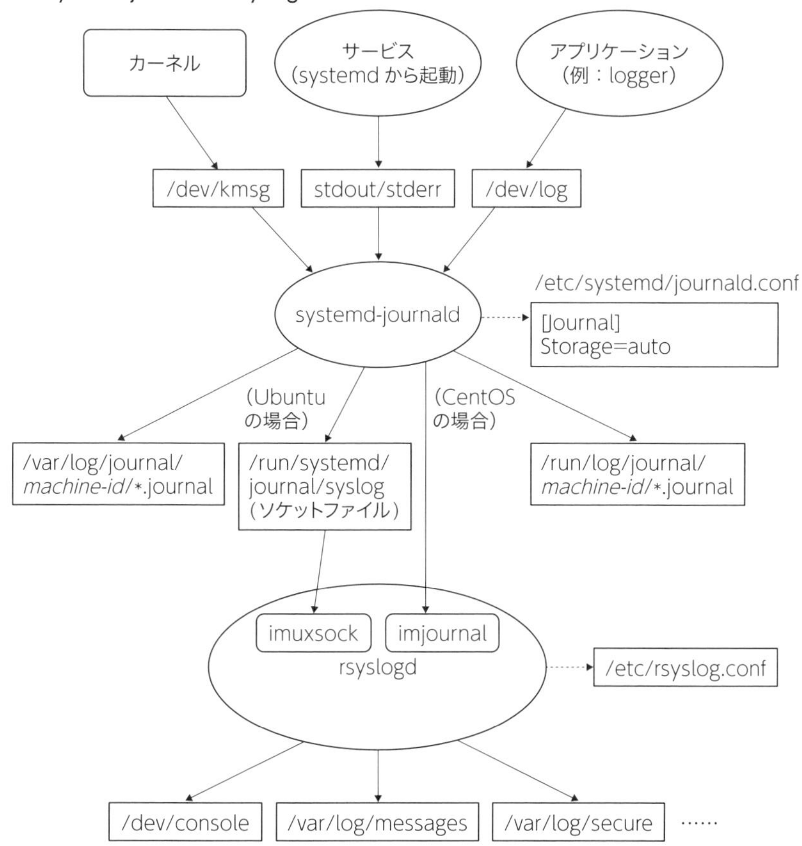

注) 上図の rsyslogd の中の imuxsock と imjournal は、rsyslogd 内に組み込まれた入力モジュール（im）です。Syslog プロトコル互換のソケットファイル /dev/log のリンク先は、ディストリビューションやバージョンによって異なる場合があります。

systemd を採用していない CentOS 6 などでは rsyslog のみでログを管理していますが、systemd を採用しているほとんどの主要なディストリビューションでは、上図のように systemd-journal と rsyslog を組み合わせてログを管理しています。

解答 A、B、D

問題 4-17

重要度 ★★☆

Linux システムのロギングデーモンである rsyslogd が、受け取ったメッセージの種類に応じて出力先を振り分けるために参照する設定ファイルの名前を絶対パスで記述してください。

解説 systemd を採用した Linux ディストリビューションの場合、rsyslogd デーモンは systemd-journald からのログメッセージを受け取り、その種類に応じて設定ファイル /etc/rsyslog.conf で指定された出力先に出力します。

/etc/rsyslog.conf の構成は次のようになっています。

- **モジュールの記述部（102 試験の範囲外）**
  imuxsock、imjournal など、rsyslogd に組込むモジュールを記述します。

- **グローバルディレクティブの記述部（102 試験の範囲外）**
  rsyslogd が使用する作業ディレクトリや include するファイルなどを記述します。

- **ルールの記述部（102 試験の範囲。重要度が高い）**
  セレクタフィールドとアクションフィールドからなり、メッセージの処理ルールを記述します。ルールの記述は、102 試験では非常に重要度の高い項目です。記述方法は問題 4-18 ～ 4-22 を参照してください。

注）Ubuntu の場合はルールは rsyslog.conf に直接に記述するのではなく、/etc/rsyslog.d の下の 50-default.conf ファイルなどに記述して、それを include しています。

これも重要！

/etc/rsyslog.conf を編集した場合は「systemctl restart rsyslog」を実行します。「systemctl reload rsyslog」とする「reload」は使用できないので注意してください。

図：rsyslog の構成

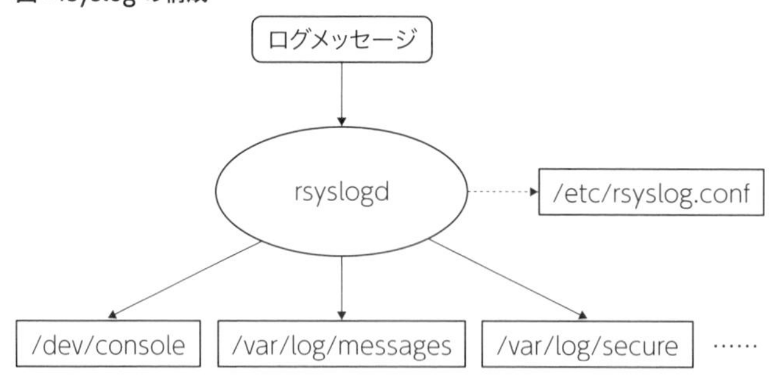

解答 /etc/rsyslog.conf

問題 4-18

重要度 ★★★

rsyslogd の設定ファイルの中で、すべてのカーネルメッセージをコンソールに表示したい場合、正しい記述を 1 つ選択してください。

A. kern.* /dev/console
B. kern.* console
C. *.kern /dev/console
D. *.kern console

解説 rsyslogd の設定ファイル /etc/rsyslog.conf のエントリはセレクタフィールドとアクションフィールドの 2 つのフィールドからなります。

図：rsyslog.conf のエントリ

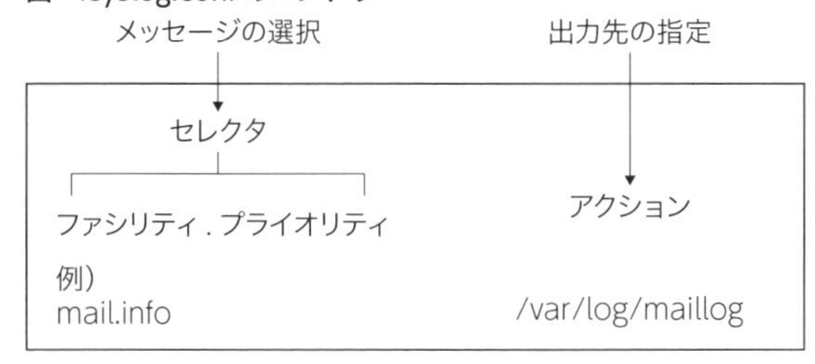

セレクタフィールドはファシリティ . プライオリティで指定し、処理するメッセージを選択するフィールドです。ファシリティはメッセージの機能を表します。プライオリティはメッセージの優先度を表します。アクションフィールドはセレクタフィールドで選択したメッセージの出力先を指定します。

ファシリティ kern（kernel）で送られて来るメッセージがカーネルメッセージです。プライオリティに * を指定するとすべてのプライオリティを表します。ファシリティとプライオリティの一覧は問題 4-19 の解説を参照してください。

出力先を指定するアクションフィールドの記述は次のようになります。

表：アクションフィールド

アクション	説明
/ ファイルの絶対パス	絶対パスで指定されたファイルあるいはデバイスファイルへ出力。-/ で始まる場合は、書き込み後に sync しない指定となる。これによりパフォーマンスの向上が見込める
| 名前付きパイプ	メッセージを指定した名前付きパイプに出力する。名前付きパイプを入力としたプログラムがこのメッセージを読むことができる
@ ホスト名、@@ ホスト名	ログの転送先のリモートホストの指定（問題 4-22 の解説を参照）
*	ログインしているすべてのユーザへ送る（ユーザの端末に表示）
ユーザ名	ユーザ名で指定されたユーザへ送る（ユーザの端末に表示）

解答 A

 4-19

重要度 ★★☆

/etc/rsyslog.conf ファイルの中で、ファシリティ kernel でのプライオリティ crit 以上のすべてのメッセージを /var/log/messages に記録したい場合、ファシリティ . プライオリティの指定を記述してください。 ■■■

解説 ファシリティ . プライオリティの指定では、指定したプライオリティ以上のメッセージをすべて記録します。

特定のプライオリティだけを指定する場合は、「ファシリティ .= プライオリティ」とします。

ファシリティはメッセージの機能を表します。

表：ファシリティ一覧

ファシリティ	ファシリティコード	説明
kern	0	カーネルメッセージ
user	1	ユーザレベルメッセージ
mail	2	メールシステム
daemon	3	システムデーモン
auth	4	セキュリティ / 認証メッセージ。最近のシステムでは auth ではなく authpriv が使用される
syslog	5	syslogd による内部メッセージ
lpr	6	Line Printer サブシステム
news	7	news サブシステム
uucp	8	UUCP サブシステム
cron	9	cron デーモン
authpriv	10	セキュリティ / 認証メッセージ（プライベート）
ftp	11	ftp デーモン
local0 ～ local7	16 ～ 23	ローカル用に予約

ファシリティに * を指定するとすべてのファシリティを表します。

プライオリティはメッセージの優先度を表します。

表：プライオリティ一覧

プライオリティ	説明
emerg	emergency：パニックの状態でシステムは使用不能
alert	alert：緊急に対処が必要
crit	critical：緊急に対処が必要。alert より緊急度は低い
err	error：エラー発生
warning	warning：警告。対処しないとエラー発生の可能性がある
notice	notice：通常ではないがエラーでもない情報
info	information：通常の稼働時の情報
debug	debug：デバッグ情報
none	none：ログメッセージを記録しない

上からプライオリティの高い順になります。プライオリティが一番高いのがemergで、一番低いのがdebugです。

noneはプライオリティではなく、ログメッセージを記録しない指定です。

解答 kern.crit

問題 4-20

重要度 ★★☆

/etc/rsyslog.confファイルの中で、特定のファシリティについて、ログはすべて記録しないようにするプライオリティの指定を記述してください。

解説 問題4-19の解説のとおり、プライオリティにnoneを指定すると、ログに記録をしない指定となります。

syslog.confの例

```
*.info;mail.none        /var/log/messages ①
mail.*                  /var/log/maillog ②
```

上記の例の①では、メール関連のログメッセージは頻繁なので除外し、それ以外のすべてのファシリティのinfo以上のメッセージを/var/log/messagesに記録されるようにしています。

②では、mail関連のログはすべて/var/log/maillogに記録されるようにしています。

解答 none

問題 4-21

重要度 ★★☆

カーネルやデーモンからのメッセージなど、システムのほとんどのメッセージを記録しているファイルは何ですか？ 絶対パスで記述してください。

解説 RedHat系のLinuxでは/etc/rsyslog.confに次のように記述されています。

/etc/rsyslog.confの抜粋

```
*.info;mail.none;news.none;authpriv.none;cron.none        /var/log/messages
```

mail、news、authpriv（プライベート認証）、cron以外のすべてのファシリティの info 以上のメッセージは /var/log/messages に記録します。

/var/log/messages

4-22

リモートホスト（ホスト名：loghost、IP アドレス：192.168.1.1）にログを転送する場合の rsyslog.conf のアクションフィールドの記述で正しいものはどれですか？　3 つ選択してください。

A. @loghost
B. @@192.168.1.1:514
C. $loghost
D. $$192.168.1.1:514
E. action(type="omfwd" Target="192.168.1.1" Port="514" Protocol ="udp")
F. module(type="omfwd" Target="loghost" Port="514" Protocol= "tcp")

セレクタフィールドで選択したメッセージをアクションフィールドで指定したリモートホストに UDP あるいは TCP で転送することができます。ホストの指定には、ホスト名か IP アドレスを指定します。

- UDP で転送する場合：@ リモートホスト
- UDP で転送する場合（宛先ポートを指定）：@ リモートホスト：ポート番号
- TCP で転送する場合：@@ リモートホスト
- TCP で転送する場合（宛先ポートを指定）：@@ リモートホスト：ポート番号

宛先ポートのデフォルトは 514 番になります。
また、アクションフィールドをメッセージ転送を行う出力モジュール omfwd を使用して次のように記述することもできます。

```
action(type="omfwd" Target="192.168.1.1" Port="514" Protocol="udp")
```

この記述は「@192.168.1.1:514」と同じ結果になります。
以下はすべてのメッセージを UDP で loghost に転送するルールの記述例です。

設定例

```
*.*             @loghost
```

したがって、選択肢 A、B、E が正解です。

参考 リモートホストへの転送を記述した場合、転送先のリモートホストのrsyslogdがメッセージを受け取れるようにrsyslog.confを以下のように設定しておく必要があります。

UDPのメッセージを受信する場合

```
$ModLoad imudp
$UDPServerRun 514
```

TCPのメッセージを受信する場合

```
$ModLoad imtcp
$InputTCPServerRun 514
```


解答 A、B、E

問題 4-23

重要度 ★★★

journalctl コマンドについての説明で正しいものはどれですか？　3つ選択してください。

A. syslogd が収集したログを表示できる
B. rsyslogd が収集したログを表示できる
C. 特定の日時の範囲のログを指定して表示できる
D. 特定のプライオリティのログを指定して表示できる
E. 特定のファシリティのログを指定して表示できる

解説 journalctl コマンドは systemd-journald が収集し、格納したログを表示するコマンドです。syslogd や rsyslogd など、他のデーモンが収集したログを表示することはできません。したがって選択肢 A と選択肢 B は誤りです。

journalctl コマンドはオプション指定や「フィールド＝値」の指定により様々な形で検索と表示ができます。

構文 `journalctl [オプション] [フィールド=値]`

表：オプション

主なオプション		説明
-e	--pager-end	最新の部分までジャンプして表示する
-f	--follow	リアルタイムに表示する
-n	--lines	表示行数を指定する
-p	--priority	指定したプライオリティのログを表示する
-r	--reverse	逆順に表示する。最新のものが最上位に表示される
--since		指定日時以降を表示する
--until		指定日時以前を表示する

オプション「--since=」と「--until=」で指定した日時の範囲のログを表示することができます。オプション「-p」あるいは「--priority=」の指定によりSyslogプロトコルのプライオリティを指定して表示することができます。引数に「フィールド＝値」の形式で、「SYSLOG_FACILITY=」を指定することにより、Syslogプロトコルのファシリティコードを指定して表示することができます。

ファシリティとファシリティコードの対応については問題4-19の解説の「ファシリティ一覧」の表を参照してください。

したがって、選択肢C、D、Eは正解です。

次の実行例では、2020年5月9日9時から5月10日17時までのログを表示しています。

実行例

```
# journalctl --since="2020-05-09 09:00:00" --until="2020-05-10 17:
00:00"
```

次の例では、プライオリティがwarning以上のログを表示しています。

実行例

```
# journalctl -p warning
```

次の例では、ファシリティがmail（ファシリティコード=2）のログを表示しています。

実行例

```
# journalctl  SYSLOG_FACILITY=2
```

解答 C、D、E

問題 4-24

重要度 ★★★

メッセージをsystemd-journalに送ることでログに記録するコマンドは何ですか？　コマンド名を記述してください。

解説 systemdを採用したシステムでは、loggerコマンドの他にsystemd-catコマンドでメッセージをログに記録できます。systemd-catは引数に指定したコマンドを実行し、その標準出力とエラー出力をsystemd-journalに送ることでログに記録します。また、引数の指定がない場合は、標準入力から取り込んだメッセージをsystemd-journalに送ることでログに記録します。

以下はdateコマンドの出力をログに記録する例です。

実行例

```
# systemd-cat date
# tail /var/log/messages
May 10 21:16:05 centos7 journal: 2020年  5月 10日 日曜日 21:16:05 JST
```

以下は標準入力からメッセージを取り込んでログに記録する例です。

実行例

```
# echo Test! | systemd-cat
# tail /var/log/messages
May 10 21:17:38 centos7 journal: Test!
```

解答 systemd-cat

問題 4-25

重要度 ★★★

任意のファシリティとプライオリティを指定してシステムにログメッセージを送ることができるコマンドは何ですか？　コマンド名のみを記述してください。

解説 logger コマンドにより、任意のファシリティとプライオリティを指定してログメッセージをシステムに送ることができます。システムの設定により、rsyslogd デーモンあるいは systemd-journald デーモンがメッセージを受け取ります。

構文 **logger [オプション] [メッセージ]**

表：オプション

主なオプション	説明
-f	指定したファイルの内容を送信する
-p	ファシリティ . プライオリティを指定する。デフォルトは user.notice

以下は、ファシリティを user に、プライオリティを info に指定して、syslogd にメッセージ「Syslog Test」を送信しています。

実行例

```
# logger -p user.info "Syslog Test"
# tail /var/log/messages | grep Test
May 10 21:21:25 examhost root: Syslog Test
```

解答 logger

問題 4-26

重要度 ★★★

古いログを別の名前で保存するとともに、元の名前の新しい空ファイルを作成する機能を持つコマンドはどれですか？　1つ選択してください。

A. logsave　　B. logout
C. logrotate　　D. logger

解説　logrotateコマンドにより、ログ名、間隔、回数を設定ファイルで指定してローテーションできます。

通常、logrotateコマンドは/etc/cron.daily/logrotateスクリプトにより、1日1回実行されます。設定ファイル名は任意ですが、一般的には/etc/logrotate.confとして用意します。

構文 **logrotate [オプション] 設定ファイル**

以下は、/etc/logrotate.confを設定ファイルとして用意し、このファイルを指定してlogrotateコマンドを実行している例です。

実行例

```
# cat /etc/logrotate.conf
#compress ── 先頭の#を外して有効にするとローテートしたファイルをgzipで圧縮
weekly ── 1週間間隔でローテーション
rotate 4 ── バックログを4つ取る
/var/log/messages {
    postrotate
        /bin/kill -HUP `cat /var/run/syslogd.pid` ── ローテーション後にsyslogdを再初期化
    endscript
}
# logrotate /etc/logrotate.conf ── 設定ファイルを指定してlogrotateコマンドを実行する
# ls /var/log/messages*
/var/log/messages    /var/log/messages.2  /var/log/messages.4
/var/log/messages.1  /var/log/messages.3
```

これも重要！

インストール時のデフォルトではコメントになっている「#compress」の行の#を外して有効にすると、ローテートしたログをgzipコマンドで圧縮します。

解答 C

問題 4-27

重要度 ★★☆

ポート番号 25 でサービスするのはどのようなホストですか？　1 つ選択してください。

A. SMTP サーバ　　B. SSH（Secure Shell）サーバ
C. SMTP クライアント　　D. SSH（Secure Shell）クライアント

ポート番号 25 は smtp サービスです。SMTP サーバ（メールサーバ）によって提供される電子メールを配送するサービスです。

SMTP サーバ(メールサーバ)を中核とする電子メールシステムは複数のコンポーネントから構成されます。MTA、MDA、MUA が主要なコンポーネントです。

図：メールシステムの概要

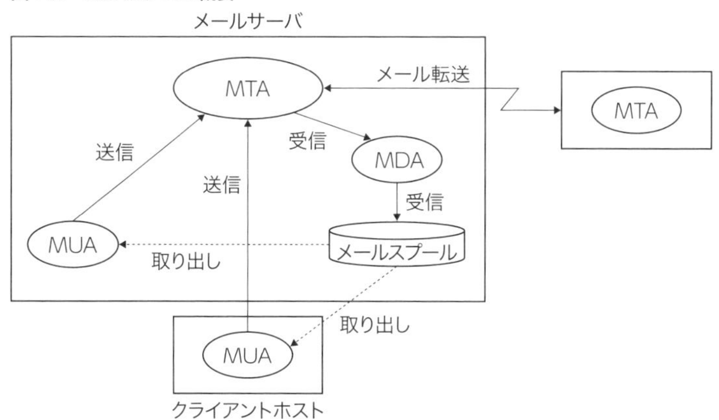

MTA（Mail Transfer Agent）

メールの配送を行うプログラムです。メールシステムの中心的役割を担います。DNS サーバを使用してメールの送信先となる MTA のホスト名を調べます。Linux では Exim、Postfix、Sendmail などが広く使用されています。

MDA（Mail Delivery Agent）

MTA が受け取ったメールをローカルドメインのユーザに配信する（メールスプールに格納する）プログラムです。Sendmail のデフォルトの MDA は procmail、Postfix の MDA は local デーモンです。Exim はデフォルトでは外部の MDA を利用せず、Exim 自身がローカル配信を行います。

MUA（Mail User Agent）

ユーザがメールの送受信に使用するプログラムです。Linux の CUI ベースの MUA には mailx や mutt があります。Linux の GUI ベースの代表的な MUA としては Evolution、Thunderbird などがあります。

A

問題 4-28

重要度 ★★☆

次のプログラムのうちメール転送エージェント（MTA）はどれですか？ 3つ選択してください。

A. Postfix　B. Sendmail
C. Procmail　D. Exim
E. Thunderbird

解説 Linux で広く使用されている MTA として Postfix、Exim、Sendmail があります。

表：Linux の主な MTA

MTA の名前	主開発者	最初のリリース	主設定ファイル	特徴
Sendmail	Eric Allman	1981 年	/etc/mail/sendmail.cf	UNIX 系 OS の標準的な MTA として長く使われてきたが、近年ではあまり使われなくなった
Exim	Philip Haze	1995 年	/etc/exim/exim.conf	Sendmail と同じく単一のプログラムで MTA のすべての機能を制御する。Sendmail との互換性も考慮されており、近年 UNIX/Linux で広く使われている
Postfix	Wietse Venema	1998 年	/etc/postfix/main.cf /etc/postfix/master.cf	複数のデーモンが連携して動作する。Sendmail に代わる MTA として処理速度の向上とセキュリティの強化が図られるとともに Sendmail との互換性も考慮されている

UNIX 系 OS の標準的な MTA として長く使われてきた Sendmail も、近年のシェアは小さく、Postfix と Exim が主流を占めています。Postfix と Exim は Sendmail との互換性が考慮されており、Sendmail パッケージに含まれている sendmail コ

マンド（問題4-29参照）、newaliasesコマンド（問題4-33参照）、mailqコマンド（問題4-31参照）はPostfixでもEximでも提供されています。またSendmailと同じく、~/.forwardファイルの設定（問題4-34参照）によりユーザがメールの転送を設定することもできます。したがって選択肢A、B、Dは正解です。

Procmailは MTAではなくMDAなので選択肢Cは誤りです。ThunderbirdはMTAではなくMUAなので選択肢Eは誤りです。

参考 SecuritySpace.comのサーベイによると、2020年5月現在でのインターネット上のSMTPサーバのシェアではEximとPostfixが主流であり、Sendmailなどのその他のサーバのシェアは4%以下となっています（URL：http://www.securityspace.com/s_survey/data/man.202004/mxsurvey.html）。

解答 A、B、D

問題 4-29

重要度 ★☆☆

sendmailコマンドの説明で正しいものはどれですか？　2つ選択してください。

- **A.** Sendmail、Postfix、Eximなど、どのMTAでも提供されている
- **B.** Sendmailのパッケージでのみ提供され、MTAがSendmailの場合のみ実行できる
- **C.** CUIベースのMUAがメールの送信のときに利用する
- **D.** GUIベースのMUAがメールの受信のときに利用する

解説 sendmailコマンドはSendmailパッケージだけでなく、Postfix、Eximなど、どのMTAのパッケージでも提供されています。mailxやmuttなどのCUIベースのMUAはsendmailコマンドを利用してメールを送信します。したがって、選択肢Aと選択肢Cは正解、選択肢Bと選択肢Dは誤りです。

またユーザは次のようにして、sendmailコマンドにより直接メールを送信することもできます。

実行例

```
$ sendmail yuko@mylinuc.com < 送信する本文を格納したファイル
```

また、sendmailコマンドにより別名データベースを更新したり、メールキューを表示したりすることもできます。

- **別名データベースの更新：** sendmail -bi（newaliasesコマンドと同等機能。問題4-33参照）
- **メールキューの表示：** sendmail -bp（mailqコマンドと同等機能。問題4-31参照）

解答 A、C

問題 4-30

重要度 ★★☆

ローカルなユーザ宛のメールはどのディレクトリの下に届けられますか？　一般的なディレクトリを２つ選択してください。

A. /var/mail　　B. /etc/mail
C. /var/spool/mail　　D. /var/mail/spool

解説　MTA が Sendmail の場合、デフォルトの MDA である procmail が sendmail から受け取ったメールをローカルユーザ宛に配信します。procmail のコンパイル時に /var/spool/mail を /var/mail より優先させているため、procmail は /var/spool/mail に配信します。

MTA が Exim の場合、デフォルトの設定では外部の MDA を利用せず、Exim 自身がローカルユーザ宛に配信します。デフォルトの設定では配信するディレクトリは /var/mail となります。

MTA が Postfix の場合、MDA である local デーモンがメールをローカルユーザ宛に配信します。local デーモンを Linux 上でコンパイルした場合は、配信するディレクトリは /var/mail となります。設定ファイル main.cf の記述によりディレクトリを変更することもできます。

したがって選択肢 A と選択肢 C が正解です。

解答 A、C

問題 4-31

重要度 ★★★

MTA が転送することができなかったメールのキューを見るにはどうすればよいですか？　2 つ選択してください。

A. GUI ベースの MUA の「ごみ箱」の中を表示する
B. procmail コマンドを実行する
C. mailq コマンドを実行する
D. メールキューのディレクトリの下のファイルを ls コマンドで表示する

解説　転送先メールサーバの不具合やネットワークの不具合などでメールを転送できなかった場合、MTAはキューにそのメールを置き、間隔を空けて再送を試みます。再送間隔は、SendmailおよびEximの場合は起動時に-qオプションで指定します。

Eximの場合の実行例

```
# /usr/sbin/exim -bd -q1h
```

上記の例ではオプション「-q1h」により1時間間隔（1 hour）で再送を試みます。「-bd」（Become Daemonの意）はデーモンモードの指定です。オプション「-bd -q1h」はsendmailのオプション指定の場合と同じです。

Postfixの場合は、再送間隔はmain.cfの中で、パラメータqueue_run_delay（デフォルト値：300秒）、minimal_backoff_time（デフォルト値：300秒）、maximal_backoff_time（デフォルト値：4,000秒）で指定します。qmgrデーモンがqueue_run_delayの間隔でキューをチェックし、1回目の再送はminimal_backoff_timeの間隔で行い、間隔がmaximal_backoff_timeになるまで、2回目、3回目……と2倍ずつしながら再送を試みます。MTAが転送することができなかったメールのキューを見るには、Sendmail、Exim、Postfixのいずれの場合もmailqコマンドの実行により表示できます。また、キューのディレクトリをlsコマンドで表示することでも確認できます。

実行例

```
# mailq
-Queue ID- --Size-- ----Arrival Time---- -Sender/Recipient-------
CDEF13027B32E      256 Mon May 11 00:20:16  yuko@kwd-corp.com
            (connect to mail.mylinuc.com[202.61.27.202]:25: No route to host)
                                             mana@mylinuc.com
-- 0 Kbytes in 1 Request
```

上記の例では、転送することができなかったメールがキューに1つ残っています。

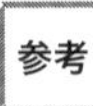

参考　転送することができなかったメールを置くキューディレクトリのデフォルトは以下のとおりです。

表：主なMTAのキューディレクトリ

MTAの名前	デフォルトのキューディレクトリ
Sendmail	/var/spool/mqueue
Exim	/var/spool/exim/input
Postfix	/var/spool/postfix/deferred

解答　C、D

問題 4-32

重要度 ★★★

Sendmail、Postfix、Exim において、メールアドレスの別名を設定するファイルはどれですか？　1つ選択してください。

A. /etc/mail　　B. /etc/aliases
C. /etc/mail.conf　　D. /etc/mail-aliases.conf

解説　メールアドレスの別名は /etc/aliases ファイルに記述します。
なおこのファイル名は aliases と複数形になっているので、特に記述問題のときは注意してください。

書式 **別名:　　　転送先アドレス1，転送先アドレス2，転送先アドレス3，...**

/etc/aliases の抜粋

```
postmaster:  root
staff:   yuko,ryo,mana@example.com
```

上記により、postmaster（郵便局長）宛のメールは root ユーザに転送されます。staff 宛のメールはローカルユーザの yuko、ryo、および example.com ドメインのユーザ mana（mana@example.com）に転送されます。

これも重要！

書式も重要です。上記の記述例をよく覚えておいてください。

解答　B

問題 4-33

重要度 ★★★

メールサーバの管理者がメールアカウントは追加しないで、エイリアス設定ファイルを編集してエントリを追加しました。この編集内容をエイリアスデータベースに反映させるコマンドを記述してください。

解説　Sendmail および Postfix は、エイリアスファイル（デフォルトは /etc/aliases）とエイリアスデータベースファイル（デフォルトは /etc/aliases.db）を参照します。エイリアスデータベースファイルがあればこちらを参照し、エイリアスファイルは参照されません。エイリアスデータベースファイルがなければエイリアスファイルが参照されます。

エイリアスファイルはSendmailおよびPostfixの起動時にのみ読み込まれますが、エイリアスデータベースファイルは稼働時に更新してもそのまますぐに反映されます。エイリアスファイルを編集した場合は、newaliasesコマンドを実行してエイリアスデータベースファイルを更新します。コマンド名がnewaliasesと複数形になっているので記述問題のときには注意してください。

なお、Eximの場合は/etc/aliasesファイルだけを参照し、/etc/aliases.dbは参照しません。Eximの場合、newaliasesコマンドはSendmailとの互換性だけのために提供されています。

構文 **newaliases**

newaliasesコマンドはオプション、引数を取りません。

解答 newaliases

問題 4-34

重要度 ★★★

Sendmail、Postfix、EximなどのMTAを使用しているシステムで、ユーザが受信したメールを別のメールアドレスに転送したいとき、ユーザが設定するファイルはどれですか？　1つ選択してください。

A. ~/.aliases　　B. ~/.forward
C. ~/.redirect　　D. ~/.mail

解説 ユーザが受信したメールを転送したい場合は、自分のホームディレクトリの下に.forwardファイルを作成して、転送先メールアドレスを記述します。

~/.forwardの例

```
mana@example.com
mana@mylinuc.com
```

自分宛のメールをmana@example.comとmana@mylinuc.comに転送します。

解答 B

第2部 102試験

5章

セキュリティ

本章のポイント

▶ セキュリティ管理業務の実施

アカウントの失効日や権限の管理など、様々なローカルセキュリティ管理について理解します。

重要キーワード

ファイル：/var/log/wtmp、/var/run/utmp、/etc/sudoers
コマンド：find、usermod、chage、lsof、last、w、who、ulimit、su、sudo

▶ ホストのセキュリティ設定

/etc/shadowの役割やファイアウォールの設定など、ホストのセキュリティ設定について理解します。

重要キーワード

ファイル：/etc/passwd、/etc/shadow、/etc/nologin、/etc/xinetd.conf、/etc/hosts.allow、/etc/hosts.deny
コマンド：systemctl、iptables、firewalld、firewall-cmd

▶ 暗号化によるデータの保護

sshで使用される秘密鍵と公開鍵、gpgで使用される秘密鍵と公開鍵について理解します。

重要キーワード

ファイル：ssh_config、~/.gnupg
コマンド：ssh、ssh-keygen、ssh-agent、ssh-add、gpg

▶ クラウドセキュリティの基礎

クラウドの概要とパブリッククラウドのセキュリティについて理解します。

重要キーワード

用　語：パブリッククラウド、インスタンス、リージョン、管理コンソール、多要素認証、ワンタイムパスワード

問題 5-1

重要度 ★★★

/bin ディレクトリ内で、一般ユーザが実行しても root 権限で実行されるファイルの一覧を表示したい場合、どの find コマンドを実行すればよいですか？ 1つ選択してください。

A. find /bin -uid 0 -perm /4000
B. find -user -perm /4000 /bin
C. find /bin -user -perm 4000
D. find /bin -user 0 -perm 4000
E. find -perm /4000 /bin

解説 find コマンドの検索オプション「-uid 0」によりファイルの所有者が root で、かつ「-perm /4000」により SUID ビットが立っているファイルを検索する選択肢 A が正解です。

選択肢 B、選択肢 C、選択肢 E は構文が誤っています。

選択肢 D は検索オプション「-user 0」により所有者が root のファイルを探しますが、「-perm 4000」は SUID ビットが立ち、かつ他のビットは立っていないファイルを探すので誤りです。

選択肢にありませんが、この問題のように 1 つのビットだけを調べるのであれば「find /bin -uid 0 -perm -4000」としてもできます。

構文 `find [検索ディレクトリ] [検索オプション]`

表：検索オプション

主な検索オプション	説明
-uid ユーザ ID	ファイルの所有者のユーザ ID を指定
-user ユーザ名	ファイルの所有者のユーザ名またはユーザ ID を指定
-perm パーミッション	ファイルのパーミッションを指定。パーミッションが完全に一致したファイルを検索
-perm -パーミッション	ファイルのパーミッションを指定。指定した以外のパーミッションビットは無視する
-perm /パーミッション	ファイルのパーミッションを指定。指定したいずれかのパーミッションビットが立っているファイルを検索
検索条件 1 検索条件 2	検索条件 1 と検索条件 2 の両方を満たすファイルを検索（検索条件 1 と検索条件 2 の論理積（AND））
検索条件 1 -a 検索条件 2	検索条件 1 と検索条件 2 の両方を満たすファイルを検索（検索条件 1 と検索条件 2 の論理積（AND））
検索条件 1 -and 検索条件 2	検索条件 1 と検索条件 2 の両方を満たすファイルを検索（検索条件 1 と検索条件 2 の論理積（AND））。この書式は POSIX には対応していない
検索条件 1 -o 検索条件 2	検索条件 1 と検索条件 2 のどちらか片方を満たすファイルを検索（検索条件 1 と検索条件 2 の論理和（OR））
検索条件 1 -or 検索条件 2	検索条件 1 と検索条件 2 のどちらか片方を満たすファイルを検索（検索条件 1 と検索条件 2 の論理和（OR））。この書式は POSIX には対応していない

解答 A

問題 5-2

重要度 ★★★

現在のディレクトリ以下にあるシンボリックリンクファイルを探すコマンドはどれですか？　1つ選択してください。

A. locate -d . symlink　　B. locate symlink
C. find . -type d　　D. find -type l

解説　ファイルタイプを指定して探すにはfindコマンドを使用し、-typeオプションでファイルタイプを指定します。主なタイプには、d（ディレクトリ）、f（通常ファイル）、l（シンボリックリンクファイル）などがあります。findコマンドで検索するディレクトリを省略した場合は、現在のディレクトリ以下を検索します。したがって選択肢Dは正解、選択肢Cは誤りです。findコマンドの詳細は「第1部 101試験」の第2章を参照してください。

locateコマンドはファイルタイプを指定して探すことはできないので、選択肢Aと選択肢Bは誤りです。

解答 D

問題 5-3

重要度 ★★☆

特定のユーザのアカウント失効日を変更するための適切なコマンドはどれですか？　2つ選択してください。

A. usermod　　B. chage
C. vi /etc/shadow　　D. アカウントを削除した後、再登録する

解説　アカウントが失効する日を変更するには、「usermod -e」あるいは「chage -E」を実行します。

実行例

```
# date
Sun Aug 23 14:21:09 JST 2020
# grep yuko /etc/shadow
yuko:uADyNKzq72B0k:18497:0:99999:7:::  ―― 指定なし
# grep ryo /etc/shadow
ryo:$1$YLqmYefl$Q1jVQcBc6PXyUPgRTQdEq.:18497:0:99999:7:::  ―― 指定なし
# usermod -e 2020-12-31 yuko
# chage -E 2020-12-31 ryo
# grep yuko /etc/shadow
yuko:uADyNKzq72B0k:18497:0:99999:7::18627:  ―― 18627日後に失効
# grep ryo /etc/shadow
ryo:$1$YLqmYefl$Q1jVQcBc6PXyUPgRTQdEq.:18497:0:99999:7::18627:  ―― 18627日後に失効
```

/etc/shadowの第8フィールドが、何も指定なし（失効しない）から18627に変更されています。1970年1月1日の18627日後が2020年12月31日になります。

またviコマンドで/etc/shadowファイルの第8フィールドを編集することも方法の1つですが、1970年1月1日からの通算日数で記述しなければならないので、chageとusermodが適切です。

アカウントは失効日の2020年12月31日まで使えます。2021年1月1日になると次のようなメッセージが表示されてログインできなくなります。

実行例

```
$ ssh examhost -l ryo
ryo@examhost's password:
Your account has expired; please contact your system administrator
Connection closed by 172.16.210.149
```

chageの構文 **chage [オプション [引数]] ユーザ名**

表：オプション

主なオプション	説明	/etc/shadow（対応するフィールド番号）
-l（list）	アカウントとパスワードの失効日の情報を表示。このオプションのみ一般ユーザでも使用できる	
-d（lastday）	パスワードの最終更新日を設定。年月日を YYYY-MM-DD の書式、もしくは 1970 年 1 月 1 日からの日数で指定する	3
-m（mindays）	パスワード変更間隔の最短日数を設定	4
-M（maxdays）	パスワードを変更なしで使用できる最長日数を設定	5
-W（warndays）	パスワードの変更期限の何日前から警告を出すかを指定	6
-I（inactive）	パスワードの変更期限を過ぎてからアカウントが使用できなくなるまでの猶予日数。この猶予期間ではログイン時にパスワードの変更を要求される	7
-E（expiredate）	アカウントの失効日を設定（失効日の翌日から使用できなくなる）。年月日を YYYY-MM-DD の書式、もしくは 1970 年 1 月 1 日からの日数で指定する	8

表：/etc/shadow のフィールド

フィールド番号	内容
1	ログイン名
2	暗号化されたパスワード
3	1970 年 1 月 1 日から、最後にパスワードが変更された日までの日数
4	パスワードが変更可となるまでの日数
5	パスワードを変更しなければならない日までの日数
6	パスワードの期限切れの何日前にユーザに警告するかの日数
7	パスワードの期限切れの何日後にアカウントを使用不能とするかの日数
8	1970 年 1 月 1 日から、アカウントが使用不能になるまでの日数
9	予約されたフィールド

解答 A、B

問題 5-4

重要度 ★★☆

特定のユーザのアカウント失効日を変更するための専用のコマンド名は何ですか？　コマンド名のみ記述してください。

解説 「usermod -e 失効日 ユーザ名」としても失効日を変更できます。しかし usermod はユーザ情報全般の変更のためのコマンドなので、この問題の場合は失効日変更の専用コマンドである chage を記述します。

解答 chage

問題 5-5

重要度 ★★☆

/etc/passwd ファイルに登録されているユーザのパスワード有効期限を調べるために使用するコマンドは何ですか？　コマンド名のみ記述してください。

□□□

解説　パスワード有効期限を調べる場合は、「chage -l ユーザ名」として実行します。以下の例ではユーザ ryo のアカウントとパスワードの有効期限を調べています。

実行例

```
# chage -l ryo
Last password change                                   : Aug 01, 2020
Password expires                                       : Sep 30, 2020
Password inactive                                      : Oct 30, 2020
Account expires                                        : Dec 31, 2020
Minimum number of days between password change         : 0
Maximum number of days between password change         : 60
Number of days of warning before password expires      : 7
```

以下は、ユーザ ryo のアカウントとパスワードの有効期限の例です。

図：アカウントとパスワードの有効期限の例

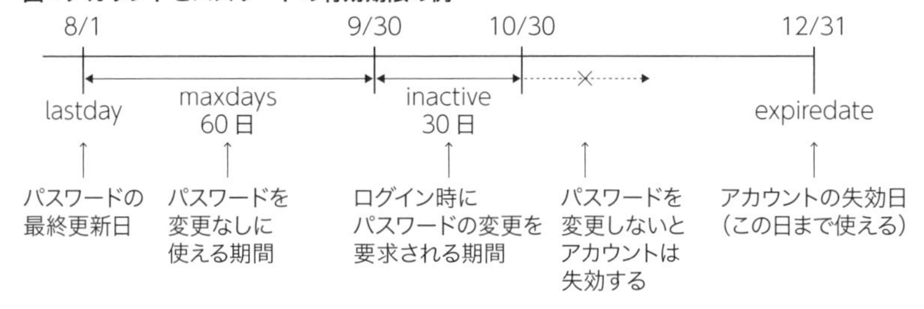

パスワードの有効期限を過ぎた後、アカウント失効までの猶予期間中は以下のようにログイン時にパスワードの変更を要求されます。

実行例

```
$ ssh  examserver -l ryo
ryo@examserver's password:
You are required to change your password immediately (password aged)
Last login: Thu Oct 22 20:03:41 2020 from examhost
WARNING: Your password has expired.
You must change your password now and login again!
Changing password for user ryo.
Changing password for ryo.
(current) UNIX password:
New password:
Retype new password:
passwd: all authentication tokens updated successfully.
Connection to examserver closed.
（この後、再度ログインする）
```


パスワードを変更できる猶予期間を過ぎると、アカウント失効時と同じ以下のメッセージが表示されてログインはできなくなります。

実行例

```
$ ssh  examserver -l ryo
ryo@examserver's password:
Your account has expired; please contact your system administrator
Connection closed by 172.16.210.149
```

解答 chage

問題 5-6

重要度 ★★★

ユーザのパスワードの有効期限あるいはアカウントの有効期限を変更できるコマンドを3つ選択してください。

A. usermod
B. passwd
C. chattr
D. chage
E. setacl

解説 passwd コマンドでパスワードの有効期限を変更できます。

注）「chage -M」でもパスワードの有効期限を変更できますが、試験の重要度は低いです。usermod あるいは chage コマンドでアカウントの有効期限を変更できます。

パスワードとアカウントの有効期限を設定、変更するコマンドとオプションは以下のとおりです。

表：アカウントの有効期限の設定／変更コマンド

コマンド	失効日（expire）の設定オプション	重要度
useradd	useradd -e	★★☆
useradd	useradd -D -e（デフォルト値の設定）	★☆☆
usermod	usermod -e	★★☆
chage	chage -E	★☆☆

表：passwd コマンドによるパスワードの有効期限変更とアカウントのロック／アンロック

コマンド	オプション	説明	重要度
passwd	passwd -e	パスワードを失効させる（expire）	★★★
passwd	passwd -x	パスワード有効期限の設定（maximum days）	★★★
passwd	passwd -l	アカウントのロック（lock） ※ 問題 3-15 参照	★★★
passwd	passwd -u	アカウントのアンロック（unlock） ※ 問題 3-15 参照	★★★

以下の例では passwd コマンドの -x（maximum days）オプションによりユーザ yuko のパスワードの有効期限を 60 日に、-e（expire）オプションによりユーザ ryo のパスワードを失効させています。ryo は次回のログイン時に新しいパスワードの設定を要求されます。

実行例

```
# passwd -x 60 yuko
ユーザ yuko のエージングデータを調節。
passwd: 成功

# chage -l yuko | head -2
Last password change        : May 28, 2020
Password expires            : Jul 27, 2020

# passwd -e ryo
ユーザー ryo のパスワードを失効。

# chage -l ryo | head -2
最終パスワード変更日                    : パスワードは変更しなければなりません
パスワード期限:                         : パスワードは変更しなければなりません
```

解答 A、B、D

問題 5-7

重要度 ★★☆

CDROMをアンマウントしようとしましたが、ビジーとなってアンマウントできませんでした。CDROMを使用しているプロセスを調べるために下線部に入れるコマンドはどれですか？　1つ選択してください。

______ +f -- /dev/cdrom

A. mount
B. lsof
C. ps
D. pgrep

解説　lsofコマンドで、ファイルシステムにアクセスしているプロセスを表示することができます。lsofの「+f --」オプションの後にマウントポイントあるいはデバイスを指定します。+fに続く--はfオプションの引数の終了を指示し、続いてファイルシステムを指定します。fuserコマンドでもファイルシステムにアクセスしているプロセスを表示することができます。fuserの「-m」あるいは「-mv」オプションの後に、マウントポイントあるいはデバイスを指定します。

fuserコマンドの実行例

```
# fuser -mv /dev/cdrom
```

解答　B

問題 5-8

重要度 ★★☆

lastコマンドが参照するファイルは何ですか？　1つ選択してください。

A. /etc/passwd
B. /etc/shadow
C. /var/log/wtmp
D. /var/run/utmp

lastコマンドは最近ログインしたユーザのリストを表示するコマンドです。
このコマンドは/var/log/wtmpを参照します。wtmpファイルにはユーザのログイン履歴が記録されています。

実行例

```
$ last
root     pts/2        examhost          Tue May 28 14:26   still logged in
yuko     pts/1        :0.0              Tue May 28 12:42   still logged in
yuko     pts/0        :0.0              Tue May 28 12:32   still logged in
yuko     tty1         :0                Tue May 28 12:04   still logged in
reboot   system boot  2.6.32-131.6.1.e  Tue May 28 12:03 - 14:32  (02:28)
ryo      pts/2        :0.0              Tue May 28 10:14 - 10:36  (00:22)
mana     pts/1        :0.0              Mon May 27 10:56 - 22:25  (11:28)
.....（途中省略）.....
wtmp begins Thu Mar 21 08:49:12 2019
```

解答 C

問題 5-9

重要度 ★★☆

一般ユーザがwhoコマンドを実行したときに現在ログインしているユーザの情報を表示しないようにしたいと思います。このため、ログインしているユーザを記録しているファイル/var/run/________のパーミッションを一般ユーザが読めないように変更することにしました。下線部に該当するファイルを記述してください。

wコマンド、whoコマンドは現在ログインしているユーザのリストを表示します。これらのコマンドは/var/run/utmpファイルを参照します。

実行例

```
$ who
root     tty1         2020-05-28 14:50
yuko     pts/0        2020-05-28 14:51 (192.168.122.1)
$ w
 14:54:55 up 2 days,  1:44,  2 users,  load average: 0.00, 0.01, 0.00
USER     TTY      FROM             LOGIN@   IDLE   JCPU   PCPU   WHAT
root     tty1     -                14:50    3:27   0.06s  0.06s  -bash
yuko     pts/0    192.168.122.1    14:51    0.00s  0.07s  0.02s  w
```

/var/run/utmpのパーミッションは、システム起動時にsystemdあるいはinitによって設定されます。systemdの場合、パーミッションは/usr/lib/tmpfiles.d/systemd.confに記述されています。

以下の例では/var/run/utmpを一般ユーザが読めないように変更しています。

実行例

```
# ls -l /var/run/utmp
-rw-rw-r-- 1 root utmp 1152  5月 28 15:34 /var/run/utmp
# vi /usr/lib/tmpfiles.d/systemd.conf
F! /run/utmp 0660 root utmp -       パーミッションを0664から0660に変更
# systemctl reboot
（再立ち上げ後、ユーザyukoがログインして動作を確認します。whoでもwでもデータは
表示されません）
$ ls -l /var/run/utmp
-rw-rw---- 1 root utmp 1152  5月 28 15:35 /var/run/utmp
$ who
$ w
 03:35:41 up 2 min,  0 users,  load average: 0.02, 0.02, 0.01
USER     TTY      FROM             LOGIN@   IDLE   JCPU   PCPU WHAT
```

解答 utmp

問題 5-10

重要度 ★★★

プログラムのリソースなどを制限するコマンドは何ですか？　1つ選択してください。

A. source　　B. restrict
C. limit　　D. ulimit

ulimitはシェルとシェルから生成されるプロセスのリソースを制限するためのシェルの組み込みコマンドです。

ファイルの個数やサイズ、メモリの使用量などを制限できます。

構文 **ulimit [オプション [値]]**

表：オプション

主なオプション	説明
-a	現在のすべての設定を表示
-c	コアダンプで生成されるcoreファイルの最大サイズ（単位はブロック）を制限
-n	オープンできるファイル（ファイル記述子）の最大個数を制限
-v	プロセスの仮想メモリの最大サイズ（単位はキロバイト）を制限

実行例

```
$ ulimit -a ——現在のすべての設定を表示
core file size          (blocks, -c) 0
data seg size           (kbytes, -d) unlimited
scheduling priority             (-e) 0
file size               (blocks, -f) unlimited
.....（以下省略）.....

$ ulimit -c
0
$ ulimit -c `echo 1024*16|bc` ——コアダンプのサイズを16kブロック
$ ulimit -c                     （16MB）に制限
16384

$ ulimit -n
1024
$ ulimit -n 20 ——オープンできるファイルの数を20個に制限
$ ulimit -n
20

$ ulimit  -v 120000 ——仮想メモリの最大サイズを120MBに制限
$ ulimit  -v
120000
$ date ——実行できる
Tue Jul 7 18:25:30 JST 2020
$ gimp ——必要な仮想メモリのサイズを割り当てられず、実行できない
gimp: error .....（途中省略）..... : Cannot allocate memory
```

解答 D

問題 5-11

重要度 ★★☆

ログアウトすることなく、別のユーザ ID とグループ ID を持つ新たなシェルを起動するコマンドはどれですか？　1 つ選択してください。

A. su　　B. ssh
C. login　　D. logout

su コマンドは別の実効ユーザ ID と実効グループ ID を持つ新たなシェルを起動します。

構文 **su ［オプション］ ［-］ ユーザ名**

ユーザ名を省略すると、root ユーザになります。

ユーザ名の前に、「-」を使用しないとユーザ ID だけが変わり、ログイン環境は前ユーザのままです。「-」を使用すると、ユーザ ID が変わるとともに新しいユーザの環境を使用します。

図：su コマンドによる新規シェルの生成

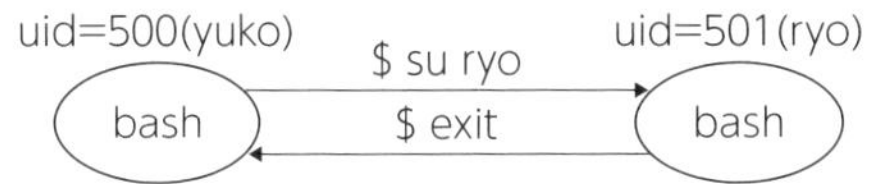

現在の実効ユーザ ID と実効グループ ID は id コマンドで表示できます。

次の例では、実行環境はユーザ yuko のままで、実効ユーザ ID と実効グループ ID がユーザ ryo のシェルを起動します。ユーザ名の前に -（ハイフン）を指定しない場合の例です。

実行例

```
$ id
uid=500(yuko) gid=500(yuko) 所属グループ=500(yuko)
$ su ryo
パスワード:    ryoのログインパスワードを入力
$ id
uid=501(ryo) gid=501(ryo) 所属グループ=501(ryo)
$ pwd
/home/yuko    ホームディレクトリはyukoのまま
$ exit    ryoのシェルを終了して元のyukoのシェルに戻る
```

次の例はユーザ名の前に -（ハイフン）を指定した場合の例です。

実効ユーザ ID と実効グループ ID がユーザ ryo のシェルを起動します。実行環境も ryo のものになります。

実行例

```
$ id
uid=500(yuko) gid=500(yuko) 所属グループ=500(yuko)
$ su - ryo    suコマンドの引数に-を付ける
$ id
uid=501(ryo) gid=501(ryo) 所属グループ=501(ryo)
$ pwd
/home/ryo    ryoのホームディレクトリに移動している
```

解答 A

問題 5-12

重要度 ★★☆

指定したユーザ権限で特定のコマンドを実行するコマンドはどれですか？ 1つ選択してください。

A. exec　　B. ld.so
C. do　　D. sudo

sudo コマンドは指定したユーザ権限で特定のコマンドを実行します。

sudo コマンドは /etc/sudoers ファイルを参照して、ユーザがコマンドの実行権限を持っているかどうかを判定します。

/etc/sudoers ファイルについては問題 5-13 の解説を参照してください。

構文 **sudo ［オプション］ ［-u ユーザ名］ コマンド**

ユーザ名を省略すると、root ユーザになります。

以下は、ユーザ yuko が sudo の実行権限を持っている例です。/etc/shadow ファイルは root ユーザのみ参照する権限が与えられているため、一般ユーザである yuko は本来は参照できません。しかし、sudo コマンドを使用し root ユーザの権限で head コマンドを実行し、/etc/shadow ファイルを参照しています。

実行例

```
$ sudo head -1 /etc/shadow
[sudo] password for yuko:
root:$6$nXl2ZnFCOCpgWqdn$9.ASSWvMfXMfxpBYaSl5GggnPiwGwGOIfcRoz5Y9MTPv0
WeHBLs5zE3Ze7GKigFWDsdmALXC2PW9qkTu6p95T/:15179:0:99999:7:::
```

次の例は、ユーザ yuko が sudo の実行権限を持っていない例です。yuko は root 権限での head コマンドの実行はできません。

実行例

```
$ sudo head -1 /etc/shadow
.....（途中省略）.....
[sudo] password for yuko:
yuko is not in the sudoers file.  This incident will be reported.
```

解答 D

問題 5-13

重要度 

あるユーザが root 権限でアプリケーションを実行できるかどうかを判断するとき、sudo が読み込む設定ファイルは何ですか？　絶対パスで記述してください。

解説 sudo コマンドは /etc/sudoers ファイルを参照して、ユーザがコマンドの実行権限を持っているかどうかを判定します。

書式 ユーザ名　ホスト名=(実効ユーザ名)　コマンド
%グループ名　ホスト名=(実効ユーザ名)　コマンド

例

```
mana   examhost=(root)    /bin/mount,/bin/umount ―― ①
%wheel    ALL=(ALL)  ALL ―― ②
```

① ユーザ mana はホスト examhost 上で、root 権限で mount コマンドと umount コマンドを実行できます。
② wheel グループに属するユーザは、すべてのホスト上で、すべてのユーザの権限で、すべてのコマンドを実行できます。

次の例では、ユーザ yuko が sudo コマンドにより、すべてのホスト上で、すべてのユーザの権限で、すべてのコマンドを実行できる設定をします。

実行例

```
# visudo
%wheel ALL=(ALL)        ALL ―― wheelグループに権限を付与する
# usermod -G wheel yuko ―― yukoをwheelグループに追加する
# grep ^wheel /etc/group
wheel:x:10:root,yuko
```

/etc/sudoers の編集には visudo コマンドを使うことが推奨されています。visudo コマンドはロック（lock）により複数ユーザによる同時編集を防ぎます。

新規ユーザの登録時に 2 次グループを wheel に指定するには、useradd あるいは adduser コマンドに -G オプションを付けて実行します。

例：useradd -G wheel yuko

解答 /etc/sudoers

問題 5-14

重要度 ★★★

/etc/shadow ファイルのパーミッションが /etc/passwd とは異なった設定になっている理由はどれですか？　1 つ選択してください。

A. 権限を持ったユーザによる参照を防ぐため
B. スーパーユーザによる参照を防ぐため
C. 権限のないユーザによる暗号化パスワードの解読を防ぐため
D. アカウントのないユーザによる参照を防ぐため

解説　/etc/shadow ファイルにはユーザの暗号化されたパスワードなど、パスワードのセキュリティに関係した情報が格納されています。このファイルのパーミッションは非特権ユーザが暗号化パスワードを読み取って解読するのを防ぐため、特権ユーザである root だけがアクセスできるように設定されています。

各ファイルに設定されたパーミッションは問題 5-15 を参照してください。

参考　古いUnix系システムでは/etc/passwdファイルの第2フィールドに暗号化パスワードが入っていました。このように、セキュリティは弱くなりますが/etc/shadowなしで/etc/passwdだけで管理するように設定することもできます。

解答　C

問題 5-15

重要度 ★★★

/etc/passwd と /etc/shadow の正しいパーミッションはどれですか？　1 つ選択してください。

A. /etc/passwd rw- rw- ---, /etc/shadow rw- r-- ---
B. /etc/passwd rw- r-- r--, /etc/shadow r-- --- ---
C. /etc/passwd rw- rw- rw-, /etc/shadow r-- r-- r--
D. /etc/passwd rw- --- ---, /etc/shadow r-- --- ---

解説　問題 5-14 の解説のとおり、/etc/shadow のパーミッションは特権ユーザである root のみがアクセスできるように設定されています。root はパーミッションのいかんにかかわらずアクセスできるので、/etc/shadow の所有者（root）のパーミッションについてはディストリビューションによって異なり、rw- や --- など、どのように設定されていても機能します。

/etc/passwdは多くの非特権プロセスがユーザ名とUIDのマッピングやホームディレクトリの情報を参照するので、すべてのユーザが読み取れるパーミッションに設定されています。ただし、所有者のroot以外は書き込みができないパーミッションに設定されています。

解答 B

問題 5-16

重要度 ★★★

すべての一般ユーザの対話的なログインを一時的に中止するファイルは何ですか？　1つ選択してください。

A. /etc/login　　B. /etc/nologin
C. /etc/profile　　D. /etc/logout

解説 rootが「touch /etc/nologin」としてファイルを作ると、一般ユーザはそれ以降はログインできなくなります。/etc/nologinにメッセージを格納した場合は、そのメッセージがログイン時に表示されてユーザはログインを拒否されます。ただし、rootはログインできます。このファイルを削除すればまた通常の状態に戻ります。

実行例

```
# touch /etc/nologin        examhost上で実行する

$ ssh examhost        examhostにログインを試みる
yuko@localhost's password:
Connection closed by ::1

# vi /etc/nologin        examhost上で実行する
login currently inhibited for maintenance.

$ ssh examhost        examhostにログインを試みる
yuko@examhost's password:
login currently inhibited for maintenance.
Connection closed by ::1
```

解答 B

5-17

重要度 ★★☆

xinetdの設定ファイル名は何ですか？　1つ選択してください。

A. /etc/xinetd.conf　　B. /etc/inetd.conf
C. /etc/xinet　　D. /etc/inet

解説　xinetdはネットワークからのリクエストの受け付けをするデーモンです。リクエストに応じて対応するサーバ（デーモン）を起動します。

xinetd（extended Internet daemon）はinetdの後継のデーモンで、セキュリティ機能が強化されています。xinetdの設定ファイルは/etc/xinetd.confです。

図：xinetdの概要

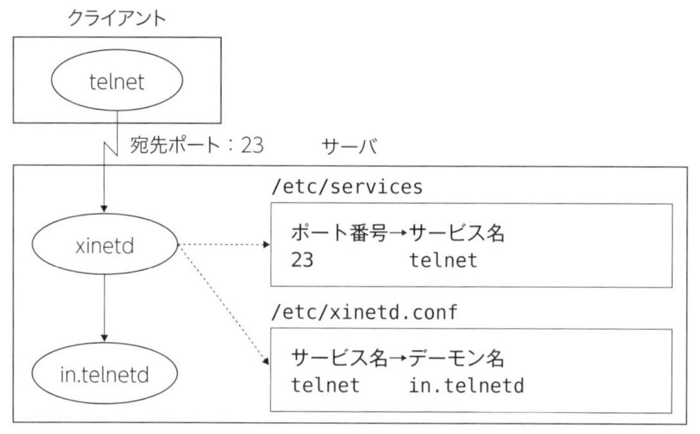

上記の例はtelnetの例です。

サーバ側では、telnetのリクエストが来るまではtelnetdデーモンは稼働していません。クライアントからリクエストが来るとxinetdによってtelnetdデーモンが起動します。

xinetdはリクエストされたポート番号を/etc/servicesを基にサービス名に変換し、/etc/xinetd.confを参照して該当するサービスのデーモンを起動します。

 A

問題 5-18

重要度 ★☆☆

TCP Wrapperによって特定のサービスだけを許可したい場合、設定するファイルはどれですか？ 3つ選択してください。

A. hosts
B. hosts.allow
C. hosts.deny
D. hosts.deny と hosts.allow

解説 TCP Wrapperは各サービスのサーバを包んで（Wrap)、外部から守るデーモンです。TCP Wrapperはリクエストを許可するか拒否するかのアクセス制御の機能を持っています。

/etc/hosts.allowと/etc/hosts.denyを読み、その設定によってサーバプロセスを起動するか否かを決定します。この2つのファイルはサービスの実行中に変更しても内容は反映されます。

TCP Wrapperにはシェアードライブラリとして提供され現在広く使われているlibwrapがあり、xinetdはこのlibwrapをリンクしています。libwrapはシェアードライブラリなのでxinetd経由で起動されるサーバだけでなく、libwrapをリンクしたサーバで利用できます。

図：TCP Wrapperの概要

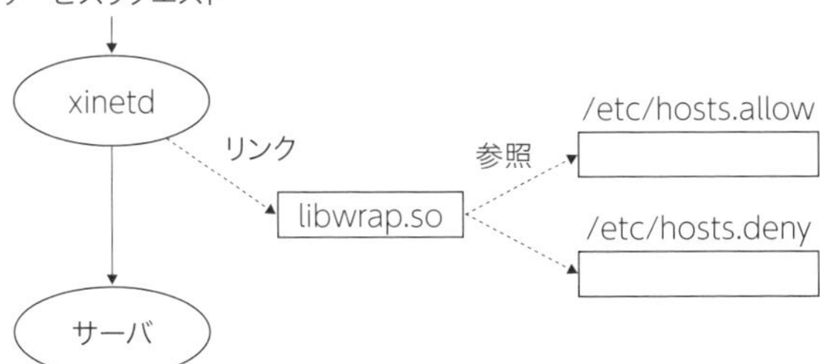

/etc/hosts.allowと/etc/hosts.denyを使用したアクセス制御は以下のとおりです。

- **/etc/hosts.allowに記述されたホストを許可する**
- **/etc/hosts.denyに記述されたホストを拒否する**
- **どちらにも記述されていないホストを許可する**

この問題で問われているように特定のサービスだけを許可したい場合は次のようにします。

- **許可したいサービスを /etc/hosts.allow に記述する**
- **それ以外のサービスは /etc/hosts.deny に記述して拒否する**

/etc/hosts.allow と /etc/hosts.deny のファイルの書式は次のようになります。

書式 **デーモンのリスト : クライアントのリスト**

次の例では telnet サービスだけを許可しています。

設定例

```
$ cat /etc/hosts.allow
in.telnetd : ALL ―― ①
$ cat /etc/hosts.deny
ALL : ALL ―― ②
```

デーモンリストとクライアントリストでは「ALL」というワイルドカードが使えます。「ALL」はすべてに一致します。

① すべてのクライアントからの telnet サービスリクエストを許可します。
② すべてのクライアントからのすべてのサービスリクエストを拒否します（/etc/hosts.allow で許可されたサービス以外）。

参考 /etc/hosts.allowあるいは/etc/hosts.denyに次のように設定することもできます。

/etc/hosts.allow の設定例

```
in.telnetd: ALL
```

/etc/hosts.deny の設定例

```
ALL: ALL
```

TCP WrapperがLinuxで採用された初期の頃はシェアードライブラリではなく、xinetdの前身であるinetdからのリクエストを受けてアクセス制御を行う、tcpdという名前の単独のデーモンでした。tcpdはシェアードライブラリlibwrapと同じく/etc/hosts.allowと/etc/hosts.denyを参照してアクセス制御を行います。この2つのファイルはサービスの実行中に変更しても内容は反映されます。

図：TCP Wrapper（tcpd）の概要

サービスリクエスト
inetd
tcpd
サーバ
参照
/etc/hosts.allow
/etc/hosts.deny

B、C、D

問題 5-19

重要度 ★☆☆

一般的にTCP Wrapperで保護されないものはどれですか？　1つ選択してください。

A. ftp　　B. auth
C. http　　D. telnet

解説　libwrapによるTCP Wrapperで保護されるのは、xinetdから起動されるサービスとlibwrapを利用したサーバが提供するサービスです。

Linuxで広く採用されているApache Webサーバはxinetd経由ではなく、initあるいはsystemdから直接起動されるスタンドアロンのサーバです。libwrapを使用せず独自のアクセス制御機構を持ち、設定ファイルhttpd.confに「Allow from」、「Deny from」あるいは「Require ip」、「Require not ip」などのディレクティブで記述します。したがって、選択肢Cのhttpサービスは TCP Wrapperによる保護はありません。

参考　サーバがlibwrapをリンクしているかどうかはlddコマンドで調べることができます。

実行例
```
$ ldd /usr/sbin/vsftpd | grep libwrap
        libwrap.so.0 => /lib/libwrap.so.0 (0x00c74000)
```

FTPサーバvsftpdはlibwrap.so.0をリンクしているのでTCP Wrapperを利用していることがわかります。

C

問題 5-20

iptables コマンドの正しい構文はどれですか？　3つ選択してください。

A. iptables -A INPUT -p tcp --dport 22 -j ACCEPT
B. iptables -I INPUT --dport 22 -j REJECT
C. iptables -L
D. iptables -t filter -I -p tcp --dport 22 -j ACCEPT
E. iptables -t filter -L INPUT

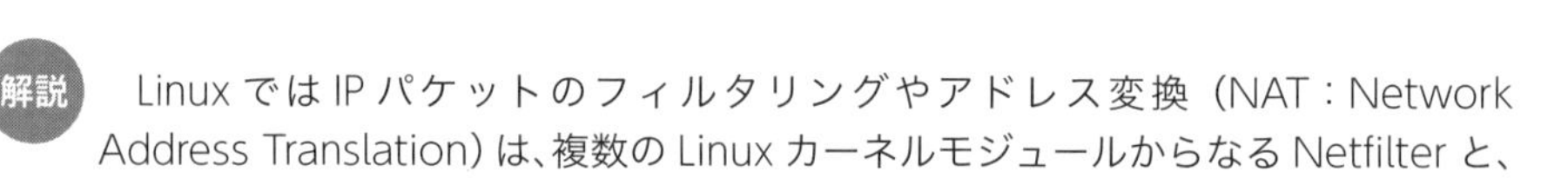

解説 Linux では IP パケットのフィルタリングやアドレス変換（NAT：Network Address Translation）は、複数の Linux カーネルモジュールからなる Netfilter と、その設定コマンド iptables から構成されます。

iptablesを使用するには以下のパッケージが必要です。

- RedHat系：iptables、iptables-services
- Ubuntu/Debian系：iptables、iptables-persistent
  （iptables-persistentのインストール時にnetfilter-persistentもインストールされます）

iptablesを使用するには、RedHat系の場合はiptablesサービスをenableに設定します。Ubuntu/Debian系の場合はnetfilter-persistentサービスをenableに設定します。firewalldサービスはdisableに設定します。

実行例

```
# systemctl disable firewalld
# systemctl stop firewalld
# systemctl enable iptables ―― RedHat系の場合
# systemctl start iptables ―― RedHat系の場合
# systemctl enable netfilter-persistent ―― Ubuntu/Debian系の場合
# systemctl start netfilter-persistent ―― Ubuntu/Debian系の場合
```

iptables サービスの起動時に読み込まれる設定ファイルは RedHat 系と Ubuntu/Debian 系では異なります。

- RedHat 系：/etc/sysconfig/iptables
- Ubuntu/Debian 系：/etc/iptables/rules.v4

Netfilter には、パケットの処理方法によって、filter、nat、mangle、raw の 4 種類のテーブルがあります。

表：テーブルの種類

テーブルの種類	説明	含まれるチェイン
filter	フィルタリングを行う	INPUT、FORWARD、OUTPUT
nat	アドレス変換を行う	PREROUTING、OUTPUT、POSTROUTING
mangle	パケットヘッダの書き換えを行う	PREROUTING、OUTPUT、INPUT、FORWARD、POSTROUTING
raw	コネクション追跡を行わない	PREROUTING、OUTPUT

iptablesコマンドでのテーブルの指定は、-tオプションを使用し、「iptables -t テーブル名」とします。デフォルトはfilterテーブルです。

それぞれのテーブルは、ルールの集合である何種類かのチェインを持ちます。チェインにはパケットへのアクセスポイントによって、INPUT、OUTPUT、FORWARD、PREROUTING、POSTROUTINGの5種類があります。

表：チェインの種類

チェインの種類	説明
INPUT	ローカルホストへの入力パケットに適用するチェイン
OUTPUT	ローカルホストからの出力パケットに適用するチェイン
FORWARD	ローカルホストを経由するフォワードパケットに適用するチェイン
PREROUTING	ルーティング決定前に適用するチェイン
POSTROUTING	ルーティング決定後に適用するチェイン

本書ではサーバへのアクセスの許可／拒否を行うために一般的に使用されているINPUTチェインを取り上げます。

図：INPUTチェインによるパケットのフィルタリング

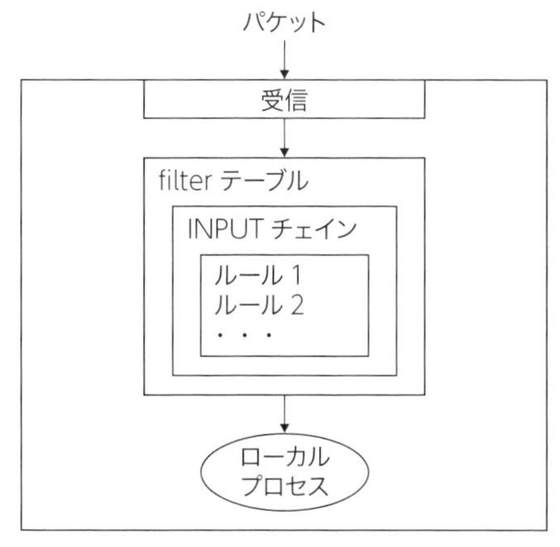

iptablesコマンドは、テーブル、チェインを指定し、チェインの中に1つ以上のルールを設定できます。Netfilterはパケットに対してチェインの中に設定された複数のルールを順番に適用することで、フィルタリングを行います。ルールに合致した場合は、そのルールに設定されたターゲット（ACCEPT、REJECT、DROP等）

に従って処理されます。ルールに合致しなかった場合は、次のルールに進みます。どのルールにも合致しなかったパケットに対しては、チェインのデフォルトポリシー（ACCEPT、DROP）が適用されます。

以下はfilterテーブルの操作をする主な構文です（「-t テーブル名」を指定しない場合のデフォルトはfilterテーブルです）。

主な構文

- **テーブルの設定ルールを表示**
  iptables -L
- **チェインの最後にルールを追加**
  iptables -A チェイン ルール
- **チェインの先頭にルールを追加**
  iptables -I チェイン ルール
- **チェインのルールを削除**
  iptables -D チェイン ルール
- **チェインのルールをすべて削除（Flash）**
  iptables -F

図：チェインの中のルール

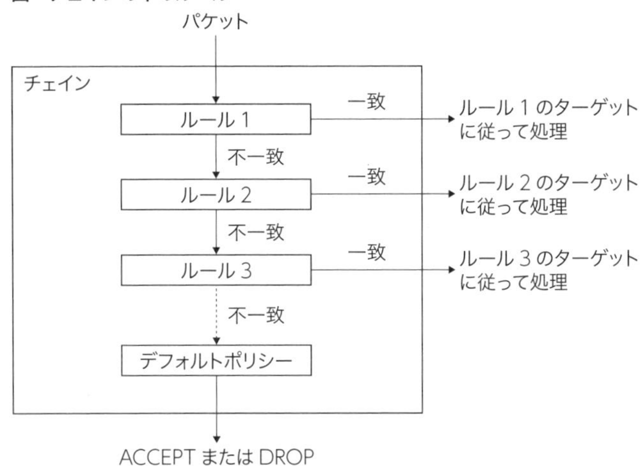

ルールにはパケットの内容との一致条件と、一致した場合のターゲットによる処理を記述します。

表：ルールの一致条件

指定項目	書式	説明
プロトコル	-p（--protocol）プロトコル	tcp、udp、icmp、allのいずれかを指定する
送信元ポート	--sport ポート番号 -m multiport [!] --source-ports（--sports）ポート番号のリスト	送信元ポートの指定。指定なしの場合はすべてのポート。-m multiportオプションを使うと、複数のポートを「,」で区切って指定できる 例）-m multiport --sports 20,21,25,53
送信先ポート	--dport ポート番号 -m multiport [!] --destination-ports（--dports）ポート番号のリスト	送信先ポートの指定。指定なしの場合はすべてのポート

表：主なターゲットの種類

主なターゲット	使用できるテーブル	使用できるチェイン	説明
ACCEPT	すべて	すべて	許可
REJECT	すべて	INPUT、OUTPUT、FORWARD	拒否。ICMPエラーメッセージを返す
DROP	すべて	すべて	破棄。ICMPエラーメッセージを返さない

実行例

```
# iptables -L ――― filterテーブルのすべてのチェインを表示
Chain INPUT (policy ACCEPT)
target     prot opt source               destination

Chain FORWARD (policy ACCEPT)
target     prot opt source               destination

Chain OUTPUT (policy ACCEPT)
target     prot opt source               destination

# iptables -A INPUT -p tcp --dport 80 -j ACCEPT ――― INPUTチェインにhttpサーバ(ポート番号80)へのアクセス許可ルールを追加

# iptables -I INPUT -p tcp --dport 22 -j ACCEPT ――― INPUTチェインの先頭にsshサーバ(ポート番号22)へのアクセス許可ルールを追加

# iptables -A INPUT -j REJECT ――― 上記で許可した以外のパケットはすべて拒否(REJECT)
# iptables -L ――― filterテーブルのすべてのチェインを表示
Chain INPUT (policy ACCEPT)
target     prot opt source               destination
ACCEPT     tcp  --  anywhere             anywhere             tcp dpt:ssh
ACCEPT     tcp  --  anywhere             anywhere             tcp dpt:http
REJECT     all  --  anywhere             anywhere             reject-with
icmp-port-unreachable

Chain FORWARD (policy ACCEPT)
target     prot opt source               destination

Chain OUTPUT (policy ACCEPT)
target     prot opt source               destination

# iptables-save > /etc/sysconfig/iptables ――― 設定を設定ファイルに保存(RedHat系)

# iptables-save > /etc/iptables/rules.v4 ――― 設定を設定ファイルに保存(Ubuntu/Debian系)
```

上記により、選択肢の正誤は以下のとおりとなります。

注) オプション「-t filter」はデフォルトなので、付けても付けなくても同じ結果になります。

選択肢Aは正しい構文なので正解です。選択肢Cはすべてのチェインを表示する構文なので正解です。選択肢EはINPUTチェインを表示する構文なので正解です。選択肢Bは-pによるプロトコルの指定がないので誤りです。選択肢Dはチェインの指定がないので誤りです。

解答 A、C、E

5-21

重要度 ★★★

firewall-cmd コマンドの正しい構文はどれですか？　3 つ選択してください。

A. firewall-cmd --list-zones
B. firewall-cmd --list-ports
C. firewall-cmd --list-services
D. firewall-cmd --add-service http --permanent
E. firewall-cmd --add-port 80
F. firewall-cmd --restart

解説　firewalld サービスは主に firewalld デーモンと設定コマンド firewall-cmd から構成されます。内部で iptables コマンドを実行することにより、Netfilter の設定を行います。

firewalldを使用する場合はfirewalldパッケージが必要です。firewalldを使用する場合はfirewalldサービスをenableに設定します。
RedHat系の場合はiptablesサービスをdisableに設定します。Ubuntu/Debian系の場合はnetfilter-persistentサービスをdisableに設定します。

実行例

```
# systemctl disable iptables ―― RedHat系の場合
# systemctl stop iptables ―― RedHat系の場合
# systemctl disable netfilter-persistent ―― Ubuntu/Debian系の場合
# systemctl stop netfilter-persistent ―― Ubuntu/Debian系の場合
# systemctl enable firewalld
# systemctl start firewalld
```

firewalld サービスではセキュリティ強度の異なった典型的な設定のテンプレートが何種類も用意されており、これをゾーンと呼びます。接続するネットワークの信頼度に合ったゾーンを選択することで、容易に設定を完了できます。

ゾーンには、外部からの受信は拒否して内部から外部への通信のみを許可するblock、特定のサービス（ssh、dhcpv6-client）の受信のみを許可する一般的なpublic、すべての受信を許可するtrustedなどがあります。インストール時のデフォルトのゾーンは public です。

設定を変更できるゾーンとできないゾーンがあり、public ゾーンはサービスを追加、削除することで、使用環境に合ったより適切な設定にカスタマイズできます。

firewall-cmd コマンドによってゾーンの選択やサービスの追加と削除などができます。設定には、設定ファイルに書き込まない実行時のみの設定と、設定ファイルに書き込みを行う永続的な設定（permanent）の 2 種類があります。

永続的な設定にする場合は、firewall-cmd コマンドに「--permanent」オプションを付けて実行します。「--permanent」オプションを付けて設定を変更した場合には、/etc/firewalld の下の設定ファイルにのみ書き込みが行われ、カーネルメモリ中のテーブル／チェインには反映しません。反映させるにはシステムを再起動するか、「firewall-cmd --reload」を実行します。

図：firewalld.service の概要

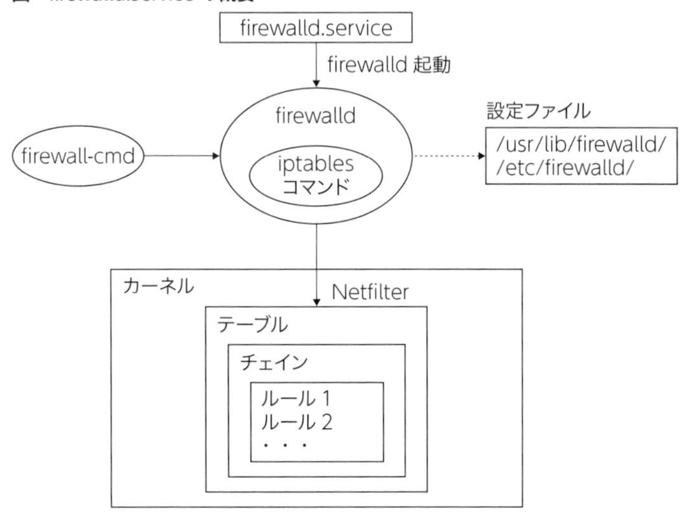

図：firewalld 起動時の処理の例

備考）インストール時の設定ファイルは /usr/lib/firewalld の下に置かれます。「--permanent」を付けて設定を変更すると、/etc/firewalld の下に作成、あるいは編集されます。/etc/firewalld と /usr/lib/firewalld に同じ名前のファイルがある場合は、/etc/firewalld が優先します。

firewall-cmdの構文は以下のとおりです。

構文 **firewall-cmd オプション**

firewall-cmdの主なオプションは以下のとおりです。

表：主なオプション

オプション	説明
--list-all-zones	すべてのゾーンとその設定情報の一覧を表示
--get-default-zone	デフォルトゾーンを表示（インストール時のデフォルトはpublic）
--list-services	ゾーンで許可されているサービスを表示
--list-ports	ゾーンで許可されているポートを表示
--add-service=サービス名	ゾーンで許可するサービスを追加
--add-port=ポート番号/プロトコル	ゾーンで許可するポートを追加
--remove-service=サービス名	ゾーンで許可するサービスを削除
--remove-port=ポート番号/プロトコル	ゾーンで許可するポートを削除
--permanent	永続化の指定（設定ファイルの内容の表示／変更）
--reload	設定ファイルの内容をカーネルメモリ中のテーブル／チェインに反映

実行例

```
# firewall-cmd --list-all-zones    すべてのゾーンとその設定情報の一覧を表示
block
  target: %%REJECT%%
  icmp-block-inversion: no
  interfaces:
.....
public (active)
  target: default
  icmp-block-inversion: no
  interfaces: eth0
  sources:
  services: dhcpv6-client ssh
  ports:
.....
trusted
  target: ACCEPT
  icmp-block-inversion: no
  interfaces:
.....

# firewall-cmd --get-default-zone    デフォルトゾーンを表示
public

# firewall-cmd --list-services    ゾーンで許可されているサービスを表示
dhcpv6-client ssh

# firewall-cmd --add-service http --permanent    ゾーンで許可するサービスhttpを永続化して追加
success
```

```
# cat /etc/firewalld/zones/public.xml ―― 設定ファイルを表示(抜粋)
<zone>
  <service name="ssh"/>
  <service name="dhcpv6-client"/>
  <service name="http"/> ―― httpサービスが追加されている
</zone>

# firewall-cmd --list-services
dhcpv6-client ssh ―― カーネルメモリ中のテーブルには反映していない
[root@c7-8-min firewall]# firewall-cmd --reload
success
# firewall-cmd --list-services
dhcpv6-client http ssh ―― カーネルメモリ中のテーブルに反映した

# iptables -L IN_public_allow ―― iptablesコマンドでも確認
Chain IN_public_allow (1 references)
target     prot opt source          destination
ACCEPT     tcp  --  anywhere        anywhere       tcp dpt:ssh
ctstate NEW,UNTRACKED
ACCEPT     tcp  --  anywhere        anywhere       tcp dpt:http
ctstate NEW,UNTRACKED

# firewall-cmd --list-ports
    ―― 何も表示されない
# firewall-cmd --remove-service http ―― 以下の動作確認のため、httpサービス
success                                 (ポート80/tcp)を削除

# firewall-cmd --add-port 80/tcp ―― 許可するポート80/tcpを追加
success

# firewall-cmd --list-ports
80/tcp

                                    以下のとおり、サービス名で追加しても、
# iptables -L IN_public_allow ―― ポート番号で追加しても同じ結果になる
Chain IN_public_allow (1 references)
target     prot opt source          destination
ACCEPT     tcp  --  anywhere        anywhere       tcp dpt:ssh
ctstate NEW,UNTRACKED
ACCEPT     tcp  --  anywhere        anywhere       tcp dpt:http
ctstate NEW,UNTRACKED
```

上記により、選択肢の正誤は以下のとおりとなります。

「--list-zones」というオプションはありません。「--list-all-zones」が正しいオプションです。したがって、選択肢Aは誤りです。

「--list-ports」は許可されているポートの一覧を表示します。したがって、選択肢Bは正解です。

「--list-services」は許可されているサービスの一覧を表示します。したがって、選択肢Cは正解です。

「--add-service http --permanent」はhttpサービスを永続的に許可します。

したがって、選択肢Dは正解です。
「--add-port」でポートを指定する場合は、80/tcpのようにプロトコルも指定する必要があります。したがって、選択肢Eは誤りです。
「--restart」というオプションはありません。「--permanent」での設定を有効にするオプションは「--reload」です。したがって、選択肢Fは誤りです。

解答 B、C、D

問題 5-22

重要度 ★★☆

sshで外部サーバへ接続する際に使用するオプションを編集するユーザの設定ファイルは何ですか？ 1つ選択してください。

A. ~/.ssh/.config
B. ~/.ssh/config
C. ~/.ssh/.known_hosts
D. ~/.ssh/known_hosts

解説 sshコマンド実行時のユーザ名、ポート番号、プロトコルなどのオプション指定をユーザの設定ファイルである~/.ssh/configまたはシステムの設定ファイルである/etc/ssh/ssh_configで設定できます。
sshコマンドのオプションに対応するディレクティブだけでなく、ログインで使用される様々なディレクティブを設定できます。

表：ディレクティブ

主なディレクティブ	対応するコマンドオプション	意味
IdentityFile	-i	アイデンティティファイル
Port	-p（scpコマンドは-P）	ポート番号
Protocol	-1または-2	プロトコルバージョン
User	-l	ユーザ名

設定例

```
IdentityFile ~/.ssh/my_id_rsa
Port 22
Protocol 2
User ryo
```

なお、上記の設定を行っている場合、次の2つのsshコマンドは同じ意味になります。

実行例

```
$ ssh examhost
$ ssh -2 -i ~/.ssh/my_id_rsa -p 22 -l ryo examhost
```

-i で指定するアイデンティティファイル（IdentityFile）とは秘密鍵と公開鍵のキーペアのうちの秘密鍵を格納したファイルです。-i を指定しなかった場合、~/.ssh の下に以下のいずれかのファイルがあれば、それが使われます。

~/.ssh/id_rsa、~/.ssh/id_dsa、~/.ssh/id_ecdsa、~/.ssh/id_ed25519

上記のファイルが複数あった場合や、上記とは異なったファイル名で秘密鍵を格納している場合は、-i オプションで使用するファイル名を指定します。

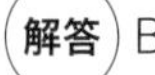

ユーザごとの設定ファイルである~/.ssh/config の他に、システムの設定ファイルである /etc/ssh/ssh_config についてもファイル名を覚えておいてください。

解答 B

重要度 ★★★

SSH が使用する認証用キーを生成するコマンドの名前を記述してください。

□□□

秘密鍵と公開鍵のキーペアは ssh-keygen コマンドで生成します。

主な構文 `ssh-keygen -t キータイプ`

OpenSSH 7.0 以降では指定できるキータイプに次の 5 種類があります。-t オプションを指定しなかった場合のデフォルトは rsa キーです。

表：キータイプ

キータイプ	説明
rsa1	プロトコルバージョン 1 の rsa キー
rsa	プロトコルバージョン 2 の rsa キー（デフォルト）
dsa	プロトコルバージョン 2 の dsa キー
ecdsa	プロトコルバージョン 2 の ecdsa キー
ed25519	プロトコルバージョン 2 の ed25519 キー

rsa キーは、RSA（Rivest Shamir Adleman）方式で使用されるキーです。発明者の Ron Rivest、Adi Shamir、Len Adleman の 3 人の頭文字をつなげた名称となっています。大きな素数の素因数分解の困難さを利用したもので、広く普及しています。

dsa キーは、DSA（Digital Signature Algorithm）方式で使用されるキーです。DSA は 1994 年に米国国立標準技術研究所（NIST）がデジタル署名の標準（FIPS: Federal Information Processing Standard）として採用しました。離散対数問題の困難さを利用しています。

ecdsaキーは、ECDSA（Elliptic Curve DSA：楕円曲線DSA）方式で使用されるキーです。楕円曲線上の離散対数問題の困難さを利用しています。

ed25519キーは、楕円曲線Curve25519を用いたEdDSA（Edwards-curve DSA：エドワーズ曲線DSA）方式です。楕円曲線上の離散対数問題の困難さを利用しています。Daniel Julius Bernsteinによって設計されました。楕円曲線Curve25519の方程式の法（モジュロ：modulo）に素数$2^{255}-19$を使うので、このような名前が付けられています。

楕円曲線を用いた暗号は、楕円曲線上での離散対数による公開鍵から秘密鍵を計算する困難さゆえに、RSAやDSAの鍵長の約半分以下で同等のセキュリティ強度が得られるのが特徴です。鍵長を短くできるので、暗号化／復号の計算を高速に行えます。このためSSHやHTTPSでの採用が普及しつつあります。

以下の例ではユーザyukoがecdsaキーを生成します。

実行例

```
$ ssh-keygen -t ecdsa
Generating public/private ecdsa key pair.
Enter file in which to save the key (/home/yuko/.ssh/id_ecdsa):
Enter passphrase (empty for no passphrase):
Enter same passphrase again:
Your identification has been saved in /home/yuko/.ssh/id_ecdsa.
Your public key has been saved in /home/yuko/.ssh/id_ecdsa.pub.
The key fingerprint is:
SHA256:cfz7RUCO2XOPJjC+C4VyycVpCnOZU/Xm8COb7MAmeJM yuko@centos7.
localdomain
The key's randomart image is:
+---[ECDSA 256]---+
|         .... .  |
|        * . B    |
|      o * X + B .|
|       = @ + = =.|
|      . S o + * o|
|       + + o B o |
|      . E = =   .|
|       . = + . . |
|         . . .   |
+----[SHA256]-----+
```

（注記）秘密鍵を暗号化するためのパスフレーズを入力（パスフレーズを入力しないと秘密鍵は暗号化されない）

（注記）同じパスフレーズをもう一度入力

（注記）公開鍵は/home/yuko/.ssh/id_ecdsa.pubに格納される

（注記）暗号化された秘密鍵は/home/yuko/.ssh/id_ecdsaに格納される

実行例

```
$ ls -l .ssh
合計 8
-rw------- 1 yuko yuko 314  6月 19 21:37 id_ecdsa
-rw-r--r-- 1 yuko yuko 186  6月 19 21:37 id_ecdsa.pub

$ cat .ssh/id_ecdsa ──①秘密鍵
-----BEGIN EC PRIVATE KEY-----
Proc-Type: 4,ENCRYPTED
DEK-Info: AES-128-CBC,895C6D594E20F9B02BC2260BDED3ECC8

2+VbNVHXIyjgmEEUvRyGouUbHPN+nmPpjFrZON3VrJadSKGwS7cT2NGX1xl4k/SR
fLzZ4HxsI3R9KMJlPMi/dd1L7XCHDDGcR0T8HQ5R31i5TiwIyuuQ1LwPsotZJ4Mx
gvPReg9QmDKpf2JR7BChRNeuQgsJfmLpTynPDLoSK6E=
-----END EC PRIVATE KEY-----

$ cat .ssh/id_ecdsa.pub ──②公開鍵
ecdsa-sha2-nistp256 AAAAE2VjZHNhLXNoYTItbmlzdHAyNTYAAAAIbmlzdHAyNT
YAAABBBNYtJGqojWEiax0a1bPR6hhe9kFlNjw3wdMxCFd95Fq7bjL8MUda9BLoNkDA
/Mv847YTa9eCqIWa4idY29puWac= yuko@examhost.mylinuc.com
```

パスフレーズを忘れると、その鍵は再度作成する必要があります。解読することは実質上できません。再作成したら、新しい公開鍵をサーバ側にコピーし直す必要があります。

また、ssh-keygen コマンドに -p オプションを指定してパスフレーズを変更することができます。ただし、変更するには現在設定されているパスワードが必要です。この場合はパスフレーズのみが変更され、キーの値は元のままです。

これも重要！

RSA、DSA、ECDSA、ed25519は、旧来のDES（Data Encryption Standerd）に代わる、いずれも公開鍵暗号による強固なセキュリティを持つアルゴリズムです。この4つのアルゴリズムが何の略語であるかとその特徴をよく覚えておいてください。

ssh-keygen

問題 5-24

重要度 ★★★

ssh クライアントが ssh サーバに接続するときに、パスフレーズを入力することなくログインするために秘密鍵の管理を行うプログラムは何ですか？　記述してください。

□□□

解説 ssh-agentは復号された秘密鍵をメモリに保持するエージェントです。ssh-agentへの秘密鍵の登録はssh-addコマンドで行います。このとき、ファイルに格納されている秘密鍵が暗号化されている場合は、パスフレーズを入力して復号します。sshコマンド（あるいはscpコマンド）はssh-agentから秘密鍵を取得するので、ファイルに格納されている秘密鍵が暗号化されていてもパスフレーズを入力することなくsshサーバにログインできます。ssh-addコマンドおよびsshコマンドは、ssh-agentが作成したソケットファイルを介してssh-agentと通信します。

sshコマンドおよびssh-addコマンドは、ssh-agentに接続するためには環境変数SSH_AGENT_PIDにssh-agentのPIDを、SSH_AUTH_SOCKにはssh-agentのソケットファイルのパスを設定しておく必要があります。次のようにしてbashの子プロセスとしてssh-agentを起動すると、この2つの環境変数は自動的にセットされるので簡便に利用できます。

実行例

```
$ ssh-agent bash ―― bashを生成し、その子プロセスとしてssh-agentを起動
$ ssh-add ~/.ssh/id_ecdsa ―― ~/.ssh/id_ecdsaファイルの秘密鍵をssh-agentに登録
Enter passphrase for /home/yuko/.ssh/id_ecdsa:
Identity added: /home/yuko/.ssh/id_ecdsa (/home/yuko/.ssh/id_ecdsa)
$ ssh-add -l ―― ssh-agentに登録された秘密鍵を表示
256 SHA256:cfz7RUC02X0PJjC+C4VyycVpCn0ZU/Xm8C0b7MAmeJM /home/yuko/
.ssh/id_ecdsa (ECDSA)                    パスフレーズを入力して秘密鍵を復号

$ echo $SSH_AGENT_PID ―― ssh-agentのPIDを表示
3682
$ echo $SSH_AUTH_SOCK ―― ssh-agentが作成したソケットファイルのパスを表示
/tmp/ssh-iKbnpq3681/agent.3681

$ ssh examserver ―― パスフレーズの入力なしにsshサーバにログイン
Last login: Mon Jul 20 11:33:15 2020 from examhost
```

図：ssh-agentの概要

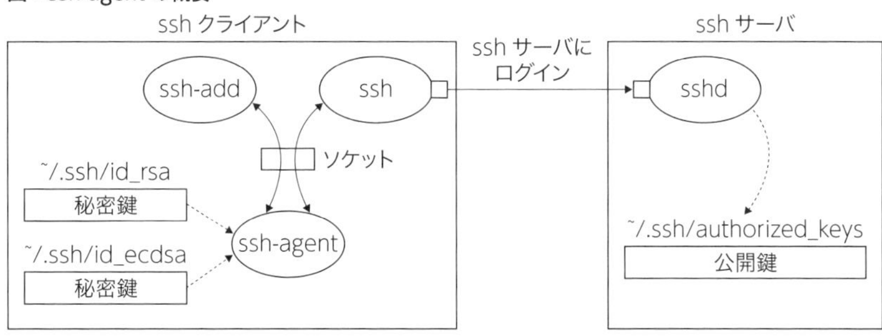

解答 ssh-agent

問題 **5-25** 重要度 ★★☆

GPG 設定ファイルとキー・リングが保存されているユーザホームの下のディレクトリはどこですか？　記述してください。

解説　GPG（GNU Privacy Guard。GNU PG とも呼ばれる）は、公開鍵暗号 PGP（Pretty Good Privacy）の標準仕様である OpenPGP の GNU による実装であり、暗号化と署名を行うツールです。

Linux では GPG はソフトウェアパッケージの署名と検証にも使われています。

構文 gpg コマンド ［オプション］［引数］

表：主なコマンドとオプション

コマンド	説明
--gen-key	キーペアを生成
--export	キーリングから公開鍵を取り出す
--import	公開鍵をキーリングに追加する
-k、--list-keys	キーリングにある公開鍵の一覧を表示する
-e、--encrypt	公開鍵で暗号化する
-c、--symmetric	共通鍵で暗号化する
-d、--decrypt	秘密鍵または共通鍵で復号する
オプション	**説明**
-r、--recipient	暗号化に使用する公開鍵のユーザ ID を指定する（ユーザ ID はデータの受信者のメールアドレス）

ユーザが gpg コマンドで初めて GPG 鍵を生成すると次のように ~/.gnupg ディレクトリが作成され、その下にファイルが作成されます。

図：~/.gnupg ディレクトリ内のファイル

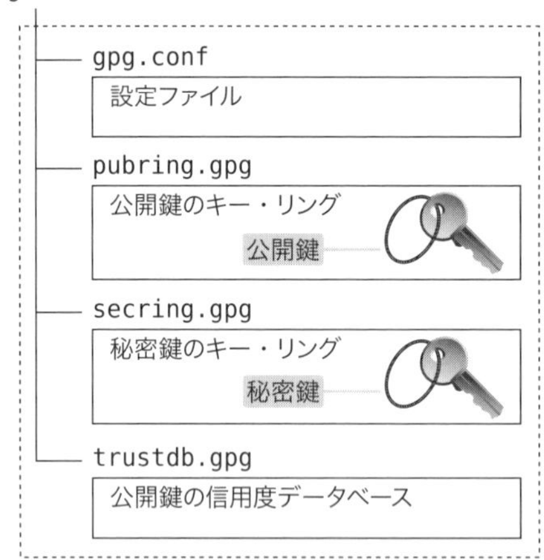

以下はユーザyukoが「gpg --gen-key」を実行して秘密鍵と公開鍵のキーペアを作成する例です。

注）gpg-agentが稼働していない場合（初めてgpgコマンドを実行する場合）はパスフレーズの入力が要求されます。GUI環境の場合はパスフレーズ入力用のポップアップウインドウが、CUI環境の場合はcursesベースのウインドウが開きます。

コマンドを入力すると対話形式で情報を入力します。~/.gnupgディレクトリが作成され、その下に鍵を格納するファイルなどが作成されます。

実行例

```
$ gpg --gen-key ――gpgコマンドの実行
.....（途中省略）.....
ご希望の鍵の種類を選択してください:
   (1) RSA and RSA (default)
   (2) DSA and Elgamal
   (3) DSA (署名のみ)
   (4) RSA (署名のみ)
選択は? 1 ――この例ではデフォルトの(1)を選択
RSA keys may be between 1024 and 4096 bits long.
What keysize do you want? (2048) ――この例ではデフォルトの2048ビットを選択
要求された鍵長は2048ビット
鍵の有効期限を指定してください。
         0 = 鍵は無期限
      <n>  = 鍵は n 日間で満了
      <n>w = 鍵は n 週間で満了
      <n>m = 鍵は n か月間で満了
      <n>y = 鍵は n 年間で満了
鍵の有効期間は? (0) ――この例ではデフォルトの0(無期限)を選択
Key does not expire at all
これで正しいですか? (y/N) y ――正しければyを入力

You need a user ID to identify your key; the software constructs
the user ID
from the Real Name, Comment and Email Address in this form:
    "Heinrich Heine (Der Dichter) <heinrichh@duesseldorf.de>"

本名: Yuko Tama ――本名を入力する
電子メール・アドレス: yuko@mylinuc.com ――メールアドレスを入力する
コメント: Just Sample ――コメントを入力する
次のユーザIDを選択しました:
    "Yuko Tama (Just Sample) <yuko@mylinuc.com>"
名前(N)、コメント(C)、電子メール(E)の変更、またはOK(O)か終了(Q)? O ――OKであればOを入力
秘密鍵を保護するためにパスフレーズがいります。
パスフレーズを入力: ――パスフレーズを入力(確認のために2回入力します)
.....（以下省略）.....
```

解答 ~/.gnupg

問題 5-26

重要度 ★★☆

あるユーザがGPGを使用し、取得したユーザyuko（yuko@mylinuc.com）の公開鍵でファイルsecret-document.txtを暗号化するコマンドが以下に記載されています。下線部を記述してください。

gpg ____ --recipient yuko@mylinuc.com secret-document.txt

解説

暗号化にはgpgコマンドのオプション「--encrypt」または「-e」を指定し、受信者ID（メールアドレス）をオプション「--recipient」または「-r」で指定します。

送信者は受信者の公開鍵でデータを暗号化して受信者に送り、受信者は自分の秘密鍵でデータを復号します。

図：GPG公開鍵暗号を使用した処理の概要

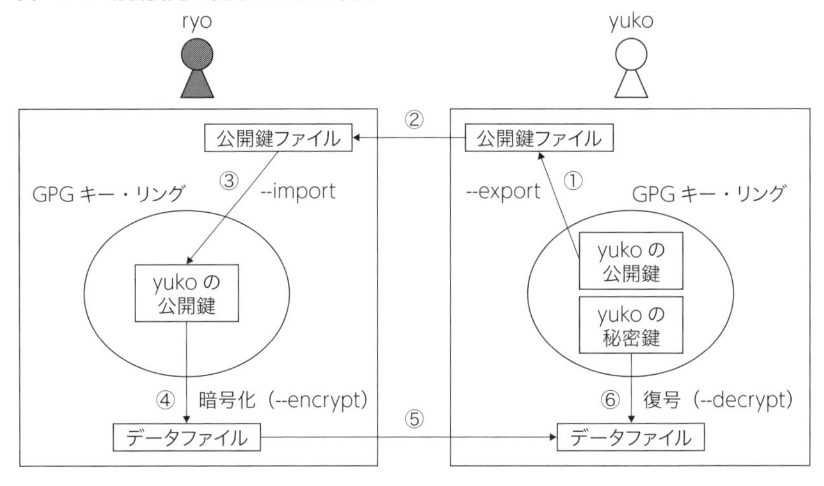

次の実行例では、ユーザyukoは公開鍵リング（pubring.gpg）から自分の公開鍵を取り出してファイルに格納します。公開鍵の取り出しには--exportオプションを使用します。

実行例

```
$ gpg --export yuko@mylinuc.com > gpg-pub-yuko.key
$ ls -l gpg-pub-yuko.key
-rw-rw-r-- 1 yuko yuko 1193  5月 17 04:57 gpg-pub-yuko.key
```

yukoはこのファイルをメール添付などでユーザryoに送るか、公開鍵サーバにアップしてだれでも入手できるようにします。

ryoはyukoの公開鍵を取得したら、それを自分の公開鍵リングに登録し、その後、yukoの公開鍵で送信データを暗号化します。

実行例

```
$ gpg --import gpg-pub-yuko.key
gpg: 鍵A0055483: 公開鍵"Yuko Tama (Just Sample) <yuko@mylinuc.com>"
をインポートしました
gpg:           処理数の合計: 1
gpg:             インポート: 1  (RSA: 1)
```

ユーザryoはユーザyukoの公開鍵を自分の公開鍵リング(pubring.gpg)に登録(import)する

```
$ gpg --list-keys
/home/ryo/.gnupg/pubring.gpg
----------------------------
pub   2048R/F215B6E2 2020-05-16
uid                  Ryo Musashi (Just Sample) <ryo@mylinuc.com>
sub   2048R/433FE705 2020-05-16

pub   2048R/A0055483 2020-05-16
uid                  Yuko Tama (Just Sample) <yuko@mylinuc.com>
sub   2048R/F251FD5B 2020-05-16
```

自分の公開鍵リングに登録された公開鍵を表示(--list-public-keysオプションと同じ)

ユーザyukoの公開鍵が追加されている

```
$ cat secret-document.txt
***************************
これは秘密の文書です。
どうぞよろしくお願いします。
by Ryo
***************************
```

データの送り先のユーザyukoの公開鍵で暗号化

```
$ gpg --encrypt --recipient yuko@mylinuc.com secret-document.txt
gpg: F251FD5B: この鍵が本当に本人のものである、という兆候が、ありません

.....（途中省略）.....

この鍵は、このユーザIDをなのる本人のものかどうか確信でき
ません。今から行うことを＊本当に＊理解していない場合には、
次の質問にはnoと答えてください。

それでもこの鍵を使いますか? (y/N) y
```

使用する場合はyを入力

ユーザyukoはryoから送られてきた暗号化ドキュメントを自分の秘密鍵で復号します。

実行例

```
$ gpg --output secret-document.txt --decrypt secret-document.txt.gpg ── 自分の秘密鍵で復号

次のユーザの秘密鍵のロックを解除するには
パスフレーズがいります:"Yuko Tama (Just Sample) <yuko@mylinuc.com>"
2048ビットRSA鍵, ID F251FD5B作成日付は2020-05-16 (主鍵ID A0055483)

gpg: 2048-ビットRSA鍵, ID F251FD5B, 日付2020-05-16に暗号化されました
      "Yuko Tama (Just Sample) <yuko@mylinuc.com>"

$ cat secret-document.txt ── 受信したファイルが参照できる
***************************
これは秘密の文書です。
どうぞよろしくお願いします。
by Ryo
***************************
```

これも重要！

送信者ユーザのキーペアは一般的には1個作っておきます。ただし、暗号化して送信するにあたり、送信者が自分の鍵を使うことはありません。暗号化して送信する場合、送信先の相手のユーザごとに鍵（相手ユーザの公開鍵）が必要になります。

gpgでは公開鍵暗号の他に、共通鍵暗号により以下のようにファイルの暗号化と復号ができます。

実行例

```
$ gpg -c sample.txt ── 「-c」オプションでsample.txtを暗号化
$ ls
sample.txt sample.txt.gpg
$ mv sample.txt sample.txt.orig ── 上書きされないようにリネーム
$ gpg -d sample.txt.gpg > sample.txt ── 「-d」オプションでsample.txt.gpgを復号
```

解答 --encrypt

問題 **5-27**

重要度 ★★☆

パブリックラウドで稼働するインスタンスの説明で誤っているものはどれですか？　1つ選択してください。

A. インスタンスはクラウドの基盤（インフラストラクチャ）上で稼働するVM（Virtual Machine）である
B. インスタンスはクラウドの一時ディスク（非永続ディスク）を利用するため、再利用するにはインスタンスの稼働中に永続ディスクにディスクイメージを保存しておく必要がある
C. クラウドのインスタンスはホスティングサービスのVM（Virtual Machine）と異なり、作成と削除が容易にできる
D. インスタンスはクラウドの管理コンソールから作成／削除ができる

インスタンスはクラウドの基盤（インフラストラクチャ）上で稼働するVM（Virtual Machine）です。

VMには多くの場合、Linuxディストリビューションがインストールされていますが、Linux以外のOSの場合もあります。

クラウドでWebサーバやメールサーバを運用する場合、インスタンスのOSの中でサーバプロセスを稼働させます。

注）Dockerなどのコンテナを利用している場合は、サーバをコンテナ内で稼働させます。

クラウドとサーバ

例えばwww.mylinuc.comというWebサーバがあり、これがホスティングサービスを利用したサーバであったとしても、あるいはオンプレミスのサーバであったとしても、いつも同じ場所にある同じコンピュータシステムで稼働するWebサーバがサービスを提供します。

Googleのサーバにはクラウド上で稼働するwww.googe.comというWebサーバや、imap.googlemail.comというGmailの受信サーバ、smtp.googlemail.comというGmailの送信サーバがあります。

Googleのサーバは全世界に数十万台あるといわれており、Gmailのユーザは10億人以上といわれています。あるユーザがgoogleのサーバにアクセスしたときと、別のユーザが同じ名前のサーバにアクセスしたときではそれぞれに別のサーバがサービスを提供していることがあり得て、同じユーザがアクセスした場合も、アクセスした時期によって異なったサーバがサービスを提供していることがあり得ます。

サービスの利用者が増え、サーバに負荷がかかる場合でもサービスの品質を損なうことなく、ユーザに対して必要なサービスを提供することができます。

それは、クラウドでは多くの場合、サーバが多数あり、ユーザからのアクセスに対してどのサーバがサービスするかは固定しておらず、稼働状況に合わせて適切なサーバが自動的に割り当てられるからです。

注）パブリッククラウドを個人ユーザが利用する場合などは、サーバやテスト環境として１つだけ作成して利用する場合もあります。

また、ユーザの数やリクエストの数に応じて、サーバを新たに作成したり削除したりすることが簡単に、あるいは自動的にできるのも、管理・運用面から見たクラウドの特徴です。

- **ホスティングサービス**
  サービス事業者のデータセンター内に設置した物理ホストあるいは仮想化ホストをインターネットを介して貸し出すサービスです。
  参考：日本の主なホスティングサービス事業者については https://boxil.jp/mag/a999/ を参照してください。

- **オンプレミス（on-premises）**
  自社の施設内（premise：敷地、建物）に設備などを設置、運用する形態のことをいいます。

クラウドが提供するサービス

クラウドが提供するサービスには、大別して以下の３種類があります。

- **SaaS（Software as a Service。「サース」と呼びます）**
  アプリケーションソフトウェアを提供するサービスです。
  例）Google G-Suite（Gmail、ドキュメント、ドライブ、カレンダー）

- **PaaS（Platform as a Service。「パース」と呼びます）**
  開発／実行環境のプラットフォームを提供するサービスです。
  例）Google App Engine

- **IaaS（Infrastructure as a Service。「イアース」と呼びます）**
  仮想化されたプロセッサ、メモリ、ストレージ、ネットワークなど、OS の基盤（Infrastructure）を提供するサービスです。
  例）Amazon Elastic Compute Cloud（EC2）、Google Compute Engine

クラウドの種類

- **パブリッククラウド**
  クラウド事業者が提供する、一般の企業や個人が使用できるクラウドです。

- **プライベートクラウド**
  企業が自社内に構築したクラウド（オンプレミス型）、あるいはクラウド事業者が提供する１社専用のクラウドです。

- **ハイブリッドクラウド**
  パブリッククラウドとプライベートクラウドの両方を使用し、相互接続するクラウドです。

主要なクラウドには Amazon Web Services（AWS）、Microsoft Azure、Google Cloud Platform（GCP）などがあります。以下の URL を参照してください。

・https://www.zdnet.com/article/the-top-cloud-providers-of-2020-aws-microsoft-azure-google-cloud-hybrid-saas/
・https://www.gartner.com/en/newsroom/press-releases/2019-07-29-gartner-says-worldwide-iaas-public-cloud-services-market-grew-31point3-percent-in-2018

図：パブリッククラウドの構成例

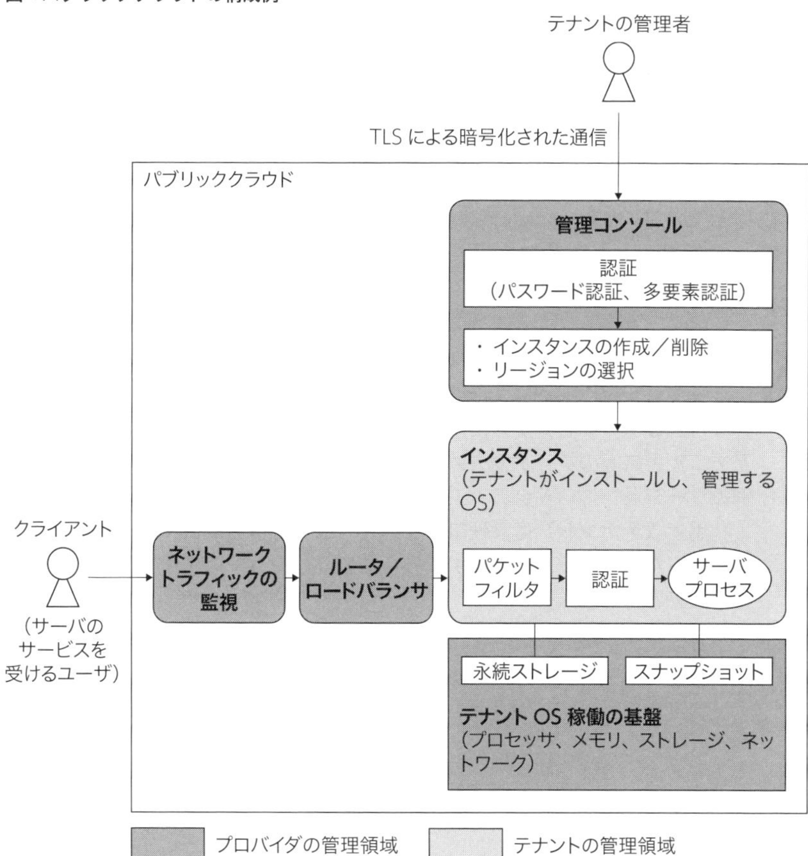

パブリッククラウドを利用する企業や個人をテナントと呼びます。インスタンスの作成や削除などはテナントの管理者やユーザが管理コンソールを介して行います。あるいは、クラウドプロバイダが提供する管理コマンドで行うこともできます。

AWS や GCP などの主要なクラウドでは、インスタンスのディスクは永続ディスクを使用します。永続ディスクは HDD や SSD などの領域に置かれ、インスタンスを削除してもデータを残すことができるので再利用が可能です。一時ディスク

（非永続ディスク）は物理メモリ上などに置かれ、インスタンスを停止あるいは削除すると消えてしまいます。したがって、選択肢Bは誤った説明です。

注）プライベートクラウドなどでは、一時ディスク（非永続ディスク）をインスタンスのディスクのデフォルトとする場合もあります。

解答 B

問題 5-28

重要度 ★★★

パブリッククラウドのリージョンについての説明で誤っているのはどれですか？1つ選択してください。

A. リージョンは地理的に離れた別々のデータセンターに置かれる
B. リージョンには共通の認証情報でアクセスできる
C. あるリージョンのデータを別のリージョンにバックアップできる
D. リージョンはプロバイダから割り当てられるので、利用者（テナント）には選択できない

解説 リージョン（Region）は地理的に離れた場所（東京と大阪、あるいは国内と海外など）のデータセンターに置かれます。異なった複数のリージョンを使用することで、災害時等のデータ損失に備えることができます。あるリージョンのデータを別のリージョンにバックアップすることもできます。

利用者（テナント）は管理コンソール（あるいは管理コマンド）でクラウドにログインした後、クラウドが提供する複数のリージョンの中から使用するリージョンを選択できます。

参考 バックアップやスナップショットで複数のリージョンを利用する場合、リージョン間のレーテンシー（遅延時間）が小さいことが望ましいため、リージョン選択の候補には地理的に近いリージョンが上位にリストされるようになっている場合もあります。

Google Cloud Platform（GCP）など、クラウドによっては稼働中のインスタンスやインスタンスが使用するディスクのスナップショットを、稼働しているリージョンとは別のリージョンに取ることができる場合もあります。

図：リージョンの利用例

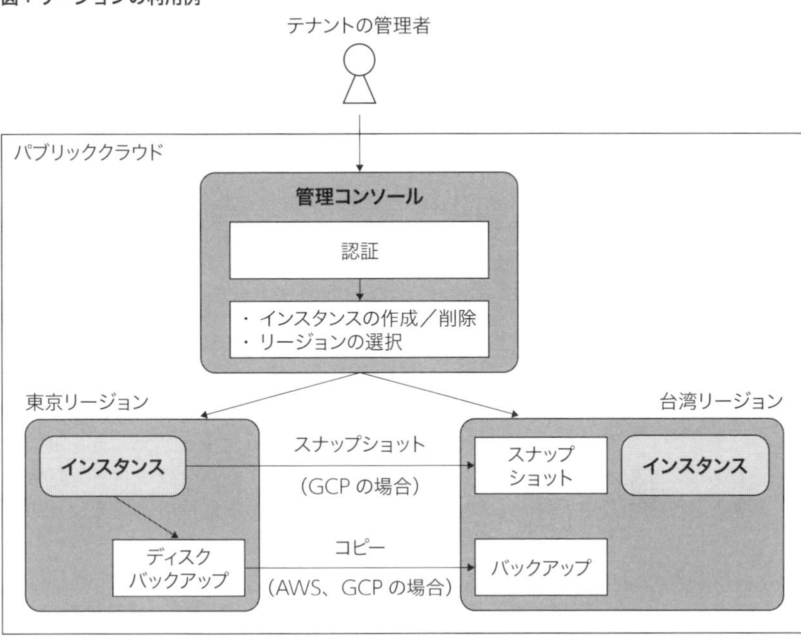

解答 D

問題 5-29

重要度 ★★★

パブリッククラウドのセキュリティ対策についての正しい説明はどれですか？1つ選択してください。

A. クラウド自体にトラフィック監視や侵入防御の対策がしてあるので、一般的にはテナントのインスタンスにはセキュリティ対策は必要ない
B. テナントのインスタンスで稼働するソフトウェアには、プロバイダによって必要に応じてセキュリティパッチが当てられる
C. テナントが使用する管理コンソールとの通信には暗号化が必要であり、状況によっては多要素認証やワンタイムパスワードで認証機能を強化することが望ましい
D. テナントはクラウド自体およびテナントが管理するインスタンスに対して脆弱性検査／ペネトレーションテストを実施することが推奨される

解説 クラウドではインターネットからのアクセスを受けるフロントエンドで、DDoS攻撃やポートスキャンなどの不正なパケットの監視／侵入防御を行うように構成されています。ただし､インスタンス自体にもファイアウォール（パケットフィルタ）や適切な認証設定を行う必要があります。この設定が適切でないと、侵入を許してしまう危険性があります。したがって、選択肢Aは誤りです。

参考 Google Cloud Platform(GCP)のドキュメントでは､｢警察が近隣をパトロールしていても家のドアに鍵をかけないといけない｣と例えています。
参考URL:｢クラウドのセキュリティに関するよくある質問｣:https://support.google.com/cloud/answer/6262505?hl=ja

プロバイダは自身が管理する基盤についてはセキュリティパッチを適用していますが、インスタンスなどテナントが管理する領域については関与することはありません。したがって、選択肢Bは誤りです。

テナントが使用する管理コンソールとの通信にはセキュリティ上、暗号化が必須であり、また状況によっては多要素認証やワンタイムパスワードで認証機能を強化することが推奨されています。これはプロバイダの機能提供とテナントの設定により行います。したがって、選択肢Cは正解です。

プロバイダはテナントがクラウド自体や他のテナントに対しての脆弱性検査／ペネトレーションテストを行うことは許可していません（この種類の検査を行うと、監視システムによって検知されて、場合によっては通信を遮断されることになります)。したがって、選択肢Dは誤りです。ただし、クラウド自体や他のテナントに影響を与えないような、テナント自身の管理するインスタンスに対しての脆弱性検査／ペネトレーションテストは許可しているプロバイダが多いようです。また検査の種類によってはプロバイダへの承認申請を求めている場合もあります。管理コンソールで自身が管理するインスタンスの脆弱性を検査するユーティリティのメニューが提供されている場合もあります。

クラウドのセキュリティ基準としては､Cloud Security Allianceの｢Cloud Controls Matrix｣があります｡事業､人事から技術的なセキュリティ要件に至るまで､多岐にわたって記載されています｡また､ガイドラインとして｢Guideline on Effectively Managing Security Service in the Cloud｣があります｡プロバイダと利用者にとっての主に技術的なセキュリティ要件について記載されています。

- https://cloudsecurityalliance.org/artifacts/cloud-controls-matrix-v3-0-1/
- https://www.cloudsecurityalliance.jp/site/wp-content/uploads/2019/09/Guideline-on-Effectively-Managing-Security-Service-in-the-Cloud-06_02_19_J_FINAL.pdf

解答 C

問題 5-30

重要度 ★★☆

パブリッククラウドのプロバイダによるメンテナンスについての説明で誤っているものはどれですか？　1つ選択してください。

A. メンテナンスは多くの場合、定期的に行われる
B. メンテナンスでは基盤となるハードウェアやソフトウェアのアップグレードや交換が行われる
C. メンテナンスでは必要に応じて、利用者のインスタンス上で稼働するアプリケーションの更新も行われる
D. 利用者に影響を与えるメンテナンスの作業日時はWebやメールでプロバイダから利用者に告知される
E. 利用者に影響を与えないメンテナンスの場合は利用者には明示的に告知されないことが多く、利用者自らが設定情報を確認しないとわからない

解説　クラウドでは基盤となるハードウェアやソフトウェアのアップグレードや交換のために定期的にメンテナンスが行われます。この作業の中にはセキュリティパッチの適用など、セキュリティを強化するための作業も含まれます。したがって、選択肢AとBは正しい説明です。

プロバイダのメンテナンスでは、インスタンスなどの利用者の領域内のソフトウェアや設定が変更されることはありません。したがって、選択肢Cの説明は誤っています。

利用者に影響を与えるメンテナンスの作業日時はWebやメールでプロバイダから利用者に告知されるので、確認しておく必要があります。したがって、選択肢Dは正しい説明です。

利用者に影響を与えないメンテナンスの場合は利用者には明示的に告知されないことが多く、その場合は利用者自らが管理コンソールなどで設定情報を確認しないとわかりません。したがって、選択肢Eは正しい説明です。

Google CloudのCompute Engineでは、メンテナンス時にはライブマイグレーションという方法によりインスタンスを稼働させたままで別のホストに移行します。このため、メンテナンスが利用者にほとんど影響を与えることがありません。

参考URL：https://cloud.google.com/compute/docs/instances/live-migration?hl=ja

解答　C

第2部 102試験

6章

オープンソースの文化

本章のポイント

▶ **オープンソースの概念とライセンス**

オープンソースの概念と主要なオープンソースライセンスについて理解します。

重要キーワード

ライセンス：GPL、AGPL、LGPL、MPL、MIT、BSD、Apache

用　語：フリーソフトウェア、コピーレフト、FLOSS、パブリックドメイン

▶ **オープンソースのコミュニティとエコシステム**

オープンソースのプロジェクト、コミュニティ、エコシステムについて理解します。

重要キーワード

用　語：プロジェクト、コミュニティ、エコシステム、ディベロッパー、コントリビューター

その他：GitHub、Launchpad

問題 6-1

重要度 ★★★

オープンソースのライセンスでないものは以下のうちどれですか？　2つ選択してください。

A. GPL　　B. MPL
C. MIT　　D. BSD
E. Apache　　F. FLOSS
G. Public Domain

解説　Linuxには、GPLライセンスで配布されるカーネル、標準ライブラリ、bashシェル、およびMPLライセンスのブラウザFirefox、MITライセンスのXサーバ、BSDライセンスのOpenSSH、ApacheライセンスのWebサーバhttpdなど、様々なオープンソースライセンスのソフトウェアがインストールされています。また、プロプライエタリなライセンス（専有ライセンス）の商用ソフトウェアをインストールすることもできます。

GPLはGNUプロジェクトが定めた著作権と使用許諾の規定です。ソフトウェアを共有し、また変更する自由をユーザに保証する目的でGNUが定めたものです。GPLは「原版を改変した派生物も原版と同じライセンス（GPL）で配布する」ことを義務付けています。GNUは1983年に当時MITに在籍していたリチャード・ストールマン氏（Richard Matthew Stallman）が、完全にフリーでUnixライクなオペレーティングシステムを開発することを目的に設立したプロジェクトです（GNUは「グニュー」または「グヌー」と読みます）。GNUでは、GPLに基づいて配布されるソフトウェアを「フリーソフトウェア」と呼んでいます。

ソースコードが公開され、利用または改変することができるソフトウェアを、一般的にオープンソースソフトウェア（OSS:Open Source Software）と呼びます。「オープンソース」とは単にソースコードを公開するという意味だけではなく、「利用または改変することができる」こと等、いくつかの要件を含みます。このようなオープンソースの意味を明確に定義し、オープンソースソフトウェアを促進することを目的として、1998年2月にオープンソース・イニシアティブ（Open Source Initiative：OSI）という非営利団体が設立されました。

OSIでは「オープンソースの定義」（The Open Source Definition：OSD）により、オープンソースの要件を10の項目で定めています。主な要件に以下が含まれています。

・再配布が自由にできること（項目1）
・コンパイルされたプログラムと共にソースコードを公開すること（項目2）
・改変したソフトウェアの、改変前と同じライセンスでの配布を許可すること（項目3）

OSI では「オープンソースの定義（OSD）」に基づき、その要件を満たしているものをオープンソースのライセンスとして認定しています（参考 URL：https://opensource.org/licenses）。

上記の GPL、MPL、MIT、BSD、Apache は、OSI によりオープンソースのライセンスとして認定されています。

また、OSI では GPL のように「派生物（derivative）を原版（original）と同じライセンスで配布する」ことを義務付けるライセンスをコピーレフト（copyleft）ライセンス、コピーレフトでないライセンス（not copyleft）をパーミッシブ（permissive）ライセンスとして大別しています。

copyleftは、リチャード・ストールマン氏が1984年頃から主張している新しい著作権についての考え方です。著作権を意味するcopyrightのright（権利、右）を、それとは異なっているという意味で右（right）の反対の左（left）にしてcopyleftとしたものです。

参考URL：https://www.gnu.org/licenses/copyleft.html
「The “left” in “copyleft” is not a reference to the verb “to leave” — only to the direction which is the mirror image of “right”」

LGPL や MPL のように、コピーレフトとパーミッシブの中間に位置するライセンスもあり、これを弱いコピーレフト（weak copyleft）ライセンスと呼んでいます。選択肢 A ～ E は上記の説明のとおり、オープンソースのライセンスです。

選択肢 F の FLOSS は Free/Libre and Open Source Software の略で、フリーソフトウェアとオープンソースソフトウェアを指す用語です。ライセンスの名前ではありません。

英語の Free には「自由」の意味の他に「無料」という意味もあるので、明確にするためにフランス語で自由を意味する libre を使用する場合があります（例：LibreOffice）。

選択肢 G の Public Domain（パブリックドメイン）は著作権を放棄したソフトウェアのことで、ライセンスの名前ではありません。

パブリックドメインのよく知られたソフトウェアの例としては、qmailやdjbdnsがあります。これらは、ダニエル・J・バーンスタイン氏が開発し、著作権を放棄したソフトウェアです。
なお、ダニエル・J・バーンスタイン氏は、OpenSSHやTLSの通信で普及している楕円曲線暗号Curve25519（5章問題5-31参照）の設計者でもあります。

F、G

問題 6-2

重要度 

オープンソースのライセンスについての説明で正しいものはどれですか？　3つ選択してください。

A. GPLでは、バイナリを配布する場合はそのソースコードも公開しなければならない
B. GPLでは、個人の私的利用や組織内での閉じられた環境での利用は適用範囲外である
C. LGPLライセンスのライブラリをリンクして利用するソフトウェアはLGPLで配布しなければならない
D. BSDでは、免責事項の掲載は必要ない
E. Apache License 2.0では、改変箇所については別の著作権、別のライセンスでも再配布できる

解説　オープンソースのライセンスの特徴は以下のようになります。OSIの分類に従って、1）コピーレフト、2）弱いコピーレフト、3）パーミッシブに分類します。

1）コピーレフト（copyleft）ライセンスには、GPL、AGPLがあります。

GNU GENERAL PUBLIC LICENSE Version 2（GPL v2）
https://www.gnu.org/licenses/old-licenses/gpl-2.0.txt

特徴

- 開発・変更・配布・使用の自由（前文、第1条、第2条）
- GPLによって配布されたソフトウェアを元に開発・変更されたソフトウェアは必ずまたGPLに基づいて配布しなければならない（第1条、第2条）
- バイナリを配布する場合は、そのソースコードも公開しなければならない（第3条）
- 免責事項の表記（第1条）
- 著作権の表記（第1条）
- 有償か無償かは問わない（第1条）

採用しているソフトウェアの例：Linuxカーネル

図：GPLのコピーレフト（派生物を原版と同じライセンスで配布）

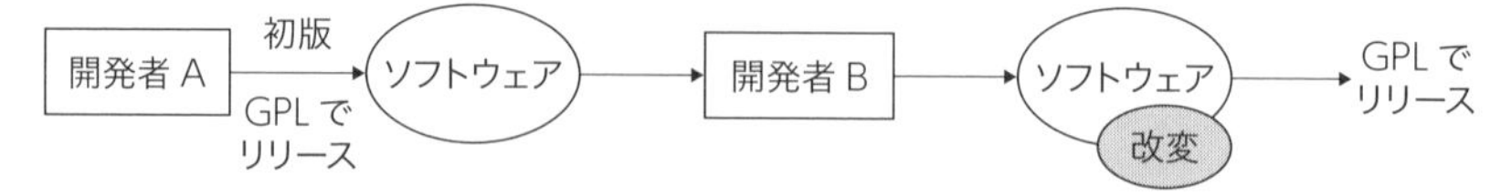

これにより、ソースコードが公開されているソフトウェアに別の開発者が後から加えた改訂部分が非公開になることなく、ソフトウェアが継続的に改良、発展し

ていくことが保証されます。反面、例えばハードウェアベンダが Linux のデバイスドライバのソースコードを公開することになると、コードを通して自社のハードウェアの技術的に秘匿したい部分が知られてしまう、といった可能性があり、開発企業にとっては GPL は採用しにくい面があります。
GPL には個人の私的利用や組織内での閉じられた環境での利用についての記載はありませんが、第 1 条には以下のように書かれています（抜粋）。

「You may copy and distribute verbatim copies of the Program's source code as you receive it, in any medium, provided that you conspicuously and appropriately publish on each copy an appropriate copyright notice and disclaimer of warranty;」

上記の中で使われている「publish」という単語は日本語では公開、公表といった意味になるので、個人の私的利用や組織内での閉じられた環境での利用は GPL の適用範囲外と考えられます。

注）GNU の「Frequently Asked Questions about the GNU Licenses」には、「改変したバージョンを公開（release）することは要求しない。個人的（privately）に、あるいは組織内部（internally）で自由に使うことができる」と記載されています。
https://www.gnu.org/licenses/gpl-faq.html
「Does the GPL require that source code of modified versions be posted to the public?」

以上により、選択肢 A と B は正解です。

参考

以下、「公表」についての著作権法第4条からの抜粋です。

「著作物は発行されれば「公表」（注1）とされます。
発行は著作物を有形的に再製（複製）して公衆に提供（譲渡又は貸与）する行為であり、このような有形的複製物を頒布することによって公表とされます。
「公衆」とは不特定人又は特定多数人のことですから（著作2条V）、数名の前で私的に上演等しただけでは公表にあたりませんが、劇場で上演等すれば観客が一人もいなくても公表です。」

GPL の最新版は v3 です。v2 に以下の 2 点が追加されています。

・DRM（Digital Rights Management：デジタル著作権管理）によるソフトウェアの利用制限は許可しない（第 3 条）
・デジタル署名を利用した認証等のハードウェアによるソフトウェアの利用制限は許可しない（第 6 条）

採用しているソフトウェアの例：bash シェル

GNU Affero General Public License（AGPL）
https://www.gnu.org/licenses/agpl-3.0.html

affero の語源はラテン語で、英語では bring、carry、convey といった意味、日本語では「運ぶ」「伝える」といった意味になります。サーバ上の GPL ソフトウェアをネットワークを介して使用する場合についての条項（前文、第 6 条 Conveying Non-Source Forms）を加えて、コピーレフトをアプリケーションサービスプロバイダ（ASP）/SaaS プロバイダに義務付けるものです。

採用しているソフトウェアの例：MongoDB

2) 弱いコピーレフト（weak copyleft）ライセンスには LGPL、MPL があります。

GNU Lesser General Public License Version 2.1（LGPL v2.1）
https://www.gnu.org/licenses/old-licenses/lgpl-2.1.html

LGPL は、GPL の考え方をベースにコピーレフトの適用を弱めた、主にライブラリを目的としたライセンスです。

特徴

- 当該ライブラリの派生物ではなく、ライブラリをリンクして利用する場合は LGPL の適用範囲外（第 5 条）

採用しているソフトウェアの例：glibc、Wine

したがって、選択肢 C は誤りです。

Mozilla Public License Version 2.0（MPL v2.0）
https://www.mozilla.org/en-US/MPL/2.0/

MPL は、GPL の考え方をベースにコピーレフトの適用に以下のように例外を追加したライセンスです。

特徴

- 当該ソフトウェアが別のライセンスのソフトウェアと組み合わせて動作する場合、MPL ライセンスでなく他方のソフトウェアのライセンスを適用することもできる（第 3.3 条 Distribution of a Larger Work）

採用しているソフトウェアの例：Firefox、Thundebird、LibreOffice
注）Firefox、Thundebird、LibreOffice は MPL 以外のライセンスでもリリースしています。

3）パーミッシブ（permissive）ライセンスには BSD、MIT、Apache があります。

2-Clause BSD License
https://www.freebsd.org/copyright/freebsd-license.html

ソースコードとバイナリコードの再配布についての以下の 2 つの条文（2-Clause）から成るライセンスです。

- ソースコードの再配布（改変の有無にかかわらず）では著作権、本 2 条項のリスト、および免責事項を表記する
- バイナリコードの再配布（改変の有無にかかわらず）では著作権、本 2 条項のリスト、および免責事項を表記する

したがって、選択肢 D は誤りです。

他に3条項のライセンスと4条項のライセンスがあります。この2条項のライセンスが最新版です。

採用しているソフトウェアの例：OpenSSH

MIT License
https://en.wikipedia.org/wiki/MIT_License

特徴
「ソースコード」および「バイナリコード」についての記述ではなく、「ソフトウェア」についての記述となっています。特に条文はなく、著作権、MITライセンスの許諾、免責事項を表記すれば誰でも、利用、複製、改変、マージ、公開、配布、異なったライセンス（サブライセンス）の適用、販売ができます。

参考

MIT Licenseは正確には「Expat license」と「X11 License」の2種類があり、わずかな違いがあります。
https://www.gnu.org/licenses/license-list.html#Expat
https://www.gnu.org/licenses/license-list.html#X11License

採用しているソフトウェアの例：X Window System（X11License）

Apache License Version 2.0
https://www.apache.org/licenses/LICENSE-2.0

以下のとおり、特許の扱いについての記述と、ライセンサー／コントリビューターという用語を使って記述されているのが特徴です。

特徴
- 用語の定義（第1条 Definitions）
  - ライセンサー（Licensor）：著作権の所有者
  - コントリビューター（Contributor）：ライセンサー、あるいは著作物へのライセンサーが認めた貢献者
- コントリビューターの持つ特許が含まれていても、それを自由に利用できる（第3条 Grant of Patent License）
  注：これに関して、特許権の行使／取り消しについてのやや難しい取り決めが記述されています。
- 改変した部分については、改変者の著作権でも、異なったライセンスでも再配布できる（第4条 Redistribution）
- 登録商標の使用は認めない（第6条 Trademarks）
- 著作権の表記（第4条 Redistribution）
- 免責事項の表記（第7条 Disclaimer of Warranty）

したがって、選択肢Eは正解です。

採用しているソフトウェアの例：Apache httpd、Kubernetes（Google社）、OpenShift4（RedHat社）

重要ポイントのまとめ

・GPLは改変して再配布する場合もGPLで配布しなければならない。したがって、ソースコードは公開しなければならない。
・GPLは個人的にあるいは組織内部で使用する場合には適用されない。したがって、その場合は改変して再配布する場合もソースコードを公開する必要はない。
・LGPL、MPLは改変して再配布する場合もソースコードは公開しなければならない。ただし、条件によってはソースコードを公開する必要がない場合もある。
・BSD、MIT、Apacheは改変して再配布する場合もソースコードを公開する必要はない。
・GPL、AGPL、LGPL、MPL、BSD、MIT、Apacheのいずれのライセンスでも著作権と免責事項の表記が義務付けられている。

Apache License 2.0のGoogle社のKubernetesをベースに、RedHat社が改変、拡張してOpenShift4をリリースする例を示します。

図：Kubernetes と OpenShift4

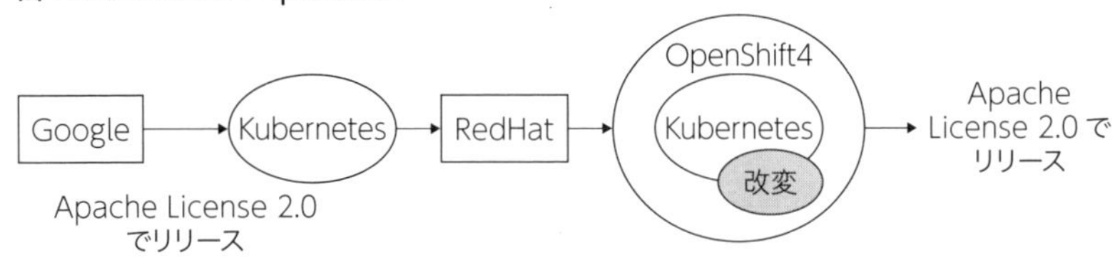

この7つのライセンスの原文は英語で書かれています。日本語に訳されているものもありますが、ほとんどの場合、法的な有効性は原文にのみある旨の注意書きが付けられています。参考に、英語の原文に出て来る用語の一般的な日本語訳を以下に記載しておきます。

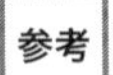

・copyright：著作権
・license：ライセンス、利用許諾契約書
・publish：公開、公表
・derivative work：派生物
・patent：パテント、特許
・trademark：商標、登録商標
・disclaimer of warranty：免責事項（責任を問われるのを免れる事項）
・distribute/redistribute：配布/再配布、頒布（はんぷ）／再頒布

著作権法では「配布」ではなく「頒布」が使われています。以下、第2条の抜粋です。

「十九 頒布
有償であるか又は無償であるかを問わず、複製物を公衆に譲渡し、又は貸与することをいい、映画の著作物又は映画の著作物において複製されている著作物にあつては、これらの著作物を公衆に提示することを目的として当該映画の著作物の複製物を譲渡し、又は貸与することを含むものとする。」

解答 A、B、E

問題 6-3

重要度 ★★★

オープンソースプロジェクトがソースコードの開発に利用するホスティングサービスはどれですか？　2つ選択してください。

A. Touchpad　　B. Launchpad
C. Git　　D. GitHub

解説　オープンソースのプロジェクトには、ソフトウェアの開発、ローカライズ、バイナリパッケージの作成など、ソフトウェアがプロダクトとなるまでの過程に直接関わるディベロッパー（developer：開発者）や、プロダクトがリリースされた後に発見されたバグなどを修正するためのパッチを作成する人たちやドキュメントの作成、翻訳をする人たちがいます。このようにプロジェクトに貢献する人たちをコントリビューター（contributor：貢献者）と呼んでいます。一般的に、プロジェクトはコントリビューター、およびプロジェクトの運用に必要なメーリングリストやバグレポート管理などから成り立っています。

プロジェクトの運営や投稿されたコードの採用などの最終決定はプロジェクトのリーダーが下しますが、大きなプロジェクトの場合には、サブプロジェクトごとにリーダーの代わりに決定を下す、メンテナと呼ばれるメンバーを置く場合もあります。

また、ディベロッパーやコントリビューター以外に、メーリングリストに参加して情報交換をしたり、ソフトウェアを自らインストールして使用し、気付いた不具合や使用感などをレポートするユーザ、およびプロダクトを人的、物的、財政的に支援をする企業などを含めてコミュニティを形成しています。一般的にはプロジェクトが運営するWebサイトから登録をすることでコミュニティメンバーになることができます。

さらにプロジェクトがリリースしたソフトウェアを利用する多くのユーザや企業を含めて、協力関係、情報共有、商取引などにより、それぞれが関係し合いながら異なった役割を果たし利益を得るエコシステムを形成しています。

参考　エコシステム（ecosystem）はもともとは自然界の生態系を表す言葉ですが、それになぞらえて、ビジネス分野では企業間の競争と協力関係による収益構造を表す「ビジネスエコシステム（bussiness ecosystem）」、コンピュータ分野では製品、サービス、それらの提供者、サードパーティ、利用者など、様々な要素による競争と協力関係を表す「デジタル エコシステム（digital ecosystem）」といった用語が使われています。
オープンソースの分野では、ボランティアの参加やオープンソースライセンスでプロダクトが配布されることに特徴があり、たくさんのオープンソースソフトウェア同士の関係や、ある特定のプロジェクトのソフトウェアによる個人や企業間の関係を表す場合に「オープンソース エコシステム(Open Source Ecosystemあるいは Open Source Software Ecosystem)」という言葉が使われています。

参考URL

- https://www.soumu.go.jp/johotsusintokei/linkdata/h30_02_houkoku.pdf
  「ICTによるイノベーションと新たなエコノミー形成に関する調査研究」
- https://ieeexplore.ieee.org/document/4233618
  「2007 Inaugural IEEE International Conference on Digital Ecosystems and Technologies」
- https://www.ics.uci.edu/~wscacchi/Presentations/Scacchi-OSS-Ecosystems-7July15.pdf
  「Open Source Ecosystems: Challenges and Opportunities」

図:オープンソースのプロジェクトとコミュニティ

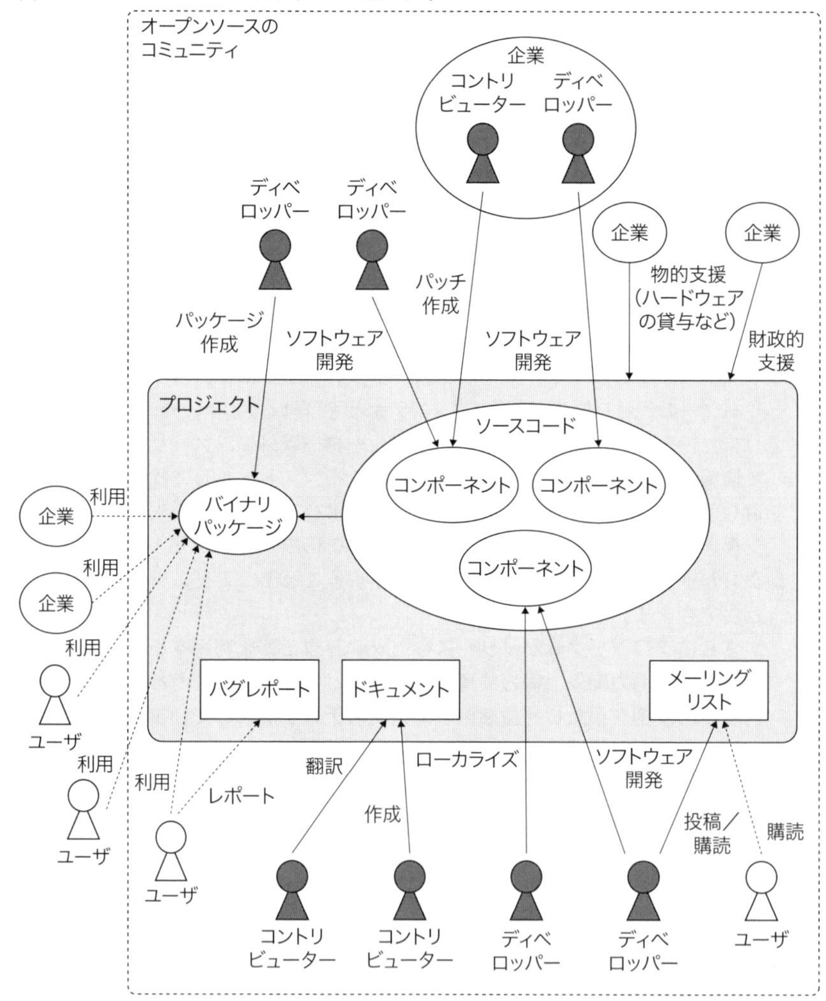

大きいものから小さいものまで、たくさんのプロジェクトが存在しますが、Linuxに関連したプロジェクトの代表的な例を以下に挙げます。

- **Linuxカーネルプロジェクト**
  開発プロジェクトでは最大規模のものです。プロジェクトリーダーは発足時から現在まで、Linus Torvalds氏です。Greg Kroah-Hartman氏がディベロッパーかつ主要なメンテナです。Linux Foundationによる2017年の「Linux Kernel Development Report」によると、各リリースごとに200社以上から1,600人以上のディベロッパーが開発に参加し、2005年以降では1,400社以上から約15,600人が参加しているとのことです。カーネル4.8～4.13でのコードの投稿数（雇用しているディベロッパーの投稿）による企業別の貢献度では、1位がIntel、2位は所属なしのディベロッパー、3位がRedHatとなっています。

- **OpenStackプロジェクト**
  オープンソースのクラウドソフトウェアを開発しているプロジェクトです。RedHat、SUSE、NEC、IBM、富士通、NTTなど、100社以上が開発に参加し、プロジェクトを支援する参加企業は約700社あります。理事会（Board of Directors）、技術委員会（Technical Committee）、ユーザ委員会（User Committee）によって運営されています。

- **Fedoraプロジェクト**
  RedHat Enterprise Linux（RHEL）の開発版であるLinuxディストリビューションFedoraを開発しています。RedHat社が主たるスポンサーです。最近、コンテナにフォーカスした軽量なOSであるFedora CoreOSの開発を開始するなど、活発に活動しています。コントリビューターには、コンテンツ・ライター（Content Writer）、デザイナー（Designer）、普及・促進役（People Person）、OS開発者（OS Developer）、翻訳者（Translator）、Web開発者・管理者（Web Developer or Administrator）など、様々な役割があります。

- **Debianプロジェクト**
  100%フリーなソフトウェアであるLinuxディストリビューションDebianを開発している、典型的なオープンソースのプロジェクトです。広く使われているUbuntuはDebianをベースに開発されています。プロジェクトの2代目のリーダーだったBruce Perens氏はOSI（Open Source Initiative）の設立者です。プロジェクトのメンバーはディベロッパーとメンテナで構成されていますが、メンバー以外からのコントリビューション（貢献）も歓迎しています。いくつかの企業がパートナーとなって、プロジェクトに協力しています。

オープンソースではソースコードをバージョン管理システムで管理するGitHubなどのホスティングサービスを利用するプロジェクトも多くあります。

GitHubによる2019年の年次報告によると、GitHubを利用しているディベロッパーの数は4千万人以上、2019年に新しく作成されたリポジトリは4千4百万個以上、とのことです。GitHubを利用している主な開発プロジェクトには以下のものがあります。

- Kubernetes、OpenShift4、Ansible、Linuxカーネル（kernel.orgのミラー）など

開発プロジェクトが利用しているその他のホスティングサービスには以下のものがあります。

- GitLab：GNOMEなど
- Launchpad：Ubuntu、WordPressなど
- SourceForge：Manjaro Linux、Android-x86など
- opendev：OpenStack、zuul、kata-containersなど

解答 B、D

7 章

模擬試験

問題 1

ログインシェルがbashのとき、ログイン時に実行されるファイルはどれですか？ 2つ選択してください。

A. ~/.bash_profile
B. ~/.bashrc
C. ~/.profile
D. ~/.login

問題 2

~/.profileについての説明で正しいものはどれですか？　1つ選択してください。

A. 記述内容はシェル構文に従う
B. 1行目に#!が必要である
C. ファイルに実行権が必要である
D. ユーザにのみファイルの読み取り権を付ける必要がある
E. ファイルの所有者はrootにする

問題 3

「command1 && command2」を実行したときの説明として正しいものはどれですか？　1つ選択してください。

A. command1を実行したら次にcommand2を実行する
B. command1とcommand2を同時に実行する
C. command1の実行が失敗したときはcommand2を実行する
D. command1の実行が成功したときはcommand2を実行する

問題 4

以下のようにfunctionを定義したとき、「myfunc a b c」を実行した結果はどうなりますか？　1つ選択してください。

```
function myfunc(){ echo $1 $2; }
```

A. 「a b c」と表示される
B. 「myfunc a」と表示される
C. 「b c」と表示される
D. 「a b」と表示される

問題 5

シェルスクリプトの先頭行の「#!/bin/bash」の説明で正しいものはどれですか？　1つ選択してください。

A. スクリプトをコマンドとして実行した場合のインタプリタを /bin/bash に指定する
B. スクリプトをコマンドとして実行した場合はコメント行として無視される
C. スクリプトをコンパイルする指示となる
D. スクリプトが生成するバイナリのパス名を /bin/bash と指定する

問題 6

カレントディレクトリにシェルスクリプト script.sh を作成しました。現在のシェル内で実行するにはどうすればよいですか？　2つ選択してください。

A. source script.sh
B. . script.sh
C. bash script.sh
D. ./script.sh

問題 7

以下のようなシェルスクリプト script.sh を作成しました。

```
#!/bin/bash
exit $#
```

「./script.sh」の実行の後、「echo $?」を実行するとどうなりますか？　1つ選択してください。

A. 「0」が表示される
B. 「1」が表示される
C. 「true」が表示される
D. 「false」が表示される

問題 8

数値が同じであることを調べるコマンドはどれですか？　1つ選択してください。

A. -ge
B. -le
C. -eq
D. -e
E. =

問題 9 □□□

以下のようなシェルスクリプトを作成しました。下線部を記述してください。

```
for i in 1 2 3
do
  echo $i

________
```

問題 10 □□□

以下は引数として入力された1文字を判定するシェルスクリプトです。下線部を記述してください。

```
case
  a) echo "char is a.";;
  b) echo "char is b.";;
  c) echo "char is c.";;
  *) echo "not a,not b, not c";;

________
```

問題 11 □□□

ポート番号とサービスの対応について、誤っているものはどれですか？　3つ選択してください。

A. ssh　23
B. smtp　25
C. domain　50
D. http　80
E. https　440

問題 12 □□□

非特権ポートの最小番号は何番ですか？　記述してください。

問題 13 □□□

UDPを使用するサービスはどれですか？　1つ選択してください。

A. DNS
B. HTTP
C. HTTPS
D. SSH

問題 14

以下はイーサネットI／F eth0を有効にするコマンドです。下線部を記述してください。

_______ eth0

問題 15

ネットワークのルーティングテーブルを表示するコマンドはどれですか？　4つ選択してください。

A. route
B. traceroute
C. netstat -r
D. ss -r
E. ip route
F. ip route show

問題 16

以下はデフォルトゲートウェイを192.168.1.254に指定するコマンドです。下線部を記述してください。

ip route add default _______ 192.168.1.254

問題 17

ネットワークアドレスが以下の場合、このネットワークに接続できるホストの個数はいくつですか？　1つ選択してください。

192.168.1.0/24

A. 253
B. 254
C. 255
D. 256

問題 18

IPv6の正しいアドレス表記はどれですか？　1つ選択してください。

A. 2001:503:ba3e::2:30
B. 2001:503:ba3g::2:30
C. 2001::ba3e::2:30
D. 2001%503%ba3e%%2%30
E. 2001.503.ba3e..2.30

問題 19

TCP のコネクションとプロセス情報を表示するコマンドはどれですか？　1 つ選択してください。

A. ss -tn
B. ss -up
C. ss -tp
D. ss -un

問題 20

経路を追跡するコマンドはどれですか？　2 つ選択してください。

A. ping
B. nmap
C. traceroute
D. tracepath
E. route

問題 21

www.example.com に ping したところ、相手先ホストからの応答がありません。考えられる原因はどれですか？　2 つ選択してください。

A. ホスト www.example.com がダウンしている
B. 経路途中のルータが ping の送受信を許可していない
C. www.example.com の名前解決ができない
D. ローカルホストが TCP パケットの送信を禁止している

問題 22

icmp メッセージに含まれるものはどれですか？　3 つ選択してください。

A. 時間切れ
B. 到達不能
C. icmp エコーのリプライ
D. 不正なアドレス
E. 再送要求

問題 23 □□□

問い合わせをする DNS サーバを指定するコマンドはどれですか？　1 つ選択してください。

A. dig www.example.com @192.168.1.1
B. dig www.example.com -x 192.168.1.1
C. dig www.example.com 192.168.1.1
D. dig 192.168.1.1 www.example.com

問題 24 □□□

LDAP、DNS にかかわらず、ホスト名と IP アドレスの対応情報を表示するコマンドはどれですか？　1 つ選択してください。

A. hosts
B. dig
C. getent
D. ldapsearch

問題 25 □□□

以下のコマンドの説明で正しいものはどれですか？　1 つ選択してください。

userdel --force --remove user01

A. ユーザがログインしていてもユーザアカウント、ユーザのホームディレクトリとその下のファイルを削除する
B. ユーザがログインしていない場合に、ユーザアカウント、ユーザのホームディレクトリとその下のファイルを削除する
C. ユーザアカウントのみを削除し、ユーザのホームディレクトリは削除しない
D. ユーザのホームディレクトリのみを削除し、ユーザアカウントは削除しない

問題 26 □□□

空のグループを /etc/group に追加するコマンドは何ですか？　記述してください。

問題 27 □□□

既存のユーザ user01 を、1 次グループ（プライマリグループ）は変更することなく、新たにグループ grp1 に追加するコマンドはどれですか？　1 つ選択してください。

A. groupadd grp1 user01
B. useradd -g grp1 user01
C. usermod -g grp1 user01
D. usermod -G grp1 user01

問題 28 □□□

ユーザアカウントの作成時に、ユーザのホームディレクトリ下にディレクトリ public_html を作成するために利用するものはどれですか？　1 つ選択してください。

A. /etc/skel
B. /etc/profile
C. /etc/login.defs
D. /etc/httpd/httpd.conf

問題 29 □□□

アカウントのロックを解除するコマンドはどれですか？　1 つ選択してください。

A. passwd -U
B. passwd -u
C. passwd -x
D. passwd -l

問題 30 □□□

/etc/cron.allow と /etc/cron.deny についての正しい説明はどれですか？　3 つ選択してください。

A. どちらのファイルにも何も記述がない場合はすべてのユーザが crontab を実行可
B. どちらのファイルにも何も記述がない場合は root のみが crontab を実行可
C. どちらのファイルも存在しない場合はすべてのユーザが crontab を実行可
D. どちらのファイルも存在しない場合の動作はディストリビューションにより異なる
E. cron.allow に記述がなく、cron.deny に記述があるユーザは crontab を実行可
F. cron.allow に記述があるユーザは crontab を実行可

問題 31

1日1回実行するコマンドを置くディレクトリはどれですか？　1つ選択してください。

A. /etc/cron.hourly
B. /etc/cron.daily
C. /etc/cron.weekly
D. /etc/cron.monthly

問題 32

/etc/anacrontab で実行時間帯を指定するパラメータは何ですか？　記述してください。

問題 33

毎週日曜日の毎時15分に command を実行する crontab の記述はどれですか？
1つ選択してください。

A. 15 0-23 * * 0 command
B. 15 * * 0 * command
C. 15 * * 6 * command
D. 15 0-23 * * 6 command

問題 34

ロケール設定に含まれないのはどれですか？　1つ選択してください。

A. 「.」
B. タイムゾーン
C. 言語
D. エンコーディング

問題 35

時刻を指定するロケール変数はどれですか？　1つ選択してください。

A. LC_TIME
B. LC_CTYPE
C. LC_NUMERIC
D. LC_MESSAGES

問題 36

Shift_JIS を UTF-8 に変換するコマンドはどれですか？　1つ選択してください。

A. iconv -f Shift_JIS -t UTF-8 sjis_file.txt > utf8_file.txt
B. iconv -i Shift_JIS -o UTF-8 sjis_file.txt > utf8_file.txt
C. convert -S -w8 sjis_file.txt > utf8_file.txt
D. convert -E -s sjis_file.txt > utf8_file.txt

問題 37

/etc/localtime の説明で正しいものはどれですか？　1つ選択してください。

A. Japan、New_York などのタイムゾーン名がプレーンテキストで格納されている
B. UTC の時刻を持つハードウェアクロックである
C. ローカルタイムの時刻を持つシステムクロックである
D. タイムゾーンが New_York の場合、/usr/share/zoneinfo/America/New_York ファイルへのシンボリックリンクかコピーである

問題 38

pool.ntp.org の説明で正しいものはどれですか？　2つ選択してください。

A. server 指定では、1.pool.ntp.org、2.pool.ntp.org のように先頭に番号を付ける
B. 世界全体のプールなので、国の指定はできない
C. サーバの stratum は 1 か 2 である
D. DNS 名前解決により、IP アドレスはリクエストごとに変わる

問題 39

/etc/rsyslog.conf の記述でログに記録しないプライオリティはどれですか？　1つ選択してください。

A. emerg　　B. alert
C. debug　　D. none

問題 40

カーネルのメッセージを記録する以下のような rsyslog.conf があります。

```
kern.notice    /var/log/messages
kern.warn      /dev/console
kern.err       @example.com
```

この設定についての rsyslog の動作で正しいものはどれですか？　2 つ選択してください。

A. カーネルの通知メッセージは /var/log/messages に格納する
B. カーネルのエラーメッセージはユーザ example.com に送る
C. カーネルのエラーメッセージは /dev/console に表示する
D. カーネルの警告メッセージはホスト example.com に送る

問題 41

systemd のジャーナルログを表示するコマンドは何ですか？　1 つ選択してください。

A. journal
B. journalctl
C. logger
D. logctl

問題 42

ls コマンドの実行結果をログに記録するコマンドはどれですか？　2 つ選択してください。

A. ls | systemctl
B. systemctl ls
C. ls | systemd-cat
D. systemd-cat ls

問題 43

logrotate.conf の中で、ログを圧縮するパラメータはどれですか？　1 つ選択してください。

A. compress
B. compress zip
C. zip
D. gzip

問題 44 □□□

~/.forward ファイルの正しい説明はどれですか？　1 つ選択してください。

A. ユーザ宛に届いたメールは記述された 1 つあるいは複数のメールアドレスに転送される
B. ~/.forward ファイルを更新したら newaliases コマンドを実行する
C. Sendmail では使えるが、Exim や Postfix では使えない
D. ローカルユーザにのみ転送し、リモートユーザには転送できない

問題 45 □□□

/etc/aliases を編集した後、alias データベースを更新するコマンドはどれですか？　1 つ選択してください。

A. aliase
B. aliases
C. newaliase
D. newaliases

問題 46 □□□

「ulimit -c」コマンドの説明で正しいものはどれですか？　1 つ選択してください。

A. 利用できる CPU コアの最大個数を指定する
B. オープンできるファイルの最大個数を指定する
C. core ファイルの最大サイズを指定する
D. 仮想メモリの最大サイズを指定する

問題 47 □□□

passwd コマンドでパスワードの有効期限を変更するコマンドはどれですか？ 2 つ選択してください。

A. passwd -e
B. passwd -x
C. passwd -l
D. passwd -u

問題 48 □□□

シンボリックリンクファイルを見つける以下のコマンドがあります。

find /usr/bin -type _____

下線部を記述してください。

問題 49 □□□

/etc/shadow の説明で正しいものはどれですか？　2 つ選択してください。

A. root 権限でのみ読取りができる
B. 暗号化パスワードやセキュリティ情報が格納されている
C. 一般ユーザも読み取りができる
D. パスワードの他に /etc/passwd と同じ情報が入っている

問題 50 □□□

このファイルを作成すると root 以外はログインできなくなる、/etc の下のファイルは何ですか？　記述してください。

問題 51 □□□

firewall-cmd コマンドで以下のように http サービスを追加しました。

firewall-cmd --add-service http --permanent

しかし以下のコマンドで表示されません。

firewall-cmd --list-all-zones

その理由で適切なものはどれですか？　1 つ選択してください。

A.「--list-all-zones」ではなく「--list-ports」を使用する必要がある
B.「--list-all-zones」ではなく「--list-services」を使用する必要がある
C.「--restart」オプションによる restart をしていない
D.「--reload」オプションによる reload をしていない

問題 52 □□□

ssh-agent に秘密鍵を登録するコマンドは何ですか？　記述してください。

問題 53 □□□

リモートホストに ssh する場合の設定を変更するファイルはどれですか？　1つ選択してください。

A. /etc/ssh/ssh_config　　B. /etc/ssh/ssh_client
C. /etc/ssh/sshd_config　　D. /etc/ssh/sshd_client

問題 54 □□□

GnuPG（GPG）についての説明で正しいものはどれですか？　2つ選択してください。

A. アリスにもボブにも同じキーで暗号化
B. 同じ暗号化キーでファイルに署名
C. 送り先のユーザごとに異なった暗号化キーを使う
D. 送り先のユーザごとに異なった暗号化キーでファイルに署名

問題 55 □□□

パブリッククラウドを使用する場合のセキュリティ対策で適切なものはどれですか？　2つ選択してください。

A. インスタンスにはスタンドアロンのサーバと同じように、要塞ホストとしてセキュリティを設定する
B. クラウドの基盤自体にセキュリティ対策がしてあるので、テナントがセキュリティ対策をする必要がない
C. プロバイダが提供するセキュリティユーティリティを利用する
D. インスタンスの OS やアプリケーションのセキュリティホールにはプロバイダがパッチを適用するのでテナントはしないほうがよい

問題 56 □□□

パブリッククラウドのリージョンについての説明で正しいものはどれですか？ 2つ選択してください。

A. リージョンはランダムに選ばれる
B. 複数のリージョンにアクセスするには各リージョンごとにアカウントが必要
C. 選択できるどのリージョンでも、特例のある場合以外は、サービス、セキュリティは同じ
D. 複数のリージョンを使用した場合はリージョンのデータを別のリージョンにバックアップできる

問題 57 □□□

パブリッククラウドの脆弱性検査についての説明で正しいものはどれですか？ 2つ選択してください。

A. 脆弱性検査をした後、検査結果が有効なのはソフトウェアのアップデートをするまでである
B. 外部からのアクセスでの脆弱性が発見されても、内部で使用する場合は問題はない
C. 脆弱性検査をする場合は、問題ないかを事前にプロバイダに確認する
D. 脆弱性検査はテナント自身のインスタンスに対してだけでなく、クラウド基盤自体についても行うことが推奨されている

問題 58 □□□

他のソフトウェアと連携することのない、単独で動作するソフトウェアの場合に、再配布時にソースコードの公開を義務付けているライセンスはどれですか？　2つ選択してください。

A. GPL（v1、v2、v3）
B. Mozilla 2.0
C. Apache 2.0
D. BSD
E. MIT

問題 59

オープンソースのライセンスであるGPL、Mozilla 2.0、BSDのいずれのライセンスの場合でも、再配布時に表記を義務付けているものはどれですか？　2つ選択してください。

A. ソースコード　　B. 特許権
C. 著作権　　D. 免責事項

問題 60

オープンソースプロジェクトでコントリビューター（Contributor）と呼ばれるのはどのような人ですか？　2つ選択してください。

A. プロジェクトのソフトウェアを開発しているディベロッパー（Developer）を雇用している企業
B. ディベロッパー（Developer）
C. パッチの作成やドキュメントを作成している人
D. ソフトウェアを使っている一般ユーザ

模擬試験の解答と解説

問題 1

解説 ログイン時には、/etc/profile、~/.bash_profile、~/.bash_login、~/.profile の順に実行されます。したがって、選択肢 A と C が正解です。
~/.bashrc は非ログインシェルの起動時に実行されるファイルなので選択肢 B は誤りです。~/.login は C シェルのログイン時に実行されるファイルなので選択肢 D は誤りです。

解答 A、C

問題 2

解説 ~/.profile は bash シェルが実行するファイルなので、シェル構文に従って書かれています。したがって、選択肢 A は正解です。
コマンドとして実行するファイルではなく、bash シェルが実行するファイルなので 1 行目に #! は必要ありません。また、実行権も必要ありません。したがって、選択肢 B と C は誤りです。
ユーザにファイルの読み取り権が必要ですが、ユーザだけである必要はありません。一般的なパーミッションは「rw-r--r--」です。したがって、選択肢 D は誤りです。
ファイルの所有者はユーザ自身でなければなりません。したがって選択肢 E は誤りです。

解答 A

問題 3

解説 「command1 && command2」を実行したときは、最初に command1 を実行し、成功した場合のみ command2 を実行します。したがって、選択肢 D が正解です。

解答 D

問題 4

解説 $1 は第 1 引数、$2 は第 2 引数なので、「a b」と表示されます。したがって、選択肢 D が正解です。

解答 D

問題 5

解説 シェルスクリプトの先頭行の「#!/bin/bash」は、スクリプトをコマンドとして実行した場合のインタプリタを /bin/bash に指定しています。したがって、選択肢 A が正解です。

解答 A

問題 6

現在のシェル内で実行するには、「source」あるいは「.」の後に script.sh を指定します。したがって、選択肢 A と B は正解です。
「bash script.sh」とすると新しく生成する子シェルの中で実行します。したがって、選択肢 C は誤りです。
「./script.sh」とするとスクリプトの 1 行目「#!/bin/bash」に記述された bash を子シェルとして生成してその中で実行します。したがって、選択肢 D は誤りです。

解答 A、B

問題 7

$# には引数の個数が入ります。「./script.sh」として実行した場合の引数の個数はゼロなので、$# の値は 0 になります。したがって、「exit $#」は「exit 0」となり、返り値は 0 となります。
コマンド実行後の返り値は $? により参照できるので、スクリプトの実行後に「echo $?」を実行すると「0」が表示されます（問題 1-11 と 1-25 の解説を参照してください）。したがって、選択肢 A が正解です。

解答 A

問題 8

数値の比較で、-ge は「Greater than or Equal」、-le は「Less than or Equal」、-eq は「EQual」となります。したがって、選択肢 A と B は誤りで選択肢 C が正解です。
-e はファイルの「Exist」（存在する）かどうかのチェック、= は文字列が同じかどうかのチェックなので、選択肢 D と E は誤りです。

解答 C

問題 9

解説 for 文のループの終わりには done と記述します。

解答 done

問題 10

解説 case 文の終わりには case を文字を逆順にした esac を記述します。

解答 esac

問題 11

解説 ssh のポート番号は 22、domain（DNS）のポート番号は 53、https のポート番号は 443 です。

解答 A、C、E

問題 12

解説 IANA の規定では非特権ユーザがアクセスできるポートは 1024 番以降となっています。

解答 1024

問題 13

解説 DNS は小さなデータを扱うので UDP を使用します。したがって選択肢 A が正解です。
HTTP、HTTPS、SSH はコネクションを確立した通信路を利用するので TCP を使用します。

 A

問題 14

 「ifup インタフェース名」により、インタフェースを有効にします。

解答 ifup

問題 15

 「route」あるいは「netstat -r」でルーティングテーブルを表示します。どちらも同じフォーマットで表示します。「ip route」あるいは「ip route show」でルーティングテーブルを表示します。したがって、選択肢A、C、E、Fが正解です。
tracerouteは経路を追跡するコマンドなのでルーティングテーブルは表示しません。netstatと異なり、ssコマンドにはルーティングテーブルを表示する-rオプションはありません。したがって、選択肢B、Dは誤りです。
以下、「route」コマンドと「ip route」コマンドの実行例です。

実行例

```
$ route
Kernel IP routing table
Destination     Gateway         Genmask         Flags Metric Ref    Use Iface
default         my-gateway      0.0.0.0         UG    100    0        0 eth0
192.168.122.0   0.0.0.0         255.255.255.0   U     100    0        0 eth0

$ ip route
default via 192.168.122.1 dev eth0 proto dhcp metric 100
192.168.122.0/24 dev eth0 proto kernel scope link src 192.168.122.60 metric 100
```

 A、C、E、F

問題 16

 ipコマンドでのゲートウェイの指定は「via」を使います（routeコマンドでのゲートウェイの指定は「gateway」を使います）。

 via

問題 17

 プレフィックスが /24 の場合、ホスト部は 32–24 で 8 ビットになります。
2^8 は 256 となり、値の範囲は 0 ～ 255 になりますが、そのうち 0 はネットワークアドレス、255 はブロードキャストに割り当てるので、ホストに割り当てることのできる値は 1 ～ 254 となり、254 個となります。

解答 B

問題 18

 選択肢 A は、区切り記号が「:」で、「::」が 1 つなので正しいアドレス表記です。
選択肢 B は、3 バイト目が ba3g となっていて、0-9・a-f であるべきところに g が指定されているので誤りです。
選択肢 C は、「::」が 2 つ入っているので誤りです。
選択肢 D は、区切り記号が「%」になっているので誤りです。
選択肢 E は、区切り記号が「.」になっているので誤りです。

解答 A

問題 19

 -t は TCP、-p はプロセス情報の表示です。したがって、選択肢 C は正解です。
-n は数値（numeric）での表示、-u は UDP の表示なので、選択肢 A、B、D は誤りです。

解答 C

問題 20

 経路を追跡するコマンドは traceroute あるいは tracepath です。したがって選択肢 C と D が正解です。
ping は疎通確認、nmap はポートのスキャン、route は経路設定／表示のコマンドです。したがって、選択肢 A、B、E は誤りです。

解答 C、D

問題 21

解説 相手先ホストがダウンしている場合は相手先ホストからの応答がありません。相手先ホストの名前解決ができない場合はパケットを送信できません。したがって、選択肢 A と C が正解です。
経路途中のルータ自体が ping の送受信を許可していない場合でも、パケットはフォワードするので選択肢 B は誤りです。
ローカルホストが TCP パケットの送信を禁止していても、ICMP と UDP が許可されていれば、ping での送受信ができます。したがって、選択肢 D は誤りです。

解答 A、C

問題 22

解説 icmp メッセージに含まれるものは、時間切れ（Time Exceeded）、到達不能（Destination Unreachable）、icmp エコーのリプライ（Echo Reply）です。したがって、選択肢 A、B、C は正解です。
不正なアドレス、再送要求は含まれないので、選択肢 D と E は誤りです。

解答 A、B、C

問題 23

解説 問い合わせをする DNS サーバを指定する場合は「@DNS サーバ」とします。したがって、選択肢 A は正解です。
-x オプションは逆引きの指定です。DNS サーバは /etc/resolv.conf で指定されたサーバになります。したがって、選択肢 B は誤りです。
選択肢 C と D は正引きのコマンドで、DNS サーバは /etc/resolv.conf で指定されたサーバになります。したがって、いずれも誤りです。なお正引きに IP アドレスを指定した場合は答えは返りません。

解答 A

問題 24

解説 hosts と dig は DNS を検索するコマンドなので、選択肢 A と B は誤りです。
ldapsearch は LDAP を検索するコマンドなので、選択肢 D は誤りです。
getent は「getent hosts ホスト名」あるいは「getent hosts IP アドレス」とす

ると /etc/hosts、LDAP、DNS にかかわらず、ホスト名と IP アドレスの対応情報を表示します。したがって、選択肢 C が正解です。

解答 C

問題 25

--force、または -f オプションを付けると、ユーザがログインしていても削除を行います。--remove、または -r オプションを付けると、ユーザのホームディレクトリとその下のファイルを削除します。したがって、選択肢 A が正解です。

A

問題 26

groupadd コマンドで「groupadd グループ名」として追加できます。

問題 27

groupadd は新規にグループを作成するコマンドなので選択肢 A は誤りです。ユーザを指定しているので構文も誤っています。
useradd は新規にユーザを作成するコマンドなので選択肢 B は誤りです。
「usermod -g」は所属している 1 次グループを変更するコマンドなので選択肢 C は誤りです。
「usermod -G」はユーザを 2 次グループに追加するコマンドなので選択肢 D は正解です。

解答 D

問題 28

/etc/skel ディレクトリの下のファイルとディレクトリが新規に作成したユーザのホームディレクトリにコピーされます。したがって、選択肢 A が正解です。
/etc/profile はユーザのログイン時に実行されるファイルなので、選択肢 B は誤りです。

/etc/login.defs は UID や GID の値の範囲など、/etc/shadow の設定を記述するファイルなので、選択肢 C は誤りです。
/etc/httpd/httpd.conf は Apache Web サーバ httpd の設定ファイルなので、選択肢 D は誤りです。

解答 A

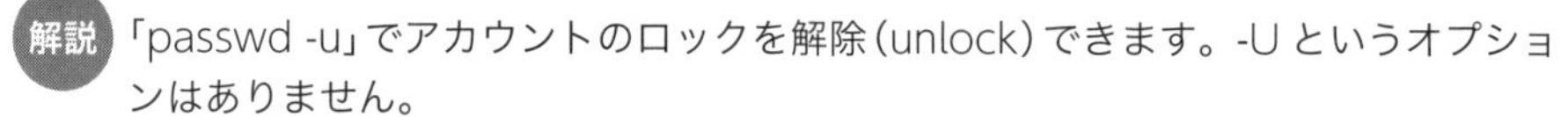

問題 29

解説 「passwd -u」でアカウントのロックを解除（unlock）できます。-U というオプションはありません。
「passwd -x」はパスワードの有効期限（maxdays）を設定するコマンド、「passwd -l」はアカウントをロック（lock）するコマンドです。

解答 B

問題 30

解説 cron.allow に何も記述がない場合、一般ユーザは crontab は実行できず、cron.deny の記述の有無にかかわらず root ユーザのみが crontab を実行できます。したがって、選択肢 A は誤り、選択肢 B は正解です。
cron.allow に記述があるユーザは crontab を実行できます。したがって、選択肢 F は正解です。
cron.deny に記述があるユーザは crontab を実行できません（cron.allow に記述がない場合）。したがって、選択肢 E は誤りです。
どちらのファイルも存在しない場合の動作はディストリビューションにより異なります。したがって、選択肢 C は誤り、選択肢 D は正解です。

解答 B、D、F

問題 31

解説 /etc/cron.daily の下に置かれたコマンドは 1 日に 1 回実行されます。

解答 B

問題 32

解説 /etc/anacrontab で実行時間帯は「START_HOURS_RANGE=3-22」（3 時から 22 時の間）のようにして指定します。

解答 START_HOURS_RANGE

問題 33

解説 crontab の書式は 6 つのフィールド「分 時 日 月 曜日 コマンド」から成ります。曜日は 0 ～ 6 で指定し、0 が日曜日になります。毎時の場合、* か 0-23 と指定します。

解答 A

問題 34

解説 言語が日本語、国が日本、エンコーディングが UTF-8 の場合のロケールは「ja_JP.UTF-8」となります。「JP」のように国あるいは地域を指定しますが、タイムゾーンとは異なります。

解答 B

問題 35

解説 時刻を指定するロケール変数は LC_TIME です。

解答 A

問題 36

解説 iconv コマンドで文字コードの変換ができます。入力コード（Shift_JIS）を -f で、出力コード（UTF-8）を -t で指定します。
convert コマンドはイメージフォーマットを変換するコマンドなので、選択肢 C と D は誤りです。

解答 A

問題 37

/etc/localtime にはシステムクロックの時刻からローカルタイムへ変換するための時差情報が格納されています。指定したタイムゾーンに対応する /usr/share/zoneinfo の下のファイルのシンボリックリンクあるいはコピーです。

D

問題 38

プールを指定する場合はプール名の前にピリオドで区切って 0 ～ 3 の数値を指定します。したがって、選択肢 A は正解です。
日本国内のプールを指定する場合は「server 0.jp.pool.ntp.org」のように jp で指定します。したがって、選択肢 B は誤りです。
プール中のサーバの stratum の多くは 1 か 2 ですが、決まっているわけではなく、他の stratum の場合もあります。したがって、選択肢 C は誤りです。
DNS 名前解決により、指定したサーバ名の IP アドレスはリクエストごとに変わります。したがって選択肢 D は正解です。

解答 A、D

問題 39

ログに記録しないプライオリティは none です。以下はメールのログ以外のすべてのログを /var/log/messages に記録する設定例です。

設定例

```
*.*;mail.none   /var/log/messages
```

D

問題 40

「kern.notice」で指定されるカーネルの通知メッセージは /var/log/messages に格納されます。したがって選択肢 A は正解です。
「kern.warn」で指定されるカーネルの警告メッセージは /dev/console に表示されます。また、「kern.warn」より「kern.err」はプライオリティが高いので、/dev/console に表示されます。したがって、選択肢 C は正解です。

「kern.err」で指定されるカーネルのエラーメッセージは「@example.com」で指定されるホスト example.com に送られます。したがって、選択肢 B は誤りです。また、「kern.err」より「kern.warn」はプライオリティが低いので、「@example.com」で指定されるホスト example.com にはカーネルの警告メッセージは送られません。したがって、選択肢 D は誤りです。

解答 A、C

問題 41

解説 systemd のジャーナルログを表示するコマンドは選択肢 B の journalctl です。
選択肢 A の journal、あるいは選択肢 D の logctl というコマンドはありません。
選択肢 C の logger はジャーナルログを表示するコマンドではなく、ログメッセージを送信するコマンドです。

解答 B

問題 42

解説 systemd-cat コマンドは引数にコマンド（例：ls）を指定するか、標準入力からの入力をログに記録します。したがって、選択肢 C と D が正解です。
systemctl はサービスの起動、停止を管理するコマンドなので、選択肢 A と B は誤りです。

解答 C、D

問題 43

解説 logrotate.conf の中で「compress」を記述すると、ローテートしたファイルを gzip で圧縮します。

解答 A

問題 44

解説 ユーザ宛に届いたメールは、~/.forward ファイルに記述された 1 つあるいは複数のメールアドレスに転送されます。したがって選択肢 A は正解です。

newaliases コマンドは /etc/aliases ファイルを参照して /etc/aliases.db ファイルを更新します。~/.forward は参照しないので選択肢 B は誤りです。
~/.forward は Sendmail だけでなく Exim や Postfix でも使えます。したがって選択肢 C は誤りです。
~/.forward はローカルユーザだけでなくリモートユーザのメールアドレスも記述して転送できます。したがって選択肢 D は誤りです。

解答 A

問題 45

/etc/aliases を編集した後、alias データベースを更新するコマンドは「newaliases」です。スペルは複数形です。オプション、引数なしで実行します。

解答 D

問題 46

core ファイルの最大サイズは「ulimit -c 16384」（16MB）のように指定します。したがって、選択肢 C が正解です。
ulimit では CPU 数を指定することはできません。オープンできるファイルの最大個数は「ulimit -n 20」（20 個）のように指定します。仮想メモリの最大サイズは「ulimit -v 120000」（120MB）のように指定します。

解答 C

問題 47

パスワードを失効させるには -e（--expire）オプションにより「passwd -e user01」のように指定します。ユーザ user01 は次回のログイン時に新しいパスワードの設定を要求されます。したがって、選択肢 A は正解です。
パスワードの有効期限は -x（--minimum）オプションにより「passwd -x 60 user01」（60 日間）のように指定します。したがって、選択肢 B は正解です。
「passwd -l」はユーザのパスワードをロック（lock）するコマンド、「passwd -u」はアンロック（unlock）するコマンドなので、選択肢 C と D は誤りです。

解答 A、B

問題 48

解説 findコマンドでシンボリックリンクファイルを見つけるにはオプション「-type l」を使用します。

解答 l

問題 49

/etc/shadowには暗号化パスワードやセキュリティ情報が格納されています。このためファイルのパーミッションはroot権限でのみ読み取りができるように設定されています。したがって、選択肢AとBは正解、選択肢Cは誤りです。
/etc/shadowにはユーザ名以外、/etc/passwdと同じ情報は入っていません。したがって、選択肢Dは誤りです。

解答 A、B

問題 50

/etc/nologinファイルを作成するとroot以外はログインできなくなります。

解答 nologin

問題 51

--permanentオプションを付けて設定を変更した場合には、/etc/firewalldの下の設定ファイルにのみ書き込みが行われ、カーネルメモリ中のテーブル／チェインには反映しません。反映させるにはシステムを再起動するか、「firewall-cmd --reload」を実行します。
firewall-cmdコマンドで設定を表示する場合も、--permanentオプションを付けた場合は設定ファイルの内容が、付けない場合はカーネルメモリ中のテーブル／チェインの内容が表示されます。

解答 D

問題 52

解説 ssh-add コマンドで秘密鍵を ssh-agent に登録できます。例えば ~/.ssh/id_ecdsa に格納されている秘密鍵を登録するには「ssh-add ~/.ssh/id_ecdsa」を実行します。

解答 ssh-add

問題 53

解説 /etc/ssh/ssh_config は ssh コマンド（ssh クライアント）によって参照される全ユーザ共通の設定ファイルです。したがって、選択肢 A が正解です。
/etc/ssh/sshd_config は sshd（ssh サーバ）によって参照される設定ファイルです。
/etc/ssh/ssh_client、/etc/ssh/sshd_client というファイルはありません。

解答 A

問題 54

解説 ファイルを暗号化する場合、ファイルの送り先のユーザの公開鍵で暗号化します。したがって、選択肢 A は誤り、選択肢 C は正解です。
ファイルに署名する場合、ユーザは自分の秘密鍵で署名します。したがって、選択肢 B は正解、選択肢 D は誤りです。

解答 B、C

問題 55

解説 インスタンスをインターネット上に公開する場合は、DMZ 内のスタンドアロンのサーバと同じように、要塞ホストとしてセキュリティを設定する必要があります。したがって、選択肢 A は正解、選択肢 B は誤りです。
プロバイダがセキュリティユーティリティを提供している場合は利用します。したがって、選択肢 C は正解です。
インスタンスの OS やアプリケーションのセキュリティホールにはテナント自身がパッチを適用しなければなりません。プロバイダがテナント管理のインスタンスに関与することはありません。したがって、選択肢 D は誤りです。

解答 A、C

問題 56

解説 利用するリージョンはログイン後にユーザが選択します。基本的にどのリージョンでも同じサービス、同じセキュリティが提供されます。したがって、選択肢 A と B は誤り、選択肢 C は正解です。
複数のリージョンを使用した場合は、リージョンのデータを別のリージョンにバックアップできるので、選択肢 D は正解です。

解答 C、D

問題 57

解説 ソフトウェアのアップデートを行うとソフトウェアの内容や設定が変更されるので、それまでの脆弱性検査の結果と異なってしまいます。したがって、選択肢 A は正解です。
外部からのアクセスでも内部からのアクセスでも、脆弱性が発見されたら修正する必要があります。したがって、選択肢 B は誤りです。
プロバイダはテナントによる脆弱性検査についてのポリシーを定めています。問題ないかを事前にプロバイダに確認することが推奨されます。したがって、選択肢 C は正解です。
プロバイダはクラウド基盤自体に対してテナントが脆弱性検査をすることを許可していません。したがって、選択肢 D は誤りです。

解答 A、C

問題 58

解説 GPL は再配布時にソースコードの公開を義務付けています。Mozilla 2.0 は単独で動作するソフトウェアの場合は再配布時にソースコードの公開を義務付けています。

解答 A、B

問題 59

解説 オープンソースのライセンスであるGPL、Mozilla 2.0、BSDのいずれのライセンスの場合でも、著作権の表記と免責事項の表記を義務付けています。

解答 C、D

問題 60

解説 ソフトウェアの開発をするディベロッパー（開発者）はコントリビューター（貢献者）です。パッチの作成やドキュメントを作成している人はコントリビューター（貢献者）です。

解答 B、C

索引

記号・数字

A

E

F

G

H

I

J

K

L

M

S

T

U